中国气象防灾减灾

《中国气象防灾减灾》编委会 编著

内容简介

本书全方位展示近年来中国气象防灾减灾工作，清晰凝练气象防灾减灾理念发展和工作思路，集中展现气象防灾减灾业务技术发展成果，系统梳理气象灾害主要特征、监测预报、预警发布、风险防范、重点区域和行业气象防灾减灾以及组织责任、法规标准等体系建设进展及成效，深入挖掘气象部门主动融入国家防灾减灾救灾工作的典型实践，坚持系统性、客观性、权威性、科学性、通俗性，客观展示气象防灾减灾工作理念发展和现状水平。

本书可供气象行业科技和管理人员、政府部门相关管理人员，相关高校、科研院从事防灾减灾科学研究和教学人员参考。

图书在版编目（CIP）数据

中国气象防灾减灾 / 《中国气象防灾减灾》编委会编著. -- 北京 : 气象出版社, 2021.11
ISBN 978-7-5029-7574-6

Ⅰ. ①中… Ⅱ. ①中… Ⅲ. ①气象灾害－灾害防治－气象服务－中国 Ⅳ. ①P429

中国版本图书馆CIP数据核字(2021)第203319号

Zhongguo Qixiang Fangzai Jianzai

中国气象防灾减灾

出版发行：气象出版社
地　　址：北京市海淀区中关村南大街 46 号　　邮政编码：100081
电　　话：010-68407112(总编室)　010-68408042(发行部)
网　　址：http://www.qxcbs.com　　E-mail：qxcbs@cma.gov.cn
责任编辑：林雨晨　　终　　审：吴晓鹏
责任校对：张硕杰　　责任技编：赵相宁
封面设计：艺点设计
印　　刷：三河市君旺印务有限公司
开　　本：787 mm×1092 mm　1/16　　印　　张：18.75
字　　数：480 千字
版　　次：2021 年 11 月第 1 版　　印　　次：2021 年 11 月第 1 次印刷
定　　价：128.00 元

《中国气象防灾减灾》
编 委 会

前　言

气象防灾减灾是气象工作的重中之重，是国家综合防灾减灾救灾和公共安全体系的重要组成部分，也是国家治理体系和治理能力现代化不可或缺的重要支撑。我国是世界上自然灾害最严重的国家之一，气象灾害种类之多，发生频次之高、影响范围之广超过世界上绝大多数国家，全国气象灾害平均每年造成的经济损失占全部自然灾害损失的70%以上。在全球气候变化背景下，我国极端天气气候事件明显增多增强，气象防灾减灾工作形势更加复杂，任务更加艰巨。

党中央、国务院高度重视气象防灾减灾工作，在新中国气象事业70周年之际，习近平总书记从实现“两个一百年”奋斗目标和中华民族伟大复兴的战略高度，站在新的历史方位对气象工作作出重要指示，强调气象工作关系生命安全、生产发展、生活富裕、生态良好，做好气象工作意义重大、责任重大，要求发挥气象防灾减灾第一道防线作用，为做好新时代气象防灾减灾工作提供了根本遵循。

近年来，在党中央、国务院的坚强领导下，气象部门始终坚持人民至上、生命至上，建成了具有中国特色气象防灾减灾体系，建立了“海—陆—空—天”四位一体的气象灾害监测站网、精细到乡镇的气象灾害预报预警系统、多部门共享共用和多渠道广泛覆盖的突发事件预警信息发布系统，建立了较为完善的“党委领导、政府主导、部门联动、社会参与”的气象防灾减灾机制和法规标准体系。气象防灾减灾成效更加明显，气象灾害造成的经济损失占GDP比例和死亡失踪人数不断下降，为我国经济社会发展和人民福祉安康做出了积极贡献。

为全面总结近十年来全国气象防灾减灾工作开展情况，集中展现气象防灾减灾业务技术发展成果，本书系统梳理了全国气象灾害主要特征、监测预报预警、风险防范、重点区域和行业气象防灾减灾、气象防灾减灾体制机制和法规标准等方面建设进展及取得的成效，深入挖掘了气象防灾减灾的典型案例，通过回溯发展沿革、探究实践行动、凝练经验成果，力求为新时代气象防灾减灾工作提供更好借鉴。

本书的编撰工作由中国气象局矫梅燕副局长、余勇副局长亲自组织，在应急减灾与公共服务司、国家气象中心、国家气候中心、公共气象服务中心、气象发展与规划院、气象宣传与科普中心、中国气象报社以及北京、上海、辽宁、安徽等省（市）气象部门领导、专家和研究人员的积极支持和参与下共同完成，六易其稿，反复打磨，突出系统性、客观性、权威性、科学性、通俗性，坚持用数据说话、用事实说话，多维度、全链条展现了气象防灾减灾的生动实践。本书可供气象行业科技和管理人员、相关政府部门管理人员，相关高校、科研院从事防灾减灾科学研究和教学人员在了解气象防灾减灾工作情况时参考。

凡是过往，皆为序章。当前，我们正在意气风发向着全面建成社会主义现代化强国的第二个百年奋斗目标迈进，新的征程上，需要我们始终坚持以习近平新时代中国特色社会主义思想为指导，深入贯彻落实习近平总书记关于防灾减灾救灾重要论述和气象工作的重要指示精神，用历史映照现实、远观未来，不断与时俱进、大胆创新，努力筑牢气象防灾减灾第一道防线，为服务国家服务人民作出新的更大贡献。

目　　录

第1章　气象灾害主要特征

气象灾害是自然灾害的一种，具有分布面广且发生频繁的特点。中国是世界上气象灾害最严重的国家之一，每年各种气象灾害都对社会、经济、生态环境造成较大影响，同时人民生命财产也遭受巨大的损失，全国气象灾害平均每年造成的经济损失占全部自然灾害损失的70%以上（丁一汇，2008）。在全球气候变暖背景下，以及随着我国社会经济发展进程的加快，气象灾害给国家安全、经济社会可持续发展、生态环境以及人类健康带来了更加严重的威胁，掌握了解气象灾害发生规律及其时空变化特征，开展气象灾害风险区划评估，为实现习近平总书记提出的防灾减灾救灾“两个坚持”“三个转变”的重要指示，即“坚持以防为主、防抗救相结合，坚持常态减灾和非常态救灾相统一，从注重灾后救助向注重灾前预防转变，从应对单一灾种向综合减灾转变，从减少灾害损失向减轻灾害风险转变”提供科学支撑和保障。灾害性天气（damaging weather）是对人民生命财产有严重威胁，对工农业和交通运输会造成重大损失的天气。

1.1　气象灾害概述

1.1.1　气象灾害基本概念

气象灾害是指由气象原因直接或间接引起的，给人类和社会经济造成损失的灾害现象，这是广义气象灾害的定义。另外，还有狭义的或通常的气象灾害定义，是指由于气象条件直接引发的可能给人类生命财产、生产活动和生态环境等造成损害的自然灾害，主要是指台风、暴雨（雪）、寒潮、大风（沙尘暴）、低温、高温、干旱、雷电、冰雹、霜冻和大雾等灾害。根据对人类社会产生的影响，气象灾害又可分为原生灾害和次生灾害，原生灾害属于狭义的气象灾害。次生灾害是由于气象原因引发而产生的其他自然灾害，也称为广义的气象灾害，如暴雨产生洪水、泥石流、滑坡等灾害为次生灾害。衍生灾害不属于原生的或直接的，也不是次生的，主要是通过灾害链的传递产生的灾害，如暴雨灾害引发洪涝或城市内涝次生灾害之后，环境破坏水污染又衍生细菌导致疫病等灾害为衍生灾害（郑国光 等，2019）。由于某种致灾因子导致生态环境变化引发的一系列的灾害现象，称为灾害链。灾害性天气和气象灾害的概念既有区别又有联系。灾害性天气一般是指对人类生命或活动有潜在严重影响或威胁，对工农业生产和交通运输可能会造成较大损失的天气。如果灾害性天气造成了生命伤亡与人类社会财产损失的，属于气象灾害的范畴。灾害性天气或极端气候事件是造成气象灾害的直接原因，其发生特征及其规律直接影响气象灾害的特征或规律。

1.1.2　中国气象灾害基本特点

我国疆域辽阔，位于中纬度和欧亚大陆东南部，西部地处内陆，东临太平洋，境内地形多种多样，植被类型复杂多样，河流、湖泊、冰川、沼泽等地表水资源丰富，是世界上自然地理环境最为复杂多样的国家之一。受海陆分布和青藏高原复杂地形影响，我国季风气候明显，冷、干，暖、湿气候季节变化大，天气系统影响复杂，是世界上受气象灾害威胁最为严重的国家之一。我国气象灾害具有以下几个主要特征。

1.1.2.1 影响我国的主要气象灾害种类繁多

气象灾害如果从广义角度细分可达数十种甚至上百种。通常我国气象灾害的种类有：台风、暴雨(雪)、寒潮、大风(沙尘暴)、低温、高温、干旱、雷电、冰雹、霜冻和大雾、霾、龙卷等，次生灾害主要包括强降水引发的江河洪水、山洪、城市内涝、地质灾害、农田积(渍)涝、风暴潮、海浪、森林和草原火灾、空气污染、农林病虫害等等(表1.1)。

表1.1 气象灾害的分类、影响及其次生灾害

灾害总称	主要气象现象	主要影响及危害	次生灾害
干旱	空气及土壤干燥、晴天无雨、高温、干热风、焚风	作物歉收或绝收，人畜用水困难，疾病(中暑)等	农林灾害(森林及草原火灾，病虫害)，饥荒，地质灾害(土壤沙化)
暴雨(雨涝)	强降水、持续降水	山洪暴发，河流泛滥，内涝渍水，毁坏庄稼、建筑、物资，人畜伤亡、作物歉收或绝收，交通、通信受阻等	水圈灾害(洪水、城市内涝)；地质灾害(崩塌、滑坡、泥石流)；农林灾害(作物、林木淹没、病虫害)
热带风暴(台风)	大风、暴雨	山洪暴发，河流泛滥，内涝渍水，毁坏庄稼，建筑、物资，人畜伤亡，作物歉收或绝收，交通、通信受阻，海难等	地质灾害(崩塌、滑坡、泥石流)，水圈灾害(洪水、城市内涝、巨浪、风暴潮)；农林灾害(作物、林木淹没或折断)
冷冻	霜冻、积雪(雪灾或白灾)、吹雪(或白毛风)、冻雨(雨凇)，大风、低温冷害(寒露风)	作物歉收，庄稼、林木、人畜冻害，牧场积雪，牲畜死亡，雪崩，电线、道路结冰，通信受阻，交通事故等	农林灾害(庄稼、林木冻害)，水圈灾害(江、湖、河、海结冰、凌汛)
强对流(风雹)	冰雹、飑线、大风(飓)、暴雨、雷电、龙卷、下击暴流	毁坏庄稼、建筑、物资，人畜伤亡，山洪暴发，通信受阻，交通事故，空难，火灾等	农林灾害(森林、草原火灾)；地质灾害(崩塌、滑坡、泥石流，刮走地表沃土)；
连阴雨	阴雨、低温、潮湿	影响作物生长发育，烂秧、物资霉变等	农林灾害(病虫害)、野外作业困难
高温热浪	持续高温	疾病(中暑等)、供电供水紧张等	干旱、火灾、能源危机
沙尘暴	能见度下降、天空混浊，一片黄色	交通事故、通信受阻，人体疾病，建筑、物资腐蚀等	农林灾害(庄稼、林木沙埋)、土地沙化
大雾	天空雾弥漫，能见度下降	野外作业困难，呼吸困难、船舶汽车运行、飞机起降等	疾病、交通事故，空难
其他	霰、霾、烟雾、酸雨、大气自净能力差、低空风切变、晴空湍流等	交通、通信受阻，人体疾病，建筑、物资腐蚀，空难等	农林灾害(作物、林木疾病)，水圈灾害(水污染)，地质灾害(沙漠化)，空气污染

1.1.2.2 气象灾害发生频率高、持续时间长、季节性强、区域性特征明显

我国每年较大范围的旱灾为7.5次、涝灾为5.8次，登陆台风(含热带风暴)为7.2个。干

旱在一年四季中均有发生，春旱频率最高，干旱持续时间长，往往出现季节连旱、甚至持续数年；黄淮海地区几乎每年都会不同程度地出现干旱，每三年出现一次较重的旱灾。淮河、秦岭以南地区，每年也都不同程度地出现洪涝灾害，华南地区平均三年出现1～2次、江南北部至江淮地区平均2～3年就要出现一次较严重的暴雨洪涝灾害。气象灾害具有明显的季节性，春季以干旱、沙尘暴、寒潮、雪害、低温连阴雨等灾害为主；夏季暴雨洪涝、台风、干旱、冰雹、雷暴、干热风、酷热等灾害影响最大；秋季主要灾害有台风、干旱、冷害、连阴雨和霜冻等；冬季主要有寒潮、大风、雪害、冻害等。而对国民经济影响严重的气象灾害如暴雨洪涝、台风等多发生在每年的5—9月。气象灾害区域性特征显著，我国西北地区及内蒙古、西藏、四川3省(区)西部属干燥的大陆性气候，常年干旱，冬季冻害较重。青藏高原是我国降雹最多的地区，南疆和内蒙古、甘肃两省(区)西部沙尘暴发生最频繁。东北、华北、西北东部及黄淮北部一带，干旱和霜冻发生较为频繁。江淮、江南、华南是我国暴雨洪涝、台风灾害最为严重的地区，也是雷雨大风、龙卷等灾害性天气多发区。西南中东部一带地形复杂，干旱、暴雨及引发的泥石流、崩塌、滑坡和冰雹、低温阴雨等灾害发生频繁。

1.1.2.3 气象灾害群发性突出，连锁反应显著

气象灾害群发性表现为同一时段内多种灾害同时发生，或同一种灾害多处发生，或多种灾害在多处发生。我国气象灾害群发性突出，3—5月，雷雨、冰雹、大风、龙卷等强对流天气常常有群发现象。受冷锋影响，会同时发生暴雨(可以引发洪水、泥石流、滑坡等灾害)、冰雹、龙卷和雷暴大风，台风系统常常带来暴雨、大风、风暴潮、狂浪，甚至龙卷等灾害。夏季持续高温热浪，同时常常发生干旱、干热风以及病虫害、森林草原火灾等灾害，气象灾害连锁反应显著。2008年南方雪灾灾害以雨雪和低温引发的冰冻灾害为核心串发性灾害链为主(图1.1)，17种次生灾害(其中包括4种Ⅰ级次生灾害，5种Ⅱ级次生灾害，5种Ⅲ级次生灾害，3种Ⅳ级次生灾害)，25条灾害链，链条较长，使灾情层层放大，形成巨灾，破坏力最强的次生灾害集中在对整个城市生命线系统的完全破坏，导致社会生产生活全面瘫痪(白媛 等，2011)。气象灾害在一系列链性反应下造成人员伤亡、财产损失的灾情，主链不同，串并发机制也不同，次生灾害种类数量以及破坏力也有很大不同。

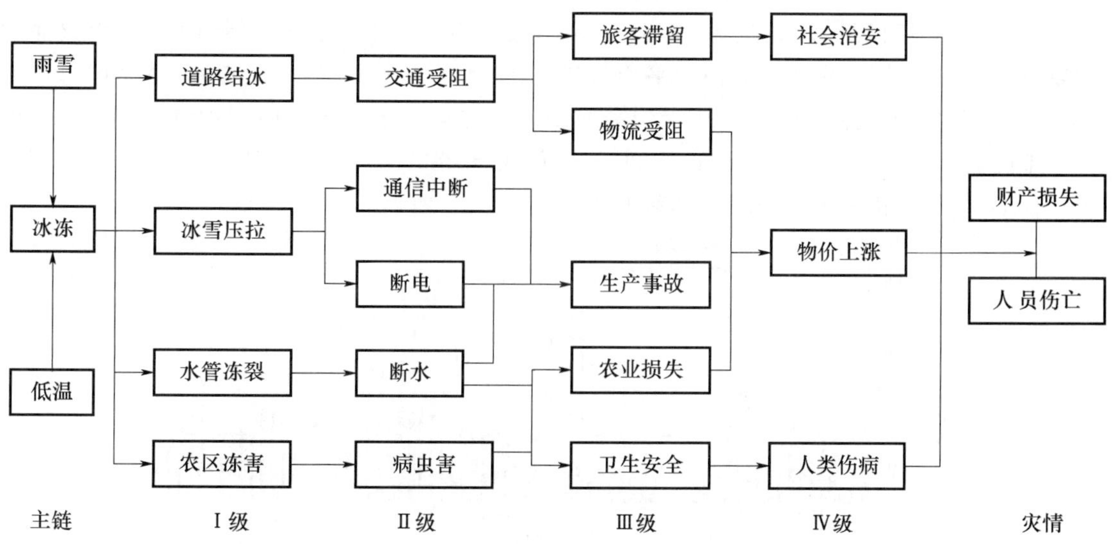

图1.1 2008年南方雨雪、冰冻、低温引发的灾害串发性灾害链示意图

1.1.2.4 气象灾害损失重、影响范围广

我国1990—2017年期间平均每年气象灾害直接经济损失达2452.4亿元，其中2010年直接经济损失高达5097.3亿元，2013年次之，有4766亿元(图1.2)，总体呈现增加趋势；平均每年直接经济损失占全国国内生产总值(GDP)的1.9%，由于全国国内生产总值增加趋势明显，致使比例呈现减少明显趋势；平均每年死亡人口达3444人，其中1990年、1991年死亡人口均超过7000人，分别为7206人和7188人。

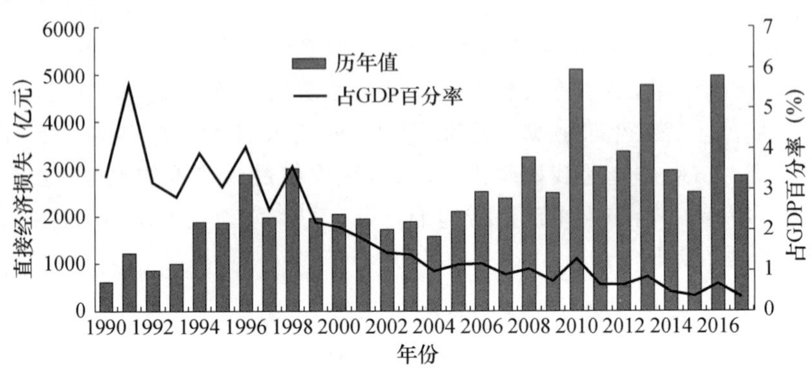

图1.2 1990—2017年中国直接经济损失(亿元)和占GDP百分率历年变化图

根据2008—2017年这10年总气象灾害和分灾种造成的直接经济损失统计，暴雨洪涝灾害损失重，且占总损失比例大，为44.7%，其次为干旱，占比达19.5%，台风占比为16.5%，风雹为9.9%，低温冷害造成的损失最小，比例9.4%；因暴雨洪涝死亡人数最多，占总死亡人数的56.8%，其次为大风、冰雹、雷电等强对流灾害，占总死亡人数的22.8%，台风和低温冷害比例分别为6.1%和1.9%。

我国是农业生产大国，气象灾害对农业生产造成的影响也不容忽视，粮食安全存在较大风险。1950—2017年，气象灾害平均每年造成农业受灾面积达3781.7万hm^2，年均受灾率(占全国总播种面积)为26%；20世纪70年代至21世纪最初10年，各年代平均受灾面积均偏多，其中20世纪90年代最大，高达5117.3万hm^2；1960年、1961年、1991年、1994年受灾面积大，超过5500万hm^2。农业成灾面积平均每年有1784.4万hm^2，年均成灾率(占全国总播种面积)为12%；20世纪80年代至21世纪最初10年，各年代平均成灾面积均偏多，其中20世纪90年代最大，高达2683.2万hm^2；2000年为最大有3437.4万hm^2，其次为2003、2001年、1994年、1997年均超过3000万hm^2(图1.3)。

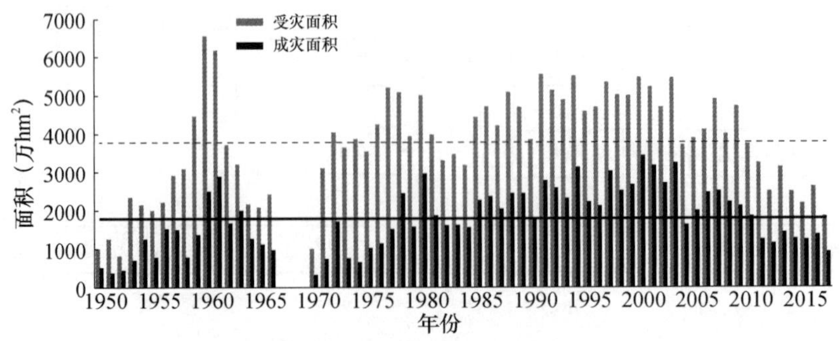

图1.3 1950—2017年全国气象灾害农业受灾和成灾面积历年变化(1967—1969年资料缺)

1.1.2.5 近几十年来，气象灾害呈现不断变化的格局和特点

在气候变暖背景下，一些极端天气气候事件频繁发生，导致致灾因子危险性的强度、频率、空间分布和范围均发生变化，造成的气象灾害程度、损失量也出现新特点。另一方面，随着社会经济发展，其暴露度及脆弱性也发生变化，随之气象灾害产生的影响和损失也出现新的格局。1950—2017年我国因气象灾害造成的死亡人口和百万人口死亡率呈明显下降趋势，年均死亡人口由20世纪50—60年代的超过10000人逐步下降到21世纪以来的年均约1000人；直接经济损失绝对值呈上升趋势，年均直接经济损失由20世纪50年代不足1000亿元上升至21世纪以来的超过3000亿元，直接损失比率（直接损失占国内生产总值的比例）呈明显下降趋势，损失率由20世纪50—60年代超过15%下降到21世纪以来的1%左右（许小峰，2017）。造成气象灾害这样的变化与气候变化、社会经济发展、防灾能力的改变等因子密切相关。

1.2 台风

1.2.1 定义

热带气旋又称台风，是发生在热带或副热带海洋上的气旋性涡旋，是一种强大而深厚的热带天气系统。在北半球，国际日期变更线以东到格林尼治子午线的海洋洋面上生成的气旋一般称之为飓风，而在国际日期变更线以西的海洋上生成的热带气旋一般称之为台风。我国是世界上少数几个受台风影响最严重的国家之一，早在公元5世纪，中国南部地区的人民就将台风作为一种常见的大气现象，而在公元816年山东密州出现中国最早的登陆台风记录，同时可能也是世界上最早的（Louie et al.，2003）。

根据国家标准《热带气旋等级：GB/T 19201—2006》（中国气象局政策法规司，2006），按照底层中心附近最大平均风速，将热带气旋分为热带低压、热带风暴、强热带风暴、台风、强台风和超强台风六个等级（表1.2），一般将热带风暴及以上等级的热带气旋统称为台风。

表1.2 热带气旋等级划分表

热带气旋等级	底层中心附近最大平均风速（m/s）
热带低压（TD）	10.8～17.1
热带风暴（TS）	17.2～24.4
强热带风暴（STS）	24.5～32.6
台风（TY）	32.7～41.4
强台风（STY）	41.5～50.9
超强台风（Super TY）	≥51.0

因台风引起的灾害主要由三方面造成：（1）大风，台风登陆前后，沿海地区的瞬时风速经常有40～60 m/s，容易引起建筑物倒塌、农作物及树木倒损等；（2）暴雨，一般一个台风经过时，可带来150～300 mm降水，在有利条件下可造成特大暴雨，导致暴雨洪涝、城市内涝以及滑坡、泥石流等次生灾害；（3）风暴潮，当台风移向陆地时，容易引起沿岸海水暴涨，强

台风的风暴潮可使得沿岸海水上涌 5～6 m，特别是与天文大潮重合时，往往会引起更强烈的风暴潮，导致海水倒灌，沿海设施损坏，土地盐碱化，淡水资源污染等（陈联寿和丁一汇，1979）。

1.2.2 区域分布及变化特征

1.2.2.1 台风主要路径

影响中国的台风主要有 3 条路径：(1)西北路径，台风从源地（指菲律宾以东洋面）一直向西北方向移动，大多在台湾、福建、浙江一带登陆；(2)西移路径，台风从源地一直向偏西方向移动，往往在广东、海南一带登陆；(3)近海转向路径，台风从源地向西北方向移动，当靠近我国东部沿海时，转向东北方向移动，有时会一直移动到我国东北地区，即北上台风。

1.2.2.2 登陆中国的台风频数和强度的变化特征

1961—2017 年，平均每年有 7.2 个台风（中心风力≥8 级）在我国登陆，总体变化趋势不明显。登陆台风数年际变化大，最多年达 12 个（1971 年），最少年仅有 4 个（1982 年、1997 年、1998 年）（图 1.4）。20 世纪 80 年代以来，登陆台风中，登陆强度达到强台风及以上级别的台风比例呈现出明显的增加趋势，从 2012 年开始，其比例连续四年达到 40％以上，2014 年和 2015 年均为 60％。2014 年 7 月 18 日 15 时 30 分，1409 号台风“威马逊”在海南文昌翁田镇沿海登陆，登陆时中心附近最大风力达 17 级以上（70 m/s），最低气压 890 hPa，打破 2006 年 0608 号台风“桑美”登陆强度记录（60 m/s），是 20 世纪 50 年代以来登陆我国最强的台风。随着强台风占比的增加，登陆我国的台风平均登陆强度也呈现出增加趋势（图 1.5），其中 2005 年平均强度最强，达 39.2 m/s，2014 和 2015 年分别为 36.9 m/s 和 38.4 m/s，分别为 1961 年以来第五和第三。

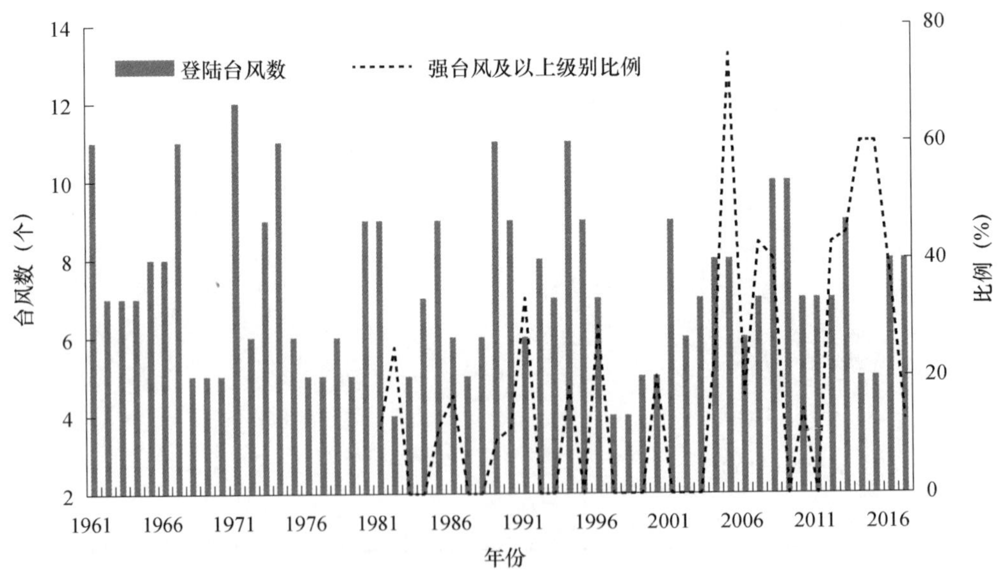

图 1.4　1961—2017 年登陆我国的台风数（单位：个）和 1981—2017 年登陆强台风及以上级别所占比例（单位：%）历年变化

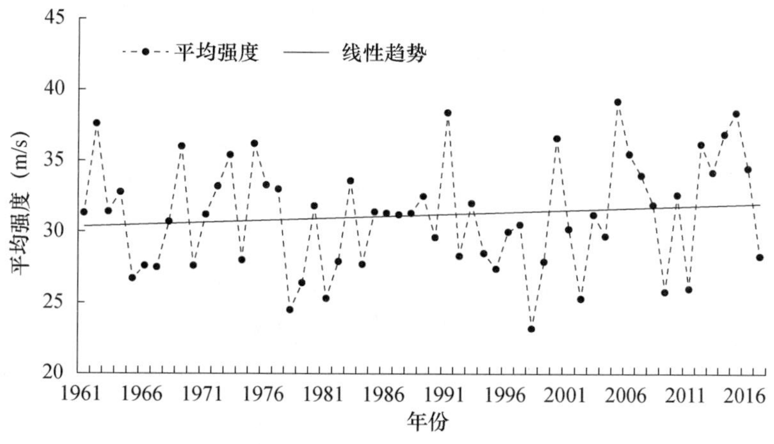

图 1.5　1961—2017 年登陆我国的台风平均登陆强度(单位:m/s)

对 1961—2017 年登陆中国的台风进行分省统计，结果如表 1.3 所示，可以发现，登陆广东省的台风频数最多，达 194 个，平均每年 3.3 个；登陆频数较多的省份中，平均登陆强度最强的为台湾，达 34.9 m/s；同样对比可见，虽然登陆浙江的台风仅 35 个，相比偏少，但是平均登陆强度达到 33.4 m/s。

表 1.3　1961—2017 年台风登陆省份的频数和强度

省份	登陆频数(个)	平均强度(m/s)	省份	登陆频数(个)	平均强度(m/s)
广东	194	27.5	香港特别行政区	11	25.7
台湾	115	34.9	辽宁	10	19.1
海南	103	27.0	江苏	4	27.5
福建	99	27.4	上海	3	23.7
浙江	35	33.4	澳门特别行政区	1	35.0
广西	25	23.6	天津	1	15.0
山东	13	21.2			

1.2.2.3　台风灾情特征

1991—2017 年，全国平均每年因台风造成 320.9 人死亡，22.4 万间房屋倒塌，318.7 万 hm^2 农作物受灾，直接经济损失 442.5 亿元(订正至 2010 年价格水平)，未订正的直接经济损失占当年 GDP 比重为 0.3%。

图 1.6 给出了 1991—2017 年全国台风灾害直接经济损失和死亡人数历年变化，总体上可以看出，死亡人数呈现出较明显的下降趋势，而直接经济损失呈现出明显的上升趋势。具体来看，死亡人数超过 1000 人的有 3 年，分别为 1994 年(1815 人)、2006 年(1522 人)、1996 年(1430 人)。2007 年以来，平均死亡人数为 92.5 人，而 2007 年以前，排除超过 1000 人的 3 年，平均死亡人数为 221.6 人，可见 2007 年以来死亡人数大幅减少。直接经济损失最大值出现在 1996 年，为 1161.7 亿元(原值为 1260.3 亿元)，其次是 1996 年的 1034.2 亿元(原值为 961.7 亿元)，若不计这两年，2007 年以前直接经济损失为 351.4 亿元，2007 年及以后为 448 亿元，增幅明显，但占 GDP 的比重分别为 0.3%和 0.1%，减幅明显。

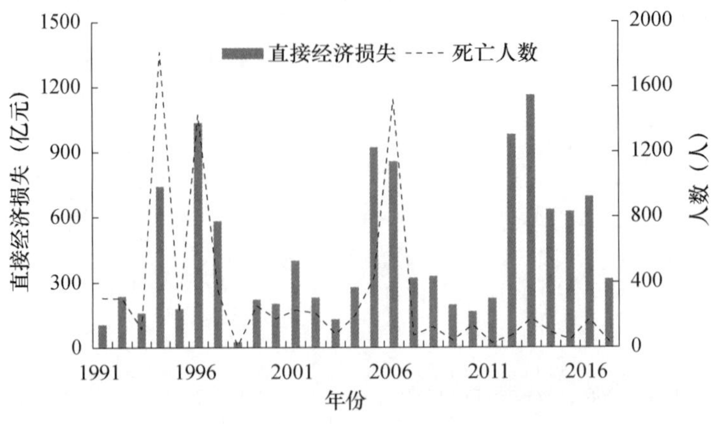

图 1.6　1991—2017 年中国台风灾害直接经济损失(单位:亿元)
及死亡人数(单位:人)历年变化

对 1991—2017 年中国因台风造成的分省损失进行了统计,如表 1.4 所示,给出了 27 年的损失总和。从中可以看出,浙江、广东、福建、广西、海南 5 省(区)为受台风影响损失最为严重的省份,这 5 省(区)直接经济损失、死亡人口、倒塌房屋、受灾面积分别占全国总数的 75.9%、71.1%、64.9%、65.2%。浙江省直接经济损失及死亡人口总数最多,且死亡人口比位列第二的广东省多出 800 余人;广东省累计倒塌房屋以及受灾面积数最多,特别是受灾面积远超其他省份;其他省份中,直接经济损失最多的为河北省,达 644.6 亿元;死亡人口最多的为湖南省,为 836 人。

表 1.4　1991—2017 年各省受台风灾害损失情况[*]

省份	直接经济损失（亿元）	死亡人口（人）	倒塌房屋（万间）	受灾面积（万 hm^2）
浙江	2992.6	2357	79.0	765.6
广东	2864.5	1552	143.8	2555.6
福建	1617.7	1380	95.6	678.6
广西	872.1	604	59.4	890.1
海南	718.3	265	14.7	716.8
河北	644.6	498	2.4	220.4
山东	451.5	119	31.7	472.4
湖南	408.3	836	33.2	195.7
辽宁	282.0	103	11.7	284.1
江苏	262.0	95	13.8	565.1
安徽	190.2	116	14.4	160.1
江西	171.7	157	17.4	145.6
吉林	109.3	24	29.0	242.8
河南	73.5	173	12.0	192.9
云南	69.7	114	2.0	38.4

续表

省份	直接经济损失（亿元）	死亡人口（人）	倒塌房屋（万间）	受灾面积（万 hm^2）
黑龙江	68.2	54	18.1	288.9
湖北	63.4	144	9.0	82.0
上海	46.1	21	1.7	32.3
内蒙古	16.8	—	11.4	33.0
天津	12.1	—	0.2	10.9
北京	9.8	7	1.2	9.6
贵州	2.4	9	0.0	3.4
山西	0.0	37	2.8	20.2
陕西	0.0	—	—	1.3
合计	11946.7	8665	604.6	8605.7

* 说明：直接经济损失统一订正到 2010 年价格水平，港澳台地区损失未统计，未受台风灾害的省（区、市）没有列出。

1.2.2.4　行业影响

对农业的影响。在中国，台风盛行季节（6—10 月）正是农作物生长季，也是水产养殖的旺季，因此，水旱作物、果树、渔业养殖等都会受到台风影响。台风大风会造成作物折枝伤根、叶片受损，抗病力大幅度下降，各种病菌趁机侵入为害，再加上作物淹水，表面始终保持高湿状态，有利于病菌的传播蔓延。一些迁飞型的害虫，比如稻飞虱、稻纵卷叶螟还会借助台风气流大规模迁入。台风暴雨可以引起洪涝，还会引发泥石流、山崩、滑坡和水土流失等次生灾害，使农业耕地遭到泥沙石的淹盖；导致土壤质量下降，影响农作物的生长。有的台风甚至会引发海水倒灌，部分被淹农田因长时间受海水浸泡导致土壤中的含盐量升高，造成土地盐碱化，不利于农作物的生长，有的农田甚至废耕。虽然台风给我们带来的多数是灾害，但台风也有其有利的一面。对农业有利的方面表现在：①台风带来大范围丰沛降水，对于缓解干旱地区的旱情非常有利，部分塘库也得到蓄水；②台风能增加捕鱼产量，每当台风吹袭时翻江倒海，将江海底部的营养物质卷上来，鱼饵增多，吸引鱼群在水面附近聚集，渔获量自然提高。

对风力发电的影响。中国近海风能资源丰富，但是在开发风能资源时，需要充分评估该地区台风活动特征，若考虑不当，可能会导致风电设备、输电线路等遭受破坏。如 2006 年“桑美”台风造成苍南鹤顶山风电场 33 个叶片严重损坏，3 台 600 kW 风电机因塔架折断而倾倒，7 km的 35 kV 联网线路中 17 基钢塔倒了 10 基，场内 10 kV 线路有 17 基电线杆倒杆，断线、拉方和横担损失不计其数。需要指出的是，台风对某一地区风电场造成破坏的同时，可能对另外一地区风电场风力发电有利，比如 2009 年“莫拉克”台风登陆前后两天中，福建省平潭某装机 10 万 kW 的风电场因风速过大停机，少发电量 42 万 kW·h，但整个台风影响过程中，多发电量 108 万 kW·h，同时浙江北部和江苏的风电场却迎来了难得的发电时机，台风影响期间几乎天天满发，6 天的发电量几乎是整个 8 月发电量的 2/3。另外，台风还能够对风电场建设、运维和管理造成影响（张秀芝 等，2010）。

对交通的影响。台风影响过程中强风暴雨会造成路面大面积积水、树木或电线杆等折断，甚至会引发洪水和泥石流等次生地质灾害，最终导致交通阻断。另外，为了人民生命财产安全，交通部门会根据台风预警提前进行高速公路封路、航班停飞、港口停航、铁路停运等。如 2014 年

"威马逊"所经之处，海上航运和各地机场处于完全停运状态，陆地多条高速公路及国省主干线公路局部路段受阻，对海南省陆、空、海交通造成严重影响，海口地区地面交通全线瘫痪（王志 等，2016）。

其他影响。台风影响过程中，往往会造成大量房屋损坏或倒塌，1991—2017 年，全国平均每年因台风造成 22.4 万间房屋倒塌。强台风还会造成高层建筑玻璃破碎甚至摆动、在建工程停工等、居民生活受影响等。如 2016 年"莫兰蒂"台风登陆厦门，造成的危害主要在人口密集的闽南地区，导致城市受淹、房屋倒塌、基础设施损坏、水电路讯中断，特别是厦门全城电力供应基本瘫痪、全面停水，泉州、漳州大面积停电。

1.3 暴雨灾害

1.3.1 定义

我国是世界上暴雨洪涝灾害最为严重的国家之一，在我国的自然灾害中，暴雨洪涝灾害最为常见且危害范围较广，对我国社会经济与生态环境有着较大的破坏和影响。

暴雨是一种常见的灾害性天气，指降雨强度和量均较大的雨。国家标准《降水量等级：GB/T 28592—2012》（全国气象防灾减灾标准化技术委员会，2012）对暴雨是这样规定的：24 小时降水量达 50～99.9 mm 为暴雨，100～249.9 mm 为大暴雨，250 mm 及以上为特大暴雨。12 小时降雨量达 30～69.9 mm 为暴雨，70～139.9 mm 为大暴雨，140 mm 及以上为特大暴雨。考虑特殊气候和地形环境，个别地方会采用不同标准。

暴雨洪涝灾害泛指指由强降水或持续降水引起的洪水灾害和雨涝灾害。洪水灾害是由于强降雨（暴雨）、冰雪融化、冰凌、堤坝溃决、风暴潮等不同原因引起江河湖泊及沿海水量增加、水位上涨泛滥以及山洪暴发等所造成的自然灾害及泥石流、滑坡等次生灾害，可细分为暴雨洪水、溪河洪水、融雪洪水、冰凌洪水、风暴潮洪水等。雨涝灾害主要由于降雨量过于集中产生径流，加之排水不及时形成大量积水，致使农田、房屋、城镇等渍水、受淹而产生的灾害。洪水灾害和雨涝灾害往往难以界定，统称为洪涝灾害。洪涝灾害的形成除与降水有关外，还与地理位置、地形、土壤结构、河道的宽窄和曲度、植被以及农作物的生育期、承灾体暴露度、防洪防涝设施等有密切关系。

本节主要介绍暴雨以及因降水造成的洪涝灾害和泥石流、滑坡等次生灾害。

1.3.2 暴雨区域分布及变化特征

1.3.2.1 区域分布特征

我国暴雨分布与地形关系密切。从辽东半岛南部起，沿着燕山、阴山，经河套、关中至四川、云贵，在这条界限以南以东地区都容易出现大暴雨。中国年暴雨日数从东南向西北减少，从辽东半岛沿着燕山、太行山、伏牛山、大巴山到巫山一线以东的海河、淮河和长江中下游及东南沿海等地是我国暴雨出现较多的地区。淮河流域及其以南地区以及四川东部、重庆东北部、贵州南部、云南南部等地普遍在 3 d 以上，其中华南大部及江西东北部、安徽南部等地达 5～9 d，华南沿海局部地区超过 9 d，其中广西东兴 14.7 d、广西的防城港和广东的海丰分别达 14.3 d 和 13.5 d；黄河下游、海河流域、辽河流域以及西南地区东部等地一般有 1～3 d；中国西部地区偶有暴雨发生（图 1.7）。年暴雨日数极大值为广东省上川岛 26 d（1973 年），其次为广西东兴有 25 d（1995 年）。

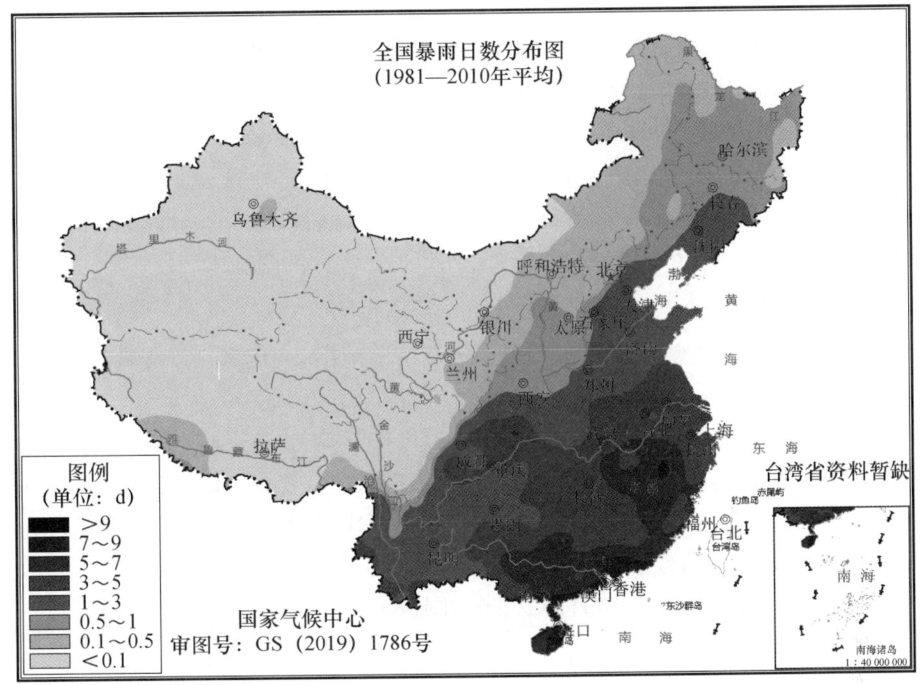

图 1.7　中国年暴雨日数分布(1981—2010 年平均)

我国暴雨具有季节性突出、强度大、持续时间长、范围广等特征。

季节性突出。我国暴雨主要出现在夏季，其次是春秋季，冬季出现暴雨的概率小。各区域暴雨主要出现时间有别：华南、江南在 3—11 月，江淮、黄淮 4—8 月，西南地区 5—9 月，华北、东北、西北东部主要出现在 6—8 月。这主要是我国夏季降水和暴雨深受东亚季风的影响所致。每年东亚夏季风自南向北推进，经历 2 次北跳和 3 次停滞，相应形成 3 个具有区域特征的雨季，即华南前汛期雨季、江淮梅雨季和华北东北雨季；8 月中旬以后，夏季风到达最北位置，随后南撤，直至退出华南沿海。另外，华南地区受台风活动的影响，还形成后汛期雨季。上述各个雨季都是暴雨频发的集中时期，也是洪涝灾害的多发期。

强度大。我国最大日降水量分布大致是由东南向西北递减的特点，从辽东半岛，经燕山、太行山、伏牛山、巫山、武陵山、苗岭一线以东、以南的大部分地区及四川盆地在 200 mm 以上，华南沿海、海南及河南等地在 300 mm 以上，局部地区超过 600 mm，其中河南上蔡日降水量极大值为 755.1 mm(1975 年 8 月 7 日)；江苏响水日降水量极大值为 699.7 mm(2000 年 8 月 30 日)。根据现有的降水资料，我国不少时段的最大降水量与世界极值已比较接近，有的甚至超过了世界记录。如 1975 年 8 月 7 日河南省泌阳县林庄 6 小时最大降水量为 830.1 mm，超过了 1942 年 7 月 18 日在美国密士港 6 h 降水量 782 mm 的世界记录。1967 年 10 月 17 日在台湾新寮观测到的 24 h 最大降水量为 1672 mm，仅次于 1952 年 3 月 16 日法国留尼旺岛的 1870 mm，居世界第二位。其他不同历时降雨极大值：5 min 降雨极值为山西梅桐沟 1971 年 7 月 1 日 53.2 mm，1 h 降雨极值为河南林庄 1975 年 8 月 5 日 198.3 mm。

持续时间长。我国暴雨持续时间从几小时到几天，但主要时间长度 1～5 d。长江流域和华南都有明显的持续性特征。海南万宁 2010 年 10 月 1—8 日，广西东兴 1994 年 7 月 14—21 日均出现连续 8 天暴雨天气。

范围广。我国大部分地区都有暴雨发生，东部尤其是东南地区受季风影响暴雨频发，暴雨集中的地带主要有两条：一条是辽东半岛—山东半岛—东南沿海；另一条是大兴安岭—太行山—武夷山东麓。暴雨引发的洪水灾害主要发生在珠江、长江、淮河、黄河、海河、辽河等，如：1954 年和 1998 年长江流域，1991 年淮河流域出现特大持续性暴雨，1963 年 8 月海河流域特大暴雨洪涝。西部地区的暴雨也时常发生，甚至在干旱的西北地区也偶有暴雨过程发生。如 1977 年 8 月 1—2 日，在西北毛乌素沙地，8 小时（从午夜到凌晨）一个巨大的雷暴群在不到 900 km^2 米范围内下了 1050 mm 的降水（许小峰，2012）。

1.3.2.2　变化特征

近 60 年，我国暴雨事件发生了显著变化，暴雨频率增高，强度趋强，影响范围扩大，南多北少特征更为明显。

历年全国平均单站暴雨日数反映暴雨的频率，极端日降水量出现的频次可以反映暴雨的强度，暴雨出现站数可以存略反映暴雨的范围。1961—2017 年，中国年暴雨日数呈增多趋势，增多速率为 1.8%/(10a)；极端日降水量事件的发生频次总体也呈增加趋势，增加速率为 17 站次/(10a)；年发生暴雨台站数呈显著增多趋势，增多速率为 34 站/(10a)；年暴雨站日数呈极显著的增多趋势，增多速率达 233 站日/(10a)(图 1.8)。

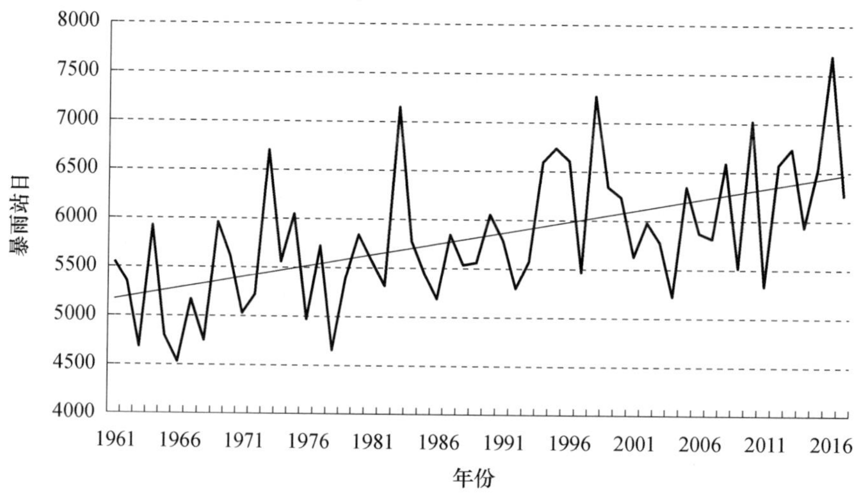

图 1.8　1961—2017 年中国年暴雨站日数历年变化

在气候变暖背景下，我国暴雨变化具有明显的区域特征。1961—2015 年，华北大部及四川中部、云南西南部和山东南部等地年暴雨日数呈减少趋势，减少速率在 0.05 d /(10a)以上，北京、天津及四川盆地西部部分地区减少速率超过 0.15 d/(10a)，黄淮南部、江淮、江汉、江南、华南及四川东部、陕西南部、云南西部呈现增加趋势，增加速率在 0.1 d /(10a)以上，江南东部及广西北部、海南、福建沿海地区超过 0.2 d/(10a)。

从年最大日降水量变化趋势而言，除东北西南部、华北、四川盆地西部及山东西部、河南大部、湖北中西部、贵州西北部、广东西部和东部、内蒙古东南部等地呈减小趋势外，我国区域大部地区最大日降水量呈增大趋势，其中江苏南部、浙江东北部、上海、安徽西南部、湖北东北北部、湖南中部、广西东北部、海南等地增大速率为 3 mm/(10a)以上，海南大部、湖南中部部分地区超过 5 mm/(10a)。

短时强降水是发生山洪和城市内涝的主要致灾因子。1961—2017 年，除河北南部、山东西部、河南中部和东部、安徽北部、湖北东部、贵州北部等地最大小时降水量呈减小趋势，其中河南东部、安徽西北部、山东西部减小速率为 0.5～1.0 mm/(10a)外，我国其余大部地区最大小时降水量呈增大趋势，其中北京、天津、安徽南部、江苏南部、江西大部、浙江东部和西部、福建、广西大部、海南、云南中部、四川盆地大部、陕西中东部和东南部、新疆中部和西部、西藏中部和西部等地 1～2 mm/(10a)。

1.3.3　暴雨灾害特征及主要影响

1.3.3.1　灾害特征

暴雨洪涝及其引发的山洪泥石流等灾害的发生除了与降水总量和降水强度有关外，还与孕灾环境有密切关系，致使在我国与暴雨有关的灾害发生具有一定的地域特征。

在我国，因强降水引发的山洪灾害在西南地区、秦巴山地区、江南丘陵地区和东南沿海地区的山丘区集中，发生频率高，易发性强；西北地区和青藏高原地区相对分散，发生频率较低易发性强(赵健和范北林，2006)。泥石流灾害主要集中分布于西南地区和秦巴山地区，主要集中在青藏高原四周边缘山区，横断山—秦岭—太行山—燕山一线，其他的山地丘陵区泥石流灾害分布零散。滑坡灾害是西部多于东部，南部多于北部，其中西南地区是滑坡分布最集中、发生频率最高的地区。具体主要集中分布于四川、重庆、云南、贵州、甘肃、陕西、湖南、湖北、福建等省(市)，滑坡灾害多成群、成片、成带状分布，其余地区多属零星散布。

1.3.3.2　主要影响

从上述可以看出，最近几十年，我国大部地区强降水发生的频次呈增多、强度呈增强趋势。虽然近年来尤其是 1998 年严重洪涝灾害之后，我国在大江大河洪涝灾害防御方面的投入很大，降水预报预警能力的提升，防御能力明显提高，但由于我国地形复杂，山洪、地质灾害发生明显，加之最近 20 年城市化进程加快，城市内涝频繁发生，每年都会造成一定的人员伤亡和财产损失。2002—2017 年，我国因暴雨洪涝灾害造成直接经济损失平均每年达 1335 亿元，而且还对社会生活的影响显著，死亡人数平均每年 1322 人。

(1)对农业的影响

洪、涝、渍是中国农业生产中主要农业气象灾害之一。山洪暴发导致河水泛滥、淹没或冲毁农田；涝害由于雨量大或集中，造成农田积水，使农田作物损害；渍害主要因持续连阴雨或洪、涝过后，农田排水不良，土壤水分长期处于过饱和导致作物根系因缺氧而受到伤害。暴雨洪涝灾害对农业生产造成很大影响。1951—2017 年，我国每年因雨涝农作物受灾面积大，总体呈增加趋势，阶段性变化特征明显(图 1.9)。多年平均为受灾面积 918.1 万 hm^2，受灾面积增加速率为 57 万 $hm^2/(10a)$。1951—1964 年的丰水期，中国各大江河防洪标准都很低，暴雨洪涝灾害比较严重，农田受灾面积年均达到 882.0 万 hm^2；经过十余年的大规模防洪建设，加上降水较前期相对减少，1965—1979 年暴雨洪涝面积显著减少，农田受灾面积年均 515.2 万 hm^2；80 年代起，随着易涝荒地的开垦、水土流失的加剧和江河湖泊的淤积，中国受洪涝灾害影响的农田面积呈明显增加趋势；20 世纪 80 年代受灾面积扩大为年均 1069.5 万 hm^2，至 90 年代进一步扩大为年均 1490.6 万 hm^2；2001—2010 年，受灾面积较洪涝灾害最突出的 90 年代有较大幅度下降，却仍明显大于前 3 个年代，达到年均 1062.5 万 hm^2，2011—2017 年，受灾面积继续较大幅度下降，为 682.3 万 hm^2。

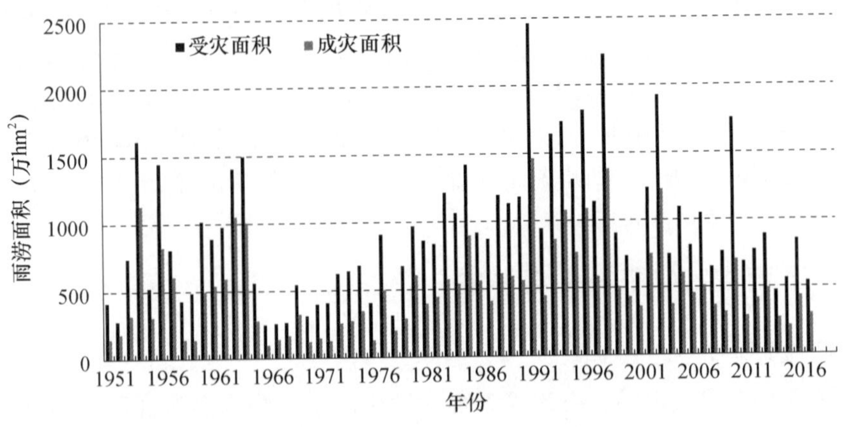

图 1.9　1950—2017 年中国暴雨洪涝农业受灾面积和成灾面积历年变化直方图

从分省来看，湖北、湖南、黑龙江、安徽、海南、江西、吉林、重庆等省（市）农作物雨涝受灾率在 10%以上，其中湖北受灾率最高，达 13.5%。

(2)对交通、电力等基础设施的影响

暴雨洪涝对交通设施危害的主要形式有冲垮桥梁、冲毁路基、淹没钢轨（或路面）、水漫路基等。一般来说，暴雨洪涝交通暴露度在江河两岸和平原地区较高。暴雨洪涝暴露度在不同的月份差别较大，一般在 5—8 月较高，其中以 7 月最高。90%的暴露度集中在夏季 3 个月(6—8 月)。从暴雨洪涝的交通暴露度地域分布来看，东北、西北、华东及华南地区的暴雨洪涝暴露度较高，如兰新铁路、京广铁路南段、陇海铁路、淮南铁路、连霍高速和京港澳高速公路南段等。

强降水引发的泥石流灾害在陇海铁路、成昆铁路和宝成铁路等线路的暴露度较高，高暴露度多分布在 6—8 月，其中以 8 月份为最高。强降水引发的滑坡崩塌灾害暴露度在西南地区的宝成线、襄渝线和成昆线，西北地区的陇海线西段和兰新线较高，灾害数量占全国总数的 8%左右；华中山区的襄渝、焦柳、太焦和侯月铁路线路暴露度也较高；在月份分布上，滑坡崩塌暴露度在 5—8 月较高，其中 7 月份最高，75%的暴露度集中在夏季。

暴雨洪涝灾害对水利工程、电力、通信等基础设施破坏也是非常严重的，主要包括：造成垮坝、冲毁排、灌渠道、堤防护岸、机电井和泵站、输电线杆塔、人饮设施、发电设施等以及浸泡设备，使得流域内大范围的区域失去防护，甚至加大暴雨洪涝灾害的威胁，直接破坏农业灌溉和生产，并在一定程度上影响区域内发电和供电的顺利进行。

(3)对社会民生的影响

社会民生影响包括暴雨洪涝造成的人员伤亡、疫病、社会不安定、学校停课等。2004—2017 年暴雨洪涝灾害死亡人数平均每年有 1100 多人，其中 2010 年，多达 3104 人；平均每年受灾人口 10000 万人次以上，2010 年全国受灾人口最多，近 2 亿人次。历史上如 1931 年发生在全国大范围的暴雨洪涝灾害，造成死亡人数竟达 40 万；新中国成立后，由于防灾和减灾措施不断改进和完善，因暴雨洪涝灾害死伤的人数大幅度下降，但当发生特大洪涝灾害时，人员伤亡仍然很大，如 1975 年 8 月河南特大暴雨洪涝淹死 2 万余人；2010 年 8 月 7 日 20—24 时，甘肃省甘南州出现局地短时强降水，由于局地性强、短时强度大、突发性强，引发舟曲县发生特大山洪泥石流灾害，造成 1700 多人死亡（含失踪）。

由于城市热岛效应，城市强降水频次趋多、强度增强，加之城市人口密集，社会财富集中，地表硬化而渗水能力差，往往一次极端降水事件就会严重影响人们正常生活，甚至造成人员伤亡和财产损失。2007年7月16—20日，重庆出现强降水过程，其中17日沙坪坝降水量达262.8 mm，突破1892年以来日雨量极值，因灾死亡55人，直接经济损失29.8亿元；7月18日，山东省出现强降水天气，济南市区1h最大降雨量达151 mm，为1958年以来历史最大值，大暴雨造成济南市严重内涝，大部分路段交通瘫痪，并造成25人死亡。2012年7月21—22日北京市出现大暴雨到特大暴雨，全市平均降水量达190.3 mm，暴雨中心房山区河北镇降雨量达460.0 mm，全市平均日降水强度超百年一遇，有11个气象站雨量突破建站以来历史极值，共造成79人死亡，紧急转移8.69万人，倒塌房屋近万间，农作物受灾面积5.7万 hm^2，绝收面积4800 hm^2，直接经济损失高达120亿元。

（4）其他影响

暴雨洪涝灾害还会对工业生产造成不利影响，导致减产或停产。除直接影响外，对国民经济其他部门的影响不仅在当年，还可能滞后一年甚至几年。此外，暴雨洪涝灾害对生态环境、水环境造成破坏和污染。洪水泛滥，可导致垃圾、污水、人畜粪便、动物尸体等四处漂移，河流、池塘和井水等都会受到病菌和虫卵的污染。

1.4 干旱灾害

1.4.1 定义

干旱是指因水分收支或供求不平衡而形成的持续水分短缺现象。干旱通常包含两种含义：一是气候干旱，指某地多年平均降水很少的一种气候现象，世界气象组织将干燥度（年可能蒸散量与年降水量之比）大于10的地区定义为常年干旱区；二是气象干旱，指某时间段内，由于蒸散量与降水量的收支不平衡，水分支出大于水分收入而造成水分短缺的现象。本章中所分析的干旱属于气象干旱。干旱灾害是指由严重的持续性气象干旱导致土壤水分匮缺，河川流量减少，危害作物和自然植被生长，以及人畜饮水和生产活动等现象。干旱灾害的发生和影响与许多因素有关，如降水、蒸发、气温、土壤底墒、灌溉条件、种植结构，作物生育期的抗旱能力以及工业和城市用水等。

1.4.2 区域分布及变化特征

1.4.2.1 区域分布特征

从中国干旱频率分布上看，我国中东部大部地区干旱频率均超过30%；东北地区西部、华北中部和南部、黄淮、西北地区东南部、江南南部、华南大部、西南大部以及内蒙古中东部等地是我国干旱的多发区，干旱频率普遍超过50%，其中华北南部、黄淮中东部及四川中东部、云南北和南部、广西西部、海南西部等地干旱频率超过70%；东北地区中东部、江南中北部等地干旱频率一般在30%～40%（图1.10）。

气象干旱在我国一年四季均有可能发生。春旱主要发生在黄淮流域及其以北地区，华北地区春旱发生频繁。有的年份春旱可持续到6月、7月，形成春夏连旱，对农业生产影响严重，有的年份甚至出现春夏秋三季连旱，对农业生产影响更为严重。夏旱通常分为初夏旱和伏旱，初夏旱多发生在北方。伏旱是盛夏三伏期间的干旱，多发生在秦岭、淮河以南到华南北部地区，以长江中下游多见。伏旱一般影响不很严重，只有旱情持续到9月、10月或11月，即出现夏秋连旱时危害才比较重。秋旱多发生在华中、华南地区，对南方晚稻生长影响较大。北方秋旱对作物影响较小，但会对冬小麦播种、出苗不利。冬旱主要发生在华南和西南东部地区。因为这里冬季仍有作物生长，需水较多，如遇少雨年就会发生冬旱。有的年份干旱持续时间长，冬旱可持续至第二年初春，对工农业及生活用水等影响很大。

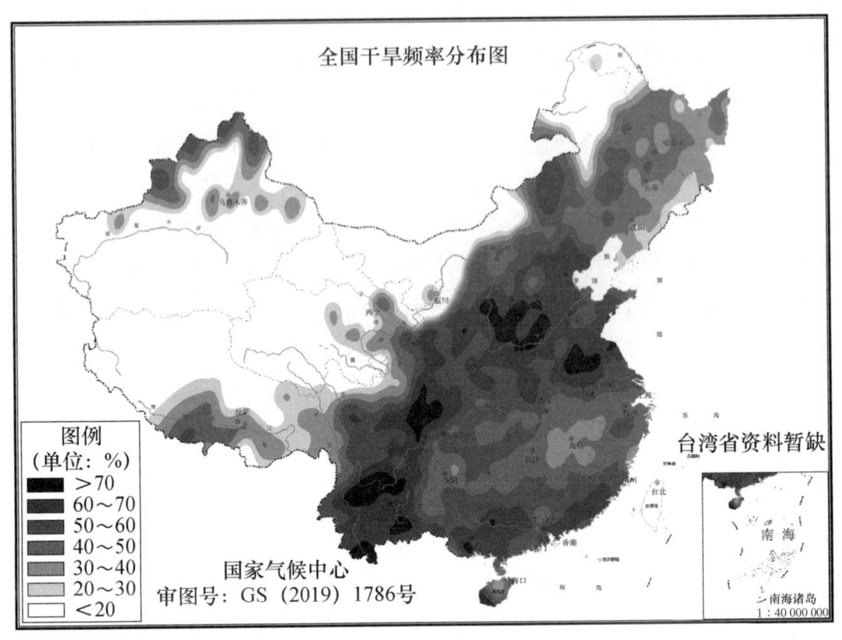

图 1.10　1981—2010 年中国气象干旱频率分布图(单位：%)

中国不同地区干旱的季节分布特征明显。东北、华北干旱主要出现在春末和夏秋季节，如 2018 年 4 月中旬至 6 月下旬，东北大部及内蒙古东部降水显著偏少，气温普遍偏高，黑龙江和吉林部分地区日最高气温超过 38 ℃，温高雨少致使内蒙古东部、东北中部和南部出现春夏连旱，对作物及牧草生长造成较重影响。西北地区东部干旱主要发生在春末夏初，如 2000 年 2—7 月，华北和西北地区东部发生特大干旱。长江中下游地区主要出现在盛夏和秋季，如 2013 年盛夏，持续的少雨高温天气导致江南及贵州等地出现严重伏旱，旱区作物受到严重影响，贵州、湖南、江西、浙江等省直接经济损失达 480 多亿元。华南地区的干旱主要出现在秋冬季节，如 2003 年夏季，长江中下游以南大部因少雨高温出现严重的干旱，10—12 月江南、华南及云南大部等地降水量较常年偏少 5 至 9 成，加之气温偏高，福建、广东等省的部分地区旱情严重，出现伏秋冬连旱。西南地区多出现在冬春季节，冬春连旱时可持续 4～5 个月，有时也发生秋、冬、春三季的连旱，如 2009 年 9 月至 2010 年 3 月中旬，云南、贵州、四川南部、重庆南部、广西北部持续少雨，气温偏高，降水量比常年同期偏少 30%～80%，云南、贵州降水量均为有气象观测记录以来最少值，平均气温分别为历史同期最高和第 3 高值，西南地区出现有气象记录以来最严重的秋冬春连旱，造成云南、四川、广西等地森林火灾频发、农业生产受灾严重、江河湖库水位明显下降、人畜饮水困难，经济社会发展和人民群众生产生活受到严重影响。

1.4.2.2　干旱的变化趋势

从气候变化的背景下看，以最近 30 年(1988—2017 年)平均的干旱频率减去前 30 年(1958—1987 年)平均的干旱频率，结果表明，东北地区中部、江南中北部、西北地区东部、青藏高原东部及北疆、内蒙古东南部等地干旱频率减少，而西南地区东部、华北地区中东部及辽宁等地干旱频率出现明显增加(图 1.11)。

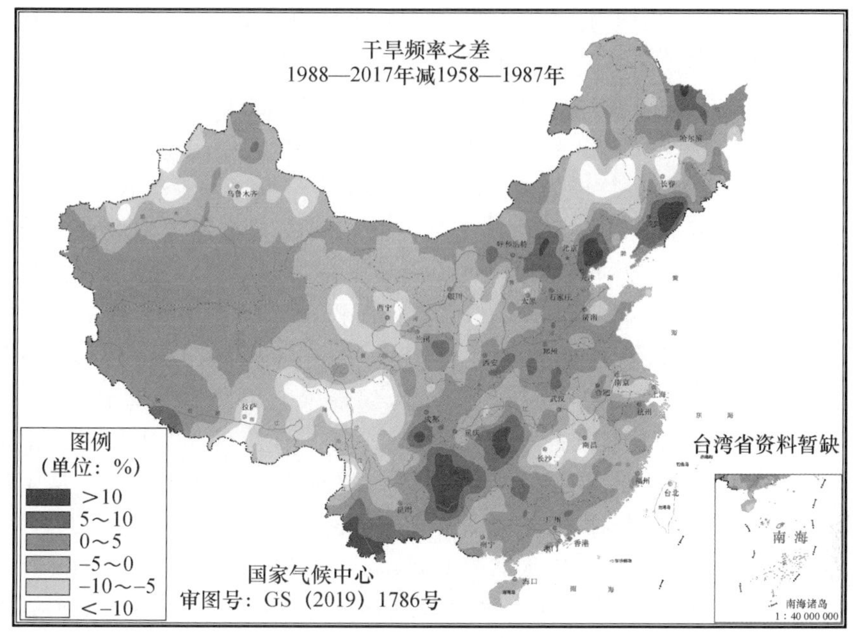

图 1.11　中国干旱频率变化(1988—2017 年减 1958—1987 年)

在最近十几年里，可以注意到，我国西南地区成为严重干旱的高发区，无论是 2006 年的川渝百年大旱，还是 2009 年至 2010 年西南地区的秋冬春三季连旱，都给人民生活和社会经济带来了巨大影响。图 1.12 是云南和辽宁干旱强度的历年变化，1961—2017 年两省的干旱强度都出现明显的增强。2009 年、2011 年和 2012 年是云南省 1961 年以来降水量最少的三年，其中 2009—2010 年、2011 年、2012 年都发生了大范围的严重干旱，云南历史最强的干旱过程为发生在 2009 年 9 月至 2010 年 4 月的秋冬春连旱，这场干旱是云南有气象记录以来持续时间最长、影响面最广、危害程度最重的特大旱灾。20 世纪 90 年代后期以来，辽宁省干旱出现明显的增多、增强的变化，其中 90 年代后期至 21 世纪初、以及最近几年是干旱的频发期。

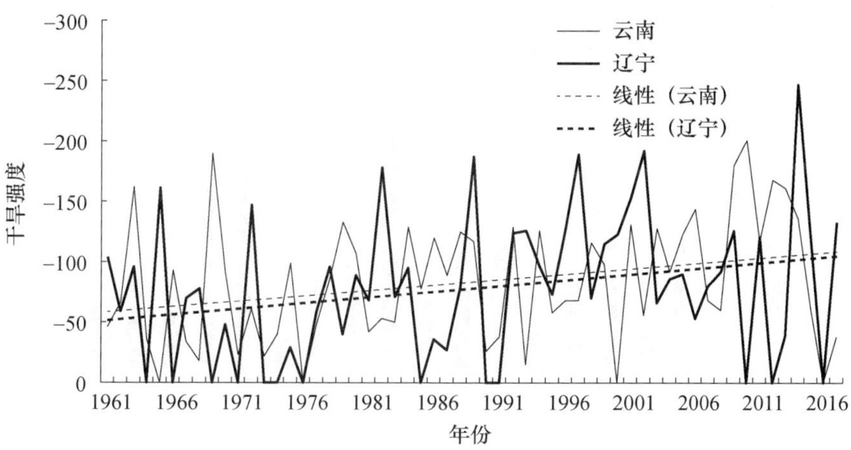

图 1.12　1961—2017 年云南和辽宁干旱强度变化

1.4.2.3 干旱的影响

干旱对人类社会的影响主要表现在农业生产、工业生产、水资源、生态环境和城市发展等方面。

干旱对农业生产影响。干旱灾害往往造成农作物减产甚至绝收，严重时甚至威胁到粮食安全问题。在自然灾害造成的中国农业受灾面积、成灾面积中，因旱受灾、成灾面积占一半以上。1951—2017 年 67 年期间，农业生产遭受严重干旱灾害的年份有 1959 年、1960 年、1961 年、1972 年、1978 年、1986 年、1988 年、1992 年、1994 年、1997 年、1999 年、2000 年、2001 年、2007 年和 2009 年，共 15 年，占总年数的 22.4%。以上各年全国农业受灾面积在 2500 万 hm^2 以上，成灾面积在 1000 万 hm^2 以上。2000 年受灾面积和成灾面积皆为最大，分别是 4054 万 hm^2 和 2678 万 hm^2，绝收 800 万 hm^2，因旱灾损失粮食近 600 亿 kg，经济作物损失 510 亿元。1978 年受灾面积次之，为 4016.9 万 hm^2；1960 受灾面积 3812.5 万 hm^2，列第三。1997 年成灾面积次之，为 2000 万 hm^2；1961 年成灾面积 1865.4 万 hm^2，列第三(图 1.13)。从年代际的情况看，20 世纪 50 年代末 60 年代初，即 1959—1961 年连续 3 年发生严重干旱；90 年代有一半年份发生严重干旱；50 年代干旱灾害较轻的年份特多，共有 6 年；80 年代全无干旱较轻的年份。20 世纪末到 21 世纪初干旱灾害最严重，2010 年以来干旱灾害比较轻。从干旱直接经济损失的变化看，进入新世纪以来，我国年均干旱直接经济损失达 587.7 亿元，其中 2009 年高达 1099.2 亿元(图 1.14)。另外，在畜牧业生产方面，干旱缺水会造成牧草不能正常生长，使草地可载畜量大幅度下降，牲畜因饲料和饮水短缺造成发育不良，甚至死亡，干旱灾害还常常伴有严重的病虫鼠害，甚至草场火灾，会进一步加剧对畜牧业的影响。干旱灾害对林业造成的主要危害是令森林土地生产力降低、病虫害蔓延或导致森林火灾等。

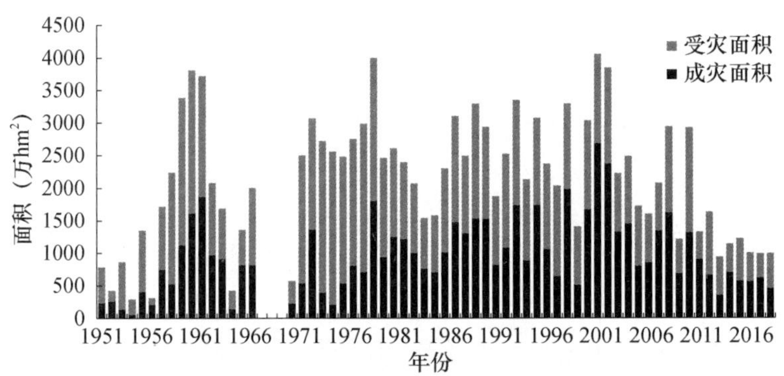

图 1.13　1951—2017 年中国农作物因旱受灾及成灾面积变化

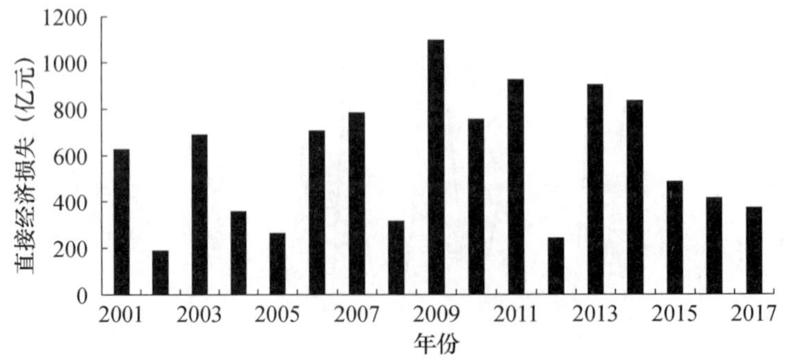

图 1.14　2001—2017 年中国干旱直接经济损失变化

干旱对水资源的影响。干旱与其他气象灾害相比有发生频繁、持续时间长、影响重等特点，不仅威胁粮食安全，也威胁供水安全。我国是水资源严重短缺的国家，频繁发生的干旱造成地表水减少、江河径流量减少、河流断流、地下水位降低、水库干涸，威胁城镇供水安全。城市是人口高度集中、经济高度聚集的地区，水资源供需矛盾突出、水环境脆弱、水安全压力大，随着城市化进程加快，大量的农村人口和乡镇人口转为城市人口，用水量加大，城市水危机愈发严重，水资源的不足严重影响城市的供水安全。目前我国 600 多个城市中，有 400 多个城市供水不足，其中，严重缺水的城市有 114 个。在我国北方的大部分城市人均生活用水定额要低于全国平均水平，尤其在特殊的干旱年，生活用水只能定时限量供应，给居民生活造成极大的不便。近年来，我国区域性极端干旱事件频繁发生。20 世纪 90 年代后期至 21 世纪初，我国北方地区遭遇连年严重干旱，城市缺水严重。2006 年夏季，川渝地区发生了特大伏旱；2009 年秋季至 2010 年 3 月，西南地区发生历史罕见特大干旱；2011 年，长江中下游遭受近 60 年最重冬春连旱；2013 年，江南及贵州等地遭遇严重高温干旱。频发的干旱加剧了城市水资源短缺问题。因水资源匮乏造成城市供水不足，不但影响居民生活质量，还给企业生产造成困难。

干旱对生态环境影响。长时间持续频发的干旱不但导致地表水匮乏，河道断流、湖泊干涸，而且造成土地沙化、树木枯死、草场退化、冰川退缩、湖泊干涸、风蚀加剧，对生态环境有着极其不利的影响。干旱引起的荒漠化直接威胁着人类的生存和发展。我国北方大部分地区属于干旱半干旱、半湿润气候区，生态系统脆弱，荒漠化进程十分严重，这是目前我国最为严峻的生态环境问题之一。另外，干旱使地表径流量大幅度减少，河流、湖泊的自净能力下降，水质变差，水生态环境遭到严重破坏，水生动植物的生存受到威胁。由于干旱缺水造成地表水源补给不足，只能依靠大量超采地下水来维持城市居民生活和工农业发展，然而超采地下水又导致了地下水位下降、漏斗区面积扩大、地面沉降、海水入侵等一系列的生态环境问题。

干旱对城市及工业生产影响。缺水城市一般都要限制高耗水工业的发展，有些工业规划项目往往因水源不能满足而难以实施甚至停止；干旱期间采取的一些应急措施，如大幅度提高生产用水的价格，会导致企业生产成本增加，利润率下降，工业企业正常生产会受到影响，造成工业生产能力闲置、产品产量下降，产品的市场竞争力受到影响。另外，持续的干旱导致河流干涸，会降低水力发电能力，造成工厂或居民生活限电现象加剧。干旱对交通运输的影响主要是水上交通。降水量减少，江河来水量偏低。当河道水位不及通航水深时，可能会出现船舶搁浅事件，严重影响正常的水上交通运输。2006 年夏季，受特大伏旱影响，嘉陵江重庆站和长江流域的重庆、宜昌、沙市、武汉等站出现历史同期最低水位，其中 8 月 16 日，长江重庆站水位一度退至 3.03 m，比百年历史最低记录还低 0.57 m，给长江航道畅通造成严重压力。

1.5　强对流(大风、冰雹、龙卷、雷电)

1.5.1　定义

强对流天气，也称风雹，是雷电、雷雨大风、冰雹和龙卷等灾害天气的统称。这种天气的水平尺度一般小于 200 km，有的仅有几千米；生命史一般有一小时至十几小时，较短的仅有几分钟至一小时；具有明显的突发性。由于天气变化剧烈，破坏力很强，常常导致房屋倒毁，庄稼树木受到摧残，电信交通受损，甚至造成人员伤亡等。世界上把它列为仅次于热带气旋、暴雨洪涝、干旱之后的第四位具有杀伤性的灾害性天气。

雷暴是积雨云强烈发展阶段时产生的雷电现象，它常伴有大风、暴雨以至冰雹和龙卷，是一种局部的但很猛烈的灾害性天气。雷电通常是指发生在强对流云系内的放电现象。其中的云地闪特指这些放电中发展到达地面的一类放电现象。

大风是指瞬时风速达到或超过 17.0 m/s（或目测风力达到或超过 8 级）的风。

龙卷是一种强烈的、小范围的空气涡旋，是在强烈不稳定天气条件下，由空气强烈对流运动产生的，通常是由雷暴云伸展至地面的漏斗状云产生的强烈旋风。龙卷中心气压很低，中心风力可达 100～200 m/s 以上，具有极大的破坏力。

冰雹是从发展强盛的积雨云中降落到地面的冰球或冰块，是一种季节性明显、局地性强，且来势猛、持续时间短，以机械性伤害为主的天气灾害。

1.5.2 大风区域分布及变化特征

1.5.2.1 大风区域分布特征

我国多年气候平均的大风日数总体上呈现北方多南方少、高原多平原少的分布形态，大风多发区有两个：一个是青藏高原，大部分地区年大风日数达 30 d 以上，部分地区超过 50 d，该区为中国范围最大的大风日数高值区；二是内蒙古中北部地区、新疆东部和西北部的部分地区，年大风日数在 30 d 以上。此外，沿海及其岛屿、山地隘口和孤立山峰处也是大风日数多发区。中国其余大部地区年大风日数在 10 d 以下（图 1.15）。

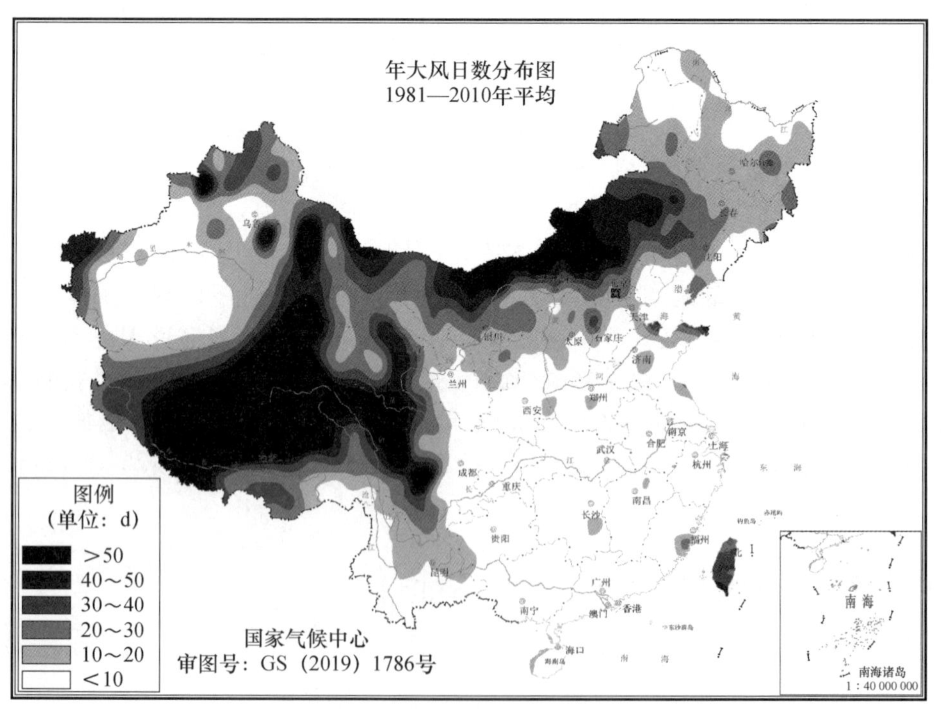

图 1.15 中国年大风日数分布（1981—2010 年平均）

从季节来看，春季大风出现最为频繁、范围最广，秋季出现最少、范围最小。在我国，大风是由台风、冷空气南下、强对流天气系统和低气压、倒槽等天气系统产生的。作为强对流天气系统产生的雷雨大风多发生在春、夏、秋三季，冬季较为少见；冷空气南下产生的大风主要出现在北方的冬春季；在沿海地区大风主要由夏季台风影响的。大风的出现多伴随着台风、寒潮、强对流等天气现象产生，因此无明显的日变化特征。

1.5.2.2　大风变化趋势

中国年大风日数常年值（1981—2010 年）为 10.1 d。1961—2017 年，我国年大风日数呈明显减少趋势（图 1.16）。1966 年大风日数最多，为 25.5 d，2011 年最少仅为 3.2 d。

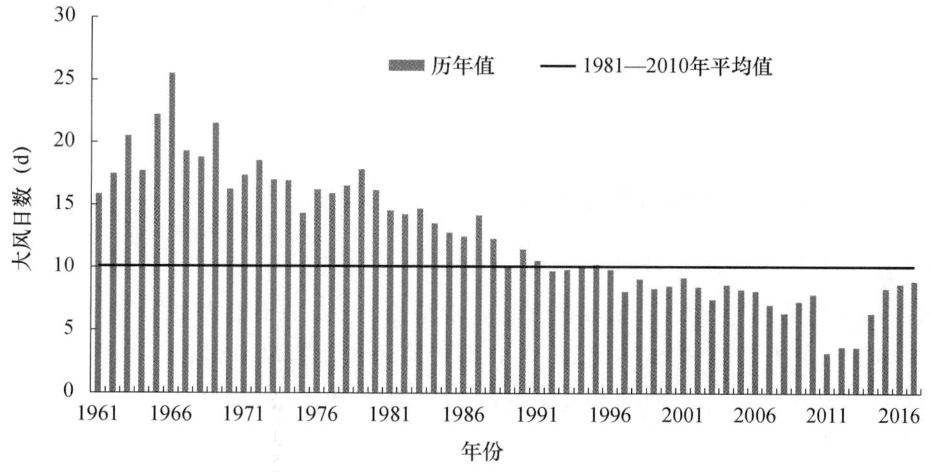

图 1.16　1961—2017 年中国年大风日数变化

1.5.3　龙卷区域分布及变化特征

1.5.3.1　龙卷区域分布特征

在我国，龙卷一般多发生在中东部地形相对平坦的平原地区。从区域尺度来看，长江三角洲、苏北、鲁西南、豫东等平原、湖沼区以及雷州半岛等地都是龙卷的易发区（魏文秀和赵亚民，1995）。从省级行政单元尺度来看，江苏省、安徽省、广东省、河南省、湖北省是龙卷多发的省份，其中江苏省高邮市被称为中国“龙卷之乡”；黑龙江省、河北省、浙江省、江西省和湖南省等省份龙卷的发生频次较高（黄大鹏 等，2016）。

从年际变化特征来看，中国龙卷的年发生次数总体上呈现明显的减少趋势；从年内变化特征来看，春季和夏季为我国龙卷多发季节，4—8 月龙卷个数占全年的 90%以上，尤以 7 月和 8 月最多，两月约占全年总数的 50%以上。从日变化特征来看，龙卷在一天中的任何时间都可能发生，以午后到傍晚为高发时段（郑峰和谢海华，2010；范雯杰和俞小鼎，2015）。

1.5.3.2　龙卷变化趋势

1984—2017 年，全国共发生龙卷事件 1358 个，平均每年约 40 个龙卷。2005 年以来，中国龙卷的年发生次数呈现明显的减少趋势（图 1.17）；龙卷导致的死亡人数呈现明显的减少趋势，倒损房屋数量呈现减少趋势，而直接经济损失则呈现弱的减少趋势。

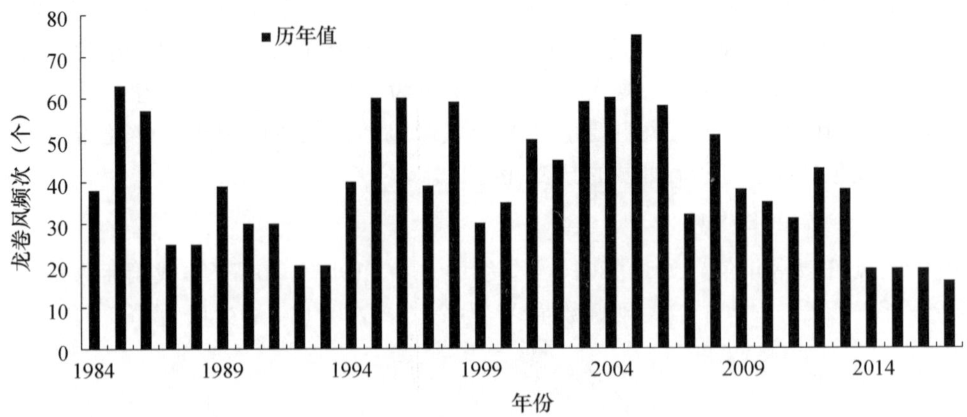

图 1.17　1984—2017 年中国龙卷年发生次数

1.5.4　冰雹区域分布及变化特征

1.5.4.1　冰雹区域分布特征

我国多年平均的冰雹日数呈现高原山地多于平原、内陆多于沿海的分布特征。冰雹主要发生在青藏高原、黄土高原、内蒙古高原、东北部分地区及新疆西部和北部等地，年冰雹日数常年值(1981—2010 年)有 1～3 d，其中青藏高原为冰雹高发区，大部地区年冰雹日数在 3 d 以上，部分地区超过 15 d(图 1.18)。

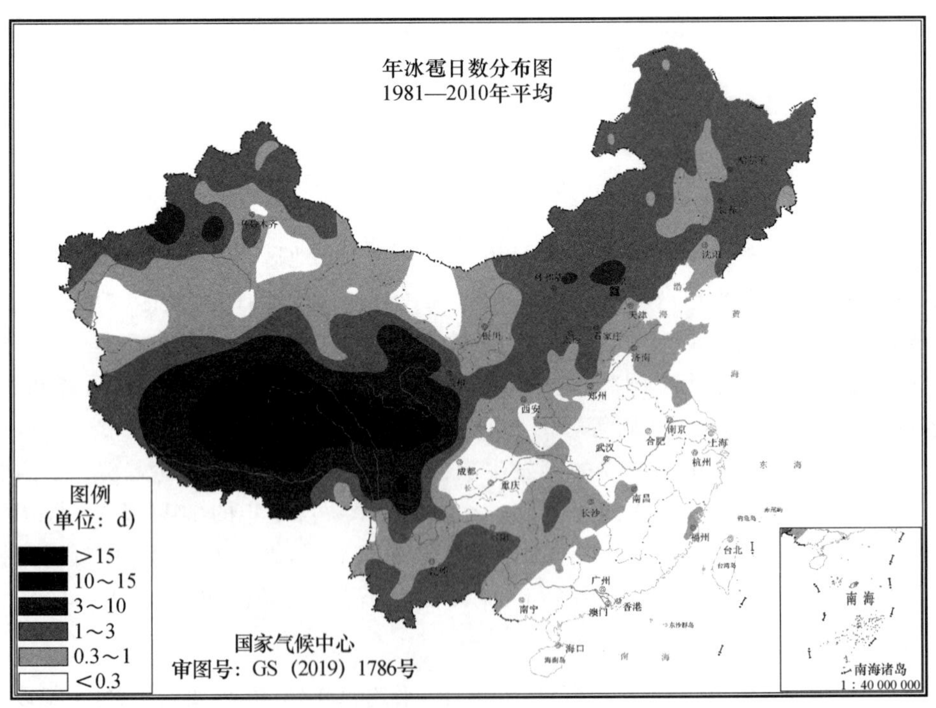

图 1.18　中国年冰雹日数分布(1981—2010 年平均)

具体来讲，我国主要多雹区有以下地区。

（1）青藏高原多雹区。这是我国雹日最多、范围最大的地区，年冰雹日数均在1 d以上，其中最多中心在拉萨以北的西藏中北部地区、青海东南部，四川阿坝—理塘以西地区，年冰雹日数可达15 d以上，西藏的那曲为全国之冠，年冰雹日数为30.0 d，最多年份可达53 d（1976年）；西藏的班戈平均每年有28.1 d、安多每年有26.0 d，但高原地区雹粒小，很少形成雹灾。

（2）北方多雹区。天山及祁连山、六盘山、黄土高原、内蒙古高原经河北北部到整个东北地区，年冰雹日数普遍有1～3 d，局部地区3 d以上。

（3）南方多雹区。云贵高原、湘西山地年冰雹日数一般有1～3 d。

除了上述地区外，我国其余大部地区年冰雹日数不足1 d。

冰雹发生的季节变化较为明显，主要发生在春、夏和早秋季节。其中2—5月淮河流域以南多雹，5—6月淮河流域以北多雹，6—9月青藏高原和其他高山地区多雹，5—6月和9—10月东北地区、山东霸道和青藏高原南侧多雹。

一天内任何时间都可以降雹。不同地区不同季节，降雹可能集中在一日的某个时段。我国大部分地区70%降雹多集中在地方时13—19时，以14—16时最多；世界上大部分降雹也是如此。这反映了局地热力作用在雹暴发生发展中的重大作用。当然也有例外，在我国四川盆地往东到湘西、鄂西南一带，受青藏高原影响，夜间降雹比白天多。

1.5.4.2　冰雹变化趋势

中国年冰雹日数常年值（1981—2010年）为1.0 d。1961—2017年，中国年冰雹日数呈减少趋势；阶段性特征明显，冰雹多发期出现在20世纪60—80年代，90年代以来为冰雹少发期（图1.19）。

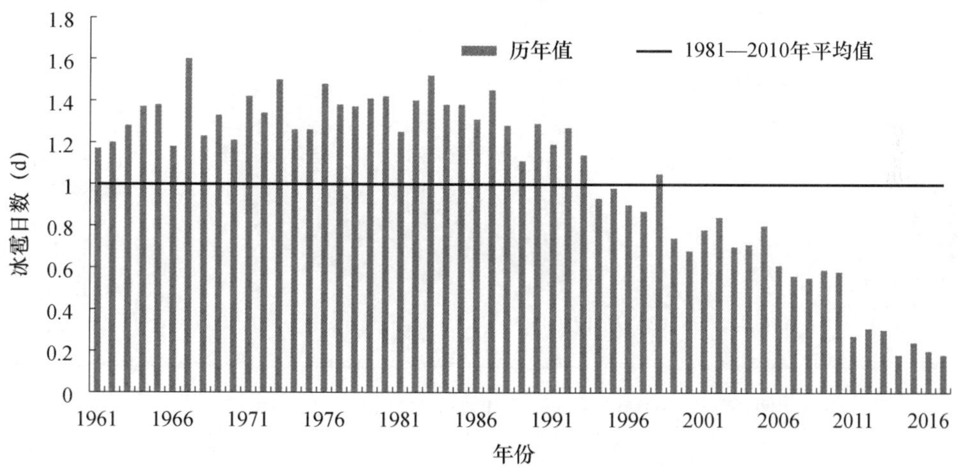

图1.19　1961—2017年中国年冰雹日数变化

1.5.5　雷电区域分布及变化特征

1.5.5.1　雷电的时空分布特征

雷电通常是指发生在强对流云系内的放电现象。其中的云地闪特指这些放电中发展到达地面的一类放电现象。根据我国闪电定位网对我国大陆地区云地闪的监测结果，我国云地闪的多发区域主要位于珠江三角洲及其临近区域、西南地区中东部和长江中下游地区。其中，珠江三角洲地区的年平均云地闪密度最高，最大值超过 30 次/($km^2 \cdot a$)。每年的 6—8 月是我国云地闪发生最为频繁的时间段。其中，全国云地闪的月频数通常在 8 月份达到峰值。峰值时段内全国云地闪月频数的数量级通常都能达到 10^6 次。

对年雷暴日数的分析显示出了类似的分布特点，即南多北少(图 1.20)。华南大部及云南南部、江西南部雷暴日较为频繁，年雷暴日数一般能达到 60～80 d，其中云南南部、海南、广东西南部、广西东南部局部可达 80～100 d。江淮西南部、江南、四川盆地东部及贵州、云南北部等地的年雷暴日能达到 30～60 d；青藏高原夏季是个巨大热源，对流活动强，雷暴天数也较为频繁，西藏中部、青海南部和东部、四川西部年雷暴日数普遍有 30～70 d。华北中北部、东北中部的年雷暴日数一般能到达 30～40 d。其余北方大部及江淮大部、江汉等地雷暴日数相对较少，大部分地区年雷暴日数不足 30 d。

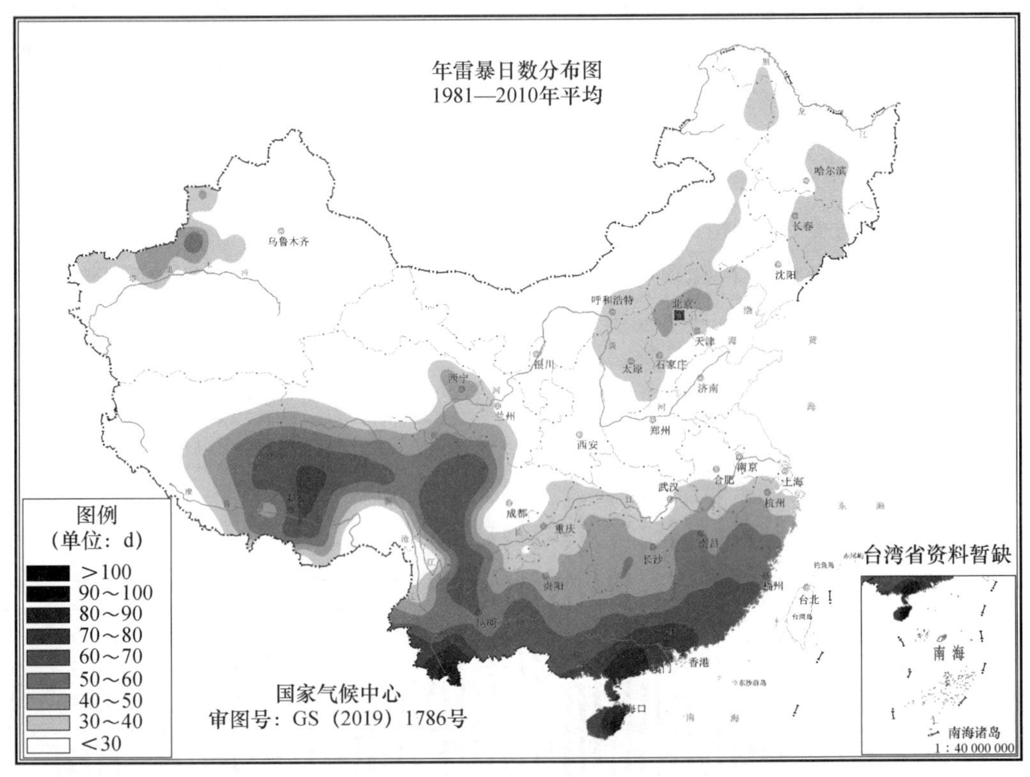

图 1.20　中国年平均雷暴日数分布(1981—2010 年平均)

从时间分布上看，雷暴日呈现出较强的季节性，一般夏季最多，也有少数地区春秋季多，冬季最少，从全国来看，主要雷暴日集中在 4—10 月，尤以 6 月、7 月最为频繁，各地雷暴发生季节略有差异。

1.5.6　主要影响

1951—2017 年，中国平均每年因风雹农作物受灾面积为 373.9 万 hm^2，成灾 167.3 万 hm^2。严重风雹灾害年份农作物受灾面积可达 600 万 hm^2 以上，其中 2002 年高达 747.7 万 hm^2(图 1.21))。

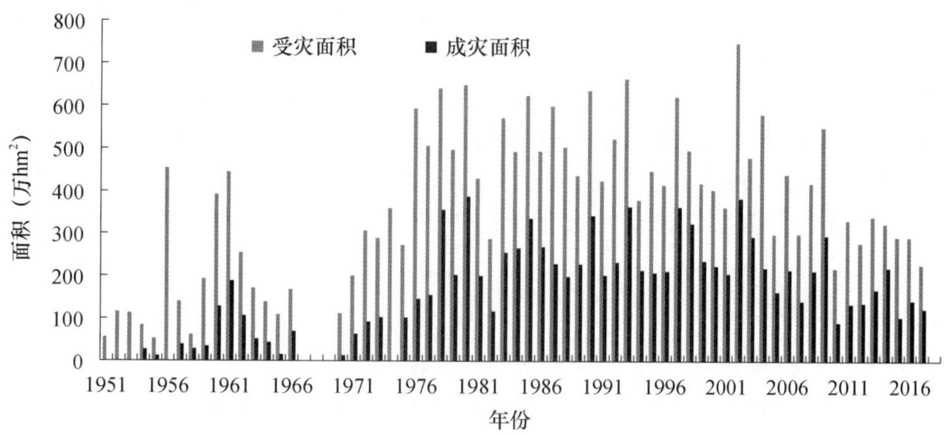

图 1.21　1951—2017 年中国农作物风雹受灾及成灾面积变化
（1967—1969 年资料缺）

1.5.6.1　大风影响

大风是一种灾害性天气，给人们的生活带来许多不便，严重时还能造成巨大的生命财产损失。我国大风灾害影响比较严重，四季均有发生，主要发生在沿海地区和复杂山地。大风带来的灾害主要是风压增大对物体的物理损伤，大风对农业、建筑物和建筑施工设备、电力、交通以及人民生命财产等都会造成危害或不利影响。

对农业影响：主要表现为对农作物的直接危害和对农业设施的破坏。对农作物的危害包括机械性损伤和生理损害两方面。机械性损伤是指作物折枝损叶、落花落果、授粉不良、倒伏、断根和落粒等；生理损害是指作物水分代谢失调，加大蒸腾，植株因失水而凋萎。对设施农业的影响较大，损坏大棚设施、刮破棚膜等。

对建筑物和建筑施工设备的影响：大风会造成建筑物受损或倒塌，各类危旧房、工棚、临时建筑、围墙、广告牌以及建筑施工中的吊车、电梯、脚手架等在强风中易被刮倒或刮断。

对电力的影响：大风对电力系统的安全稳定运行会产生一定的不利影响，可能会造成架空配电线路混线、断线、倒杆等事故，而引起大面积停电。

对交通的影响：大风对航空、公路、铁路、水路运输会造成不利影响，导致飞机延误、高速公路封闭、铁路停运、水路封航等，严重的会导致交通事故的发生。2007 年 2 月 28 日凌晨，受大风天气影响，由乌鲁木齐开往南疆阿克苏的 5807 次旅客列车，在行至吐鲁番的珍珠泉至红山渠之间（属三十里风区）时，11 节车厢脱轨侧翻，造成重大人员伤亡，南疆线被迫中断行车 9.5 小时，滞留旅客人数达 1100 人。

对人民生命财产的影响：大风造成人员直接或间接伤亡的事件时有发生。大风经常会吹倒不牢固的建筑物、高空作业的吊车、广告牌、通信电力设备、电线杆、树木等，造成财产损失和人员伤亡。

1.5.6.2　龙卷影响

由于龙卷是大气中最强烈的涡旋现象，影响范围虽小，但破坏力极大。它往往使成片庄稼、成万株果木瞬间被毁，令交通中断，房屋倒塌，人畜生命遭受损失。2019 年 7 月 3 日 17 时 30 分左右，辽宁铁岭开原市区遭受突发龙卷袭击，造成开原市 9900 余人受灾，6 人死亡，190 人受伤。

从龙卷灾害影响的年际变化特征来看，龙卷导致的死亡人数呈现明显的减少趋势，倒损房屋数量呈现减少趋势，而直接经济损失则呈现弱的减少趋势；龙卷导致的死亡人数、倒损房屋数和直接经济损失均集中在夏季，其次是春季，7 月最为频繁且灾情最重。总体上，中国龙卷发生次数和直接经济损失均表现出西少东多的分布特征，龙卷造成的死亡人数和倒损房屋数量在我国东部偏南地区较多。江苏省、安徽省、湖北省、湖南省、江西省和广东省为中国龙卷灾害发生频次高、死亡人数多且经济损失较重的省份，其中江苏省和安徽省最为严重(黄大鹏等，2016)。

1.5.6.3 冰雹影响

我国是世界上雹灾比较严重的国家之一，冰雹的危害程度，一方面与农作物种类及生育期有关，另一方面与雹块的大小、密度、降雹范围和降雹持续时间有关。平原地区虽然降雹日数少，但因是农业区，且雹块一般比较大，多出现在农作物生长关键期，冰雹成灾都较高原山区为重，成灾率也高。青藏高原地区冰雹频繁，但高原地区雹粒小，很少形成雹灾。由于东部和平原地区是我国农业区，冰雹又多出现在农作物生长的关键期，且雹块一般比较大，冰雹对农作物造成的灾害往往在这些地区比较重。受自然环境和天气背景条件的影响，中国是冰雹灾害频繁发生的国家，每年冰雹都给农业、建筑、通信、电力、交通以及人民生命财产带来很大损失。尤其是山区及丘陵地区，地形复杂，天气多变，冰雹多，受灾重，对农业危害大，猛烈的冰雹打毁庄家，损坏房屋，人被砸伤，牲畜被砸死的情况时有发生。因此，冰雹是我国严重自然灾害之一。据有关资料统计，我国每年因冰雹所造成的经济损失达几亿甚至几十亿元。

1.5.6.4 雷电影响

雷电通过直接影响(由于和雷电放电通道直接接触而产生的破坏，一般会留下十分明显的痕迹)和间接影响(由于流经雷电通道的强脉冲电流所产生的包括静电、磁感应、传导、电磁辐射等各种效应，对远离放电通道的区域内的电气系统等造成的永久性破坏或者扰乱)对其经过区域和周边几千米甚至更远范围内造成灾害。这些灾害包括严重危及飞机飞行安全、干扰无线电通信、击毁建筑物和各种设备、引发火灾，以及直接击死击伤人畜。

1997—2017 年各省平均年雷电灾害事故数的统计显示，我国雷电灾害事故主要出现在广东、浙江、湖南、福建、江苏和河北等省，西北地区的雷电灾害事故则明显较少(图 1.22)。北方地区因雷电导致的人员伤亡人数明显少于南方地区。广东省年平均伤亡人数分别达到了 43 人和 49 人，云南省的年平均伤亡人数也分别达到 45 人和 35 人；其他如江西、贵州、广西、湖南等省区的雷击伤亡人数也较多(图 1.23)。

在时间分布上，我国雷电导致的人员伤亡事故多数集中于 4—9 月，6—8 月是雷电灾害的高发期，由雷电造成的受伤和死亡人数分别占各自全年总人数的 58%和 63%。雷电导致的月平均受伤和身亡人数都在 7 月份达到峰值，其占全年数量的比例分别达到 24%和 28%(图 1.24)。

从历年来对全国雷电灾害和雷灾导致的人员伤亡统计结果来看，我国年平均发生雷灾事故 6373 起，每年雷电灾害平均导致 355 人受伤、359 人身亡。在雷电灾害事故最为频繁的年份，全年雷灾事故数接近 2 万起，雷灾导致的人员伤亡总数接近 1400 人。在雷灾导致的人员伤亡中，农村人口和发生在农村地区的事故中的人员所占比例较高，死亡和受伤人员所占比例分别达到 51%和 29%。大量的雷灾事故都发生在户外的开阔环境中。其中，农田、开阔地和水面分别是发生雷灾比例较高的三种环境。

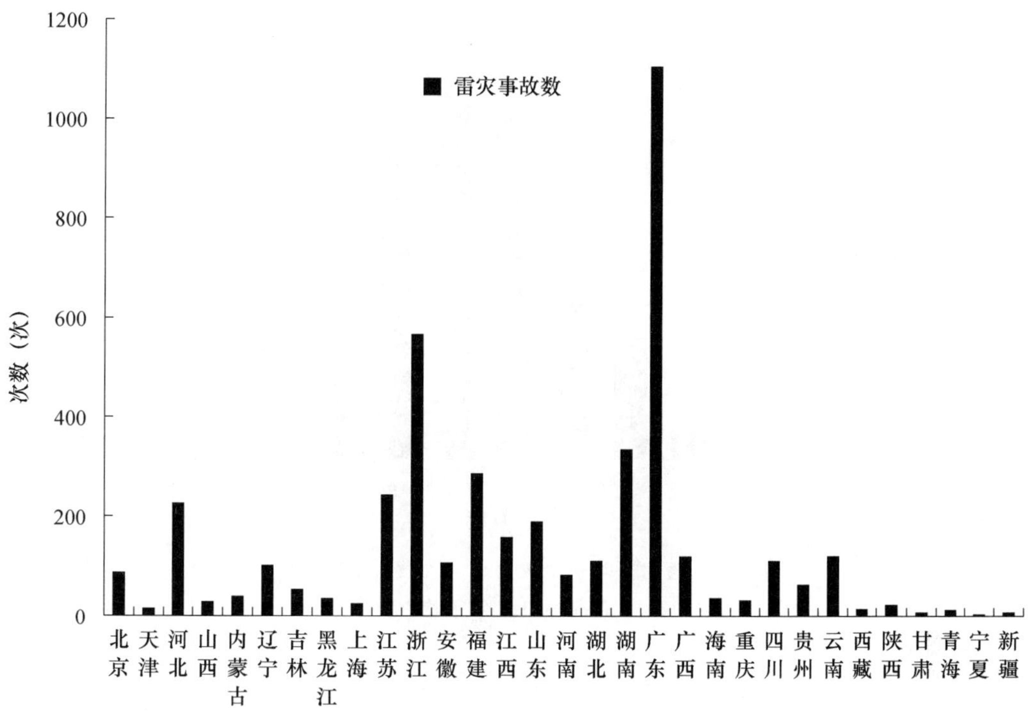

图 1.22　各省(区、市)年雷灾事故数(1997—2017 年平均)

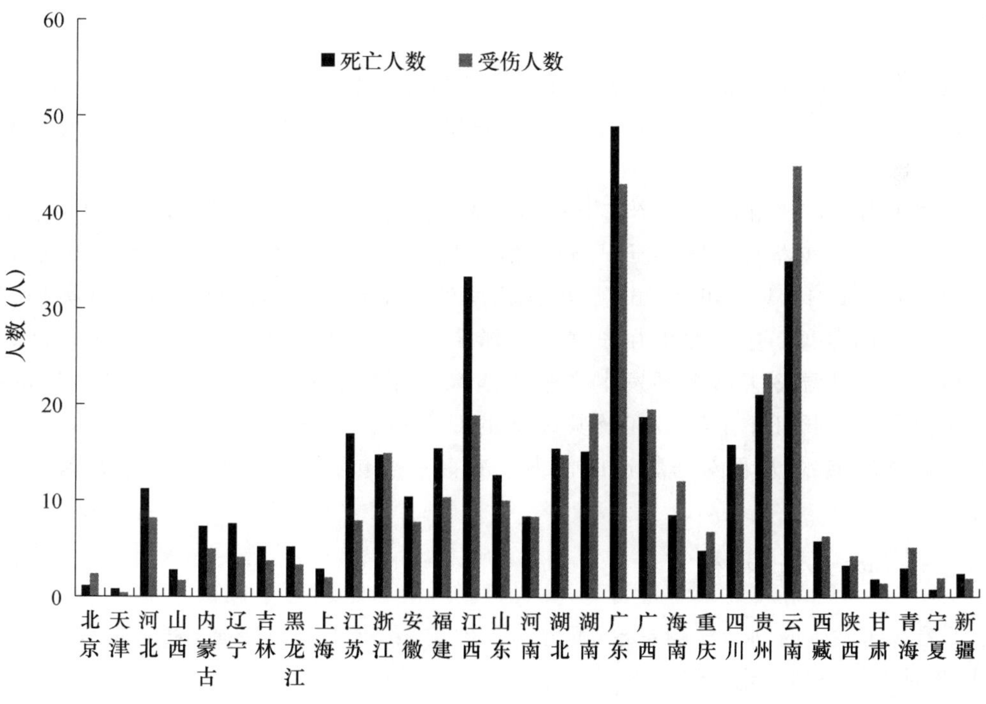

图 1.23　各省(区、市)年雷电灾害伤亡人数(1997—2017 年平均)

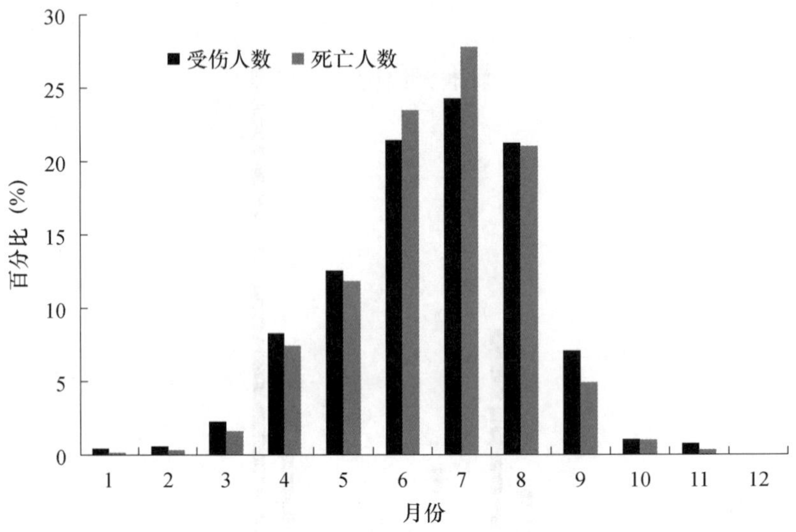

图 1.24　逐月平均雷电灾害伤亡人数占全年的比例
（1997—2017 年平均）

1.6　低温冷冻害（寒潮、冰冻、霜冻、雪）

1.6.1　定义

低温冷冻害又称为冷冻害，是指作物生长期内因温度偏低，热量不足，或是作物的某一生育阶段，遇有一定强度异常低温，影响作物的生长发育速度或是影响结实、灌浆成熟，使作物受害减产的灾害。

冷冻害可分为冷害和冻害。冷害是因温度降到作物生育所能忍受的底线以下而造成农作物生理障碍或结实器官受损，最终导致不能正常生长结实而减产。冷害发生时的日平均温度一般在 0 ℃以上，甚至可达 20 ℃，因作物所处的发育期而异。可分为三种类型：(1)春季冷害，也称“倒春寒”，主要发生在长江中下游沿江及其以南地区的早稻播栽期；(2)夏季冷害，也称“东北低温冷害”，主要发生在东北地区的作物生长期间；(3)秋季冷害，也称“寒露风”，主要发生在长江中下游沿江及其以南的双季晚稻抽穗扬花期。冻害指 0 ℃以下的低温使作物体内结冰，从而对作物造成伤害。冻害一般包括雪灾、冻雨（雨凇）、雾凇、霜冻、寒潮等。

1.6.2　低温冷害特征

按低温冷害发生时间和影响对象，可分为三种类型：春季低温冷害，东北夏季低温和秋季寒露风，其时空特征和变化趋势如下：

春季冷害（倒春寒）主要发生在长江中下游沿江及其以南地区的早稻播栽期，湖南、江西、福建、广西北部、广东北部等地平均每年出现春季低温冷害过程 1.0～1.5 次，局部地区超过 1.5 次；华南大部、江南东部等地不足 1.0 次，长江三角洲由于水稻播栽期偏晚，发生次数少于

0.5 次。最多年份，湖南、广西北部、广东北部、福建中北部等地一般有 3～4 次，长江三角洲及华南大部有 1～3 次。南方平均春季低温冷害发生次数为 0.9 次，其中 1996 年最多，为 1.8 次，2001 年最少，约 0.2 次。1961—2017 年，南方水稻春季低温冷害发生次数总体呈减少趋势，特别是 20 世纪 90 年代以来，减少趋势更为明显。

夏季冷害主要发生在东北地区的作物生长期，东北夏季低温冷害频率北部高、南部低，东部高、西部低，其中黑龙江大部和吉林东部大于 30%，吉林中西部和辽宁大部 20%～30%，辽宁的部分地区在 20%以下。东北地区夏季低温冷害发生站数比平均为 28.8%，1976 年发生区域性夏季低温冷害，发生站数比达 100%，1994 年、1998 年、2000 年、2001 年、2007 年、2013 年没有低温冷害发生。1961—2017 年，东北夏季低温冷害发生站数比总体呈减少趋势，减少速率为 13.4%/10 年。其中，1995 年以前东北地区大范围夏季低温冷害多发，1995 年以后很少出现大范围的低温冷害。

秋季冷害（寒露风），主要发生在长江中下游及其以南地区的双季晚稻抽穗扬花期，江淮、江汉、江南北部平均每年出现秋季寒露风过程次数一般在 2 次以上；福建南部、广东大部、广西南部、海南等地少于 1 次；其余地区为 1～2 次。最多年份，华南大部一般为 3 次左右，江苏、安徽、浙江、江西北部、湖南、湖北等地有 4～5 次，局部地区在 5 次以上。南方平均秋季寒露风过程次数为 1.7 次，其中 1972 年最多，达 2.7 次，2006 年最少，只有 0.6 次。1961—2017 年，南方秋季寒露风过程次数总体呈微弱的减少趋势。

1.6.3　寒潮特征

冷冻害首先是由于气温低引起的，这与冷空气活动有直接关系。伴随冷空气从北半球中高纬爆发南下，降温、低温、大风、雨雪等相伴而至。尤其是寒潮，由于其降温幅度大，大风和雨雪等强度强，最易造成冷冻害。对一个地区而言，可以根据当地的降温幅度确定冷空气活动强度，国家标准《冷空气等级：GB/T 20484—2017》（全国气象防灾减灾标准化技术委员会，2017.）就对这种单点的冷空气强度分级进行了规定。实际冷空气活动，尤其是具有较强破坏力和影响的冷空气活动具有一定的空间连续性和时间持续性，以过程的形式出现，因而中国气象局制定了《冷空气过程监测业务规定》，确定了冷空气过程的判识方法和监测指标。在这些标准和规定中，不仅对强度不同的冷空气进行了分级，也明确定义了单点寒潮和寒潮过程的判识方法。

对单点而言，中国年寒潮频次具有北多南少的分布特征。东北、华北西部和北部及内蒙古大部、新疆北部和东部、青海大部、西藏西北部等地平均每年发生寒潮 5～10 次，其中，东北地区东南部和北部、内蒙古东部大部、北疆北部、青海南部局部等地达 10～15 次，部分地区超过 15 次（图 1.25）。年寒潮频次极大值的分布特征与此相似。东北大部、华北西部和北部以及内蒙古大部、新疆北部和东部、甘肃西北部、青海、西藏西部等地年寒潮频次极大值有 10～15 次，其中东北大部、华北北部及内蒙古大部、北疆北部、青海和西藏部分地区达 15～25 次，部分地区超过 25 次。中国大部地区寒潮频次呈现减少的趋势，其中东北地区中部、西北地区中部部分地区以及内蒙古中东部和西部等地线性变化趋势为－1.0 ～－0.5 次/(10a)，局部地区小于－1.0 次/(10a)。

在中国，平均每年出现 5.3 次寒潮天气过程（含全国性、区域性），主要发生在当年 9 月至次年 5 月，且在 11 月出现最多，平均每年有 0.9 次。

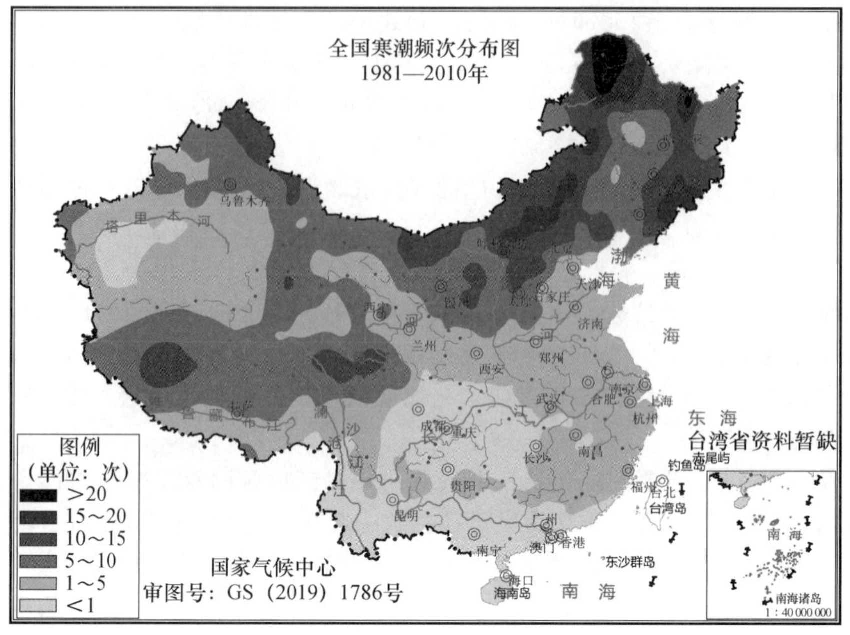

图 1.25　中国寒潮年频次分布图(单位:次)

1.6.4　冰冻

雨凇和雾凇是我国两种主要的冰冻类型。雨凇是指过冷却雨滴碰到冰点附近的地面或地物上,立即冻结而成的坚硬冰层;雾凇是指在空气层中,水汽直接凝华,或过冷却雾滴直接冻结在地物迎风面上的乳白色冰晶。两者虽然在物理特性,外形特征等方面都存在显著不同,均会对农作物和林木造成冻伤或冻死,并且还最易在输电和通信线塔上结冰,压断和损毁电力通信设施。另外,道路结冰会严重影响交通运输,一方面影响交通运输安全,另一方面由于高速公路关闭等造成交通拥堵或中断。

图 1.26 显示了中国平均每年的冰冻日数分布。可以看到,四川东部、云南大部、广东南部、广西南部、海南等地为无冰区;年平均冰冻日数在 1 d 以下的少冰区主要分布在内蒙古西部和东南部、青海大部、西藏东南部、广东北部、广西北部、长江三角洲等地;年冰冻日数在 1 d 以上的地区分布在新疆、西北东部、内蒙古东北部、东北、华北、淮河流域及江南一带。大部分的重冰区,尤其是年冰冻日数在 30 d 以上的区域都分布在海拔较高的山地。

中国大部地区都没有或基本没有雨凇发生,平均每年雨凇日数在 1 d 以上的站点有 118 个,仅占全国总站数的 17.6%,主要分布在我国南方地区,集中在长江以南一带,包括云南、贵州、江西、湖南、浙江、福建等省(图 1.27)。秦岭山区、湖北、河南等地的年均雨凇日数有 1～5 d,而中国北方仅部分地区偶发雨凇。另外,值得注意的是,中国年均雨凇日数在 5 d 以上的站点仅 30 站,集中分布在云南东北部和贵州等地。

对雾凇而言,在进行统计的 669 站中,有 269 个站点的年均雾凇日数在 1 d 以上,占 40.2%,主要分布在长江以北地区,包括新疆、东北、华北东部、淮河流域、秦岭山区等地(图 1.28),雾凇日数在 5 d 以上的地区主要集中在新疆北部、东北中部、华北东部、秦岭山区一带,而长江以南地区仅个别地区出现雾凇,年均雾凇日数均在 30 d 以上,其余大部分地区没有雾凇发生或年均雾凇日数在 1 d 以下。

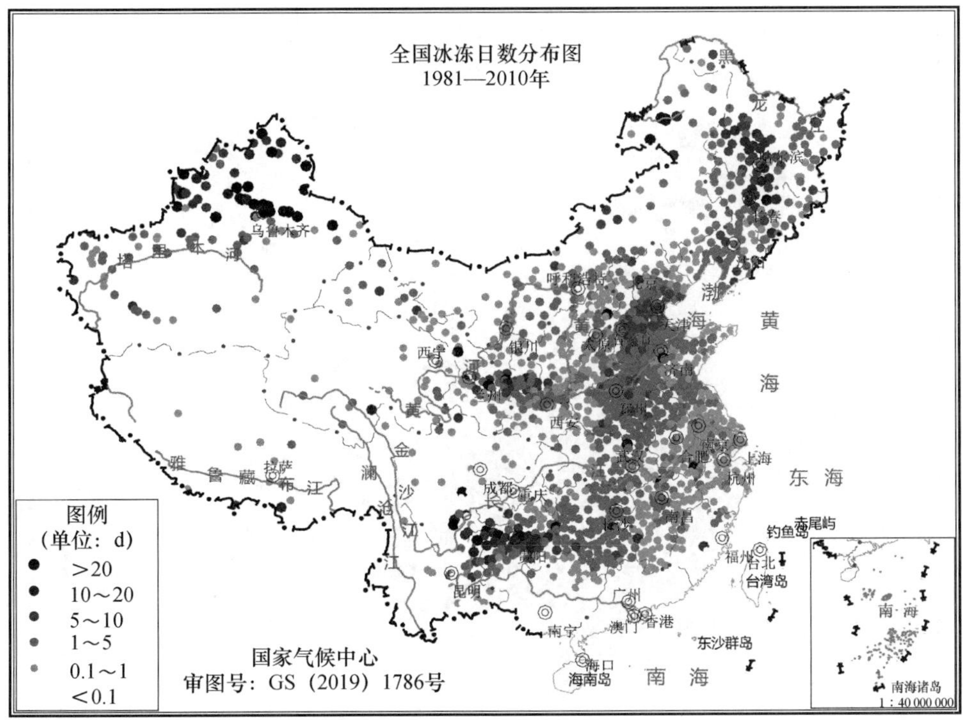

图1.26　中国年冰冻日数(单位：d)

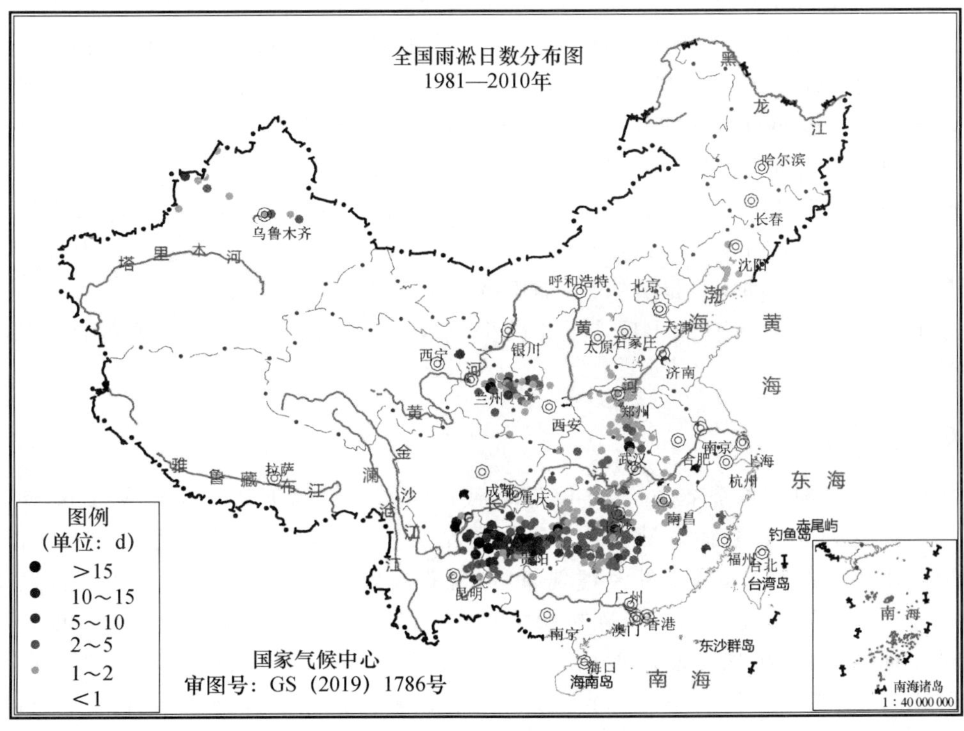

图1.27　中国年雨凇日数(单位：d)

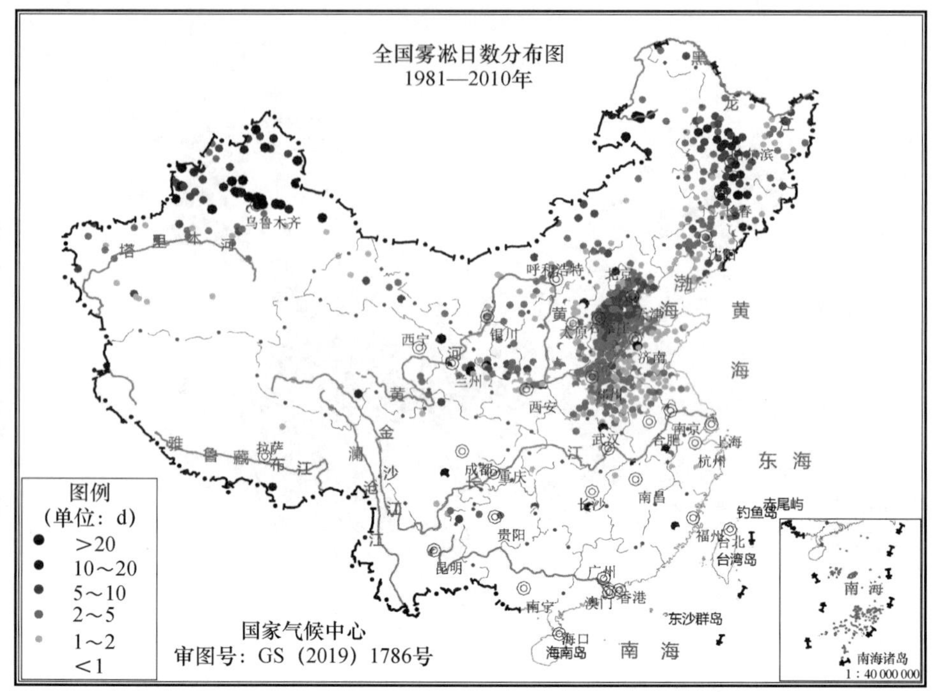

图 1.28　中国年雾凇日数(单位:d)

海拔高度与冰冻日数的关系很密切,一般而言海拔越高则冰冻日数越多。高山是冰冻的频发地区,如四川峨眉山的年均冰冻日数达 150 d 左右,山西五台山在 90 d 左右,浙江天目山在 60 d 以上等。然而,很多 2000 m 以上站点的冰冻日数也不多,甚至有的站点并不出现冰冻天气。这是由于很多站点虽然地处高原或山地,但由于空气湿度、气温、所在地点的坡度坡向等条件不适合雨凇或雾凇的生成,这样的站点就会少发生甚至不发生冰冻。

冰冻主要发生在 11 月至翌年 3 月,尤其是 12 月至翌年 2 年的隆冬季节,其中以 1 月最多,2 月和 12 月次之,3 月和 11 月也较多,7 月和 8 月没有冰冻发生。雾凇日数总体而言多于雨凇日数,雾凇在 12 月和 1 月最为频发,而雨凇在 1 月和 2 月最多。

近几十年,我国的冰冻日数出现了明显减少,平均每 10 年减少约 1 d。雾凇日数的减少较雨凇更为明显。

1.6.5　霜冻

霜冻是指在作物生长季节内,由于降温导致夜间植株体温下降到 0 ℃或以下,使正在生长发育的植物受到冻伤,从而导致减产、绝收或品质下降。霜冻与霜是两个不同的概念,霜是指近地面水汽凝结现象,是一种天气现象,出现霜时霜冻不一定发生,霜冻是否发生是与植物是否遭受伤害联系在一起。霜冻按照发生的时期可分为:(1)初霜冻,指温暖季节向寒冷季节过渡期间,植物植株表面温度第一次小于或等于 0 ℃时,因植物柱体细胞水分凝结而遭受的冻害;由于植物体表温度不宜获取,人工观测初霜冻天气现象业务自 2005 年已改为非必要业务,因此气象行业制定了替代初霜冻天气现象的定义(韩荣青 等,2010),即地面观测站点地面 0 cm 逐日最低气温第一次小于或等于 0 ℃即视为初霜冻发生,发生当日被称为初霜冻日期。(2)终霜冻,指寒冷季节向温暖季节过渡期间,最后一次发生的霜冻;气象行业规定地面观测站点地面 0 cm 逐日最低温度最后一次小于或等于 0 ℃，即为终霜冻，终霜冻发生当日被称为终霜冻日期。按照有无霜，霜冻又可分为白霜和黑霜。

全国除了青海、西藏地区因为地处高原气温偏低而全年有霜冻，以及我国南方包括海南岛的部分地区因常年气温较高属于无霜冻区外，其余大部分地区都有霜冻期，在秋季到次年的夏季一整年期内，霜冻天数的长短与本地气候因素密切相关，其中最为密切的是纬度，其他因素还包括海拔、地形和下垫面土质等。如图 1.29 所示，全国大部地区年霜冻天数的气候分布呈由南向北逐渐增多。其中，霜冻天数在华南中部和北部、江南大部以及西南地区东部大部地区最少，约有 31～89 d；在江南北部、江淮、江汉，以及江南局部、西南局部和西北地区东南部约有 89～145 d；在辽宁南部、华北、西北地区东部和新疆部分地区约有 145～200 d；在其余北方大部地区约在 200 d 以上，尤其是在黑龙江、内蒙古大部、甘肃局部和新疆北部部分地区约有 226～290 d。

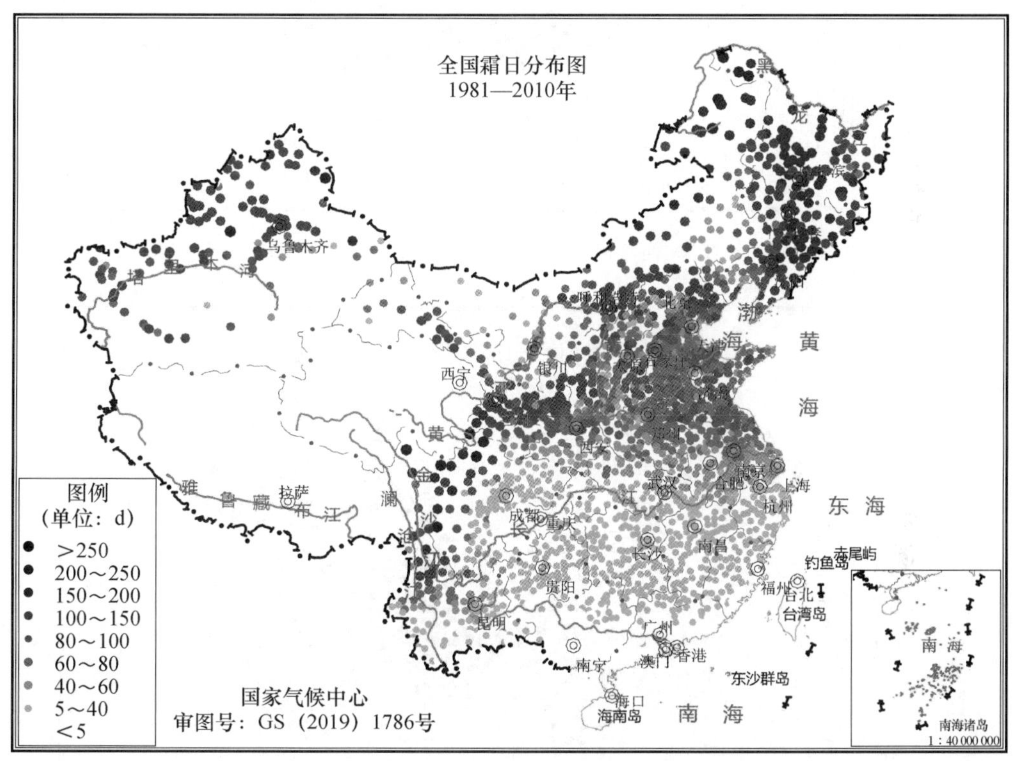

图 1.29　中国(青海、西藏以及南方部分地区除外)年霜冻天数气候分布

全国初霜冻日期气候值分布图(图 1.30)表明，内蒙古东北部和中部部分地区、黑龙江西北部、甘肃西部部分地区，以及新疆北部在 9 月上旬至中旬就发生了初霜冻，局部地区甚至在 8 月就发生了初霜冻，这是我国初霜冻发生最早的地区。之后，9 月下旬至 10 月上旬初霜冻陆续在黄河以北的大部地区发生，部分地区在 10 月中旬至下旬发生。黄河与长江之间的地区，初霜冻发生在 11 月至 12 月上旬，但重庆地区和成都地区发生的更晚些，约在 12 月中旬。长江以南的江南大部地区以及四川大部和贵州大部地区发生在 11 月下旬至 12 月上旬，华南大部和云南大部发生在 12 月下旬至 1 月上旬。全国终霜冻日期气候值分布图(图 1.31)表明，寒冷季节向温暖季节过渡期间，霜冻由南向北逐渐结束，时空次序几乎与初霜冻发生相反。

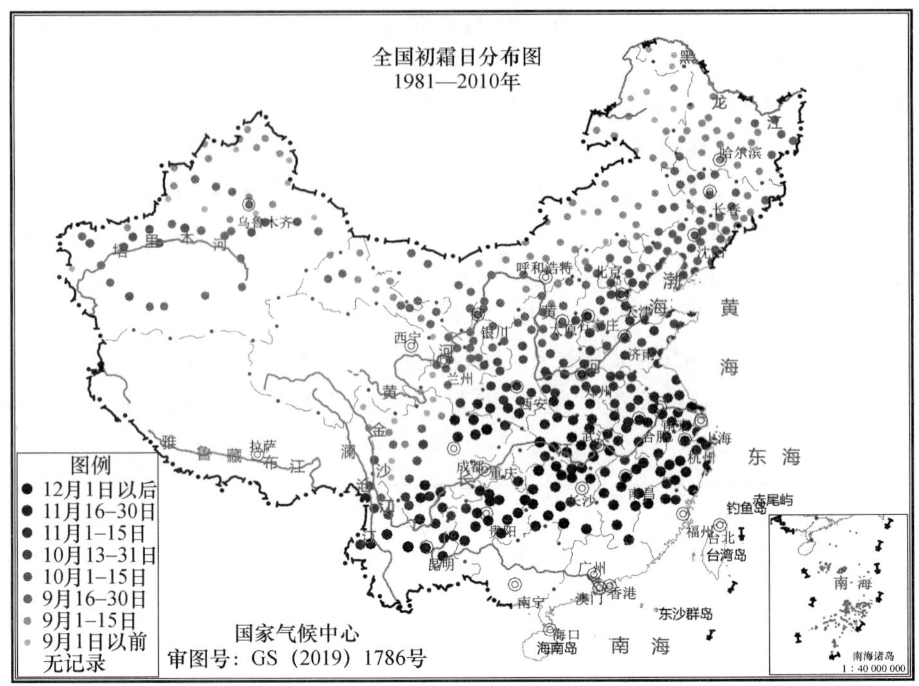

图 1.30　全国(青海、西藏以及南方部分地区除外)初霜冻日期气候分布

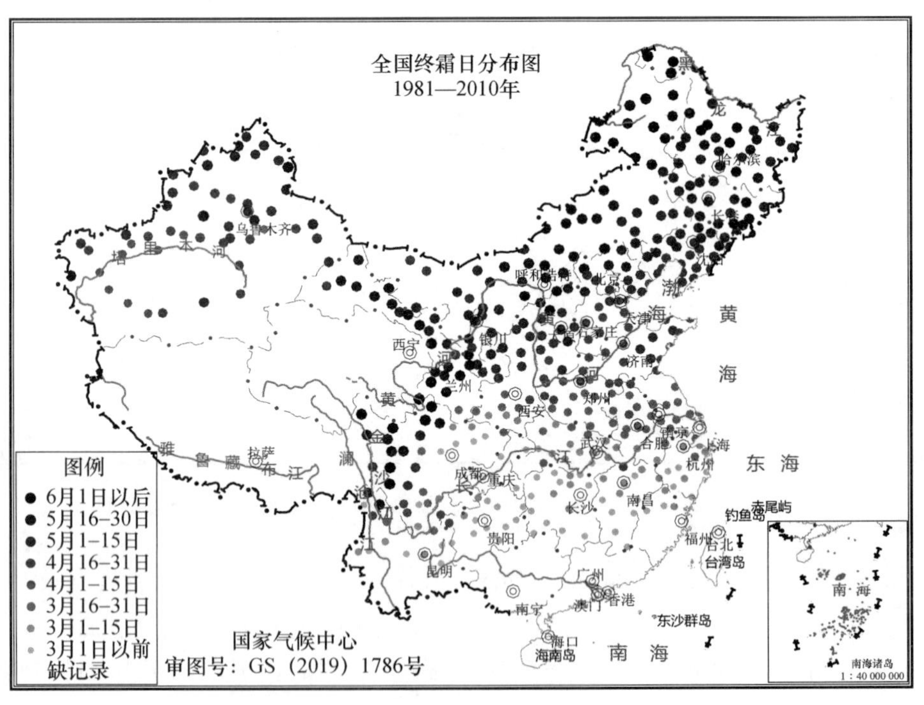

图 1.31　全国(青海、西藏以及南方部分地区除外)终霜冻日期气候分布

初、终霜冻发生日期都有明显的年际波动。初霜冻日期年际变化气候值，在我国长江以北地区约为 5～15 d，在长江以南大部地区约 10～20 d，广西南部局部地区约 20～25 d；终霜冻日期年际变化气候值在我国长江以北大部地区约为 1～15 d，在长江以南大部地区约为 10～20 d。

1.6.6　雪灾

雪灾是由于大量的降雪与积雪，对牧业生产及人们日常生活造成危害和损失的一种现象。降雪过多、积雪过厚、雪层持续时间长、初雪特早、终雪特晚等，都会形成雪灾。根据雪灾发生的区域及其造成的主要灾情，雪灾分为牧区雪灾和城市雪灾两种类型。

从中国降雪日数分布上可以看出，其具有高山高原多、低地平原少、北方多、南方少的特点。青藏高原东部、东北大部及内蒙古中部和东部、新疆北部山区为降雪多发区，年降雪日数为 30 d 以上。西北中部等地为降雪次多发区，年降雪日数为 20～30 d。华南及四川盆地、云南南部等地为降雪少发区，年降雪日数不足 1 d(图 1.32)。中国年降雪日数的平均值为 26.3 d,1961—2015 年降雪日数呈下降趋势;年积雪日数的平均值为 8.4 d,变化趋势不明显。

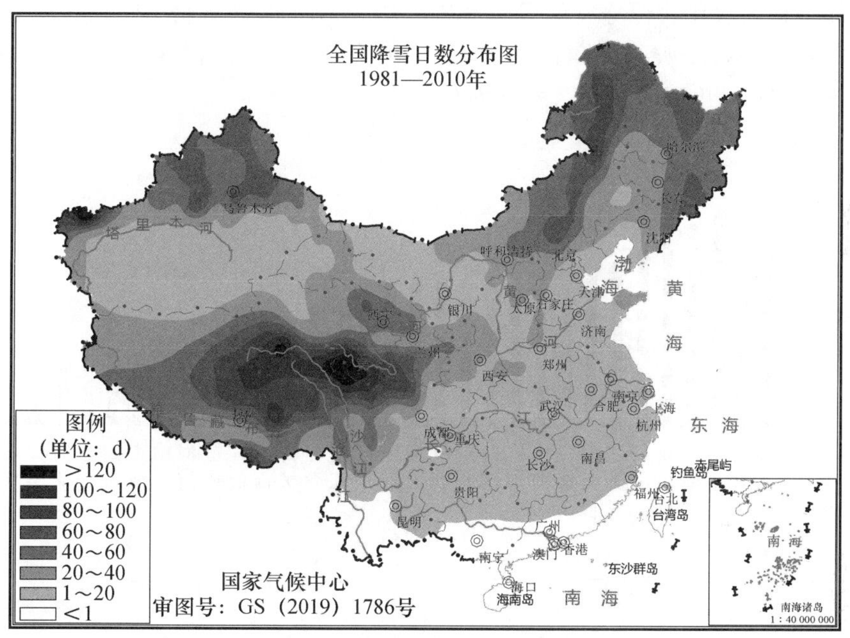

图 1.32　中国年降雪日数

我国的雪灾主要发生在青藏高原、北疆、内蒙古和东北一带的三大区域。内蒙古大兴安岭以西和阴山以北的广大地区、祁连山牧区、北疆部分牧区、藏北高原的高寒牧区及川西高原西部为白灾多发区，阴山以南及巴彦淖尔市一带、六盘山区、陇中西北部、甘南高原、南疆的部分地区、川西高原部分牧区及滇西北部牧区的局部为白灾偶发区。东北大部、内蒙古中东部、新疆北部、华北中北部、藏北高原至青南高原一带、西藏南部、川西高原北部、湖北西南部等地的局部为公路交通雪害高发区。山坡上积雪在重力作用下向下滑动，沿途发生连锁反应，即形成雪崩。雪崩多发生在新疆、西藏、青海等省(区)的部分地区。

牧区雪灾实质是因积雪掩埋牧草或饲料饲草供应不足的一种牲畜的“饿灾”，也称为“白灾”。白灾的危害程度取决于积雪深度，其次为牲畜的破雪采食能力及积雪持续时间、牧草长势等。我国牧区雪灾主要发生在 10 月至翌年 5 月，其中 11 月和 3—4 月分别为全年总数的 50%和 40%左右。由于 11 月雪量大，表层积雪可日融夜冻，形成冰壳，牲畜不易破冰雪采食，造成“饿灾”。3—4 月，牲畜膘情最差，部分牧区处于接羔保育期，此时冷空气活动最为频繁，一旦发生雪灾，牲畜损失严重。

城市雪灾可分为强降雪型和落雪成冰型两类：强降雪型是指在短时间内出现强降雪或者持续一段时间的强降雪，形成一定厚度的积雪。落雪成冰型是指在一定的气温和下垫面、附着物的温度条件下，降雪量虽然不大，但落下后能很快地在下垫面以及附着物上冻结成冰。雪灾对城市的影响主要表现在两个方面：一方面是对交通的影响，雪天路滑，减缓车辆流速，汽车追尾等交通事故增多，出现交通拥堵，严重时甚至造成交通瘫痪，同时对航空运行影响很大；另一方面是对人们生活造成的影响，雪灾发生时造成供电、供水、供暖系统不能正常运转，医院、学校及居民生活受到严重影响，通信线路中断等。

1.6.7 灾害特征及主要影响

我国大部分地区农作物冷冻害的受灾率在 1%～3%，其中湖北、甘肃、宁夏、云南、新疆、湖南等省(区)是冷冻害受灾最严重的区域，受灾率有 3%～5%(图 1.33)。严重冷冻害年如 1968 年、1975 年、1982 年因冻害死苗毁种面积达 20%以上。

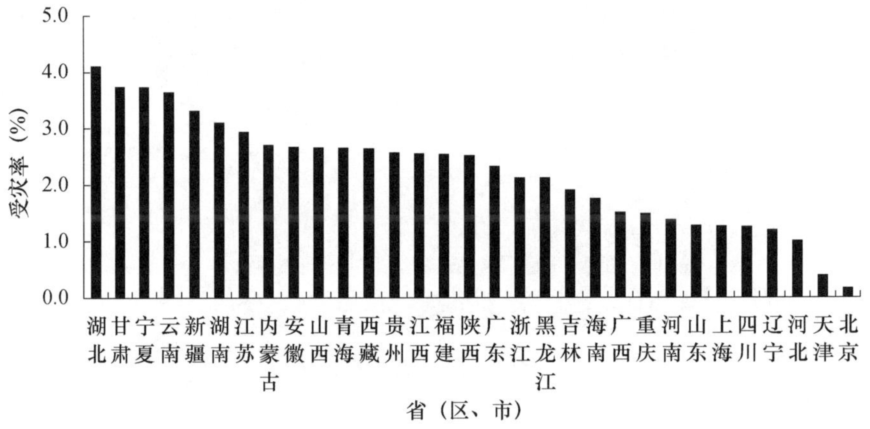

图 1.33　中国各省(区、市)农作物冷冻害受灾率(1981—2010 年平均)

1951—2017 年，中国平均每年因冷冻害造成的农作物受灾面积为 276.5 万 hm^2。并且，20 世纪 80 年代中期以后冷冻害的受灾面积表现出了明显的增多趋势。其中，2008 年我国南方发生历史罕见的大范围持续性低温雨雪冰冻灾害，受灾面积达历史最大，为 1469.6 万 hm^2(图 1.34)。

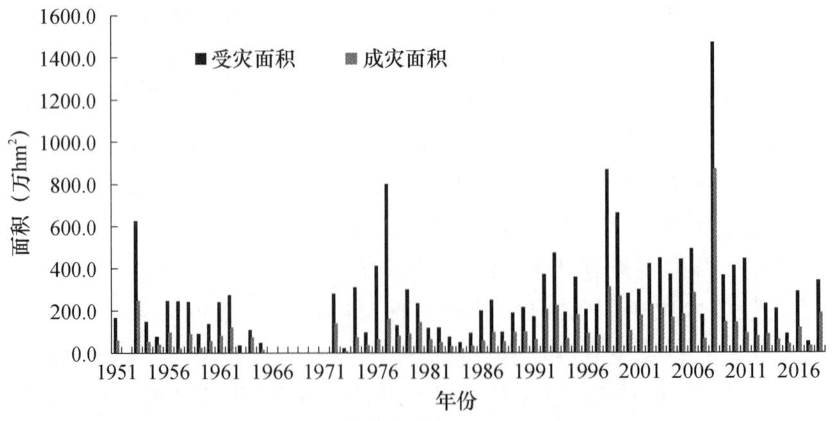

图 1.34　1951—2017 年中国农作物冷冻害受灾面积和成灾面积变化(1966—1971 年资料缺)

低温冷冻害种类多，影响面广，对各行各业都会产生不同程度的影响。低温冷冻害对农业的影响最大。冷害发生在作物生育的温暖季节，作物不像霜冻等其他灾害那样出现枯萎、死亡等明显症状，受害植株的外观无明显变化，在我国北方地区又称为“哑吧灾”。冷害对作物的危害主要有三类：一是低温延缓发育速度，致使作物在秋霜来临时尚不能完全成熟；二是低温引起作物的生长量（株高、叶面积、分蘖数等）降低，降低群体生产力；三是低温伤害作物的生殖器官，造成不孕，空瘪粒增多。此外，低温还减弱作物的光合作用强度，引起作物内部生理活动失调等。我国华南地区寒露节气前后和长江中下游地区秋分节气前后的低温天气，也叫“寒露风”，对后季稻生殖生长和结实的危害很大。低温冷害受害作物主要是水稻、玉米、高粱和棉花等喜温作物。

冻害对农业生产的危害主要表现在 0 ℃以下的低温会引起作物叶片枯萎或死亡，严重时导致作物冻伤、冻死。冻害对输电和通信行业危害巨大。雨凇和雾凇等最易在输电和通信线塔上结冰，压断和损毁电力通信设施。而道路结冰会严重影响交通运输，不仅影响交通运输安全，而且由于高速公路关闭等造成交通拥堵或中断。并且，由于冰冻损坏输电和通信设施，也会造成交通运输不能正常运行。2008 年初，我国南方发生了大范围的低温雨雪冰冻灾害，造成了巨大的经济损失和社会影响。在此次事件中，冰冻损毁了大量电力和通信设施，导致铁路运输大面积长时间停运，是巨大的损失和影响的重要原因之一。目前，随着我国社会经济的快速发展，电力和通信设施建设快分布广，冰冻灾害对其的损害日益增大。

雪灾主要影响牧区的畜牧业，主要危害包括积雪掩盖草场，且超过一定深度，有的积雪虽不深，但密度较大，或者雪面覆冰形成冰壳，牲畜难以扒开雪层吃草，造成饥饿，有时冰壳还易划破羊和马的蹄腕，造成冻伤，致使牲畜瘦弱，会造成牧畜流产，仔畜成活率低，老弱幼畜饥寒交迫，死亡增多。严重的雪灾会压坏大棚等，对农业设施产生严重损害。另外，城市雪灾的社会影响也非常大。

寒潮会造成沿途大范围的剧烈降温、大风和风雪天气，因而寒潮的影响主要来自于相伴随而来的大风、霜冻、雪灾、雨凇等灾害。如前所述，这些灾害对农业、交通、电力、航海以及人体健康等都有很大的影响。

1.7　高温

1.7.1　定义

气象上将日最高气温≥35 ℃定义为高温日，将日最高气温≥38 ℃称为酷热日。每个测站连续出现 3 天及以上高温日或连续 2 天出现高温日并伴有一天酷热日定义为一次高温过程，也称为高温热浪。持续高温对人们日常生活和身体健康有一定影响；也会加剧土壤水分蒸发和作物蒸腾作用，加速旱情发展；导致水电需求量猛增，造成能源供应紧张。

1.7.2　高温区域分布及变化特征

高温天气一般发生在 5—9 月，其中华北、黄淮等地主要集中出现在 6—7 月，江淮、江南、华南、西南地区东部等地主要出现在 7—8 月。在我国东南部和西北部为高温天气高发区（图

1.35)。东南部的高发中心分布于江南大部、华南北部及湖北东部、重庆大部、海南北部等地，年高温日数一般有 20～30 d，其中江西南部、福建东部、浙江中部等地超过 30 d；西北部的高发中心主要分布于南疆大部地区，年高温日数一般在 15 d 以上，新疆南部、准格尔盆地及内蒙古西部局部地区有 30～50 d，其中新疆吐鲁番东坎达 110 d，为全国之最。

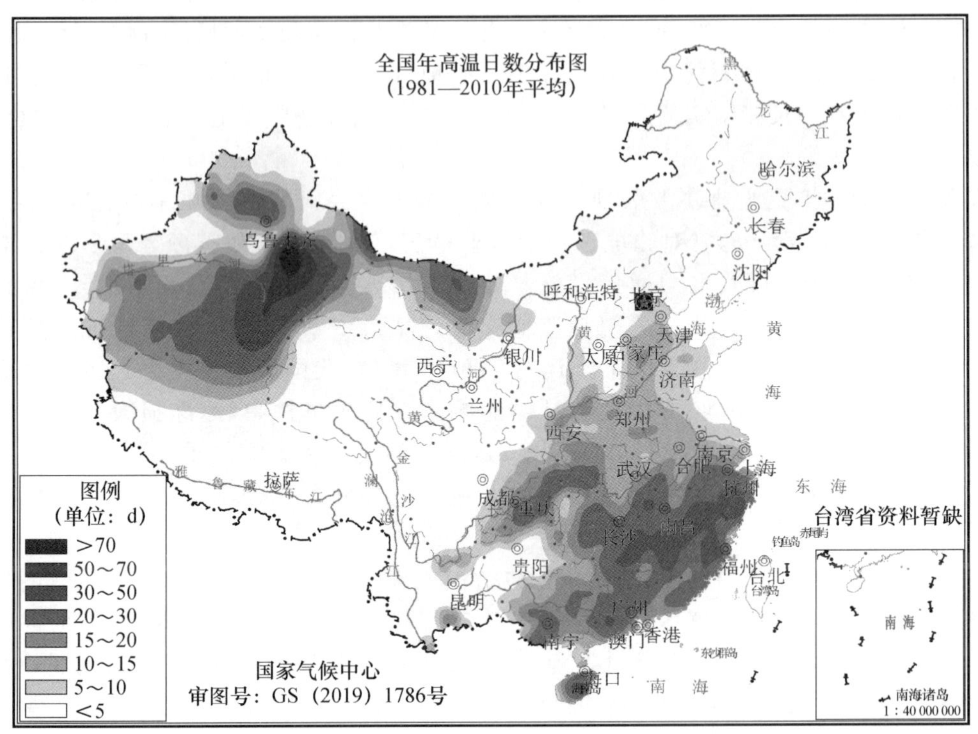

图 1.35　中国年高温日数(单位：d)

我国高温天气强度强，影响范围广，持续时间长。极端最高气温的极大值区位于新疆南部、内蒙古西北部、重庆、河南中北部、河北南部等地，新疆吐鲁番日最高气温极大值达 48.3 ℃；极端最高气温≥40 ℃的地区主要分布在华北至江南，四川盆地大部以及新疆大部、辽宁西部、陕西中部等地，其中新疆南部、内蒙古西部、河南中北部、河北南部、重庆西南部等地超过 42 ℃。中国极端最长连续高温日数在 20 d 以上的地区主要集中在江南、四川盆地东部以及广东北部、海南北部、新疆南部等地，其中新疆吐鲁番东坎 2008 年最长连续高温日数达 101 d。

1961 年以来，全国平均年高温日数总体呈现先减少，后增加的态势，20 世纪 60 年代至 80 年代初期高温日数减少，80 年代初期以后呈现显著地增加趋势，特别是 1997 年以来，除个别年份高温日数偏少外，大多数年份均偏多，其中 2000—2007 年、2009—2014 年高温日数持续偏多，2013 年达 18.0 d，为 1961 年以来最多(图 1.36)。空间分布上，除华北东南部、黄淮中西部、江汉北部、江南部分地区年高温日数呈减少趋势外，全国其余大部分地区年高温日数呈增加趋势，其中华南大部、江南东部及重庆东北部、湖南东北部、新疆南部、内蒙古西部增加显著。

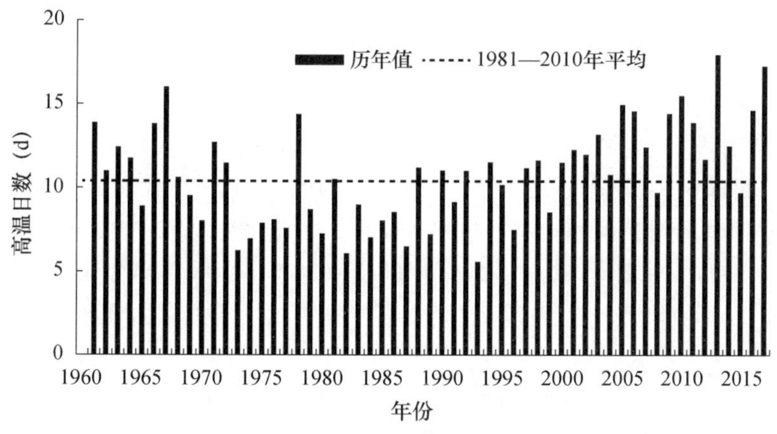

图 1.36　1961—2017 年全国平均年高温日数历年变化图

1.7.3　主要影响

高温是一种常见的气象灾害，高温灾害的发生不仅会给人民生活和工农业生产带来影响，还给人们的健康造成危害，甚至危及生命。20 世纪 90 年代以来，在全球气候变暖的大背景下，我国高温事件频繁发生，严重威胁着人们生产水平和生活质量的提高。

高温导致用水、用电的需求量急剧上升，造成水电供应紧张。2003 年夏季，我国南方地区，特别是江南和华南地区出现持续高温天气，造成 900 多万人饮水一度发生困难，高温酷暑天气致使用电负荷接连创历史新高，华东、华中、华南电网在用电高峰期火电机组全部满负荷运行，共有 19 个省市采取了拉闸限电措施。

高温会加剧土壤水分蒸发和作物蒸腾作用，引发农业干旱；持续高温对植物的生长发育和产量，以及畜、禽、水产等动物养殖都可能造成损害；高温天气会影响水稻抽穗扬花及灌浆乳熟、春玉米授粉灌浆、棉花授粉及成铃等，导致农作物减产；高温热害对林果品质和产量也会造成影响。

高温对人体健康的影响主要表现在对体温调节、水盐代谢、神经内分泌系统等生理功能的影响和引起中暑、精神性神经障碍等，高温热浪导致消化不良、胃肠道疾病发病率增加，诱发心、脑血管疾病，甚至导致死亡，还可能造成失眠、暴躁、易怒、心神不宁等高温情感障碍。2013 年夏季，我国中东部及新疆等地出现大范围高温天气，上海、湖北、江苏、江西、浙江等多地出现中暑甚至死亡病例，上海中心城区 7 月上旬 120 救护车每天出车 1000 余次，13 人因高温中暑死亡。

1.8　雾、霾

1.8.1　定义

雾是由无数悬浮于低空的细小水滴或冰晶组成并使水平能见度小于 1 km 的天气现象。

霾是一种大量极细微的干尘粒等均匀地浮游在空中，使水平能见度小于 10 km 的空气普遍浑浊现象。

1.8.2 雾的区域分布及变化特征

我国雾日呈现东南部多、西北部少的特点。黄淮、江淮、江汉中部、江南及河北南部、四川东部、重庆、云南南部、贵州、福建大部、海南等地年雾日数一般有 20 d 以上，局部地区可达 50～70 d；东北地区东南部和大兴安岭北部雾日数也比较多，有 20～30 d；西北地区因气候干燥，很少出现雾，但部分地区雾日数较多，如新疆北部、陕西南部和北部的部分地区年雾日数一般有 10～30 d(图 1.37)。我国主要以辐射雾为主，雾易发高值区主要分布在高山、河谷、盆地以及沿海地区，这些地区易具备形成雾的气象条件，也使得雾的发生有明显的局地性特征。

我国 100 °E 以东地区平均年雾日数常年值为 21.7 d。1961－2015 年，总体呈减少趋势，年代际阶段性变化明显：20 世纪 60 年代，年雾日数较常年略偏少，70—80 年代略偏多，90 年代以后明显偏少，2011 年以来又呈增加趋势(图略)。

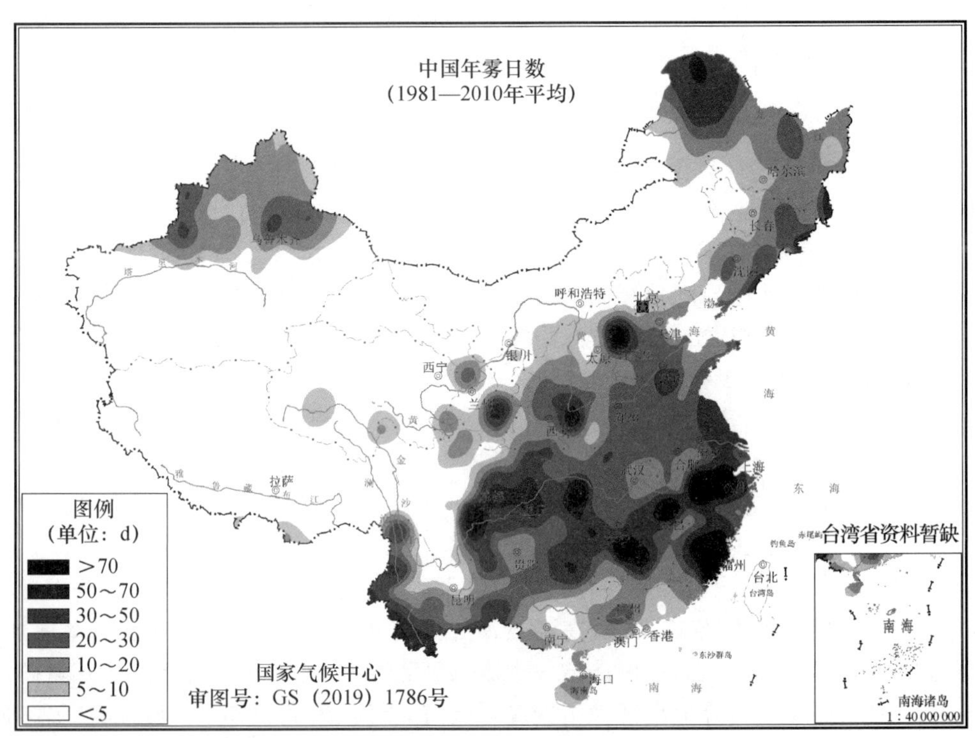

图 1.37 中国年雾日数分布图(1981—2010 年平均)

1.8.3 霾的区域分布及变化特征

中国年霾日数分布特点是东部多于西部。中国西部地区、东北大部及内蒙古、海南年霾日数不到 1 d；东部地区年霾日数一般为 1～10 d，其中华北中东部和西南部、江淮东南部、江南大部、华南中部及陕西中东部、河南中部和西部、福建南部、云南西南部等地有 10～40 d，山西、广东、广西局部地区超过 40 d(图 1.38)。霾主要发生在冬季，秋季和春季发生频率相当，夏季则较少出现霾。

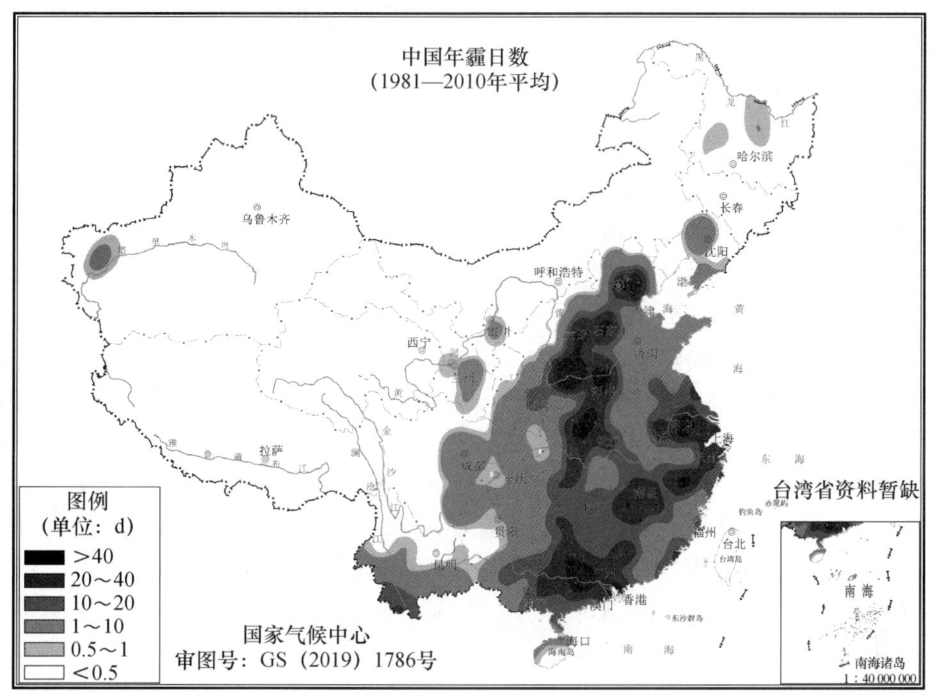

图1.38　中国年霾日数分布图(1981—2010年平均)

我国100 °E以东地区平均年霾日数常年值为9.0 d。1961—2017年，总体呈显著的增加趋势，但也有不同的年代际变化特征：20世纪60年代至70年代中期，年霾日数较常年偏少；70年代后期至90年代，接近常年；21世纪以来，年霾日数显著增多。京津冀、长江中下游和珠江三角洲是霾发生较为集中的三个地区，经过多年大气污染的防治攻坚，上述区域的年霾日数有所减少，但汾渭平原的年霾日数仍维持在较高值(图略)。

1.8.4　雾、霾的主要影响

对交通的影响：雾和霾使能见度降低，造成水、陆、空交通事故，也会对人们日常生活造成影响。随着交通运输业的快速发展，高速铁路、公路和机场逐年增多，机动车保有量增加，民航通行能力大幅提升，物流运输爆发式增长，对社会经济和人们日常生活影响也越来越显著。2013年2月27日，河南京港澳高速公路漯河段发生6起连环交通事故，有27辆车追尾，造成3人死亡，70人受伤。2018年2月，琼州海峡出现了自1950年海南有气象记录以来前所未有的持续8天大雾天气，渡轮因能见度不足停航12次，累计时间长达68.5小时。由于正值春节假期结束游客返程高峰期，琼州海峡南岸大量旅客和车辆滞留，高峰滞留车辆达2万辆、车队最长有20千米，滞留旅客近10万人，海口市交通严重拥堵，马路变成停车场。

对人体健康的影响：霾天气严重影响人们的身体健康，通过呼吸道被人体直接吸收，造成呼吸系统感染，也容易使哮喘、慢性支气管炎、肺气肿等慢性病转变成急性呼吸道疾病，甚至有诱发肺癌的危险。霾天气造成紫外线辐射减弱，直接导致小儿佝偻病高发，间接导致其他多种疾病发生和传染病扩散，易形成群体性公共卫生事件。霾不仅影响人们身体健康，还影响心理健康，在霾天气条件下，人们会感到窒闷、情绪低落或烦躁不安，人们活动的主动性大大降低，容易出现全身疲乏无力等症状，不仅使工作效率下降，甚至出现抑郁症状或者导致老年人出现认知障碍的风险增加。如,2016 年 12 月 16—21 日,华北、黄淮以及陕西关中、苏皖北部、辽宁中西部等地出现霾天气。有 108 个城市达到重度及以上污染级别,北京、天津、河北、河南、山西、陕西等地的部分城市出现“爆表”,北京和石家庄局地 $PM_{2.5}$ 峰值浓度分别超过 600 μg/m³ 和 1100 μg/m³。此次过程具有持续时间长、影响范围广、污染程度重的特点,北京、天津、石家庄等 27 个城市启动空气重污染红色预警,中小学和幼儿园停课;雾、霾天气给人体健康带来不利影响,导致医院呼吸道疾病患者比平常明显增加。

对电力的影响:雾和霾天气条件下大气电导率下降,电力系统的雷击冲击耐压能力降低,进而造成供电系统的污闪事故。雾霾天气多发区也是我国输电走廊或用电高负荷密度地区,因此,雾霾天气对电力安全输送和供给也有较大影响。据不完全统计,因雾、霾、露、毛毛雨等天气,1971—1990 年我国输电线路发生的污闪事故 3033 次,变电所设备的事故有 1456 次。例如,1996 年 12 月 27—30 日华东地区出现罕见的大雾,华东电网 23 条 500 kV 线路中就有 11 条发生闪络,跳闸 77 次;220 kV 线路中 24 条线路闪络,跳闸 58 次。2001 年 2 月 22 日凌晨,辽宁大部分地区遭受几十年未见的浓雾天气,造成辽宁电网 1949 年以来最严重的 1 次大面积污闪停电事故,事故波及沈阳、鞍山、营口、辽阳、抚顺、铁岭和阜新等地区。220 kV 线路跳闸 151 条次,跳闸线路 44 条,并造成 12 座 220kV 变电所全停;66 kV 线路跳闸 171 条次,120 座 66 kV 变电所全停,电量损失达 9.37 GW·h。

1.9 沙尘暴

1.9.1 沙尘暴定义

1.9.1.1 沙尘天气

气象国家标准《沙尘暴天气等级:GB/T 20480—2006》(中国气象局政策法规司,2006)的规定,沙尘天气是风将地面尘土、沙粒卷入空中,使空气浑浊,水平能见度减小到一定程度的天气现象。

沙尘天气的等级划分主要依据沙尘天气当时的地面水平能见度划分,依次分为浮尘、扬沙、沙尘暴、强沙尘暴和特强沙尘暴五个等级。

浮尘是当天气条件为无风或平均风速≤3.0 m/s 时,尘沙浮游在空中,使水平能见度小于 10 km 的天气现象。

扬沙是指风将地面尘沙吹起,使空气相当浑浊,水平能见度在 1～10 km 之间的天气现象。

沙尘暴是指强风将地面尘沙吹起,使空气很混浊,水平能见度小于 1 km 的天气现象。

强沙尘暴是指大风将地面尘沙吹起,使空气非常混浊,水平能见度小于 500 m 的天气现象。

特强沙尘暴是指狂风将地面尘沙吹起,造成空气特别混浊,水平能见度小于 50 m 的天气现象。

沙暴和尘暴既有联系又有区别。沙暴风速多在 7～8 级以上,吹起近地面的细沙和粉沙,距地表的输移高程一般为 15～30 m,水平能见度多在 1～10 km。沙暴通常就地形成,遇到障碍物即下沉造成沙埋和沙割之害。而尘暴风力强劲,多在 20 m/s 以上,可以脱离沙尘源地,在高空飘逸到数千千米之外甚至更远。尘暴与沙暴结合即形成沙尘暴,对工农业生产和人民生命财产危害巨大。

1.9.1.2　沙尘天气过程

一次沙尘天气过程是指由沙尘天气发生、发展、消失的天气过程。沙尘天气过程的等级依据出现沙尘天气的国家基本(准)站的数目和沙尘天气的等级划分,依次分为浮尘天气过程、扬沙天气过程、沙尘暴天气过程、强沙尘暴天气过程和特强沙尘暴天气过程。若某次沙尘天气过程同时达到两种以上等级时,以最强的沙尘天气过程等级为准。

1.9.2　区域分布及变化特征

1.9.2.1　区域分布特征

我国沙尘暴多发区是中亚沙尘暴区域的一部分,其分布具有以下特点:①出现范围广,全国有 17 个省(区、市)受沙尘天气的影响;②高频区集中,沙尘天气的多发区主要集中于塔里木盆地周围地区、阿拉善高原、河西走廊东北部及其邻近地区;③与沙漠和沙地密切相关,沙漠和沙地为沙尘天气的出现提供了极为丰富的物质源;④天气系统、地形走向、地表植被覆盖状况以及降水量分布等都对沙尘天气的地理分布产生显著影响。

我国沙尘暴的空间分布基本与中国北方荒漠化土地分布相一致,反映了下垫面特征和沙尘源分布状况对沙尘天气形成的重要作用。主要发生在北方地区,其中新疆南部、青海西部、西藏西部和内蒙古中西部、甘肃中北部是沙尘暴的两个多发区,年沙尘暴日数在 5 d 以上,南疆、内蒙古西部、西藏西北部的部分地区超过 10 d;准噶尔盆地、河西走廊、内蒙古中部等地的部分地区有 1～5 d;西北地区东南部、华北大部、黄淮西北部、东北地区西部及内蒙古东部、新疆东北部、西藏东部、四川西北部等地不足 1 d(图 1.39)。南疆塔克拉玛干沙漠南缘是我国沙尘暴第一高发区,民丰平均年沙尘暴日数有 35 d,最多年 1958 年、1985 年全年沙尘暴日数超过 60 d;河西走廊(年代表站民勤)是中国北方沙尘暴的第二大源区,最多的 1957 年、1963 年和 1979 年均超过 50 d;阿拉善高原(代表站拐子湖)最多年 1966 年、1976 年、1986 年、1996 年是各年代的峰值年,全年沙尘暴日数超过 40 d。

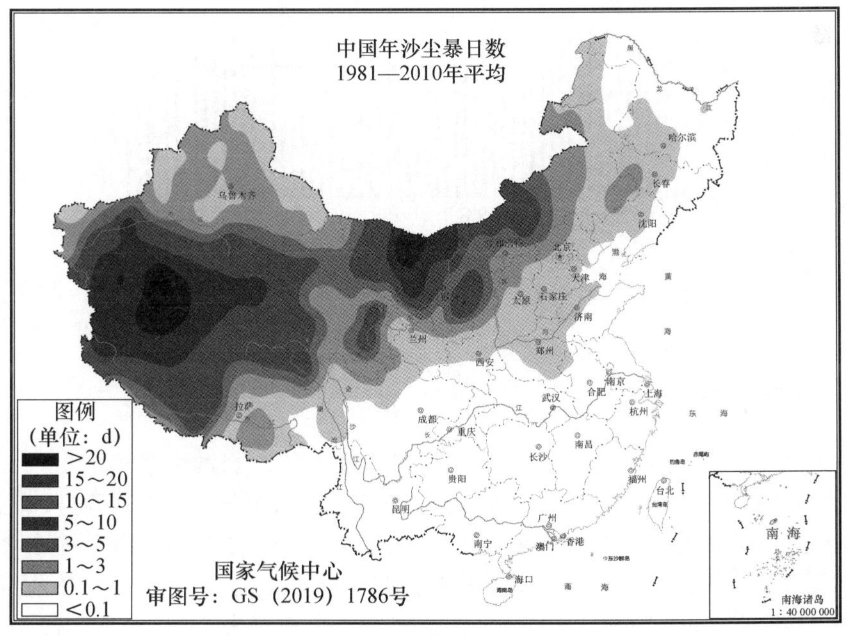

图 1.39　中国年沙尘暴日数分布图

1.9.2.2 变化趋势

我国春季北方沙尘暴日数(图 1.40)和沙尘日数一致,总体呈减少趋势,20 世纪 60—70 年代为多发时期,平均每年在 8 d 以上,80 年代呈明显的下降趋势,90 年代不足 1 d,比 70 年代减少了 37.5%。我国北方地区年沙尘暴日数在 80 年代中期以后迅速减少可能是由于全球变暖导致我国主要沙尘源区降水有所增加,从而使得地表不易起沙的缘故。

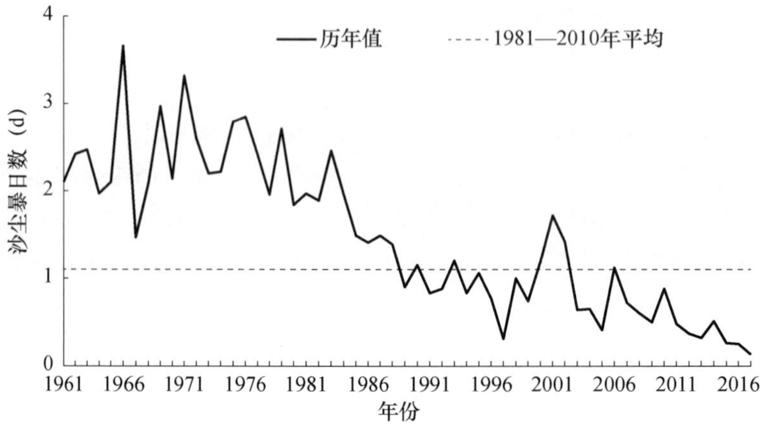

图 1.40　1961—2017 年春季(3—5 月)中国北方沙尘暴日数历年变化

中国年沙尘天气过程次数气候平均值为 13 次;1966 年最多,为 25 次;1997 年最少,仅有 2 次。1961—2017 年沙尘天气过程次数呈减少趋势,减少速率 1.7 次/(10a)(图 1.41)。

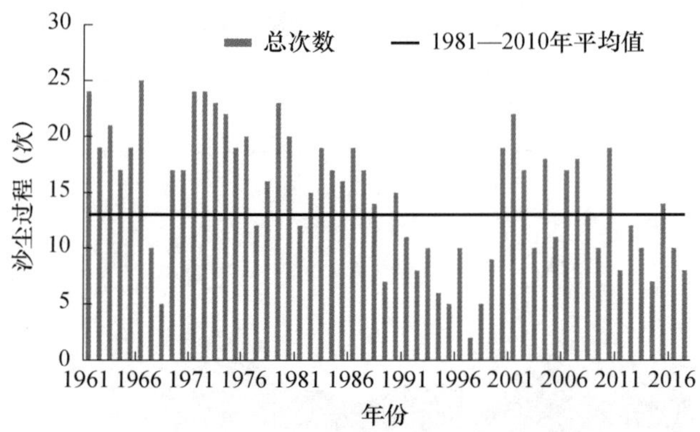

图 1.41　1961—2017 年全国沙尘天气过程次数历年变化

1.9.3　主要影响

沙尘暴,尤其特强沙尘暴是一种危害极大的灾害性天气。当沙尘暴形成后,会以排山倒海之势向前移动,携带沙粒的强劲气流所经之处,通过沙埋、风蚀沙割、狂风袭击、降温霜冻和污染大气环境等方式,使大片农田或受沙埋或遭风蚀刮走沃土,或者农作物受霜冻之害,致使有的农作物绝收,有的大幅度减产。此外,它还能加剧土地沙漠化,对生态环境造成巨大的破坏,对交通和供电线路产生重要影响,给人民生命财产造成严重损失;其高浓度的沙尘也会对大气环境造成严重污染。国内外的一些研究也表明,沙尘暴不仅直接破坏土地环境,污染空气,甚至影响地球的太阳辐射，进而影响整个区域乃至全球气候变化。沙尘气溶胶对气候的影响主要通过两种方式：一方面，通过散射、吸收太阳短波辐射和吸收、发射长波红外辐射而产生气候强迫，直接影响地-气系统的辐射收支和能量平衡（钱云 等，1999；沈志宝 等，1999；李冰 等，2000；成天涛 等，2001，2002；李曙光 等，2003）；另一方面，还作为云凝结核（CCN）影响云的形成、改变云的物理特性和辐射特性、云量以及云的寿命等，从而间接地影响地-气系统的辐射收支，并影响降水，产生间接的气候效应。由于对流层大气的输送作用，悬浮于大气中的沙尘气溶胶还可以漂移到距离源区很远的地区，从而对区域乃至全球的气温、辐射、降水分布、大气和生态环境等产生影响。

（1）对农、林业的危害：在靠近沙漠、沙地、戈壁以及风蚀残丘的地区，或处在沙漠的绿洲里，由于沙尘暴的袭击，地面强烈风蚀，同时又在近地面形成强烈的风沙活动，对农田和农作物造成风蚀、割打和沙埋。大风卷起沙尘，埋压作物和牧草，果树的花蕾被吹掉，瓜菜也被毁坏。

1）风蚀。风蚀作用包括两种情况：一是风力对土地表面物质的吹蚀；二是大风把沙砾吹起来将建筑物、农作物的表面磨去一层，叫磨蚀。风蚀土壤不仅把土壤里细腻的粘土矿物质刮跑，而且还把带来的细沙堆积在土壤表面，使原来比较肥沃的土地变得贫瘠，无法耕种，造成土地沙漠化。

2）风沙割打。在土壤被风蚀的过程中，大风刮起来沙子还会割打庄稼禾苗、树木。这种危害方式多半发生在林网的网格过大或林网不完善的空旷农田，特别是沿林网外边新开垦的农田等沙质土壤地区。有些作物，如瓜类、蔬菜、棉花等双子叶植物，最不耐风蚀、沙割。在沙尘暴多发的春季，这些作物正处于出苗发叶的时候，地面处于裸露状态，苗幼叶嫩，一旦受害，难以恢复，只能改种其他作物。

3）大风袭击。强沙尘暴形成后，狂风袭击，卷起沙土，吞蚀农田，埋压农作物或牧草，果树花蕾和蔬菜被毁坏。沙尘暴天气因风力大，大风在刮走农田沃土的同时，还造成农作物和牧草倒伏、损枝折干，更甚者连根拔起。

4）沙埋。沙尘暴的风沙流会造成农田、草场、灌溉水渠、村舍等被大量沙粒掩埋。

（2）对畜牧业的危害：风沙天气的频繁发生不仅破坏了农田的表层土壤，也同样破坏了草场，导致草场退化，草原沙化严重，草原产草量降低，此种现象也称为风侵剥蚀。如 1993 年 5 月 5 日特强沙尘暴发生后，仅金昌、武威两市和古浪、景泰、中卫三县统计，大片草场被风蚀、沙埋，可利用草场面积减少，死亡、丢失牛羊约 3.2 万只，大家畜死亡和家禽丢失上万只（头），给当地农林牧业造成的直接经济损失达 1.62 亿元。对草场的破坏。大风和沙尘天气能够破坏牧草的形态结构使牧草遭受机械损伤，品种矮小的牧草甚至会被沙石掩埋，无法进行正常的生长发育，从而影响牧草的品质和质量，严重时可导致局地草荒，加剧草原沙漠化进程，严重破坏脆弱的草原生态系统。对家畜产品质量和产量的影响。由于大风天气，家畜不能正常出牧，放牧时间相对缩短，使得家畜吃不饱，影响家畜膘情及母畜流产，进而导致家畜抵抗力下降。大风天气加剧了病原体的传播，各种病原体会污染草场和棚圈，造成传染病流行，最终导致家畜死亡。同时，大风天气使得家畜无法获得充足的养料，势必影响其皮质。

（3）对工业的危害：对输电线路的影响。伴随沙尘暴过境，常会出现高压打火、输电网络跳闸、通信干扰等现象，容易造成停电停水停产。

对工业生产的影响。大气中沙粒含量过高，容易影响精密仪器和工业生产的产品质量。

（4）对交通运输的危害：沙尘暴对公路、铁路和航空的交通运输危害极其严重。沙尘暴发生时，能见度非常差，影响人们的视线，列车、汽车被迫停运、机场关闭；风蚀路基、破坏路基的稳定性;流沙掩埋路面,导致交通中断或者增加行车危险性。

(5)对人民生命财产的危害:沙尘暴不仅给发生地区的工农业生产带来损失,还会危及人身安全,造成重大事故。如1993年5月5日,发生在甘肃省金昌、武威等地的强沙尘暴天气死亡50人,重伤153人。20世纪90年代后期,每年由于风沙危害造成的直接经济损失高达540亿元,相当于西北五省(区)1996年财政收入的3倍(郭亚萍 等,2000)。

(6)对空气质量和人体健康的影响:沙尘暴发生时狂风裹着大量浮尘沙粒,使空气变得污浊,空气质量非常差,往往达到中度污染。空气呛鼻迷眼,呼吸道和眼病增加,心搏加快,心情沉闷,工作效率低下。沙尘暴发生后,在源地和影响区,大气中的可吸入颗粒物增加,大气污染加剧。当人暴露于此种天气中时,含有各种有毒化学物质、病菌等的尘土可透过层层防护进入到口、鼻、眼、耳中。这些含有大量有害物质的尘土若得不到及时清理将对这些器官造成损害或病菌以这些器官为侵入点,引发各种疾病,使致癌率和死亡率上升(秦雪亮,2008)。

第 2 章　气象灾害监测预报预警

2.1　台风

2.1.1　台风监测

随着我国气象观测现代化建设的不断推进，我国台风监测能力稳步提升。目前已构建了较为完善的陆、海、空、天等台风立体监测体系，有效保障了我国台风监测预报预警业务，并为台风科研提供了第一手资料。

台风编号及命名：当西北太平洋和南海（180°E 以西、赤道以北海域，亦称为我国台风业务责任海区）（图 2.1）有台风生成时，中央气象台根据相应的规则按照其出现的先后顺序进行编号和命名（中国气象局，2012）。台风编号用四个数字表示，前两个数字表示年份，后两个数字表示出现的先后顺序，例如：2019 年出现的第 9 个台风，其编号为 1909，命名为“利奇马”。

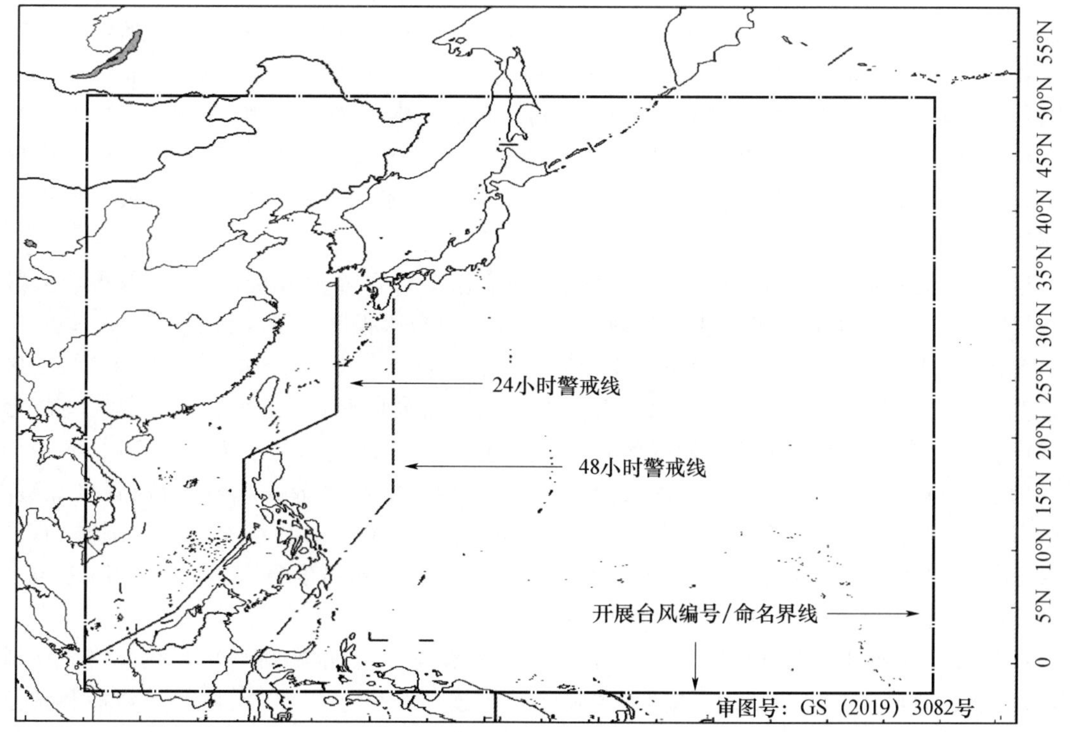

图 2.1　我国台风业务责任海区及警戒线

台风警戒线：为有效监测台风变化及其对我国的影响，根据长期的业务实践和服务需求，中央气象台在西北太平洋和南海海域设定了台风 24 小时警戒线和 48 小时警戒线（图 2.1），以更好提醒社会各界关注台风风险和做好防御准备。同时，中央气象台也会根据台风是否进入警戒线范围而调整其业务策略。当台风中心位于 48 小时警戒线以外时，中央气象台每天发布 4 次（每 6 小时 1 次）监测及预报信息；台风中心进入 48 小时警戒线后，每天发布 8 次（每 3 小时 1 次）；当台风中心位置进入 24 小时警戒线后，则变成逐小时发布相关信息。

台风位置监测：台风具有三维立体结构，一般用台风底层（近地面或近海面）中心描述台风位置。实际业务中，预报员综合利用气象卫星、雷达、海洋气象观测（含岛屿、浮标、海上石油平台等自动气象站）及岸基气象观测资料等开展台风定位分析，并用纬度和经度描述台风中心位置，有时兼用台风中心与岛屿或沿岸市/县等参照点的方位和距离做辅助说明。如 2019 年第 9 号台风“利奇马”8 月 8 日 08 时（北京时，下同）其中心位置为 22.7 °N，125.9 °E，位于浙江省象山县南偏东方向约 850 km。

另外，近年来随着我国气象卫星技术的进步，特别是空间和时间分辨率的提升及区域快速扫描功能的实现，台风定位的时效性和准确率也有很大进步，有力支撑了我国台风业务服务的发展。

台风强度监测：台风强度是台风最重要的特征参数之一，一般用台风底层中心附近最大风速和中心最低海平面气压来表征。台风所处海域（离陆地远近）不一样，强度监测方法或技术略有差异。当台风在远海时，由于海上缺少直接的观测资料，气象卫星成为最主要的强度监测手段。目前国际上最通用的利用气象卫星监测台风强度的方法为杜瓦克（Dvorak）方法，其原理是利用静止气象卫星在红外和可见光波段观测的卫星图像，通过分析台风云型结构特征及其变化来判断台风所处的强度发展阶段，进而根据台风云系分型下的分析原则，得到台风的强度指数，再根据统计对应关系，得到台风最大风速和最低海平面气压值（陈联寿 等，2012）；当台风移向近海时，岛屿、浮标观测和沿岸雷达，甚至飞机观测等可以提供更精细的台风强度监测资料；当台风即将登陆时，除上述资料外，沿岸和内陆稠密的自动气象站成为最主要的强度监测资料。

近年来，大数据、人工智能等新兴技术也开始应用于台风强度分析，目前已取得令人鼓舞的结果，未来有望为实时业务提供更高效、客观、准确的台风强度分析参考。

台风眼：成熟台风中心附近的晴空少云区称为台风眼区，包围眼区的最内侧的环状云区称为眼壁或眼墙。在卫星云图或雷达回波上可以监测到清晰的眼区，正在发展的或较弱的台风通常没有眼。台风眼区大小通常用眼区直径来表示（图 2.2），范围一般为 10～70 km，平均直径约为 40 km。台风在穿过岛屿或进入较高纬度后，眼区直径会放大，表明台风强度在减弱。眼区形状一般可以分为不规则的大眼、大而圆的眼（直径≥60 km）和小而清晰的圆眼（直径＜60 km）。眼区的形状和大小通常可以反映台风的发展阶段和强度特征，一般来说，无眼台风强度弱，有眼台风强度强，小眼台风较大眼台风强度更强。

在强台风发展过程中，台风眼墙有时候会发生非常奇妙的现象，即眼墙外侧又产生一道眼墙，形成所谓的台风双眼墙结构。随后，主眼墙开始逐渐瓦解崩溃，台风强度受到抑制甚至减弱。伴随着外眼墙向内收缩，外眼墙最终替换主眼墙并组织发展，使得台风强度再次得到加强，完成一次眼墙替换过程。

图 2.2　台风眼区直径示意图

左:2018 年 10 月 24 日 20 时超强台风“玉兔”卫星红外云图;

右:2018 年 9 月 25 日 18 时超强台风“潭美”(60 m/s,920 hPa)(台风眼国际空间站照片)

台风结构(风圈半径):通常台风风速由外围向中心逐渐加大。根据台风强度,一般用 7 级、10 级和 12 级等不同风力等级风圈范围来描述台风结构。7 级风圈指该范围内平均风力达 7 级或以上,10 级风圈指该范围内平均风力达 10 级或以上,12 级风圈指在该范围内平均风力达 12 级或以上。受地形或与周围其他天气系统的相互作用或台风自身结构的影响,台风风场多呈不对称性分布,有些方位的风明显高于其他方位,业务中通常使用四方位(东北、东南、西南、西北方向)的风圈半径来描述台风的结构特征。例如:2019 年第 9 号台风“利奇马”8 月 8 日 08 时其风圈半径信息详见表 2.1。

台风“块头”大小:一般用台风云系范围或台风 7 级风圈半径来描述台风的“块头”大小(表 2.2)。最小的台风其 7 级风圈半径不足 30 km,最大的可达 1000 km 以上。

表 2.1　1909 号台风“利奇马”8 月 8 日 08 时风圈半径(单位:km)

	东北方向	东南方向	西南方向	西北方向
7 级风圈半径	280	350	380	250
10 级风圈半径	120	120	120	120
12 级风圈半径	60	60	60	60

表 2.2　台风风圈半径与台风大小对照表(单位:km)

七级风圈半径	台风尺度	七级风圈半径	台风尺度
<200	微型台风	600～800	大型台风
200～300	小型台风	>800	巨型台风
300～600	中型台风		

台风登陆监测:原则上若台风眼区的三分之二或以上已移到岛屿或陆地上,则可判断台风已登陆。当然,并非所有的台风都有清晰的眼区,因此,对于非清晰或无眼台风,主要依据台风底层环流中心来判断其是否登陆。由于我国已在沿海建立了稠密的自动气象站,业务上判断台风是否登陆以地面观测资料为主,雷达或卫星资料为辅。

台风登陆时,气象部门会在第一时间通过各种媒体向社会各界发布台风登陆消息,登陆消息应包括台风登陆时间、地点和强度等信息。如:2019 年第 9 号台风“利奇马”(超强台风级)

的中心于8月10日凌晨1点45分前后在浙江省温岭市沿海登陆，登陆时中心附近最大风力16级(52 m/s)，中心最低气压为930 hPa。

台风大风监测：开展台风大风监测既有助于台风强度和风圈半径分析，也有利于开展台风灾害评估、风能利用等工作。通常基于地面气象站直接观测或雷达、卫星等风场反演资料开展台风大风监测，包括台风影响期间最大平均风速、最大阵风、最大阵风持续时间等。例如，2006年第8号台风“桑美”于当年8月10日17时35分在浙江苍南沿海登陆，受其影响，浙江东南部沿海和福建东北部沿海风力达8～10级，局地14～17级；福建福鼎10日17—20时连续3小时阵风风速超过40 m/s；浙江苍南和福建福鼎分别观测到81.3 m/s和75.8 m/s的极大风速，打破浙闽两省极大风速记录。

台风降水监测：通常基于地面气象站、水文站及雷达、卫星等开展台风降水监测，包括逐小时、6小时、24小时降水量或过程降水总量；最大小时雨强、最强降水时段；最大单点雨量；过程平均面雨量等信息。

例如，7503号台风于1975年8月上旬在河南境内降下超记录的特大暴雨，称为“75·8特大暴雨”。最大暴雨中心位于驻马店板桥水库的林庄，过程雨量达1631 mm，其中6小时雨量为830 mm，24小时雨量为1062 mm，分别创下我国大陆地区6小时雨量和24小时雨量的历史极值(陶诗言 等，1980)。

又如，2019年第9号台风“利奇马”于当年8月10日凌晨在浙江温岭登陆后北上，山东全省平均降水量158 mm，为山东有气象记录以来的过程降雨量最大值。

台风风暴潮监测：我国海洋部门在沿海各岸段布设有近200个验潮站，用于开展台风风暴潮水位监测。如果台风最大风暴潮位恰好与天文大潮高潮相叠加，会导致特大潮灾发生。1997年第11号台风“温妮”于当年8月18日晚上在浙江温岭登陆，“温妮”登陆时恰逢天文大潮期，福建以北沿海普遍出现大海潮，其中浙江海门站潮位达7.9 m，健跳站潮位达7.6 m，均超当地最高潮位记录。

2.1.2 台风预报

近10年来，随着科学技术的整体进步，特别是气象探测技术、计算机技术和数值预报模式等的不断发展，我国台风预报能力得到长足发展，预报时效不断延长、预报精细化程度不断提升，预报准确率不断提高，为我国防台减灾做出了重要贡献。

台风路径预报：台风路径预报是台风预报最基础性工作，也是台风防御工作的重要科学依据。路径预报偏差会导致风雨预报和风暴潮预报的偏差，甚至会导致防御工作的失败。

台风路径预报已从早先的气候持续性预报方法、相似预报方法、预报员经验结合天气学外推等过渡到当前的以客观预报和数值预报为主，预报员的经验虽然仍在发挥作用，但在快速发展的数值预报这一科技巨人面前，这种作用在不断弱化。特别是近年来集合预报的蓬勃发展，以及基于集合预报的客观订正方法的研发和应用，为我国台风路径预报准确率的提升提供了重要的科技支撑。

台风路径预报的表现形式也由“线条”向“线条”结合“概率圆”的方式转变，后者能更科学地表达台风路径预报中的不确定性问题。

科学技术的不断进步和服务需求的不断增长催生台风路径预报时效不断延长。21世纪之前相当长时间内，我国台风路径预报时效只有2天。进入新世纪后，台风路径预报时效已先后延长至3～5天(图2.3)。为满足特定用户的服务需求，中央气象台有时也提供6～7天的长时效预报服务。

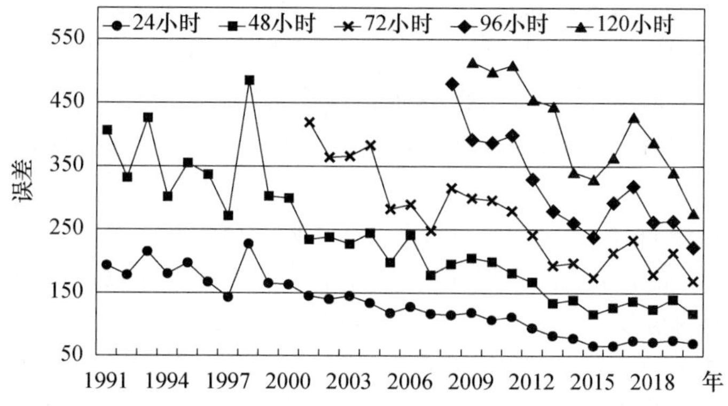

图 2.3　1991—2019 年中央气象台台风路径预报误差(单位:km)

近 30 年来,我国台风路径预报取得了很大进步,2019 年中央气象台 24 小时和 48 小时台风路径预报平均误差比 20 世纪 90 年代初降低了 60%和 65%,96 小时路径预报准确率优于 10 年前 72 小时预报准确率。2015—2019 年,中央气象台 24 小时台风路径预报平均误差约为 70 km,居世界先进水平。

台风强度预报:台风强度预报即是对预报时效内台风中心附近最大风速和最低海平面气压做出预报。目前台风强度预报方法主要包括气候持续法、相似预报、统计及统计动力、数值模式预报等。台风强度的突然变化(快速增强和快速减弱)依然是世界性的难题。从长远看,台风强度预报水平的提升将依赖于数值预报模式的进步,包括模式分辨率的提升、模式物理过程和参数化方案的改进、更准确的大气-海洋耦合的模式表述,各种非常规资料的同化应用等。未来,寄望于大数据和人工智能等新兴技术在台风强度预报方面能发挥作用,为实时预报提供参考。当前台风强度预报时效伴随着路径预报同步延长至 5 天。

近 20 年来,与世界其他台风预报中心一样,我国台风强度预报准确率并不像路径预报那样取得进展显著。24 小时、48 小时强度预报平均误差分别在 4.0～5.0 m/s、5.0～8.0 m/s(图 2.4)。令人欣慰的是,近 3 年(2017—2019 年)中央气象台 24 小时台风强度预报误差连续三年为 4 m/s 以下。

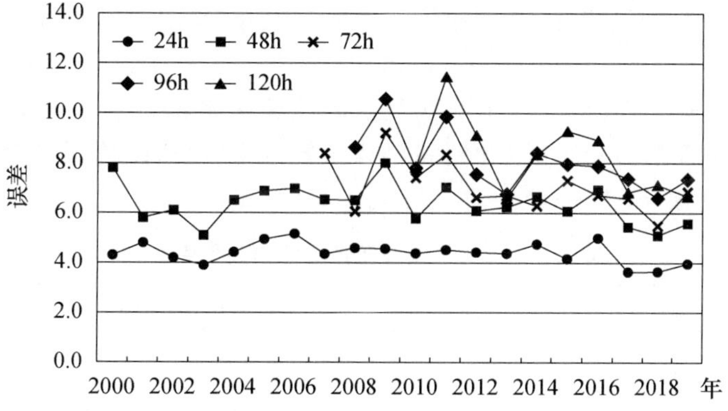

图 2.4　2000—2019 年中央气象台台风强度预报误差(单位:m/s)

台风大风预报:台风大风(强风)是台风灾害的主要致灾因素之一,做好台风大风预报对防灾减灾尤为重要。台风大风预报包括不同风力风圈预报,大风影响范围和强度预报、单点起风时间、最大风力及持续时间预报等。由于台风环境下风速风向变化很快,因此台风预报还包括平均风、阵风(瞬时极大风)及风向(变化)预报,一般而言,阵风比平均风高 2～3 级,甚至更高,其致灾性也大得多。同时,根据台风路径和强度预报误差或不确定性,做出台风大风的概率预报。

台风降水预报:登陆台风往往会伴有强降水,造成城市内涝、山洪、滑坡、泥石流等灾害,因此,台风降水预报一直备受关注。台风降水预报分为台风短时临近降水预报(0～6 小时)、短期预报(1～3 天)、中期预报(4～7 天)。不同预报时效其预报方法也不一样,短时临近预报多基于雷达或卫星降水估测及外推,近年来高分辨率区域数值预报模式快速循环同化系统和人工智能技术为台风短临降水预报提供了很好的技术支持。台风短、中期降水预报则更多依赖客观方法和数值预报模式,在这一过程中,预报员的订正作用不可或缺,特别是我国预报员在长期预报实践过程中,总结出了很多台风暴雨的预报指标和物理模型,有助于提高台风暴雨机理认知和预报准确率。近年来,集合数值预报产品也越来越多地应用于台风降水预报,如基于优选集合成员的台风暴雨预报技术被证明能有效提高台风暴雨预报准确率。另外,集合预报模式的极端天气指数 EFI 对降水预报的极端性有重要参考价值。

相比而言,台风降水预报准确率高于其他天气系统,特别是台风暴雨预报评分比其他天气系统的暴雨预报准确率高约 50%,为台风灾害防御做出了重要贡献。

台风风暴潮预报:台风登陆或影响期间,受强烈向岸风的吹袭和海平面气压骤降的影响,沿海局部岸段水位异常升高而形成风暴潮。风暴潮既受台风路径、强度和风场的影响,也受海洋环流、沿岸和海底地形的影响。风暴潮预报一般包括经验预报、统计预报、相似预报和数值模式预报等。若台风登陆时与天文大潮重叠,则会加剧水位上涨,灾害性高潮位通常是风暴潮与天文潮叠加而成。

评价风暴潮预报准确率有两个指标,其一是高潮位时间预报误差,其二是潮位高度预报误差。目前我国高潮位时间预报误差约为 15～20 min,24 小时高潮位平均预报误差约为 20～30 cm,风暴潮预报准确率与世界先进水平相当。

2.1.3 台风预警

我国台风预警分为两级层级,即国家级气象部门发布台风预警,省级及以下气象部门发布台风预警信号。

根据《国家气象灾害应急预案》和《中央气象台气象灾害预警发布办法》的规定,考虑台风可能造成的危害和紧急程度,中央气象台将台风预警分为:台风蓝色预警、台风黄色预警、台风橙色预警和台风红色预警(表 2.3)。

表 2.3 中央气象台风预警等级与发布条件

预警等级	对应台风强度	发布条件
蓝色预警	热带风暴级	预计未来 48 小时将有热带风暴(中心附近最大平均风力 8～9 级)登陆或影响我国沿海。
黄色预警	强热带风暴级	预计未来 48 小时将有强热带风暴(中心附近最大平均风力 10～11 级)登陆或影响我国沿海。

续表

预警等级	对应台风强度	发布条件
橙色预警	台风级	预计未来 48 小时将有台风(中心附近最大平均风力 12～13 级)登陆或影响我国沿海。
红色预警	强台风级 或超强台风级	预计未来 48 小时将有强台风(中心附近最大平均风力 14～15 级)、超强台风(中心附近最大平均风力 16 级及以上)登陆或影响我国沿海。

根据《气象灾害预警信号发布与传播办法》(中国气象局第 16 号令),省级及以下的各级气象主管机构所属的气象台站向社会公众发布台风预警信号,分别是:台风蓝色预警信号、台风黄色预警信号、台风橙色预警信号和台风红色预警信号(表 2.4)。

表 2.4　台风预警信号发布条件

预警信号	发布条件
蓝色预警信号	24 小时内可能或者已经受台风影响,沿海或者陆地平均风力达 6 级以上,或者阵风 8 级以上并可能持续。
黄色预警信号	24 小时内可能或者已经受台风影响,沿海或者陆地平均风力达 8 级以上,或者阵风 10 级以上并可能持续。
橙色预警信号	12 小时内可能或者已经受台风影响,沿海或者陆地平均风力达 10 级以上,或者阵风 12 级以上并可能持续。
红色预警信号	6 小时内可能或者已经受台风影响,沿海或者陆地平均风力达 12 级以上,或者阵风达 14 级以上并可能持续。

2.2　暴雨

2.2.1　暴雨监测

暴雨指的是短时间内出现的强降雨,国家标准《降水量等级:GB/T 28592—2012》(全国气象防灾减灾标准化技术委员会,2012)将不同时间间隔的累计降水量等级作如下划分(表 2.5),24 小时内累计降雨量 50 mm 以上即为暴雨。我国幅员辽阔,年平均降水量自东南向西北呈减少趋势,在西北某些地区需要有特殊的暴雨标准。例如,新疆规定 24 小时降雨量 24.1 mm 及以上即为暴雨。另外,短时间内出现的暴雨致灾性更强,因此,通常更关注在几小时、几十分钟甚至几分钟内产生的强降雨。

表 2.5　不同时段的降雨量等级划分表

等级	时段降雨量	
	12 小时降雨量(mm)	24 小时降雨量(mm)
微量降雨(零星小雨)	＜0.1	＜0.1
小雨	0.1～4.9	0.1～9.9
中雨	5.0～14.9	10.0～24.9
大雨	15.0～29.9	25.0～49.9
暴雨	30.0～69.9	50.0～99.9

续表

等级	时段降雨量	
	12 小时降雨量(mm)	24 小时降雨量(mm)
大暴雨	70.0～139.9	100.0～249.9
特大暴雨	≥140.0	≥250.0

暴雨监测的对象是暴雨降水量的时间和空间分布，即某个测站或某个区域内，分钟、小时、日等不同时段的累计降水量分布。降水量是一段时间内在水平面上积累的降水深度，以毫米(mm)为单位。暴雨监测主要依靠气象观测站和水文观测站，特别是自动雨量站观测，主要采用翻斗式雨量计或称重式雨量计对降水量、降水强度、降水时数等进行测量(于新文，2016)。近些年来，我国正逐渐推行自动化观测，全国布有将近 6 万个自动气象站，可获取分钟级的暴雨监测资料，具有资料采集精度高、时空分辨率高、数据量较小、可靠性较高等特点，可对暴雨的起止时间和强度等进行连续不间断监测。但由于站点空间分布极不均匀，站点稀少区域的暴雨监测受到限制。

通过雷达、卫星定量估测降水也可以对暴雨进行监测。原理是首先建立雷达和卫星遥感资料与降水量的历史统计关系，再根据实时遥感数据换算出估测的降水量。我国于 20 世纪初开始研发雷达定量估测降水产品，目前中国气象局气象探测中心的“天气雷达基数据拼图系统”可实时生成全国组网的、1 km/h 分辨率的雷达定量估测降水产品。基于我国最新的自主风云四号 A 星开发的定量降水估测降水量资料空间分辨率为 4 km，时间分辨率最高可达 15 min。相对于地面观测站直接观测，雷达、卫星可以获取空间分布更加均匀的暴雨观测资料，但估测降水量的精度不够高，尤其是卫星。不过，对于气象测站稀少、雷达观测无法覆盖的区域，包括海上，卫星可提供全天候、全球覆盖的定量降水估测产品，较好地反映降水空间分布特征，具有重要的意义。

鉴于以上方法各有利弊，我国自 2010 年开始开展基于多源观测资料的定量降水估测产品融合研究，融合雷达监测、卫星遥感和地面气象观测资料的国家级定量降水估测产品已开发完成并业务应用。

2.2.2 暴雨预报

2.2.2.1 暴雨预报概述

暴雨预报就是预报未来一段时间内暴雨影响的区域、时间段、总降水量。根据暴雨预报提前的时间长短可分为中期预报(4～10 天)、短期预报(1～3 天)和短时预报(1 天以内)。中期预报重点关注的是暴雨过程变化趋势，包括雨带位置、影响时段和一般性的强度等方面；短期预报则对落区、强度和影响时段有更高的要求，对暴雨影响范围一般要求精确至省，影响时间精确至小时；而短时预报则对暴雨的时空分布特征要求更为精细。一般来说，预报时效越短，预报准确率越高。就我国目前的暴雨预报整体情况来看，对于有无暴雨过程、影响范围和时间的把握相对较好，但是对强降水中心的具体落区和强度以及影响的准确时间点预报难度还很大。目前虽然无法提前若干天预报每场暴雨，但可通过短时临近预报，弥补突发性、局地性暴雨预报的不足。

除此之外，我国气象部门还进行雨季降水趋势预测，提前时效为一周至几个月。预测对象包括华南前汛期、梅雨、华北和东北雨季、西南雨季、华南后汛期及华西秋雨等，为政府部门组织指挥防汛抗洪决策服务提供科学依据。

暴雨预报准确率有两种评定标准。一种是针对公众服务的暴雨预报(预警)准确率,体现一段时间内对有无某种天气的预警的正确性,又叫正确性评分,2018 年全国暴雨预警准确率为 88%。另一种是国际业务通用的 TS 评分,表征预报正确的站数占预报正确和错误站数之和的比例,理论值为 0～1。近 10 年,我国 24 小时暴雨预报 TS 评分为 0.16～0.22,整体呈上升趋势,其中 2016 年达历史最高值 0.221,2019 年为 0.203;相对于先进的业务数值预报模式——欧洲中心模式的提高率有 10%～40%,体现了预报员的订正能力。国际先进的业务预报中心——美国 NCEP 中心同期 TS 评分在 0.18～0.3,略高于我国。中美两国的暴雨气候特征、地形特点等自然条件的差异是造成评分差异的重要原因之一。

2.2.2.2　暴雨预报基本方法

一般来说,形成暴雨需要三个基本条件,即充足的水汽供应作为暴雨的“燃料”,较强的垂直上升运动使得水汽可以抬升至空中成云致雨,还需要一定的降水持续时间(朱乾根 等,2007)。在水汽和上升运动条件相同的情况下,不稳定大气产生的降雨强度明显大于稳定大气,因此大气稳定度也是暴雨预报尤其是暖季暴雨预报的关键因子。预报员综合分析多种资料,判断大气是否满足以上条件来预报暴雨。

近年来,我国气象业务部门相继发展了配料法、多模式集成、频率匹配以及基于集合预报的多种暴雨预报方法,并采用自适应集成技术,形成基于多尺度数值模式的最优预报场。预报员结合专业知识和预报经验,对观测数据和多种客观预报产品综合分析判断,体现主客观融合的预报思路。

同时,国家级业务单位研发的主客观融合定量降水预报业务平台(Master-Blend)集成了多家数值模式预报和客观预报产品及其前期检验结果,便于预报员选择客观产品并赋予不同的预报权重,然后自动生成初级预报产品,有效提高了预报效率和准确率,并且改变了以往完全依靠预报员主观判断、手工绘制暴雨落区的预报方式。

2.2.2.3　我国主要季节雨带的暴雨预报

我国暴雨的发生发展与季风推进有密切关系。通常,4 月至 6 月上旬为华南前汛期,其中 5 月中旬至 6 月上旬为华南前汛期盛期,一般对应夏季风爆发;6 月中旬至 7 月上旬为江南-江淮梅雨期,7 月中旬至 8 月下旬进入华北东北雨季,同时受到台风等热带东风带系统影响,华南地区进入台后汛期。

(1)华南前汛期暴雨

华南前汛期暴雨中心分布在武夷山到南岭南麓和华南沿海地区,冷暖空气交汇产生的锋面暴雨和主要由暖湿空气抬升造成的暖区暴雨并存,但强降雨多位于暖区暴雨中,因此华南前汛期暴雨的暖区暴雨特征显著。暖区暴雨的形成与华南地区特殊的中尺度地形、海陆分布等因素有密切联系。

暖区暴雨预报难度大,主要体现在暴雨局地性和突发性强、降雨强大度、对流的触发机制难以把握等方面。如 2017 年 5 月 7 日广州突发局地特大暴雨,最大 1 小时降水量 184.7 mm,为广东省历史第 2 位;3 小时降水量 382.6 mm,破广东省历史极值。该次暴雨过程发生在副热带高压边缘、无明显的低空急流等天气系统配合,为弱强迫背景下的华南前汛期暖区暴雨,主客观预报均没有较好的体现。

近年来,气象工作者从边界层特征、日变化和云微物理过程、对流触发机制以及可预报性、客观预报技术等方面对华南暖区暴雨开展了积极的研究，并在业务中得到应用，为加深预报员对暖区暴雨机制认识、提高预报水平发挥了积极作用。

(2)梅雨暴雨

长江中下游梅雨的出现时间平均是从 6 月中旬至 7 月上旬，有时可长达一个月。由于降水时段集中，且经常出现大到暴雨，有时形成流域性严重洪涝，如 1991 年淮河流域暴雨、1998 年长江流域的大暴雨、2007 年的江淮流域大暴雨和 2016 年长江中下游持续大暴雨等，都造成了严重洪涝灾害。

梅雨暴雨主要是梅雨锋及其上的中尺度天气系统扰动形成的，梅雨锋既有准静止锋性质，又有湿度锋性质。在西南季风爆发期，暖湿气流源源不断到达梅雨锋前的长江流域，锋面上中尺度系统发生发展，使暖湿空气上升并成云致雨。我国对梅雨暴雨的研究历史悠久，相对而言，区域性、稳定性、持续性的梅雨锋暴雨预报技术较为成熟，预报准确率较高；但对流性暴雨、极端暴雨的强度等仍有较大难度。

(3)华北和东北暴雨

7 月中旬至 8 月下旬，我国的主要雨带北移至华北和东北地区。气候特征上表现为降水强度大，持续时间短；降水局地性强，年际变化大；降水时段集中；暴雨落区与太行山、燕山等地形关系密切。华北和东北地区的暴雨主要受到高空低涡低槽或者与副热带高压的共同影响，锋面降水性质显著，短期时效内的可预报性较高。

近年来的预报实践和研究表明，华北地区也存在暖区暴雨，例如 2012 年著名的北京“7·21”暴雨过程，在主要暴雨系统到来之前的暖区暴雨持续时间和累计强度远超出预期，约占累计降水量的 80%。暖区暴雨由于触发机制复杂而同样存在很大的预报难点。

(4)台风暴雨

我国东临西北太平洋，夏秋季节受台风活动影响较多，经常带来持续性、区域性暴雨。我国台风暴雨主要有两大类型：一是台风环流本身造成的暴雨；二是台风与其他天气系统相结合产生的暴雨。另外，在距离台风较远的地方，受台风远距离水汽输送的影响也会产生暴雨，称作“台风远距离暴雨”；还有一种是暖湿空气在迎风坡被迫抬升而形成的暴雨。

我国台风暴雨通常影响的区域为华南和华东地区。如，2014 年第 9 号台风“威马逊”先后登陆海南岛、广东和广西，是 1973 年以来登陆我国华南的最强台风，也是 1949 年以来登陆广东、广西的最强台风。受其影响，7 月 17—21 日，海南岛、广西沿海、云南南部等地累计降雨量 200～500 mm，海南岛局地达 500 mm 以上，多地 1 小时降雨量超过 100 mm。2016 年第 14 号台风“莫兰蒂”给福建、浙江等地部分地区带来 200～400 mm 的强降雨，台湾岛最大超 800 mm。台风有时也会深入内陆直至华北、东北等地，如历史上有名的“75·8”暴雨事件，就是由 1975 年的第 3 号台风深入中原腹地后，受到稳定的天气形势和地形的共同作用，在河南驻马店地区造成历史罕见的特大暴雨，引发极为严重的洪涝灾害。再如 2018 年第 10 号台风“安比”于 7 月 22 日在上海崇明岛附近登陆后，一路北上，先后给上海、江苏、山东、天津、河北，直至内蒙古、辽宁、黑龙江等地带来暴雨或大暴雨，河北、天津两省(市)自有业务规定来首次发布台风预警信号。

预报业务实践和科研总结发现，台风登陆次日暴雨预报难度最大，主要是因为台风由海洋到陆地时，受到台风环流强度减弱、水汽通道变化、下垫面以及其他系统等复杂过程的影响。近年来研发的基于集合优选成员和多尺度数值模式的台风暴雨预报客观技术，可为业务预报提供有力参考，有效提高台风暴雨预报的准确率。

2.2.3 暴雨预警

我国暴雨预警分为两级层级，即国家级气象部门发布暴雨预警，省级及以下气象部门发布暴雨预警信号。

根据《国家气象灾害应急预案》和《中央气象台气象灾害预警发布办法》的规定，考虑暴雨可能造成的危害和紧急程度，中央气象台将暴雨预警分为：暴雨蓝色预警、暴雨黄色预警、暴雨橙色预警和暴雨红色预警（表2.6）。

表2.6　暴雨预警等级与发布条件

预警等级	发布条件
蓝色预警	预计未来24小时2个及以上省（区、市）部分地区将出现50 mm以上降雨，且南方地区有成片（5站及以上）或北方地区有分散的超过100 mm的降雨；或者已经出现并可能持续。
黄色预警	预计未来24小时有2个及以上省（区、市）部分地区将出现100 mm以上降雨；或者过去24小时2个及以上省（区、市）部分地区已经出现100 mm以上降雨，预计未来24小时上述地区仍将出现50 mm以上降雨。
橙色预警	预计未来24小时2个及以上省（区、市）部分地区将出现250 mm以上降雨；或者过去24小时2个及以上省（区、市）部分地区已经出现100 mm以上降雨，且南方地区有成片（5站及以上）或北方地区有分散的超过250 mm的降雨，预计未来24小时上述地区仍将出现50 mm以上降雨。
红色预警	预计未来24小时2个及以上省（区、市）部分地区将出现250 mm以上降雨，并有分散的400 mm以上降雨；或者过去24小时2个及以上省（区、市）部分地区已经出现日雨量100 mm以上降雨，且上述地区有至少5站日雨量超过250 mm的降雨，预计未来24小时上述地区仍将出现100 mm以上降雨。

根据《气象灾害预警信号发布与传播办法》（中国气象局第16号令），省级及以下的各级气象主管机构所属的气象台站向社会公众发布暴雨预警信号，分别是：暴雨蓝色预警信号、暴雨黄色预警信号、暴雨橙色预警信号和暴雨红色预警信号（表2.7）。

表2.7　暴雨预警信号发布条件

预警信号	发布条件
蓝色预警信号	12小时内降雨量将达50 mm以上，或者已达50 mm以上且降雨可能持续。
黄色预警信号	6小时内降雨量将达50 mm以上，或者已达50 mm以上且降雨可能持续。
橙色预警信号	3小时内降雨量将达50 mm以上，或者已达50 mm以上且降雨可能持续。
红色预警信号	3小时内降雨量将达100 mm以上，或者已达100 mm以上且降雨可能持续。

2.3 强对流

强对流是一种历时短、天气剧烈、破坏性强的灾害性天气，包括强雷电和伴随雷电现象的对流性大风、冰雹、短时强降水、龙卷等天气现象。强对流天气空间尺度小，一般水平范围大约在十几千米至二三百千米，有的水平范围只有几十米至几千米，其生命史短暂并带有明显突发性，较长的大约几小时，较短的仅有几分钟至一小时，但这种天气破坏力很强，强对流天气来临时，通常伴随电闪雷鸣、风雨交加等恶劣天气，致使房屋损毁，庄稼树木受到摧残，电信交通受损，甚至造成人员伤亡。

2.3.1 强对流监测

强对流天气的监测对象主要包括雷电、短时强降水、冰雹、雷暴大风和龙卷等。由于强对流天气空间尺度小、持续时间短、强度强，监测难度较大，故强对流天气监测的对象不仅包括各种强对流天气本身，也包括间接造成强对流天气的中尺度对流系统。

强对流天气的直接监测手段主要包括常规地面观测、重要天气报告、灾情直报资料、自动气象站、闪电定位仪等，在这些监测手段中，常规地面观测虽然能够给出比较可靠的观测结果，但时空分辨率低。重要天气报告虽然能够弥补常规观测时间分辨率不足的问题，但空间分辨率依然有限，故对于强对流天气实况的监测目前更多使用自动气象站。而间接监测则主要是利用雷达和卫星等监测手段对对流风暴、飑线、MCS（中尺度对流系统）的监测（郑永光 等，2015），并依据对对流风暴、飑线、MCS 等的监测结论，运用多种技术手段和预报员经验，判断正在发生或即将发生强对流天气的种类、强度、移动发展情况等。

雷电监测：雷电是指出现闪电和雷鸣的自然现象，常伴有强烈的阵风和暴雨，有时还伴有冰雹和龙卷风，又称为雷暴。在雷雨云中的雨滴、冰晶、雪晶和霰粒等大量粒子在生长过程中不断碰撞和摩擦产生电荷积累，当电位差达到一定程度后，就会产生雷电。雷电的监测则主要采用闪电定位仪，观测项目包括雷电回击发生的时间、经纬度、电流强度、电流陡度、定位误差、定位方式等。地闪定位系统能够提供连续的高时空分辨率的地闪监测，但对海洋区域的覆盖面积只有近海区域，范围有限，不能监测对流系统中发生更为频繁和具有提前指示对流发展的云闪信息（郑永光 等，2015）。2016 年底我国发射的 FY-4A 卫星的闪电成像仪将能够提供覆盖我国及周边区域的高时空分辨率的闪电监测资料，能够与地闪监测互相补充。

短时强降水监测：在我国大部分地区，短时强降水的标准为一小时达到或超过 20 mm。短时强降水是造成山洪泥石流和城市内涝等次生灾害的重要因子，如 2012 年 7 月 21 日北京出现大范围的短时强降水，最大小时雨强超过 100 mm，造成严重的城市内涝和周边山区山洪地质灾害；2010 年甘肃舟曲出现小时雨强为 97 mm 的短时强降水，引发特大泥石流灾害。短时强降水监测主要依靠常规的人工观测和自动气象站观测，我国已布设自动气象观测站数万余个，空间分辨率高，且能够监测连续的温度、风向、风速、降水量等数据，对于短时强降水具有较好的监测能力。与此同时，使用雷达和卫星的监测数据也能对降水进行估测。

冰雹监测：冰雹是指强烈发展的雷雨云中出现固体降水的现象。在强的雷雨云中有大量水滴和冰晶形成的冰雹核心，雹核在云中生长区与过冷水滴不断的碰并，并在上升气流的带动下，继续向上运动，当达到一定重量时掉落至低层，而遇到较强的上升气流时，又可重新进入高层的低温区，在如此反复中越变越大，当达到一定重量时落到地面上就变成了冰雹。冰雹的监测主要来源于常规地面观测、重要天气报和灾情直报。但在实际工作中，由于大多数冰雹天气历时短、影响区域小，人工手段常常难以准确监测，目前冰雹的监测更多地依赖雷达等间接监测手段。在天气雷达上，产生冰雹的风暴单体通常存在低层的强反射率因子梯度和入流缺口、高层的强反射率因子核与回波悬垂，并存在弱回波区或有界弱回波区，此外，还常常出现三体散射和垂直积分液态含水量相对大值等特征。

雷暴大风监测：是指伴雷电天气而出现的强烈短时大风，即在电闪雷鸣时出现风速大于 17.2 m/s 的瞬时大风，又称为雷雨大风。绝大多数雷暴大风是由对流风暴内强烈下沉气流所导致，由于产生大冰雹的环境条件与雷暴大风大多类似，并且云中冰相粒子在下落过程中融化、升华吸收环境大气大量热量会非常有利于加强下沉气流，因而大冰雹天气常常伴随大风天气。雷暴大风的监测首先依赖常规的人工观测和自动气象站观测。此外，在实际工作中也使用雷达或卫星等间接监测手段。如在雷达上监测到飑线和阵风锋，表明正在或即将出现较大范围的雷暴大风天气，而小范围的雷暴大风在雷达上显示为不断下降的反射率因子和突然出现的云底以上的径向速度辐合。

龙卷监测：龙卷是强烈发展的雷雨云底部高速旋转的空气涡旋。在强雷雨云中由于上下层空气的强烈对流会产生多个涡旋，在垂直方向上风向和风速较强的垂直切变作用下，这些涡旋将发展加强并向地面发展和向上伸展，当发展的涡旋到达地面时，地面气压急剧下降，风速急剧上升，即形成龙卷风。龙卷涡旋的中心气压很低，其中心风力可达 100～200 m/s 以上，具有极大的破坏力。按照阵风风速和致灾程度不同，龙卷强度分级如表 2.8 所示。

表 2.8　龙卷风分级(全国气象防灾减灾标准化技术委员会，2019)

强度等级	阵风风速(m/s)	致灾程度
弱龙卷	≤38	轻度
较强龙卷	(38,49]	中等
强龙卷	(49,74]	严重
超强龙卷	>74	毁灭性

我国的龙卷主要包括台风龙卷和西风带龙卷两类，台风龙卷是产生于台风背景下的龙卷，而西风带龙卷产生于中纬度西风环流背景下。较强以上等级的龙卷常常造成严重的人员伤亡和财产损失，如 2015 年 10 月 4 日“彩虹”台风登陆湛江，在其东侧的广东顺德、番禺等地出现的台风龙卷，2016 年 6 月 23 日江苏阜宁出现的强龙卷，2019 年 7 月 3 日辽宁开原出现强龙卷。大多数龙卷由于历时短、空间尺度小，且在我国发生频次低，监测难度较大，手段较缺乏。目前实况监测主要还是依赖于人工观测，同时也依靠雷达进行间接监测，根据雷达反射率因子的回波形态、中尺度气旋特点和是否有龙卷涡旋特征等因子来进行判断，但判断的准确率依然较低。

2.3.2　强对流预报

强对流天气预报可分为短期预报(1～3 天)、短时预报(2～12 小时)及临近预报(0～2 小时)。短期预报的方法主要是关注有利于强对流天气产生的大尺度大气环流背景，并在此基础上大致确定强对流天气的种类、落区及出现概率。短时预报则对强对流的种类、落区、强度和影响时段有更高的要求，影响时间精确至小时，影响区域一般精确至省或市，预报方法是在使用类似短期预报的方法对实况对流环境场进行中尺度分析的基础上，更多依赖于快速更新或者集合的高时空分辨率中尺度数值模式以及雷达的综合应用。临近预报则更为精确，影响时间精确至分钟，而影响区域精确至县级以下，预报方法是基于雷达、卫星、闪电等实况资料，采用一定的算法，对对流风暴进行识别、追踪和外推。大多数强对流天气的产生一般都需要满足三要素，即层结不稳定、一定的水汽和触发条件。层结不稳定主要是指中高层相对冷而低层相对暖的环境条件，因为冷空气相对暖空气密度大，冷空气下沉暖空气上升，并配合一定的水汽条件和触发机制，就会产生强对流天气。触发机制则包括低层辐合、低空急流、地形、日射加热地面造成局地受热不均匀等。

短时强降水预报:短时强降水的短期预报主要关注环境场较好的水汽条件和一定的不稳定层结条件。首先,整层水汽含量大,26 mm 以上的整层可降水量是出现大范围短时强降水的必要条件,超过 60 mm 的整层可降水量区域极易于形成短时强降水,较好的水汽输送条件一般表现在低空急流的生成和加强;其次,不稳定层结,表征大气层结状况的 K 指数是其表征物理量,大于 28 ℃是必要的不稳定指标。而在临近预报上,短时强降水主要取决于雨强和降水持续时间,雨强可根据低层的雷达反射率因子判断,但不同的降水类型,其反射率因子对应的降水强度并不完全相同,如强反射率因子核较低的海洋性强对流对比因子核较高的大陆型强对流,相同的反射率因子强度,前者的降水强度常常显著大于后者。降水持续时间则根据单体的生命周期、所处环境位置和移动方向进行判断,如回波单体排列的列车效应是短时强降水的重要判据。而介于二者之间的短时预报目前的主要思路是将雷达回波的降水外推预报和高分辨率数值预报结果相融合。

冰雹预报:强冰雹的短期预报除了强对流天气的三要素外,还要求有较强的上升气流,这要求环境的对流有效位能和垂直风切变较大,对流有效位能($CAPE$)是不稳定层结表征的物理量,一般要求 $CAPE>1000$ J/kg。同时,冰雹的发生也需要合适的 0 ℃和−20 ℃的高度,据统计,0 ℃层在 4 km 左右、−20 ℃层在 7 km 附近最有利于冰雹发生。预报经验表明,对流层中层干层的存在也经常有利于冰雹的产生。在临近预报上,典型的雹暴在雷达上呈现出低层强的反射率因子梯度、入流缺口和中高层回波悬垂,即具有宽阔的弱回波区或者有界弱回波区,并且在其上方存在强反射率因子核,超过 50 dBZ 的强回波区必须扩展到 0 ℃等温线以上,当强回波区扩展到−20 ℃等温线高度以上时,强降雹的可能性更大。此外,雷暴的旋转、三体散射、风暴顶强辐散和垂直积分液水量(VIL)的相对大值也是强冰雹预警的辅助指标。

雷暴大风预报:绝大多数雷暴大风都是由对流风暴中的下沉气流或冷空气堆到达地面时产生辐散而造成的地面大风,所以雷暴大风的短期预报不但要考虑强对流三要素,还要考虑导致下沉气流的环境条件。对流层低层常常有一定的湿层并具备对流不稳定条件,而对流层中层存在一个相对干的气层,有利于在风暴中产生下沉气流,此时若对流层中下层的环境温度直减率较大,下沉气流在下降过程中温度始终低于环境温度,一直保持向下的加速度,到达地面产生雷暴大风,同时若伴随有强的垂直风切变,则对流风暴的上升气流和下沉气流将组织化,有利于强风暴的发展及雷暴大风的加强。在临近预报上,小范围内的下击暴流引发的雷暴大风在雷达上的前兆是不断下降的反射率因子核心和突然出现的云底以上的径向速度辐合,而区域性的雷暴大风通常出现在中等强度以上的垂直风切变环境中,导致雷暴大风的系统可以是飑线、弓形回波形状的多单体风暴和超级单体风暴,在雷达上的预警指标主要是弓形回波、中层径向辐合和中气旋。

龙卷预报:强对流产生的三个要素也是龙卷产生的必要条件。龙卷多发生在地面为低压的情况,气压越低发生龙卷的可能性就越大。同时龙卷产生需要有较好的动力热力和水汽条件,除了一定的 $CAPE$ 外,有利于强龙卷生成的两个有利条件分别是低的抬升凝结高度和较大的低层(0～1 km)垂直风切变。抬升凝结高度越低、低层风的垂直切变越大,越有利于强龙卷的产生。针对龙卷的临近预报,一般而言,雷达监测到的中层中气旋越强,离地越近,出现龙卷的概率就越大,与强龙卷相联系的中气旋特征有可能在龙卷发生前 20～30 min 出现。若在雷达径向速度图上识别出强中气旋或识别出底高不超过 1 km 的中等强度中气旋,同时伴有龙卷涡旋特征,可发布龙卷预警。

虽然通过外推预报与数值预报相融合的预报技术可以进行定量降水和对流风暴的短时预

报，但是目前还没有直接针对冰雹、雷暴大风和龙卷等天气的融合短时预报技术，目前这些天气的短时预报主要依赖高分辨率数值预报资料的对流天气环境条件分析和基于中小尺度机理的客观预报产品，也就是依赖“对流可分辨”高分辨率数值模式（包括集合预报系统）产品后处理。

2.3.3　强对流预警

我国强对流预警分为两级层级，即国家级气象部门发布强对流预警，省级及以下气象部门发布雷电、冰雹预警信号。

根据《国家气象灾害应急预案》和《中央气象台气象灾害预警发布办法》的规定，考虑强对流可能造成的危害和紧急程度，中央气象台将强对流预警分为：强对流蓝色预警、强对流黄色预警和强对流橙色预警（表 2.9）。

表 2.9　强对流预警等级与发布条件

预警等级	发布条件
蓝色预警	预计未来 24 小时 3 个及以上相邻省（区、市）部分地区将出现：8 级以上雷暴大风；或者直径 10 mm 以上冰雹；或者 20 mm/h 以上强度的短时强降水并伴随雷暴大风或冰雹或龙卷；或者上述任一类情况已经出现并可能持续。
黄色预警	预计未来 24 小时 3 个及以上相邻省（区、市）部分地区将出现：10 级以上雷暴大风；或者直径 15 mm 以上冰雹；或者 30 mm/h 以上强度的短时强降水并伴随雷暴大风或冰雹或龙卷；或者上述任一类情况已经出现并可能持续。
橙色预警	预计未来 24 小时 3 个及以上相邻省（区、市）部分地区将出现：12 级以上雷暴大风；或者直径 20 mm 以上冰雹；或者 50 mm/h 以上强度的短时强降水并伴随雷暴大风或冰雹或龙卷；或者 80 mm/h 以上强度的短时强降水；或者上述任一类情况已经出现并可能持续。

根据《气象灾害预警信号发布与传播办法》（中国气象局第 16 号令），省级及以下的各级气象主管机构所属的气象台站向社会公众发布雷电、冰雹预警信号，分别是：雷电黄色预警信号、雷电橙色预警信号、雷电红色预警信号（表 2.10），以及冰雹橙色预警信号、冰雹红色预警信号（表 2.11）。

表 2.10　雷电预警信号发布条件

预警信号	发布条件
黄色预警信号	6 小时内可能发生雷电活动，可能会造成雷电灾害事故。
橙色预警信号	2 小时内发生雷电活动的可能性很大，或者已经受雷电活动影响，且可能持续，出现雷电灾害事故的可能性比较大。
红色预警信号	2 小时内发生雷电活动的可能性非常大，或者已经有强烈的雷电活动发生，且可能持续，出现雷电灾害事故的可能性非常大。

表 2.11　冰雹预警信号发布条件

预警信号	发布条件
橙色预警信号	6 小时内可能出现冰雹天气，并可能造成雹灾。
红色预警信号	2 小时内出现冰雹可能性极大，并可能造成重雹灾。

2.4 暴雪

2.4.1 暴雪监测

暴雪是指短时期内出现的强降雪，国家标准《降水量等级：GB/T 28592—2012》（全国气象防灾减灾标准化技术委员会，2012）将不同时间间隔的累计降雪量等级作如下划分（表 2.12），24 小时降雪量 10 mm 以上即为暴雪。

表 2.12 不同时段的降雪量等级划分表

等级	时段降雪量	
	12 小时降雪量（mm）	24 小时降雪量（mm）
微量降雪（零星小雪）	<0.1	<0.1
小雪	0.1～0.9	0.1～2.4
中雪	1.0～2.9	2.5～4.9
大雪	3.0～5.9	5.0～9.9
暴雪	6.0～9.9	10.0～19.9
大暴雪	10.0～14.9	20.0～29.9
特大暴雪	≥15.0	≥30.0

暴雪监测的对象主要是降雪量和积雪深度。长期以来，我国降雪量观测主要由地面气象观测网来完成。将降落在观测器皿内的雪采用人工融雪的办法化成水，再使用量杯测量水的刻度，即为降雪量，单位为毫米（mm）。为更准确表征纯雪量的大小，还需进行积雪深度监测。积雪观测采用量雪尺或普通米尺，测量器皿底部到积雪表面的垂直深度，单位为厘米（cm）。随着我国降雪自动观测网的布网以及称重式全天候降水传感器、超声波积雪深度自动监测系统的建立，目前基本能实现降雪的全天候自动观测。但由于地面观测站点空间分布不均，东密西疏，暴雪监测受到一定限制。

气象雷达、卫星等遥测系统作为辅助手段，在暴雪监测中正逐步发挥作用。通过构建雷达观测量与降水相态粒子以及降雪量之间的统计关系模型，可初步实现降水相态、降雪量的估测。双偏振雷达对水凝物粒子的类型、形状、尺度等属性很敏感，在降水相态分布和定量降水估测等方面有较大改进。卫星遥测系统是监测积雪的重要手段之一，它的监测覆盖面更广，是偏远地区以及下垫面复杂的区域不可或缺的积雪观测手段。目前，基于 FY-3 卫星开发的全国范围内逐日积雪监测产品也在业务中得到应用。

2.4.2 暴雪预报

暴雪的形成除了需要一般强降水形成的三个条件：充沛的水汽、较强的上升运动和一定的持续时间，还需要有适宜产生降雪的温度层结。其他条件不变的情况下，云体中的温度越低越有利于产生固态降水。通常，云体中温度低于－10 ℃有利于产生冰晶、雪花等固态粒子，而在雪花在下落的过程中，要求对流层中低层至近地面温度要≤0 ℃；同时，当地表温度≤0 ℃，雪花落地可以产生积雪。我国冬半年盛行偏北风，北方地区的水汽条件相对比较差。因此，暴雪预报中要全面分析大气的温度、湿度和风场结构，判断是否具备适宜的水汽、抬升和温度条件，系统影响时间是否足够长，以至于可以产生暴雪和相当量的积雪。统计分析和预报经验表明，在不同的大气温湿条件下，1 mm 降雪量对应的积雪深度通常为 0.6～1.5 cm，南方一般小于北方。目前我国已初步建立基于数理统计的降雪、积雪和降水相态网格化预报产品体系，预报准确率和精细化水平逐步提升。

2.4.3　暴雪预警

我国暴雪预警分为两级层级，即国家级气象部门发布暴雪预警，省级及以下气象部门发布暴雨预警信号。

根据《国家气象灾害应急预案》和《中央气象台气象灾害预警发布办法》的规定，考虑暴雪可能造成的危害和紧急程度，中央气象台将暴雪预警分为：暴雪蓝色预警、暴雪黄色预警、暴雪橙色预警和暴雪红色预警(表 2.13)。

表 2.13　暴雪预警等级与发布条件

预警等级	发布条件
蓝色预警	预计未来 24 小时 2 个及以上省(区、市)部分地区将出现 5 mm 以上降雪，且有成片(5 站及以上)超过 10 mm的降雪。
黄色预警	预计未来 24 小时 2 个及以上省(区、市)部分地区将出现 10 mm 以上降雪；或者过去 24 小时 2 个及以上省(区、市)部分地区出现 5 mm 以上降雪，预计未来 24 小时上述地区仍将出现 5 mm 以上降雪。
橙色预警	预计未来 24 小时 2 个及以上省(区、市)部分地区将出现 20 mm 以上降雪；或者过去 24 小时 2 个及以上省(区、市)部分地区已经出现 10 mm 以上降雪，预计未来 24 小时上述地区仍将出现 5 mm 以上降雪。
红色预警	预计未来 24 小时 2 个及以上省(区、市)部分地区将出现 30 mm 以上降雪；或者过去 24 小时 2 个及以上省(区、市)部分地区已经出现 20 mm 以上降雪，预计未来 24 小时上述地区仍将出现 10 mm 以上降雪。

根据《气象灾害预警信号发布与传播办法》(中国气象局第 16 号令)，省级及以下的各级气象主管机构所属的气象台站向社会公众发布暴雪预警信号，分别是：暴雪蓝色预警信号、暴雪黄色预警信号、暴雪橙色预警信号和暴雪红色预警信号(表 2.14)。

表 2.14　暴雪预警信号发布条件

预警信号	发布条件
蓝色预警信号	12 小时内降雪量将达 4 mm 以上，或者已达 4 mm 以上且降雪持续，可能对交通或者农牧业有影响。
黄色预警信号	12 小时内降雪量将达 6 mm 以上，或者已达 6 mm 以上且降雪持续，可能对交通或者农牧业有影响。
橙色预警信号	6 小时内降雪量将达 10 mm 以上，或者已达 10 mm 以上且降雪持续，可能或者已经对交通或者农牧业有较大影响。
红色预警信号	6 小时内降雪量将达 15 mm 以上，或者已达 15 mm 以上且降雪持续，可能或者已经对交通或者农牧业有较大影响。

2.5 寒潮、霜冻和冰冻

2.5.1 寒潮、霜冻和冰冻监测

寒潮是一种大规模的强冷空气活动过程。寒潮天气的主要特点是大风和剧烈降温，有时伴有雨雪、沙尘、霜冻、冰冻等天气现象。对寒潮天气的监测主要依靠常规地面观测网，可实现分钟级的风向风速（平均风、阵风）、温度（最低气温、日平均气温和最低气温的变化幅度等）连续观测；天气雷达可对大风的垂直结构进行更加精细化的监测。

霜冻指的是在农作物生长季节里，由于气温突然下降，土壤表面和植株表面温度降到 0 ℃或以下而引起植物损伤甚至死亡的现象，是一种农业气象灾害（叶殿秀 等，2008）。地表温度≤0 ℃是霜冻的监测指标。各地根据农作物生长期和气候差异，也有制定适用于本地的霜冻日标准（马尚谦 等，2018）。

冰冻指的是空中的过冷水滴、雾滴或湿雪等与温度低于 0 ℃的物体碰撞立即冻结的现象，又称凝冻（全国气象防灾减灾标准化技术委员会，2017）。冰冻天气主要通过气象台站的天气现象观测和电线积冰来进行监测，电线积冰包括最大直径、厚度或积冰最大重量的观测。

2.5.2 寒潮、霜冻和冰冻预报

寒潮预报的内容主要包括未来 24 小时、48 小时和寒潮影响过程中的大风、日平均气温或最低气温的累计降温幅度以及过程最低气温，同时对伴随的其他天气现象进行预报。

影响大风的因素主要有海平面气压梯度、变压梯度以及近地面摩擦、地形、温度层结、热力环流等。一般来说，气压梯度、变压梯度越大，风力就越大；地形狭管效应、翻山下坡等作用也会使风力明显加大。影响温度变化的主要因素是温度平流，寒潮来袭时强冷平流会引起局地气温明显下降，若某地寒潮影响之前明显升温，则影响后降温幅度会更大；另外，非绝热因子（如辐射状况、降水、下垫面等）垂直运动等，也会影响温度变化。

寒潮预报就是在特定天气形势分析的基础上，围绕影响大风和降温的关键因子，结合数值模式和客观预报方法提供的参考产品，综合得出判断。近些年来，针对地面气象要素特别是气温的客观预报技术取得明显进展，如 MOS、滑动订正、卡尔曼滤波订正、人工神经网络等机器学习算法、在集合预报技术上发展的 EMOS 方法等均为气温预报提供有力支撑。然而，近地面气象要素受局地因素和人为因素的影响较显著，在复杂地形或极端天气形势下，预报误差还较大，是今后需要重点研究的方向。

霜冻的成因主要有三种（朱乾根 等，2007）：强冷空气南下使温度快速下降而引起的平流霜冻；在晴朗微风的夜晚，由辐射降温引起的辐射霜冻；二者共同作用导致的平流-辐射霜冻，一般影响范围较大的霜冻多为此类。因此，霜冻预报的主要内容就是短时间内的强降温，即地表温度降至 0 ℃以下的区域及持续时间，中央气象台预报业务中也以 2 m 最低气温降至 4 ℃以下作为参考。另外，考虑辐射状况，在晴朗无风的夜间至清晨易出现霜冻。

冻雨是最常见、影响最大的一种冰冻现象。中空的暖湿空气在低层冷空气垫上爬升成云致雨，落到冷的地面或地物上冻结，是形成冻雨的典型形式。因此，冻雨的预报是在一般降水预报的基础上，着重做好特殊温度层结的预报，即中空 2000～4000 m 暖层（融化层）和低空 2000 m 以下冷层（冻结层）的预报（丁一汇 等，2008）。另外，冻雨有非常显著的地域特征，贵

州是我国出现冻雨最多的省份，其次在湖南、江西、湖北、河南等地；高海拔山区比平原地区多见（赵珊珊 等，2010；王颖 等，2011）。预报可参考地域、地形等信息。限于观测和预报的技术手段，目前只能做有无冻雨及雨量大小的预报，对电线积冰厚度还很难预测。

2.5.3　寒潮、霜冻和冰冻预警

我国寒潮、霜冻预警分为两级层级，冰冻、大风、道路结冰为一级。即国家级气象部门发布寒潮、霜冻和冰冻预警，省级及以下气象部门发布寒潮、霜冻、大风、道路结冰预警信号。

2.5.3.1　寒潮预警

根据《国家气象灾害应急预案》和《中央气象台气象灾害预警发布办法》的规定，考虑寒潮可能造成的危害和紧急程度，中央气象台将寒潮预警分为：寒潮蓝色预警、寒潮黄色预警、寒潮橙色预警（表 2.15）。

表 2.15　寒潮预警等级与发布条件

预警等级	发布条件
蓝色预警	预计未来 48 小时，有 4 个及以上省（区、市）的大部分地区日平均气温或日最低气温将下降 8 ℃以上，冬季长江中下游地区（春、秋季江淮地区）最低气温降至 4 ℃以下。
黄色预警	预计未来 48 小时，有 4 个及以上省（区、市）的大部分地区日平均气温或日最低气温将下降 10 ℃以上，其中 2 个及以上省（区、市）的部分地区日平均气温或日最低气温下降 14 ℃以上，冬季长江中下游地区（春、秋季江淮地区）最低气温降至 4 ℃以下。
橙色预警	预计未来 48 小时，有 4 个及以上省（区、市）的大部分地区日平均气温或日最低气温将下降 12 ℃以上，其中 2 个及以上省（区、市）的部分地区日平均气温或日最低气温下降 16 ℃以上，冬季长江中下游地区（春、秋季江淮地区）最低气温降至 4 ℃。

根据《气象灾害预警信号发布与传播办法》（中国气象局第 16 号令），省级及以下的各级气象主管机构所属的气象台站向社会公众发布寒潮预警信号，分别是：寒潮蓝色预警信号、寒潮黄色预警信号、寒潮橙色预警信号和寒潮红色预警信号（表 2.16）。

表 2.16　寒潮预警信号发布条件

预警信号	发布条件
蓝色预警信号	48 小时内最低气温将要下降 8 ℃以上，最低气温小于等于 4 ℃，陆地平均风力可达 5 级以上；或者已经下降 8 ℃以上，最低气温小于等于 4 ℃，平均风力达 5 级以上，并可能持续。
黄色预警信号	24 小时内最低气温将要下降 10 ℃以上，最低气温小于等于 4 ℃，陆地平均风力可达 6 级以上；或者已经下降 10 ℃以上，最低气温小于等于 4 ℃，平均风力达 6 级以上，并可能持续。
橙色预警信号	24 小时内最低气温将要下降 12 ℃以上，最低气温小于等于 0 ℃，陆地平均风力可达 6 级以上；或者已经下降 12 ℃以上，最低气温小于等于 0 ℃，平均风力达 6 级以上，并可能持续。
红色预警信号	24 小时内最低气温将要下降 16 ℃以上，最低气温小于等于 0 ℃，陆地平均风力可达 6 级以上；或者已经下降 16 ℃以上，最低气温小于等于 0 ℃，平均风力达 6 级以上，并可能持续。

2.5.3.2　霜冻预警

根据《国家气象灾害应急预案》和《中央气象台气象灾害预警发布办法》的规定，考虑霜冻

可能造成的危害和紧急程度，中央气象台发布霜冻蓝色预警(表 2.17)。

表 2.17　霜冻预警等级与发布条件

预警等级	发布条件
蓝色预警	秋季霜冻(8 月下旬一10 月上旬)，在我国北方地区，预计未来 24 小时 2 个及以上相邻省(区、市)将出现霜冻天气。 春季霜冻(3 月中旬一6 月上旬)，在我国华北、西北、黄淮及长江流域，预计未来 24 小时 2 个及以上相邻省(区、市)将出现霜冻天气。 冬季霜冻(11 月中旬一翌年 3 月上旬)，在我国华南和西南热带、亚热带地区，预计未来 24 小时 2 个及以上相邻省(区、市)将出现霜冻天气。

根据《气象灾害预警信号发布与传播办法》(中国气象局第 16 号令)，省级及以下的各级气象主管机构所属的气象台站向社会公众发布霜冻预警信号，分别是：霜冻蓝色预警信号、霜冻黄色预警信号和霜冻橙色预警信号(表 2.18)。

表 2.18　霜冻预警信号发布条件

预警信号	发布条件
蓝色预警信号	48 小时内地面最低温度将要下降到 0 ℃以下，对农业将产生影响，或者已经降到 0 ℃以下，对农业已经产生影响，并可能持续。
黄色预警信号	24 小时内地面最低温度将要下降到零下 3 ℃以下，对农业将产生严重影响，或者已经降到零下 3 ℃以下，对农业已经产生严重影响，并可能持续。
橙色预警信号	24 小时内地面最低温度将要下降到零下 5 ℃以下，对农业将产生严重影响，或者已经降到零下 5 ℃以下，对农业已经产生严重影响，并将持续。

2.5.3.3　大风预警

根据《气象灾害预警信号发布与传播办法》(中国气象局第 16 号令)，省级及以下的各级气象主管机构所属的气象台站向社会公众发布大风预警信号，分别是：大风蓝色预警信号、大风黄色预警信号、大风橙色预警信号和大风红色预警信号(表 2.19)。

表 2.19　大风预警信号发布条件

预警信号	发布条件
蓝色预警信号	24 小时内可能受大风影响，平均风力可达 6 级以上，或者阵风 7 级以上；或者已经受大风影响，平均风力为 6～7 级，或者阵风 7～8 级并可能持续。
黄色预警信号	12 小时内可能受大风影响，平均风力可达 8 级以上，或者阵风 9 级以上；或者已经受大风影响，平均风力为 8～9 级，或者阵风 9～10 级并可能持续。
橙色预警信号	6 小时内可能受大风影响，平均风力可达 10 级以上，或者阵风 11 级以上；或者已经受大风影响，平均风力为 10～11 级，或者阵风 11～12 级并可能持续。
红色预警信号	6 小时内可能受大风影响，平均风力可达 12 级以上，或者阵风 13 级以上；或者已经受大风影响，平均风力为 12 级以上，或者阵风 13 级以上并可能持续。

2.5.3.4　冰冻预警

根据《国家气象灾害应急预案》和《中央气象台气象灾害预警发布办法》的规定，考虑冰冻可能造成的危害和紧急程度，中央气象台将冰冻预警分为：冰冻黄色预警、冰冻橙色预警和冰冻红色预警（表 2.20）。

表 2.20　冰冻预警等级与发布条件

预警等级	发布条件
黄色预警	预计未来 24 小时 3 个及以上省（区、市）大部地区将出现冰冻天气。
橙色预警	过去 48 小时 3 个及以上省（区、市）大部地区已持续出现冰冻天气，预计未来 24 小时上述地区仍将出现冰冻天气。
红色预警	过去 72 小时 3 个及以上省（区、市）大部地区已持续出现冰冻天气，预计未来 48 小时上述地区仍将持续出现冰冻天气。

根据《气象灾害预警信号发布与传播办法》（中国气象局第 16 号令），省级及以下的各级气象主管机构所属的气象台站向社会公众发布道路结冰预警信号，分别是：道路结冰黄色预警信号、道路结冰橙色预警信号和道路结冰红色预警信号（表 2.21）。

表 2.21　道路结冰预警信号发布条件

预警信号	发布条件
道路结冰黄色预警信号	当路表温度低于 0 ℃，出现降水，12 小时内可能出现对交通有影响的道路结冰。
道路结冰橙色预警信号	当路表温度低于 0 ℃，出现降水，6 小时内可能出现对交通有较大影响的道路结冰。
道路结冰红色预警信号	当路表温度低于 0 ℃，出现降水，2 小时内可能出现或者已经出现对交通有很大影响的道路结冰。

2.6　沙尘暴、雾和霾

沙尘暴、雾、霾等天气均能导致能见度的降低，是影响道路交通安全的常见低能见度天气。高速公路、机场、航道等对能见度依赖日益突出，因此，做好低能见度天气的监测、预报预警工作至关重要。

2.6.1　沙尘暴、雾和霾监测

2.6.1.1　沙尘暴监测

沙尘天气是大风将地面尘土、沙粒卷入空中，使空气混浊、能见度降低的天气现象。沙尘暴，是沙暴与尘暴的总称。每年 3—5 月是我国北方地区沙尘天气高发季节，西北地区处于欧亚大陆腹地，气候干燥，地表植被稀疏，土壤疏松、风化作用明显，提供了丰富的沙尘物质源，且春季，冷暖空气均较活跃，强大的蒙古气旋及紧随蒙古气旋的强冷空气，经常给北方地区带来大风，因此沙尘天气是春季北方地区主要的灾害性天气之一。据气象部门统计，20 世纪前 50 年我国记载的强沙尘暴有 17 次，新中国成立后，50 年代共发生 5 次；60 年代共发生 8 次；70 年代 13 次；80 年代 14 次；90 年代 23 次。2000 年以来，受气候变化影响，沙尘天气过程总体呈现逐年减少的趋势，2011 年后，沙尘天气次数略有增多趋势。

影响我国的沙尘天气路径主要有 3 条：第一条偏西路径，是冷空气翻越帕米尔高原后进入新疆南疆盆地，然后向东移动继续影响青海和甘肃，给沿途经过的干旱地区带来风沙天气;第二条为西北路径,是经我国新疆北疆和蒙古国西部进入我国,影响新疆、甘肃、宁夏、内蒙古、陕西等省(区);第三条偏北路径,一般是由贝加尔湖或蒙古国中部、东部进入我国,主要影响内蒙古、甘肃、宁夏、陕西以及华北地区,另外,新疆南疆盆地、内蒙古东部及东北地区西部也会有一些沙尘天气出现,通常不会有远距离的沙尘输送。2010 年 4 月 24—25 日,受强冷空影响,甘肃省河西地区出现大范围风沙天气,其中,鼎新、张掖、民勤、酒泉等地出现特强沙尘暴,沙尘暴天气过境时,酒泉、民勤的最低能见度几乎为 0 m,瞬时风力达 28 m/s(约 10 级风),山丹、高台、金昌等地出现强沙尘暴,最低能见度不到 200 m,敦煌、玉门、金塔等地出现沙尘暴,能见度 600～900 m。

沙尘暴监测主要基于常规气象观测、大气成分观测、激光雷达观测等手段,中国气象局建立的沙尘暴观测站网,主要观测要素有梯度塔温度、湿度、风向风速、超声风速、总悬浮颗粒物(TSP)、大气降尘、PM_{10}、$PM_{2.5}$、PM_1、能见度、散射性特、光学厚度、土壤水分等项目观测。激光雷达是探测沙尘气溶胶光学特性以及时空分布的有效方式,它可对沙尘暴垂直高度的光学厚度、浓度、沙尘分层等进行精细化观测。大范围的沙尘监测,卫星遥感监测是有效途径,通过卫星遥感监测并结合地面大气成分观测站的监测网络,可对沙尘发生、发展进行实时跟踪和监视。

2.6.1.2　雾监测

(1)陆地雾监测

雾按其形成过程可分为辐射雾、平流雾、锋面雾、上坡雾、蒸汽雾几类;按形态通常可分为水雾、冰雾、水冰混合雾三类;按其形成的区域可分为陆地雾和海雾。雾的产生具有一定的季节性和时段性。在季节上,我国绝大部分地区出现雾的概率是冬半年多于夏半年,其主要原因在于冬半年北半球地面及大气层气温低于夏半年,气温越低,近地面空气越容易达到饱和而有利于水汽凝结。一般而言,雾在早晨或上午发生概率较高,如辐射雾多在夜间开始生成并发展,凌晨最强。

陆地上的雾监测主要通过地面气象观测站(主要依据地面水平能见度和相对湿度)来进行监测,另外,部分观测站利用雾水采集器测量雾水的含量和化学性质,利用雾滴谱仪用来测量雾滴大小、雾滴谱等特性。进入 21 世纪,雾的监测能力有了大幅增长,国家气象站均实现分钟级的能见度自动观测,观测精度达到米级。同时保障交通安全,在高速公路旁也安装了大量能见度观测设备,对能见度进行不间断监测,并根据能见度大小对高速公路进行科学管理。除了地面能见度观测,卫星监测雾也取得了较好效果,利用静止气象卫星(风云 2 号、4 号、MT-SET)及极轨气象卫星(风云 3 号、NOAA)实现了雾监测的业务化。

在我国,陆地雾主要为辐射雾。主要发生区域位于西南地区东部、汉水流域、华北中南部、江淮和江南大部,其次是新疆天山以北、内蒙古东北部和黑龙江西北部及辽宁和吉林东部。其中,四川盆地、云南南部、湖南和江南东部是出现大雾最多的地区。从地形上来说,大雾易出现在河谷盆地、沿海或高山站,这些地区容易满足大雾形成的风、温、湿条件。

(2)海雾监测

海雾是指在海洋影响下出现在海上(包括岸滨和岛屿)的雾。海雾强度是依照能见度来划分,由于海上监测手段匮乏,目前中央气象台海雾强度划分比陆地雾宽泛,海雾强度划分为:能见度在 1.0～10 km 为轻雾,0.5～1.0 km 为大雾,0.0～0.5 km 为浓雾。

目前海雾监测主要依靠沿岸站点观测、海岛站、浮标站、石油平台站、船舶站等常规观测的能见度和天气现象,以及利用卫星反演海雾产品实现我国近海海雾的监测。卫星反演产品的应用弥补了地面观测的不足，在时间和空间上都提供了较好的参考，卫星反演海雾产品的时间分辨率可达 10 分钟一次。能见度激光雷达能提供分钟级的能见度数据，可以实时监测到海雾的生消演变。

我国近海海雾空间分布不均匀，出雾的季节不完全一样。空间分布上，雾区随纬度的增高而扩大。南部海域的雾局限于中国沿岸海域；东海的雾以我国近海为主，日本和琉球群岛附近海域很少；黄海整个海域均有雾。时间变化上，雾期随纬度的增高而延长。南部海域的雾期为 3～4 个月，台湾海峡雾期为 4 个月，东海雾期为 5～6 个月，黄海雾期可长达为 6～7 个月。海雾监测根据每个海区出雾季节的不同重点监测。

2.6.1.3　霾监测

霾是由大量粒径为几微米以下的大气气溶胶粒子使水平能见度小于 10.0 km、空气普遍混浊的天气现象。由此可见，雾与霾的主要区别在于雾是水汽的凝结导致的大气能见度降低，而霾是空气中气溶胶粒子导致的大气能见度降低的天气现象，两者有本质的不同。霾分为三级，其分级标准主要依据空气相对湿度与水平能见度，分别为：轻度霾：空气相对湿度小于等于 80%，能见度大于等于 3 km 且小于 10 km；中度霾：空气相对湿度小于等于 80%，能见度大于等于 1 km 且小于 3 km；重度霾：空气相对湿度小于等于 80%，能见度小于 1 km。因此，目前实际工作中主要基于相对湿度及能见度来对雾和霾进行判识。

组成霾的气溶胶粒子主要有自然源或人为源两种形式，受人类活动影响，大气气溶胶污染日趋严重，在多种污染物中，高浓度的大气细粒子 $PM_{2.5}$（空气动力学直径小于 2.5 μm 的细颗粒物，也称为可入肺颗粒物）是引起城市霾天气发生的主要原因，细颗粒物具有较强的消光能力，对大中型城市的能见度有明显影响。气象观测站网主要依据能见度与相对湿度以及大气成分站网对其进行监测。

适宜的气象条件，特别是静稳天气和高湿环境，可以快速形成以 $PM_{2.5}$ 为典型特征的霾污染过程，特别是在冬季，重污染过程频发，雾-霾与地形条件有密切联系，如京津冀、汾渭地区是霾天气高发区，这与太行山、燕山、关中盆地等地形的影响下，边界层气流易在山前汇合，导致颗粒物积聚有关。

2.6.2　沙尘暴、雾和霾预报

2.6.2.1　沙尘暴预报

沙尘暴的预报方法主要根据沙尘暴产生的三个主要条件：(1)沙源地，它是形成沙尘的物质基础；(2)大风，这是形成沙尘的动力条件；(3)不稳定的大气层结。在数值模式预报基础上，结合气温、地表状况、冷空气强度等要素，预报沙尘的起沙及输送，并预报沙尘路径、影响区域、强度、持续时间等。基于统计学所建立的沙尘客观预报方法、基于沙尘数值模式的客观预报也是预报沙尘的常用方法。其中也包括基于集合预报沙尘暴概率预报，基于神经网络的人工智能来做沙尘暴预报。随着机器学习的发展以及大数据挖掘在沙尘暴预报中的应用，沙尘暴预报准确率将会有很大提升。随着现代气象业务的发展，沙尘暴的预报向更长时效延伸，预报产品也向着更精细化方向发展。

2.6.2.2　雾预报

陆地雾预报：主要采用主客观预报、经验预报相结合的方法，随着数值天气预报模式的发展，雾预报进入基于数值天气分析的新阶段，中国雾的数值模拟研究从 20 世纪 80 年代中期开始，经历了考虑水滴碰并作用的一维边界层雾预报模式，考虑大气长波辐射的二维辐射雾预报模式，由于二维雾预报模式仍有许多不足，目前又发展出考虑大气气溶胶和植被等多因子的更为复杂的三维雾预报模式，并取得了很好的预报效果。

海雾预报：预报内容主要包括海雾出现和结束的时间、海雾的强度、海雾出现的海域等。另外，根据海雾出现海域的季节变化趋势，不同季节重点关注不同海域的海雾预报。海雾预报的方法有天气形势分析、海雾（能见度）预报模式以及客观预报方法等。客观预报方法有海雾决策树方法、配料法等。

霾预报：霾预报通常根据当前天气实况，数值模式对未来的天气形势预报，对大气静稳天气条件变化进行判识，通过分析空气质量模型预报的不同谱分布的颗粒物浓度，颗粒物浓度与霾天气的等级对应关系，做出未来时段的霾天气预报。空气质量预报模型是在气象模式的气象场驱动下，通过化学模型模拟大气污染物的传输和扩散、干湿沉降、气相反应、污染源排放、光分解等过程，是霾预报的参考预据之一。

2.6.3 沙尘暴、雾和霾预警

2.6.3.1 沙尘暴预警

我国沙尘暴预警分为两级层级，即国家级气象部门发布沙尘暴预警，省级及以下气象部门发布沙尘暴预警信号。

根据《国家气象灾害应急预案》和《中央气象台气象灾害预警发布办法》的规定，考虑沙尘暴可能造成的危害和紧急程度，中央气象台将沙尘暴预警分为：沙尘暴蓝色预警、沙尘暴黄色预警和沙尘暴橙色预警（表 2.22）。

表 2.22 沙尘暴预警等级与发布条件

预警等级	发布条件
蓝色预警	预计未来 24 小时 3 个及以上省（区、市）部分地区将出现扬沙或浮尘天气，或者将有成片的沙尘暴；或者已经出现并可能持续。
黄色预警	预计未来 24 小时 3 个及以上省（区、市）部分地区将出现沙尘暴，或者有成片的强沙尘暴，或者已经出现并可能持续。
橙色预警	预计未来 24 小时 3 个及以上省（区、市）部分地区将出现强沙尘暴，或者有成片的特强沙尘暴，或者已经出现并可能持续。

根据《气象灾害预警信号发布与传播办法》（中国气象局第 16 号令），省级及以下的各级气象主管机构所属的气象台站向社会公众发布台风预警信号，分别是：沙尘暴黄色预警信号、沙尘暴橙色预警信号和沙尘暴红色预警信号（表 2.23）。

表 2.23 沙尘暴预警信号发布条件

预警信号	发布条件
黄色预警信号	12 小时内可能出现沙尘暴天气（能见度小于 1000m），或者已经出现沙尘暴天气并可能持续。
橙色预警信号	6 小时内可能出现强沙尘暴天气（能见度小于 500m），或者已经出现强沙尘暴天气并可能持续。
红色预警信号	6 小时内可能出现特强沙尘暴天气（能见度小于 50m），或者已经出现特强沙尘暴天气并可能持续。

2.6.3.2　大雾预警

我国大雾预警分为两级层级，即国家级气象部门发布大雾预警，省级及以下气象部门发布大雾预警信号。

根据《国家气象灾害应急预案》和《中央气象台气象灾害预警发布办法》的规定，考虑大雾可能造成的危害和紧急程度，中央气象台将大雾预警分为陆地雾预警和海雾预警，其中，陆地雾预警分为陆地雾黄色预警、陆地雾橙色预警和陆地雾红色预警(表 2.24)，海雾预警分为海雾黄色预警和海雾橙色预警(表 2.25)。

表 2.24　陆地雾预警等级与发布条件

预警等级	发布条件
黄色预警	预计未来 24 小时 3 个及以上省(区、市)的大部地区出现能见度不足 1000 m 的大雾，且有成片(5 站及以上)的能见度小于 200 m 的强浓雾；或者已经出现并可能持续。
橙色预警	预计未来 24 小时 3 个及以上省(区、市)的大部地区出现能见度不足 500 m 的浓雾，且有成片(5 站及以上)的能见度小于 50 m 的特强浓雾；或者已经出现并可能持续。
红色预警	预计未来 24 小时 3 个及以上省(区、市)的部分地区出现能见度不足 200 m 的强浓雾，且有成片(5 站及以上)的能见度小于 50 m 的特强浓雾；或者已经出现并可能持续。

表 2.25　海雾预警等级与发布条件

预警等级	发布条件
黄色预警	预计未来 24 小时我国近海海区将出现能见度不足 1000m 的大雾；或者已经出现并可能持续。
橙色预警	预计未来 24 小时我国近海海区将出现能见度不足 500m 的浓雾；或者已经出现并可能持续。

根据《气象灾害预警信号发布与传播办法》(中国气象局第 16 号令)，省级及以下的各级气象主管机构所属的气象台站向社会公众发布大雾预警信号，分别是：大雾黄色预警信号、大雾橙色预警信号和大雾红色预警信号(表 2.26)。

表 2.26　大雾预警信号发布条件

预警信号	发布条件
黄色预警信号	12 小时内可能出现能见度小于 500 m 的雾，或者已经出现能见度小于 500 m、大于等于 200 m 的雾并将持续。
橙色预警信号	6 小时内可能出现能见度小于 200 m 的雾，或者已经出现能见度小于 200 m、大于等于 50 m 的雾并将持续。
红色预警信号	2 小时内可能出现能见度小于 50 m 的雾，或者已经出现能见度小于 50 m 的雾并将持续。

2.6.3.3　霾预警

我国霾预警分为两级层级，即国家级气象部门发布霾预警，省级及以下气象部门发布大雾预警信号。

根据《国家气象灾害应急预案》和《中央气象台气象灾害预警发布办法》的规定，考虑霾可能造成的危害和紧急程度，中央气象台将霾预警分为：霾黄色预警、霾橙色预警陆和霾红色预警(表 2.27)。

表 2.27　霾预警等级与发布条件

预警等级	发布条件
黄色预警	预计未来 24 小时 3 个及以上相邻或相近省(区、市)的部分地区霾天气达到持续 6 小时以上能见度小于 3000 m 且 $PM_{2.5}$浓度值大于等于 150 μg/m³,或者实况已经达到并可能持续。
橙色预警	预计未来 24 小时 3 个及以上相邻或相近省(区、市)的部分地区霾天气达到持续 6 小时以上能见度小于 3000 m 且 $PM_{2.5}$浓度值大于等于 250 μg/m³,或者实况已经达到并可能持续。
红色预警	预计未来 24 小时 3 个及以上相邻或相近省(区、市)的部分地区霾天气达到持续 6 小时以上能见度小于 1000 m 且 $PM_{2.5}$浓度值大于等于 500 μg/m³,或者实况已经达到并可能持续。

根据《气象灾害预警信号发布与传播办法》(中国气象局第 16 号令),省级及以下的各级气象主管机构所属的气象台站向社会公众发布霾预警信号,分别是:霾黄色预警信号和霾橙色预警信号(表 2.28)。

表 2.28　霾预警信号发布条件

预警信号	发布条件
黄色预警信号	12 小时内可能出现能见度小于 3000 m 的霾,或者已经出现能见度小于 3000 m 的霾且可能持续。
橙色预警信号	6 小时内可能出现能见度小于 2000 m 的霾,或者已经出现能见度小于 2000 m 的霾且可能持续。

2.7　高温

2.7.1　高温监测

高温天气指日最高气温达到或超过 35 ℃(丁一汇,2008)。高温天气的监测主要依靠地面观测站网的百叶箱气温观测,根据小时和分钟级的瞬时气温,对高温天气的持续时间和强度进行精细化监测。另外,当夏季百叶箱观测的气温达 37 ℃左右时,柏油路地表的温度常常会达 50 ℃以上,体感更加炎热。因此,同时以卫星遥感资料反演的地表温度对高温天气进行辅助观测。

2.7.2　高温预报

高温天气的预报包括 35 ℃及以上气温出现的区域及其日最高气温(高温强度)预报。高温天气的发生与季节、天气形势、地表状况等有关。高温的热量来自太阳辐射,因此,对我国大部分地区来说,高温主要出现在夏季 6—8 月,春秋季也时有发生。高温天气大都与高空高压系统,如西北太平洋副热带高压(副高)和西风带高压脊相关。在高压控制区域盛行下沉气流,晴朗少雨,太阳辐射增温和空气下沉增温共同作用,有利于出现高温天气。南疆盆地与内蒙古西部等沙漠地带的高温天气主要受特定下垫面的影响(朱乾根 等,2007)。

通常根据高温天气的气候特征,在特定季节和区域,根据天气形势的特点,结合前期温度状况和数值模式提供的参考信息等进行预报。基于数值模式和集合预报的客观产品,可提供精细化的最高气温预报,更好描述高温天气的影响范围、持续时间和强度等。

2.7.3　高温预警

我国高温预警分为两级层级，即国家级气象部门发布高温预警，省级及以下气象部门发布暴雨预警信号。

根据《国家气象灾害应急预案》和《中央气象台气象灾害预警发布办法》的规定，考虑高温可能造成的危害和紧急程度，中央气象台将高温预警分为：高温黄色预警、高温橙色预警和高温红色预警（表 2.29）。

表 2.29　高温预警等级与发布条件

预警等级	发布条件
黄色预警	预计未来 48 小时 4 个及以上省（区、市）大部地区将持续出现最高气温为 37 ℃及以上高温天气。
橙色预警	过去 48 小时有 4 个及以上省（区、市）大部地区连续出现 37 ℃以上，且有 2 个及以上省（区、市）部分地区连续出现最高气温达 39 ℃及以上高温，预计上述地区仍将持续出现 37 ℃及以上高温天气，且有成片的 39 ℃以上高温天气。
红色预警	过去 48 小时 4 个及以上省区部分地区连续出现最高气温达 40 ℃及以上，预计上述地区未来仍将持续。

根据《气象灾害预警信号发布与传播办法》（中国气象局第 16 号令），省级及以下的各级气象主管机构所属的气象台站向社会公众发布高温预警信号，分别是：高温黄色预警信号、高温橙色预警信号和高温红色预警信号（表 2.30）。

表 2.30　高温预警信号发布条件

预警信号	发布条件
黄色预警信号	连续三天日最高气温将在 35 ℃以上。
橙色预警信号	24 小时内最高气温将升至 37 ℃以上。
红色预警信号	24 小时内最高气温将升至 40 ℃以上。

2.8　气象灾害预警信息发布

2.8.1　气象灾害预警信息发布业务体系

气象灾害预警信息发布是防灾减灾和突发事件应急处置的重要环节之一。气象部门根据国家综合防灾减灾需求，经过多年的建设与发展，在我国建立了平台集约化、应用本地化、手段多样化、设计标准化的气象灾害预警信息发布体系，充分发挥气象灾害预警信息在防灾减灾救灾中发挥“第一声音、权威声音”作用，为做好重特大自然灾害防范工作提供了支撑和保障。

2.8.1.1　气象灾害预警信息发布主体

《中华人民共和国气象法》《气象灾害防御条例》《国家气象灾害应急预案》以及《气象灾害预警信号发布与传播办法》均就气象灾害预警信息发布职责、发布制度和发布主体进行了明确界定，明确了气象预报、灾害性天气警报和气象灾害预警信息的发布主体为各级气象主管机构所属的气象台站；国家对公众气象预报和灾害性天气警报实行统一发布制度。其他任何组织或者个人不得向社会发布公众气象预报和灾害性天气警报；各级气象主管机构及其所属的气象台站应当提高公众气象预报和灾害性天气警报的准确性、及时性和服务水平；气象灾害预警信号(以下简称预警信号)指各级气象主管机构所属的气象台站向社会公众发布的预警信息；国务院气象主管机构负责全国预警信号发布、解除与传播的管理工作，地方各级气象主管机构负责本行政区域内预警信号发布、解除与传播的管理工作；预警信号实行统一发布制度，发布权限和业务流程由国务院气象主管机构另行制定。

2.8.1.2 气象灾害预警信息传播机制

气象灾害预警信息的传播主要有四个核心环节：气象部门发布准确、权威的预警信息—气象相关部门对预警信息进行审核—再将预警信息传递给大众媒介—各类大众媒介对预警进行最大覆盖率的传播，将预警信息告知公众接收并及时采取措施，并在社会成员间进一步传递，最终实现最优的预警和传播效果。

预警信息发布系统是预警信息传播的重要平台。各级预警信息发布系统充分对接社会传播渠道，打造矩阵式立体传播网络。依托电信运营商，建立了基于全网发布的绿色通道。与中央电视台、中央人民广播电台、省级电视台电台建立了快速直通发布通道；依托“村村响”等工程，实现了 10 个省级、63 个市级、523 个县级预警信息发布平台与应急广播系统直通；依托百度、腾讯、阿里等互联网企业和新华社等传媒行业，实现了预警信息覆盖 83%的互联网用户和社会媒体。

在气象灾害预警信息传播过程中，决策气象服务为党中央、国务院、各级政府及有关部门制定经济发展规划、指挥生产、组织防灾减灾、应对气候变化、合理开发利用资源、保护环境、军事与国防建设以及重大社会活动保障、重大工程建设等方面科学决策所提供的气象服务信息，对气象灾害应急防御具有先导性作用。决策气象服务渠道成为最有效的气象灾害预警信息传播机制之一。党政领导和相关决策部门第一时间获得科学、准确、及时和有决策参考价值的气象预警信息，组织动员全社会力量开展灾害防御应对。决策部门对决策气象服务信息在不同时段、不同地区、不同事件中的要求是不同的。高质量的决策信息服务能够为决策用户在重大灾害性天气过程或关键时期做出科学合理的防灾减灾救灾部署，组织开展应急处置提供坚实的决策依据。在历次重大气象灾害预警服务工作中，重大决策气象服务产生显著的社会与经济效益。

2.8.1.3 气象灾害预警信息传播平台

预警信息发布系统是气象灾害预警信息发布和传播的主要平台。系统于 2015 年 5 月建成并在全国范围使用，系统分级部署在国家、省、地、县四级气象部门。气象灾害预警信息的采集、共享、处理、通信、发布、反馈评估等实现业务化运行。预警信息发布系统通过多种发布渠道对全国 76 万余应急责任人提供及时准确的预警信息。

预警信息发布系统自下向上分为基础支撑层、信息采集层、信息管理与共享层、信息处理层、信息发布层。

基础支撑层：包括通信系统、网络系统、存储系统、应用支撑系统等基础设施，为预警发布系统提供支撑保障。

信息采集层：对预警信息基础数据进行采集，经过复核检查后存入系统数据库。

信息管理与共享层：对预警信息类型、等级、发布群组、策略、流程、模板等基础要素进行分类管理，并横向衔接其他部门实现信息共享，纵向连接国家、省、地、县四级气象部门实现信息备案与业务逐级指导。

信息处理层：对预警信息进行加工处理，实现不同预警信息、不同发布手段、不同用户受众之间的匹配融合，实现规范性发布和智能分析评估。

信息发布层：基于发布策略。通过多种发布手段和渠道统一发布预警信息。

预警信息发布系统包括信息采集、信息共享、信息处理、通信传输、综合发布和反馈评估等功能。

信息采集功能：对气象及相关部门制作的预警信息类别、等级、起始时间、可能影响范围、警示事项、应对措施和发布策略等进行录入、审核和签发。

信息共享功能：实现气象与其他部门间预警信息横向共享和国家、省、地、县四级预警信息上下共享。

信息处理功能：实现对各类预警信息的接入、分析处理和输出。

通信传输功能：依托气象宽带网实现信息纵向传输和共享，依托电子政务外网实现信息横向与各部委的贯通。

综合发布功能：实现预警信息发布系统与互联网、电视、广播、手机、传真、大喇叭、显示屏等多种社会信息发布、渠道的有效对接，建立面向特定人群、特定范围、特定手段的预警信息发布策略，实现预警信息权威精准发布。

反馈评估功能：实现对各类预警信息发布手段发布情况、网络媒体舆情、问卷统计分析等的智能分析统计，为及时分析评估预警发布效果、提升预警发布质量提供依据。

2.8.1.4　气象灾害预警信息发布标准建设

气象灾害预警种类与级别。《气象灾害预警信号发布与传播办法》规定，预警信号由名称、图标、标准和防御指南组成，分为台风、暴雨、暴雪、寒潮、大风、沙尘暴、高温、干旱、雷电、冰雹、霜冻、大雾、霾、道路结冰等。当图示出现或者预报可能出现多种气象灾害时，可以按照对应的标准同时发布多种预警信号。预警信号的级别依据气象灾害可能造成的危害程度、紧急程度和发展态势一般划分为四级：Ⅳ级（一般）、Ⅲ级（较重）、Ⅱ级（严重）、Ⅰ级（特别严重），依次用蓝色、黄色、橙色和红色表示，同时以中英文标识。

各地气象部门可在上述气象灾害发布规定外，结合地方实际，对预警信号的标准进行必要的调整。如青海省气象部门除上述气象灾害外，还增加了雪灾和森林（草原）火险；广东省气象部门将暴雨信号修改为三级，即无蓝色预警信号；海南省气象部门仅对 9 种气象灾害进行发布，并对寒潮、暴雨、高温 3 类预警信号的标准进行了调整。

国际通用警报协议本地化应用。国际通用警报协议（Common Alerting Protocol，CAP），适用于天气、地质、地震、火山、卫生等各种灾害预警和紧急警报，预警通过 CAP 统一格式适用于各种媒体（警报器、手机、传真、收音机、电视以及互联网等）。气象部门应用 CAP 协议，结合我国灾害预警信息发布实际，制定了相应的发布技术标准，即《应急信息交互协议　第 1 部分：预警信息：GB/T 35965.1—2018》，并作为国家标准颁布实施。其规范了预警信息交互行为，实现预警信息在各类信息系统之间的流转，实现各类信息系统之间预警信息交互与兼容，提升了预警信息发布效益。目前，该标准已在应急指挥、气象、水利、地质灾害等领域广泛应用。

预警信息发布标准体系。气象部门牵头组建了全国公共安全基础标准化技术委员会（SAC/TC 351）预警发布标准工作组，近年来完善技术标准、管理标准和规范性文件共 30 余项（表 2.31）。

表 2.31 预警信息发布相关标准

标准名称	发布、实施日期	标准级别
《国家突发事件预警信息发布系统管理平台与前端制作平台接口规范》	2017 年 9 月 7 日发布，2018 年 4 月 1 日实施	国标
《应急信息交互协议 第 1 部分：预警信息》	2018 年 2 月 6 日发布，2018 年 8 月 1 日实施	国标
《预警信息发布覆盖率计算标准》	2017 年通过评审	国标
《国家突发事件预警信息发布系统管理平台与前端制作平台接口规范》	2018 年 5 月 24 日通过评审	国标
《国家突发事件预警信息发布系统与国家应急广播系统信息交互要求》	2018 年 7 月 11 日发布，2018 年 12 月 1 日实施	行标
《基于 CAP 的气象灾害预警信息文件格式网站》	2017 年 12 月 29 日发布，2018 年 5 月 1 日实施	行标
《预警信息发布系统域名命名及管理规范》	2018 年 5 月 24 日通过评审	行标

国家标准《国家突发事件预警信息发布系统管理平台与前端制作平台接口规范》，规定了国家突发事件预警信息发布系统管理平台与前端制作平台之间的接口规范，适用于全国各级国家突发事件预警信息发布系统管理平台与前端制作平台之间的接入。

行业标准《国家突发事件预警信息发布系统与国家应急广播系统信息交互要求》，规定了国家突发事件预警信息发布系统与国家应急广播系统对接预警信息的信息交互流程、信息交互内容、信息交互方式、信息交互安全以及信息交互时效的要求。

行业标准《气象灾害预警信息文件格式——网站》规定了网站发布与传播气象灾害预警信息的文件格式，适用于通过网站在传播气象灾害预警信息。

2.8.2 气象灾害预警信息发布能力与手段

目前，我国气象灾害预警信息发布手段已覆盖短信、广播、电视、高音喇叭、显示屏、传真、邮件、微博、微信等多种信息传播渠道。常规预警发布的时效在 3～8 分钟，公众预警覆盖率已达到 87.3%。随着信息发布技术的不断发展，气象灾害预警信息发布形成了多手段综合应用能力。

2.8.2.1 媒体渠道

报纸。利用报纸传播气象预报预警信息主要包括两个方面，一是灾害性天气和气象灾害预警服务，以图文并茂、通俗易懂的表现形式描述灾害性天气时间发生、发展及演变过程，提供灾害性天气预警信息；二是面向公众普及天气知识，以气象报道的方式发布公众关心的重大气象灾害事件等。其中，《中国气象报》于 1989 年 4 月 5 日正式出版发行，由中国气象局主办，以宣传防灾减灾气象服务及普及气象科技知识为主的行业报。

报纸传播气象灾害预警信息的具有保存时间长、形式多样、弹性强、易接受的特点。

广播。通过广播渠道发布气象灾害预警信息主要包括天气直播、天气播报、预警信息及时插播等形式。近年来，贴近百姓生活出行的城市交通广播电台已成为人们获取预警信息的主要载体。

通过广播传播预警信息受众广泛、感染力强、灵活度强，遇有重要天气信息或灾害性天气预警信息时，可以及时插播，快速告知听众规避风险。

电视。自 1980 年 7 月 7 日起，中央电视台《新闻联播》节目中开始播发中央气象台的天气预报。此后，国家级、省级气象部门相继成立气象影视服务机构，专门负责制作电视天气预报节目，地（市）级、县级气象部门因地制宜，也采取多种方式制作当地电视天气预报节目。目前，可通过新闻播报、滚动字幕、图标挂角、及时插播等方式有效传播气象灾害预警信息。自 1999 年起，气象部门先后与国土资源、交通运输、卫生、环境保护、水利、农业、林业等部门开展合作，发展了新的防灾减灾电视气象服务产品，及时向社会公众发布。2006 年 5 月 18 日，中国气象频道正式开播，2018 年更名为中国天气频道。经过多年的发展，中国天气频道 24 小时播报，内容涵盖天气预警预报、气象新闻资讯、重大灾害直播、和本地化插播节目。目前，中国天气频道已在全国 31 个省（区、市）落地，覆盖数字用户 1.2 亿户，覆盖人口数量超过 4.3 亿。

目前，气象部门与中央电视台、省级电视台之间建立了预警信息快速发布绿色通道，大大提高了利用电视渠道发布预警信息的时效性和覆盖面。

互联网。21 世纪初开始，新浪网、网易、雅虎中国、人民网、中国网等各大门户网站使用气象部门提供的气象信息发布气象预报预警信息。2009 年开始，新华网、腾讯网等大型门户网站与气象部门开展合作建立天气频道，通过中国气象局气象灾害预警信息共享平台获取并传播预警信息；中小型网站也使用气象部门提供的天气定制插件，获取和传播气象预报预警信息。2008 年 7 月 28 日，中国天气网正式上线运行，中国天气网与各省（区、市）气象局联合打造了中国天气网省级站，形成了全国一体化的网络气象服务体系，并与 30 余家大型网站开展密切的业务合作，形成了气象灾害预警信息在主流网络媒体第一时间、同步发布的信息传播流程。中国天气网专设灾害预警栏目与频道，并基于用户所在位置，推送发布国家、省、地市、县级气象灾害预警信息，成为公众获取权威气象灾害预警信息的最重要网络渠道之一。另外，中国兴农网于 2001 年正式上线运行，依托该平台与农业部门联合发布农业气象灾害预警信息。

随着互联网用户规模的不断扩大，通过互联网发布气象灾害预警信息已成为覆盖面最广、时效最快的渠道之一。

2.8.2.2　通信渠道

电话。20 世纪 50 年代中期开始，全国各级气象台站相继开展了面向社会公众提供天气预报资讯的电话服务。随着国内家庭电话的迅速普及，气象“121”特服号被千家万户所熟知，成为公众获取天气预报预警信息的便捷手段。电话服务一般由语音自动答询和专家人工答询两部分组成。2008 年 12 月，国家级气象服务热线开通，2010 年 12 月，省级气象服务热线投入业务运行。气象服务热线在为公众提供预警信息的同时，第一时间收集用户意见和需求、受理建议与投诉，并建立快速反馈机制，协助改进提高气象服务质量。

手机短信。2001 年，广东省气象部门最早开展手机气象短信服务，向用户发送天气预报预警信息。之后，各省（区、市）陆续开展此项业务。当有重要天气预警信息发布时，手机作为应急预警发布渠道，可以分区域、定点发布，受众用户可在任何时间、任何地点基于位置实时获取信息。

目前，全国各省（区、市）气象部门实现了基于全网发布的绿色通道，12379 特服号预警短信直通 74 万各级应急责任人。

手机传播预警信息具有受众面广、互动性强、形式多样、速度快捷等特点，确保用户能够第一时间获取预警信息。

卫星。卫星导航系统能够为地球表面和近地空间的广大用户提供全天时、全天候、高精度的定位、导航和授时服务，卫星发布手段覆盖面广、没有盲区，可实现预警信息“全覆盖”，双向短信通信功能，可以为现场灾情信息的快速上报、灾情损失的调查和快速统计提供现代化技术手段；卫星定位导航功能，可以为灾害救援、应急响应提供高精度的定位导航监控信息，提高应急响应的时效性和灾害应急指挥的科学化。

卫星播发方式发布一条预警信息，只需向指定通播地址发送一次，所有具有该通播地址的用户终端都可以同时收到此预警信息，大大缩短了发布时间，达到及时准确发布预警信息的目的。

智能手机。目前，我国移动应用程序市场持续活跃，移动互联网应用数量已超400多万款，平均每台设备安装的App个数超过十个。利用智能手机传播预警信息发布已成为当前公众获取信息的重要渠道。4G/5G及智能手机等新技术的涌现为气象灾害预警信息发布提供了新的机遇和技术条件。2011年8月21日，中国天气通与公众见面。截至2014年底，中国天气通应用软件实现了在智能手机、台式电脑、智能手表、智能电视、平板电脑、车载导航、智能家电等智能终端的全覆盖。用户可通过预警推送的功能，快速地获取所在地或所关注地区的气象灾害预警信息。

手机App消息推送具有覆盖范围广、速度快、高精准的特点。

海洋广播电台。气象部门先后在浙江舟山、广东茂名、山东石岛等地建设了的8个海洋气象广播电台，专门用于向中国海域和相邻海域的船只、海洋作业平台、海洋捕捞和养殖等用户发布海洋气象服务信息和海洋气象灾害预警信息，是海洋气象灾害预警信息发布的主要手段。

气象预警大喇叭。气象预警大喇叭信息发布及时、针对性强，能够在很短时间内，向公众提供灾害发生的时间、种类和区域。随着通信技术的进步，无线传输技术、嵌入式技术、语音合成技术等不断应用到大喇叭气象服务中，除在广大农村应用外，也适用于机关、厂矿、学校、社区等预警传播需求，更是解决边远地区气象预警信息传播“最后一公里”的重要手段。目前气象部门已建有气象大喇叭46万余套。

气象电子显示屏。电子显示屏主要建于城市社区、车站、广场、码头、学校等人群密集区，能够在很短的时间内向密集区人群发布预警信息，是气象灾害预警信息发布传播的重要手段之一。目前全国已建有气象电子显示屏15余万块。

预警发布专用渠道。打造了以12379为统一预警品牌的多种专用渠道。建成了12379国家预警发布网站、12379短信服务号码，开通了微博、微信公众号，入住头条、抖音等媒体平台，建设了以全国预警新媒体矩阵为抓手的国省市县四级联动的预警信息立体传播网络。

目前已建成一套国标(已发布)、一套行标(待发布)、一个新媒体传播管理平台、8251个预警新媒体和一套规范管理办法，全国预警信息传播已基本实现“两微六端”(微博、微信及人民号、今日头条、抖音、学习强国、一点资讯、百家号)全平台实时开展预警信息基于位置的快速精准服务，正在推进预警传播规范行标发布，形成了预警信息从零散、分散式传播到平台化、社会化、规范化、基于用户定位的精准传播以及预警服务效果数据实时反馈的预警传播新生态。

多手段信息传播特点(表2.32)。

(1)多平台优势互补：预警信息传播既要充分利用电视、广播、报纸等传统媒体发布手段，也要适应微博、微信、App等新兴媒体快速、精准、广泛的传播特性。

(2)多手段无缝对接：预警信息发出后，用户可通过各种媒体传播渠道进行互动或转载，也可通过车载终端、LED显示屏、高音喇叭、楼宇电视等快速获取预警。

(3)全媒体融合传播：全媒体时代，新兴媒体与传统媒体的相互作用与相互融合，使得预警信息传播手段、方式和效果都发生了巨大变化。

表 2.32　各发布手段特点

发布手段		受众用户	发布特点
广播		广播听众	语音形式播报，覆盖面广，时效快。
电视		电视观众	图片、文字、语音、视频相结合的播发形式，形象生动，覆盖面广。
电话		应急责任人	实现点对点的发布，并持续跟踪信息接收状态。
短信	特服号发布	应急责任人	面向应急责任人与手机用户，可实现点对点发布，效果好，时效快受众用户数量影响较大。
	全网发布	手机用户	通过全网短信发布，向指定区域内的手机发布预警短信。
网站		互联网用户	面向互联网用户，覆盖面广，播发形式多样，时效快。
传真		应急责任人	面向应急责任人，可获取信息接收状态，实现点对点发布。
邮件		应急责任人	面向应急责任人，时效受用户访问邮件频次的习惯影响。
手机应用		智能手机用户	时效快，具有通知提醒功能，展现效果多样。
大喇叭		农区、山区、牧区、林场等偏远地区公众	多采用人工与自动转发相结合形式，音频播发预警信息，覆盖特定区域，是解决预警发布最后一公里有效手段之一。
显示屏		城镇、社区、人口密集区公众	覆盖特定区域，展示形式多样，发布时效快。
卫星		偏远地区居民及移动人群	可实现地域全覆盖发布，传播时效快，可利用跟踪定位技术将预警信息发送至移动接收终端。

2.8.3　气象灾害预警发布业务功能拓展

2.8.3.1　建立国家预警信息发布系统

2006 年，考虑到气象部门在管理体制和业务体系等方面具有独特优势，一是国家、省、地、县四级实行垂直管理体系；二是已经建成全国上下贯通的气象通信网络，并实现与国防、军事、海洋、水利等部门的互联互通；三是具备稳定可靠的实时业务运行机制和值班值守制度；四是多年积累形成广泛覆盖城乡的广播、电视、电话、手机短信、网络、大喇叭、显示屏等预警信息发布渠道，在国务院应急办牵头编制的《"十一五"国家突发公共事件应急体系建设规划》中提出，"依托中国气象局业务系统和气象预报信息发布系统，扩建信息收集、传输渠道及与之配套的业务系统，增加信息发布内容，形成我国突发公共事件预警信息综合发布系统"。2007 年，《中华人民共和国突发事件应对法》公布实施，明确提出"国务院建立全国统一的突发事件信息系统，国家要建立健全突发事件监测制度，国家建立健全突发事件预警制度"，同年国务院印发《关于"十一五"期间国家突发公共事件应急体系建设规划的实施意见》明确要求：中国气象局"负责预警信息发布系统建设、运行与维护，并为各部门提供预警信息发布服务"。2011 年 6 月，国家发展改革委正式批复项目立项；同年 11 月，国家预警信息发布系统建设项目正式启动。2014 年 1 月，国家预警信息发布系统业务试运行。2015 年 5 月，国家预警信息发布中心正式挂牌成立，国家预警发布系统正式投入业务运行；同年 6 月，国办秘书局印发《国家突发事件预警信息发布系统运行管理办法（试行）》；9 月，国务院应急办和中国气象局在北京联合召开国家预警发布系统应用对接会议，推动国家预警信息发布系统在国务院各相关部门的应用。2016 年 5 月，中国气象局、国务院应急办联合在广东召开全国预警发布工作推进会，26 个部委、31 个省（区、市）政府应急办参加；同年 9 月，项目顺利通过验收。2017 年至今，按照《国家突发事件应急体系建设"十三五"规划》要求，中国气象局积极推进国家突发事件预警信息发布能力提升工程立项工作。

国家预警信息发布系统已建成的集约化预警信息发布体系。在纵向上，依托中国气象局业务体系和信息化基础设施，建成了国家预警信息发布系统，包括1个国家级、31个省级、358个地市级预警发布管理平台和2016个县级发布终端，实现了预警信息规范采集、统一发布。在横向上，每级对接政府应急管理部门、国土、水利、海洋等相关部门，并由政府主导在各个相关部门部署预警发布终端。国家预警信息发布系统成为政府应急体系建设的重要组成部分，也是处置突发事件的重要支撑手段。各级政府及其应急管理部门已将国家预警信息发布系统作为应急处置中权威"发声"的主渠道。目前，外交、国防、发展改革、教育、工业和信息化、公安、民政、自然资源、生态环境、住房城乡建设、交通运输、水利、农业农村、文化和旅游、卫生健康、应急管理等16个部门通过国家预警信息发布系统发布76类预警信息。国家预警信息发布中心已将预警信息接入应急管理部指挥中心，在森林草原防火、应急抢险救援等工作中提供服务支撑。

2.8.3.2　建设全球多灾种早期预警系统

2015年3月，第三届世界减灾大会通过了《2015—2030年仙台减轻灾害风险框架》，世界气象组织积极响应仙台框架，提出建设全球多灾种预警系统(GMAS)的倡议。2016年9月，中国与东盟国家在气象合作论坛上提出了共同提升气象灾害防御能力的《南宁倡议》。2017年2月，世界气象组织二区协第16次届会就实施"提升二区协减轻气象灾害风险能力试点项目"形成共识，提出开展亚洲区域多灾种预警系统(GMAS-A)示范项目建设，并明确由中国气象局(CMA)和中国香港天文台(HKO)共同牵头实施。2017年开始，中国气象局和中国香港天文台成立联合专项工作组推进GMAS-A建设，建设阶段成果受到WMO认可。

截至目前，全球约60个WMO成员发布的预警信息通过全球预警终端(Alert Hub)实现与亚洲区域多灾种预警系统的互联互通。中国国家突发事件预警信息发布系统实现了与GMAS-A的对接，用户可实时获取中国各地区的预警信息外，目前还可获取泰国、缅甸、科威特、马尔代夫、俄罗斯、中国香港等国家或地区发布的相关预警信息。

第3章 气象灾害风险防范

气象灾害风险管理和减轻气象灾害风险越来越受到国际上的重视。早在1989年，联合国大会决定从1990—1999年开展“国际减轻自然灾害十年”的活动，还确定了国际行动纲领。2000年，联合国国际减灾战略成立，这是“国际减灾十年”活动后的一个重要延续。2009年以来，国际减灾战略秘书处跟踪全球减灾风险最新发展理念和成果，每两年组织出版《全球减轻灾害风险评估报告》。世界气象组织（WMO）一直将减轻灾害风险作为气候服务的优先发展领域。世界气象组织基本系统委员会关注到：尽管科学技术取得进步，但灾害性天气和相关事件仍造成许多人死亡，财产和民生遭到破坏和损失，因此更是将基于影响的多灾种预报和预警服务作为重点进行推广，以支持政府和社会的防灾减灾。

随着社会经济的迅猛发展和防灾减灾的需求不断增加，各级政府部门的高度重视和科学水平的提高，气象防灾减灾机制不断优化、体系日趋完善，通过近些年的努力，我国气象灾害风险防范能力显著提高，防灾减灾气象服务的内涵由原来的应急管理向气象灾害风险管理拓展。相继开展了主要气象灾害风险普查、风险区划，建立了基于精细化预报和致灾临界阈值、风险评估的气象风险预警服务业务，拓展了气象保险等风险转移业务服务，推动传统灾害性天气预报向基于影响的气象风险预警延伸，气象灾害防御也从减轻灾害损失向降低灾害风险转变。

3.1 气象灾害风险定义

气象灾害风险为在特定地区及特定的时间内，因气象灾害的打击所造成的人员伤亡、财产破坏和经济活动中断的预期损失（矫梅燕，2016）。风险大小通常用风险度来量化表达，它是气象灾害本身的致灾危险性、承灾体的暴露度和脆弱性构成的非线性函数：

$$R=f(H,E,V)=H\times E\times V \tag{3.1}$$

式中，R 为风险度；H 为致灾因子危险性；E 为暴露度；V 为脆弱性。

致灾因子危险性是风险产生和存在的第一个必要条件，即风险源，其决定气象灾害风险是否存在以及风险的大小。当气象条件出现异常达到某临界值时，灾害风险便可能发生，此临界值被称为致灾临界气象条件。致灾因子还应包括自然地理环境条件、人类建设的防灾设施工程等。自然地理环境条件是产生灾害的内因，防灾工程的建设改变了致灾临界气象条件。危险性一般从风险源的灾变可能性和变异强度两方面因素综合度量。

承灾体暴露度是指受到致灾因子不利影响的承灾体的数量和价值量，承灾体包括人员、资源、基础设施，以及经济、社会财产或文化资产、生态环境等。可分为自然物理暴露和社会物理暴露。社会发展造成了人口分布、经济发展程度和布局、财产密度及物价的变动，致使暴露于灾害的数量和价值量也会不断变化，气象灾害风险也会随之变化。

承灾体脆弱性是由承灾体面对外界扰动的敏感性和反应能力构成，是承灾体的内在属性。反映出当受到打击时，承灾体自身的应对、抵御和恢复能力的特性。它是承灾体抗击灾害能力的一种度量，也是灾损估算和风险评估的重要基础之一（矫梅燕，2016）。其可分解为承灾体灾损敏感性和防灾减灾能力。灾损敏感是指承灾体受到一定灾害强度的打击后造成损失大小的程度，一方面取决于承灾体本身的物理特性，另一方面则为灾害的类型和强度，总体反映承灾体本身抗致灾因子打击的能力。防灾减灾措施是人类社会、特别是风险承担者应对灾害所采取的方针、政策、技术、方法和行动的总称（章国材，2009）。区域防灾减灾能力也是脆弱性评估的主要内容之一，评估不同区域人类社会为各种承灾体防灾所配备的综合措施力度及针对特定灾害专项措施力度。

综合上面分析，气象灾害风险系统构成如图 3.1 所示。

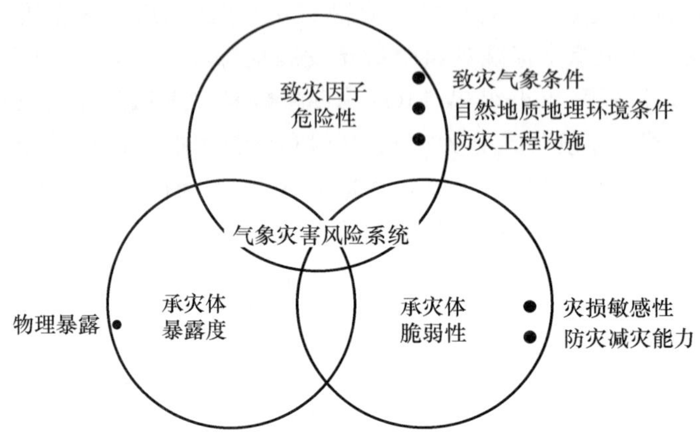

图 3.1　气象灾害风险系统构成

3.2　气象灾害风险普查

气象灾害风险普查是气象部门为全面掌握全国各地各种气象灾害致灾因子及危险性、承灾体暴露度及脆弱性，开展气象灾害风险评估及预警、风险区划等研究、业务及服务，对产生风险的致灾因子及其危险性、承灾体及其暴露度和脆弱性、防灾减灾能力等重要相关信息的收集、调查。通过对产生气象灾害风险的所有相关要素信息以及灾害机理分析和风险评估、区划等方法中可能用到的基础信息数据进行的全面专业调查收集，并建立数据库和数据管理平台，为开展气象灾害风险管理提供数据支撑，为提升气象灾害风险管理水平奠定基础（矫梅燕，2016）。

气象灾害风险普查是气象灾害风险预警的基础，摸清灾害隐患，识别风险源，获取实地情况信息，为致灾临界气象条件、风险的定量评估和检验、风险区划等方面的研究提供信息支撑。

3.2.1　风险普查的内容

气象灾害风险普查内容设计是个系统工程，需要综合考虑气象灾害风险评估涉及的各个环节，确定普查内容，设计最优指标，以便开展普查。不同气象灾害的普查内容也应各不同。

主要包括：致灾因子及危险性普查、承灾体暴露度和脆弱性普查、气象灾情收集等。

(1)致灾因子及危险性的普查

普查涉及三方面的内容：自然地质地理环境条件、致灾因子及致灾临界气象条件确定需要的资料信息。自然地质地理环境条件是致灾因子的一部分，包括：地形地势、海拔高度、山川水系河网分布、地质地貌等，还需要及时掌握其变化情况，如：地震发生之后及人类活动造成的变化，或新工程设施的兴建等。根据致灾机理，不同气象灾害选择相应的致灾因子，选取适合的致灾临界气象条件确定思路和方法，并收集方法中涉及到的各种信息、资料及参数。还需要收集相关各部门已有的致灾临界气象条件和预警发布临界气象条件指标，工程设施的设计建设标准，作为致灾临界气象条件研究和检验对比的重要参考。

(2)承灾体暴露度的普查

物理暴露指标有数量型和价值量型之分。数量型指标根据承灾体形状可分为点状、线状、面状三种，可以个数、长度、面积等作为指标。价值量型指标适用于房屋、机械、仪器、日常生活用品、农作物等承灾体，甚至环境承灾体，均可估算为一定的价值量，人除外。

普查需要重点关注气象灾害多发地及灾害发生可能造成较大影响及损失的地方或重要场所，如：学校、工厂、企业、医院等，围绕这些隐患点开展详细调查，必要时进行实地调查。

(3)承灾体脆弱性的普查

灾损敏感性的普查，针对不同承灾体，选用不同的指标。表3.1给出几种主要承灾体灾损敏感性指标选取思路(章国材，2009)。

表3.1　不同承灾体灾损敏感性普查指标选取

承灾体	指标选取
人	渐发性灾害，取决于人体的忍耐力，如干旱，人体的忍耐力与人的年龄和日常生活耗水量有关，考虑收集不同年龄段的人口数据。 突发性灾害，取决于人的转移避难和应急自救技术的掌握情况，这个能力与年龄、专业培训、认知能力有关。
房屋	从房屋结构、建筑材料和使用时间等方面确定。
室内财产	获取不同建筑物结构下的室内财产数、区域内财产总数、不同建筑结构下的室内财产相对于特定灾害的平均损失率。 灾害影响区域，分处不同建筑物结构下的室内财产数目占区域室内财产总的数目百分比的加权求和。
农作物	确定农作物抵抗灾害的打击能力指标，如作物干旱水分敏感指数、耐淹指数、倒伏指数等，收集估算这些指标的基础数据。
牲畜	从不同气象灾害对牲畜影响的关键因子考虑。如：干旱，日需水量与牲畜的个体大小关系密切，可收集不同大小牲畜的个数；雪灾主要考虑牲畜个体破雪觅食能力及灾前营养状况，破雪觅食能力因个体大小有很大差异，也可收集不同大小牲畜的个数。
公路	不同等级公路，路基和路面抵抗各种外部冲击的能力有差异，普查不同公路等级的长度及公路总长度，通过二者比值反映公路灾损敏感性。
区域防灾减灾能力	气象监测预报和预警信息发布能力，可考虑监测站网密度、预报准确率、预警信息发布渠道和传播时效等。应急预案有无、质量好坏、执行是否到位和不断完善应急预案是减少损失和避免浪费的重要措施。 防灾工程，使得各类灾害在一定强度内不会对人、财产和资源环境等承灾体构成危害。

人们通过防灾减灾工程建设，可以在一定程度上通过减少脆弱性，从而减少灾害发生的可能性。一些工程性防灾抗灾能力指标见表3.2。

表 3.2 工程性防灾抗灾能力指标

防灾抗灾能力	指标
抗旱能力	有效灌溉面积、单位面积耕地配给的水库容量、人(户)均水窖容量、单位面积耕地配备的机井数、单位国土面积的人工增雨高炮(火箭)门数等。
防洪能力	防洪大堤的建筑标准。
农村排涝能力	排涝工程,如泵站的建设设计标准。
城市排涝能力	城市排水管道建设设计标准。
防风能力	建筑物的风压建筑设计标准、不同结构建筑物的抗风能力。
防台能力	防洪、排涝、防风、防海潮能力指标;防海潮大堤的建筑标准。
防雹能力	单位国土面积的消雹火箭架数;实际消雹火箭门数/区域所需门数。
牧区抗雪灾能力	各种保暖设施修建、食草储备。
滑坡、泥石流防治工程等	滑坡、泥石流防治工程的设计标准。

抗灾救灾和灾后重建能力指标,通常由人力、财力和物力指标组成。人力指标涉及应急抢险队伍和政府的组织调动能力,其中包括:军队、预备役力量、消防力量、医疗力量等。财力指标包括政府的财政支付能力和居民个体(家庭)的经济实力共同体现。物力指标为抗灾救灾和灾后重建直接使用的物资、病床、车辆、电话普及率等(章国材,2009)。

(4)气象灾情收集

气象灾情是气象灾害对人类经济、社会等造成的损失情况,综合反映了致灾因子危险性、承灾体暴露度和脆弱性、抗灾能力等共同作用的结果。详细的、科学的气象灾情收集是研究气象灾害致灾机理、脆弱性评估、气象灾害危险性等级划分的基础,也为气象灾害风险评估和风险区划结果验证提供参考依据。

针对研究的气象灾害,选择主要敏感行业,设置具体的影响和损失指标,且能够获取定量化的资料。在收集气象灾害损失及影响信息外,同时还要重点收集、调查气象灾害发生时详细的气象、水文情况,以及直接致灾因子的指标、采取的防灾减灾措施等(矫梅燕,2016)。

3.2.2 风险普查方法

常用的方法有实地调查法、历史文献检索调查法、成果调研法、遥感和地理信息分析法等,可根据实际情况灵活使用,满足风险普查内容的需求。

实地调查法:通过到普查点实地进行观察、测量、咨询、问卷调查等形式获取信息。实地调查常用的方法有两种:现场观察法和询问法。

历史文献检索调查法:通过对历史文献、部门年鉴进行检索查询获得数据信息、线索。该方法适用范围广,已有的文献种类繁多,涵盖各种类型的信息,可开展各种类型的调查,如:从描述性调查到解释性调查、从一般性分析到专项调查。

成果调研法:对已开展的相关工作和研究成果进行调研,通过合作、共享、专家咨询等方式采集信息。一般来说,成果调研法获取的研究成果较新。

遥感解译和地理信息分析法:遥感解译为从遥感图像中识别和提取某种影像,赋予特定的属性和内涵以及测量特征参数的专业化过程。地理信息分析法则是对基础地理信息进行处理加工、叠加、空间统计分析等,获取所需的信息。

3.2.3　风险普查流程

气象灾害风险普查内容非常复杂、涉及多个部门和行业、工作量大，因此，开展难度也大。首先，需要根据目的和需求，对普查工作进行总体设计、组织安排，按照普查内容进行初步调研，制定数据采集方案。然后，制作普查表格，给出数据采集来源建议，确定普查单元对象并编制代码。选取试点进行普查试验，初步制作普查产品，总结试验过程中存在问题，然后补充修改完善技术规范，进行推广。最终，根据普查内容和数据采集方案，进行数据收集、整理、质量核查、录入、复核、汇交、归档。

3.2.4　风险普查组织分工

根据风险普查范围和各部门职责，做好合理组织分工，有序开展。

国家级业务单位负责制定不同气象灾害的风险普查技术方案，研发数据采集录入系统，并培训推广应用，收集整理各省（区、市）上报数据和统计分析，建立国家级气象灾害风险普查数据库。

省（区、市）气象局业务管理部门负责组织全省（区、市）气象灾害风险普查工作实施方案制定，集中各部门优势技术和人力人员力量解决存在的实际问题以及外部门信息收集共享协调和管理。省级业务单位负责本省（区、市）的风险普查技术把关和技术指导，组织培训，对全省（区、市）风险普查进行整体规划设计，负责数据收集以及审核和上报，必要时开展实地调查。

市、县级气象部门根据气象灾害风险普查技术方案的要求，收集本辖区内普查相关信息；开展或配合省级部门开展隐患点实地风险调查；按照统一的数据格式和要求填报数据。

3.2.5　已开展的全国气象灾害风险普查

（1）全国暴雨洪涝灾害风险普查

2012—2017 年，中国气象局在全国范围内组织开展了针对暴雨诱发的中小河流洪水、山洪、地质灾害风险普查和隐患点调查。总体目标是充分利用现有资源，以国家气候中心为顶层设计和技术指导，省级气象部门为核心，地市级辅助，县级为重点，并以中小河流域洪水易发区和山洪沟、地质隐患点为单元，开展中小河流域洪水、山洪、地质灾害风险普查，全面查清中小河流洪水、山洪和泥石流、滑坡等灾害隐患点的基本情况及环境、气象、地质等致灾因子情况和承灾体、抗灾能力等情况，划定灾害危险等级，确定致灾临界（面）雨量，建立国家级、省级、地级、县级这四种灾害风险普查数据库及信息管理系统。依托全国山洪地质灾害防治气象保障工程，累计完成 3532 条中小河流、13628 条山洪沟、9603 条泥石流沟、48682 个滑坡点的风险普查，共计入库数据 136 万条。完成阈值确定的中小河流有 3532 条，山洪沟 12195 条，泥石流沟 5942 条，36711 个滑坡点，共计入库阈值 26 万个。

为做好风险普查，制定了系列的技术规范，并形成标准，如：《暴雨诱发灾害风险普查规范 中小河流洪水：QX/T 428—2018》（全国气候与气候变化标准化技术委员会，2018）、《暴雨诱发灾害风险普查规范 山洪：QX/T 470—2018》（全国气候与气候变化标准化技术委员会，2018）。下面对这四种灾害的风险普查内容进行简单介绍。

1）暴雨诱发的中小河流洪水灾害风险普查

普查的对象为流域面积大于或等于 200 km^2 且小于 3000 km^2 的河流。按照每条中小河流建立档案，全面普查同时侧重中小河流洪水易发区域及隐患点。调查单元以乡镇为单位。

普查内容如下：

基础信息。收集行政区划图，细化到乡镇边界；河网水系图、地形图或数字地形图、地质图、土地利用图，数字地形图应采用1∶5万分辨率或更高精度；基础地理信息专题图；中小河流洪水重点防治区高分辨率遥感影像图；以及其他基础地理信息相关资料，如：流域边界、交通和基础设施、隐患点的分布情况。

基本状况，包括：中小河流及流域基本情况，如：流域面积、河流长度、河道比降、糙率、横断面等；流域内乡镇基本情况；人口和社会经济情况；主要基础设施的情况，包括：公路、铁路的类型、总长度和固定资产、桥梁总数和固定资产、通信网、能源、水利设施和市政工程的数量和固定资产等；尤其关注流域内的隐患点调查，收集易涝区域敏感承灾体的数量和价值量及地理位置经纬度信息、海拔高度等，此项细化到乡村或社区；流域内的水利工程基本情况，主要包括堤防、水库等水利工程的位置、工程建设标准、特征水位值、潜在影响社会经济情况、防汛调度管理措施等；流域内的土地利用情况；土壤类型信息，包括不同垂直分层的土壤类型、质地、孔隙度、结构、剖面分层情况等。

气象、水文资料。普查中小河流流域内气象站的基本情况，气象站包括国家基准气象站、国家基本气象站和国家一般气象站以及区域自动气象站；普查中小河流流域内水文(位)站的基本情况；收集中小河流流域内历史上发生的逐场次洪水过程及水文、气象站历史逐日(时)的雨量、水位、流量等水文气象数据；收集不同历时降水、水位、流量历年极值数据。

历史灾情。普查中小河流流域内历次洪水灾情损失情况，包括洪水淹没范围和水深、受洪水影响的人口、房屋、农田、人员伤亡、经济损失等情况。历年洪水灾情年损失情况，以县为单位。

预警指标及防灾措施。调研有关部门已有的预警指标情况，包括准备转移预警指标和立即转移预警指标；收集防灾措施信息。

2) 暴雨诱发的山洪灾害风险普查

山洪为历时很短而洪峰流量较大的山区骤发性洪水，普查的山洪沟流域面积一般小于200 km^2。按照每条山洪沟建档并全面普查，重点调查山洪易发区域和山洪隐患点。调查单元以村(社区)为单位。

普查内容如下：

基础信息。行政区划图，至少精确到乡镇边界；河网水系图、地形图、地质图、土地利用图等，其中地形图应采用1∶5万分辨率或更高精度；基础地理信息图和专业专题图；山洪重点防治区高分辨率遥感影像图；其他基础地理信息相关资料：主要包括每条山洪沟的流域边界、受山洪影响的村镇、社区、交通和基础设施、隐患点的分布情况。

基本状况。普查山洪沟流域基本情况，包括山洪沟面积、长度，山洪沟河道沿程不同断面形状尺寸、河道比降等特征值；山洪沟流域内行政区划基本情况、人口和社会经济、基础设施情况；着重隐患点调查，主要收集易受山洪影响的承灾体的数量和价值量及地理位置经纬度信息、海拔高度等；普查山洪沟流域内水利工程、土地利用、土壤类型等情况，重点收集水利工程的特征水位值、堤防高度。

气象、水文信息。包括：山洪沟流域内或邻近气象(雨量)站情况、水文(水位)站情况、站点降水、水位以及流量观测数据，时间尺度为分钟、小时、日等以及各站历史上发生的历次山洪过程水文要素摘录。

历史灾情。收集历次山洪灾害的淹没情况和灾情损失情况。数据信息详细到分村落、分承灾体的受淹最大水深和时间、影响的承灾体数量、程度、价值、损失量等。还统计县级历年山洪灾害年损失情况。

预警指标及防灾措施。包括收集外部门不同时效的准备转移预警指标和立即转移预警指标。山洪沟流域范围内行政村的堤防高度、防灾减灾措施等。

3)暴雨诱发的泥石流灾害风险普查

以县级行政单位为单元，全面普查县域村级暴雨诱发的泥石流灾害。优先考虑其影响区域有人群居住的隐患点。

普查内容如下：

收集已有泥石流信息资料，了解发生背景及易发区分布情况。

泥石流沟基本情况，需要收集泥石流沟名称、地理位置、所属流域、沟口位置、流域面积、位于汇入河的位置、沟口至主河道的距离。

泥石流相关主要参数、地质、地貌、物质组成等特征及信息。

土地利用、植被覆盖情况。包括泥石流沟潜在影响范围内的森林、灌丛、草地、缓坡耕地、陡坡耕地、荒地、居民点及建筑用地、其他用地等。

收集遥感、影像资料信息。影像资料通过到现场进行调查、拍摄照片获取，并存档。

防治及监测措施。主要包括目前防治和监测状态及能力、防治措施和监测类型、防治和监测措施建设情况等，以及防治工程的利弊分析。

泥石流沟人类活动情况。受影响的村镇、社区、人口、房屋、道路等。

泥石流的总体分析和判断。泥石流综合评判标准包括易发程度、泥石流类型、发展阶段。

降水量统计资料。收集泥石流沟附近降水观测站信息及资料，收集每次泥石流灾害，附近站点灾害发生前、发生时的降水资料，包括雷达降水估算资料，时效至少为逐小时或更高，降水空间分辨率高。

灾情损失。包括灾害发生时间，需要精确到时或分，灾害主要影响因素、居民区受灾面积、受灾及死亡人口、紧急转移安置人口、倒损房屋、农业受灾及绝收情况、直接经济损失等。

调查灾害潜在影响的范围、人口、户数及资产价值、重点关注以及其他威胁危害对象等信息，基于乡村街道(社区)单位。

灾害预警指标。收集已有部门研制和应用的不同时效的预警指标信息。

4)暴雨诱发的滑坡灾害风险普查

以县级行政单位为单元，全面普查县域村级暴雨诱发的滑坡灾害。优先考虑其影响区域有人群居住的隐患点。普查内容与泥石流风险普查项目基本类似，但又有所不同，如：

收集滑坡信息资料，了解滑坡发生背景及易发区分布情况。

滑坡点基本情况，需要收集滑坡名称、地理位置、滑坡发生时间、滑坡年代、坡顶标高、坡脚标高、所属流域等。

滑坡相关主要参数、地质、地貌、物质组成等特征及信息。

滑坡的总体分析和判断。滑坡点针对稳定性进行分析，包括复活诱发因素、目前稳定状况。

(2)全国省会城市内涝风险普查

城市内涝风险普查，以城市街道(或社区)为单元，开展城市内涝隐患点排查和基础资料的收集，建立城市内涝灾情基础数据库，确定城市内涝灾害致灾雨量阈值，制定相关技术规范，为城市内涝预警、风险评估和风险区划及风险管理工作奠定基础。制定行业标准，《城市内涝风险普查技术规范:QX/T 441—2018》(全国气象防灾减灾标准化技术委员会,2018)。

城市内涝风险普查内容包括:

城市基础地理信息,包括:城市 1∶25 万行政区划图、1∶1 万或 1∶5 万水系图、地形图或数字地形图、土地利用图、道路地理信息(含道路标高)图、内涝隐患点分布的地理位置,包括:经纬度和海拔高度。收集其他相关地理信息,如:地表覆盖类型、居民分布、建筑分布、基础设施、城市排水管网和设施分布以及遥感影像资料等。

城市基本情况,涉及社会、土地利用、水体、道路、雨污水管网、城市规划等基本情况,城市规划包括:土地利用规划、道路规划、建筑群规划、给排水规划等。

隐患点及周边承灾体信息,包括:内涝隐患点基本情况及影响的人口和社会经济情况、涉及主要承灾体的地理位置、数据、价值量等情况。

历史灾情信息,包括:内涝过程发生时间、淹没情况、雨水情况及影响,以及各内涝点降雨量和淹没情况及损失(表 3.3)。

水文气象资料,包括:雨量站信息及逐小时雨量资料、城市河道及上下游水文站逐小时的水位和流量资料、城市现有积水观测及视频资料等。

内涝防灾措施情况,包括:排水运作规则及能力、内涝防灾措施。

表 3.3　各内涝点降雨量和淹没情况及损失调查表

填表字段	单位	内涝点 1（内涝隐患点 1）			内涝点 2（内涝隐患点 2）			…	填表说明
内涝灾害开始时间	年月日时	过程 1	过程 2	…	过程 1	过程 2	…	…	积水深度超过 20cm,认为是一次内涝的开始,填写格式为“yyyymmddhh”,如 1958 年 6 月 1 日 00 时则记为 1958060100;若内涝发生具体时间不详,可通过反查历史资料确定大致的具体时间,至少要精确到日,若只有年月的,如 6 月就按 6 月 00 日 00 时填写
内涝灾害结束时间	年月日时								内涝发生后,积水排空认为是一次内涝的结束,格式同上
最大淹没水深	米								精确到小数点后两位
最大淹没面积	平方千米								基于内涝过程填写
内涝发生时最大 1 小时雨量	毫米								精确到小数点后一位
内涝发生时最大 2 小时雨量	毫米								精确到小数点后一位
内涝发生时最大 3 小时雨量	毫米								如内涝发生时间较短,可不用填写超过内涝持续时间的降水量
内涝发生时最大 6 小时雨量	毫米								精确到小数点后一位

续表

填表字段	单位	内涝点 1 （内涝隐患点 1）			内涝点 2 （内涝隐患点 2）			…	填表说明
内涝发生时 最大 12 小时雨量	毫米								精确到小数点后一位
内涝发生时 最大 24 小时雨量	毫米								精确到小数点后一位
…									如内涝过程持续时间长，可补充填写 24 小时以后的雨量
直接经济 损失	万元								一次灾情的全部经济损失
雨情水情 描述									文字描述降水、水情过程等，包括降水、流量、水位等信息
详细灾情 描述									提供图片或视频，并用文字描述农业、工业、交通、通信、能源、旅游、基础设施等社会经济损失和影响，尽量多收集定量数据，以及典型事件的溃口位置（经纬度信息）和发生时间，分蓄洪区的泄洪情况等
资料来源									

（3）全国交通气象灾害风险普查

为加强和改善我国公路交通专业气象服务能力，在中国气象局应急减灾与公共服务司的指导下，中国气象局公共气象服务中心组织全国 31 个省（区、市）气象局开展 2013—2015 年全国公路交通气象灾害风险普查，调查全国公路交通气象灾害风险隐患分布和监测预警设施建设状况。

全国公路交通气象灾害风险普查的主要内容包括：

1）全国重点公路及公路交通气象灾害基本信息。调查重点公路交通气象灾害风险基本情况，包括主要气象灾害及其衍生灾害易发、多发、频发路段，气象灾害对公路交通运营、安全的影响，交通事故发生率等；调查了解重点公路桥梁、隧道等特殊道路形态气象灾害风险基本信息，包括桥梁、隧道的位置，设计标准、结构类型、主要气象灾害风险、典型灾害事故等。

2）调查重点公路气象灾害风险监测、预警设施建设基本信息。调查掌握重点公路沿线气象相关监测设施（包括气象部门建设管理和非气象部门建设管理的监测预警设施）建设情况。调查内容包括监测站点的位置、监测要素、数据使用和管理等；了解重点公路沿线预警设施建设情况，包括监测设施的种类、位置、使用和管理等。

3）针对重点公路典型气象灾害风险隐患点，分灾种调查掌握典型气象灾害风险隐患点灾害信息。在重点公路主要气象灾害风险基本信息调查的基础上，选取典型气象灾害风险隐患点分灾种开展调查。调查内容包括隐患点的位置，路面基本情况、相关监测、预警设施建设，灾害致灾因子及其临界阈值，灾害影响，防御措施，典型事故等。

在整理分析普查数据的基础上，建设全国公路交通气象灾害风险普查数据库，实现调查数据的业务化运用，开展公路交通气象灾害风险管理。调查共收到各类样本共计 15039 个，其中全国范围内公路气象灾害风险隐患点样本 1831 个，桥梁样本 5068 个，隧道样本 1276 个，公路交通气象监测设施样本 3902 个，气象灾害风险预警设施样本 2962 个。利用 2014 和 2015 年全国公路交通气象灾害风险普查数据，对所调查公路的主要气象灾害风险情况（包括公路交通气象灾害风险隐患点的基本特征和分布特征、风险隐患点的主要气象灾害风险与影响、主要气象灾害风险类型的分布特征等）、桥梁、隧道等特殊道路形态、普查公路监测及预警设施的分布、建设和管理情况进行统计分析。

开展风险普查采用的方法主要有：问卷调查法、实地观察法、对比分析法、专家评估法。

3.3 气象灾害风险预警

为更好地满足气象灾害防灾减灾的需求，世界气象组织基本系统委员会倡议由常规的天气要素预报逐渐向基于承灾体脆弱性和暴露度的灾害影响预报预警服务转变。早在 2011 年，中国气象局就以暴雨诱发的中小河流洪水、山洪、地质灾害和城市内涝气象风险预警业务建设为目标，组织安徽、江西、福建、湖北、广东等省开展关键技术研究试点，2012—2018 年，各省（区、市）也相继开展气象灾害风险预警业务服务试验，并普遍推广。

气象灾害风险预警实现需要致灾临界气象条件的科学确定、精细化定量气象预报、灾害预警和风险评估等关键技术的支撑。这里对涉及的几项关键技术进行介绍，并以应用个例展示具体技术方法和应用。

3.3.1 致灾临界气象条件

致灾临界气象条件为可能产生气象灾害的气象条件，它是气象灾害出现的充分且必要的条件。由于气象灾害的发生，不仅与致灾因子有关，而且与人类社会所处的自然地理环境条件以及防灾设施的能力有关。因此，致灾气象条件会随着自然地质地理条件、人类活动不断提高防灾抗灾能力等因素的变化而不断变化，但在一定时期内也具有相对固定的特点。

（1）主要方法

不同气象灾害致灾机理不同，可根据收集到的资料情况和条件，选取相应的方法开展致灾临界气象条件的确定。通常有以下几种。

1）个例分析方法。通过气象灾害发生历史个例，结合考虑前期气象因子的强度、持续时间等因素，分析产生灾害的临界气象条件。如：山洪灾害根据历史山洪灾害个例，统计分析产生山洪的小流域的面雨量。暴雨诱发的泥石流、滑坡灾害根据历史发生灾害个例，分析产生泥石流、滑坡的前期有效雨量和激发雨量，构建不同时效的临界雨量模型。

2）统计分析方法。对于多种气象要素引发的气象灾害，常常使用此方法对致灾因子进行识别，然后用统计方法进行建模，比如：农业气象灾害模型、台风灾害风雨模型等。

3）物理模型方法。在致灾机理研究的基础上建立的模型，有助于人们对气象灾害事件的动力学过程有清楚地认识，而且还可模拟展现气象灾害发生环境及过程，进而用于气象灾害的预测和风险评估、区划。中国气象局组织开展的暴雨诱发的中小河流洪水、山洪等气象灾害风险预警服务业务中，中小河流洪水、山洪致洪临界雨量的确定，就是基于水文模型、水动力模型，逐流域和逐山洪沟针对预警点研究降水—径流—水位、降水与淹没水深的关系，从而确定不同等级洪水对应的致灾雨量（卢燕宇和田红，2015；苗茜 等，2018；张连成 等，2018）。

4)数值模拟方法。通过数值模式模拟的方法,研究致灾形成的条件,如:用云模式模拟冰雹生成和长大的条件。

5)试验模拟方法。通过试验模拟,找到产生灾害的临界气象条件。如:在云室中模拟电线积冰,找出电线积冰的致灾临界气象条件;通过盆栽和田间试验,研究不同淹没水深及持续时间和作物生长性状、产量的关系,确定农作物致灾及程度的条件等。

(2)几种主要气象灾害致灾临界气象条件方法

1)中小河流洪水致灾临界雨量确定方法

一般定义流域面积在 200～3000 km^2 为中小河流。河道因降雨导致洪水上涨到一定程度,导致防洪工程(如堤防或水库)可能出现危险,造成洪涝灾害风险增加,或者洪水漫过堤坝将会造成大范围淹没,产生内涝等。洪水的等级划分:有堤防的河流,参考堤防的主要特征水位和堤防高度水位,按警戒水位(三级)、保证水位(二级)、漫坝时水位即堤坝高度(一级)三级标准确定;含水库的河流,按防洪高水位、设计洪水位、校核洪水位、漫坝水位等四级标准确定;在没有河道特征水位的预警区域,按预警点的淹没深度来确定洪水等级。中小河流流域致洪临界(面)雨量是指在一定水位基础情况下,在一定时效内,达到中小河流洪水等级阈值时的雨量。

确定中小河致洪临界(面)雨量的方法可分为统计分析法和水文模型法两类。统计分析方法:基于大量历史洪水过程,建立水文特征量(水位或水位增量、流量)与水位站以上流域面雨量,即雨-洪关系模型,根据不同等级洪水水位,分析获得所需的致洪临界面雨量。水文模型法是以流域为系统,模拟流域降雨径流的形成过程,模型的输入量分别为降雨量和蒸发量,输出量为流域出口断面的流量过程,结合流量与水位的关系,确定降雨-流量-水位关系,在此基础上,根据不同等级洪水水位,可反推出达到该阈值水位时所需的临界面雨量。

应用个例:

东津河流域基于统计法与水文模型法综合比较确定临界(面)雨量。

东津河是水阳江上游三源(东津河、中津河、西津河)之一,位于安徽省宁国县境内,流域面积 1014 km^2,大部属山区。东津河流域控制水文站为沙埠水文站。按照中小河流致洪临界雨量等级划分,以东津河流域沙埠站水位作为洪水识别条件,当流域内降水致使该站水位上涨至警戒、保证或者漫过堤坝时的水位,这时的流域面雨量就分别对应三级、二级或一级致洪临界(面)雨量。通过普查警戒水位为 59 m,保证水位参考沙埠站邻近的河沥溪水文站的保证水位以及典型洪水过程资料确定为 61 m,沙埠村段堤防高为 6 m,该地海拔 58 m,即堤顶海拔为 64 m。

收集了 2007—2011 年的沙埠站典型洪水过程的逐小时流量与水位观测值。气象部门在该流域内布设了 23 个自动站,提取了洪水过程同期的各站点小时雨量,并计算面雨量。

统计方法:通过分析东津河流域小时水位与前 n 小时的面雨量关系可知,当累计雨量超过 16 小时后,水位与面雨量的相关系数基本稳定,相关系数超过 0.9,建立的二次曲线关系式如下:

$$y = 0.0016x^2 - 0.0625x + 56.577$$

式中,y 为水位,x 为 16 小时累计面雨量。

水文模型方法:基于 2007 年、2009 年汛期的洪水过程完成了水文模型 TOPMODEL 模型参数率定,模型确定性系数均在 0.7 以上,模拟的洪峰量值与出现时间均与实际较为吻合。通过 TOPMODEL 模型建立东津河流域降水与径流量的响应关系。一般来讲,受洪水涨落影响的水位-流量关系多呈复杂的绳套关系曲线,只考虑水势上涨时水位流量关系,点绘相应时刻的水位-流量关系散点图,概化为单一关系曲线。由此,根据率定好 TOPMODEL 模型以及水文控制站水位-流量关系进一步建立东津河流域降水-水位关系。

致灾临界雨量除了与时效有关，还与前期水位有关，可分析不同基础水位下的致灾临界雨量。通过查阅资料可知沙埠站基础水位多在 57 m 或 58 m。根据不同等级水位，利用 TOPMODEL 和统计模型分别反算了对应不同基础水位的 16 h 的临界面雨量（表 3.4）。对比可知，达到同等高度的水位，TOPMODEL 所得到的临界面雨量略小于统计法计算结果，结合 2007 年和 2009 年两次典型洪水个例来看，TOPMODEL 计算结果与实际更加吻合。因此，最后致灾临界面雨量推荐采用 TOPMODEL 计算结果（16 h）。

表 3.4　东津河不同洪水等级临界面雨量

（一）一级洪水临界面雨量	单位	TOPMODEL		统计方法	
一级洪水临界面雨量时效	小时	16	16	16	16
一级洪水临界面雨量	毫米	121.6	113.6	136.8	125.6
一级洪水临界水位	米	64	64	64	64
基础水位	米	57	58	57	58
（二）二级洪水临界面雨量		TOPMODEL		统计方法	
二级洪水临界面雨量时效	小时	16	16	16	16
二级洪水临界面雨量	毫米	72.0	67.2	99.8	84.5
二级洪水临界水位	米	61	61	61	61
基础水位	米	57	58	57	58
（三）三级洪水临界面雨量		TOPMODEL		统计方法	
三级洪水临界面雨量时效	小时	16	16	16	16
三级洪水临界面雨量	毫米	60.8	44.8	66.5	43.4
三级洪水临界水位	米	59	59	59	59
基础水位	米	57	58	57	58

2）山洪致灾临界（面）雨量确定方法

短历时强降水是山洪灾害的诱因。当一定时段内的降水量达到或超过某一临界值，将淹没人类活动场所，引发不同等级的山洪灾害。山洪等级主要考虑洪水淹没隐患点的深度而划分，用来反映危险程度，分为四个等级：当山洪漫沟为四级、淹没预警点 0.6 m、1.2 m、1.8 m 分别为三级、二级和一级山洪，对应的预警标志为蓝色、黄色、橙色和红色。不同时效内，达到预警点不同山洪等级对应的降雨量，为不同山洪等级的临界（面）雨量。在山洪影响范围有多个隐患点（预警点），可分别确定致洪临界面雨量。

山洪临界面雨量的确定方法主要包括统计法、模型法（包括水文模型和水动力模型法）和类比法三种。针对不同的山洪沟，根据所收集的资料情况进行方法选择：当流域有完整水文资料（包括水位和流量）时，采用统计方法或水文模型方法；当流域只有水位资料，采用统计方法和水动力模型的方法；当流域无水文观测资料，但有典型山洪淹没水位记录时，采用实地考察结合水动力模型的方法；当流域无水文观测，同时也无典型山洪个例，采用类似地形地貌和土地利用的山洪沟的已率定好的水动力模型参数，进行山洪淹没情景模拟，确定山洪临界雨量。

应用个例：

新疆皮里青河流域基于水动力模型和统计分析方法的山洪临界（面）雨量的确定（张连成等，2018）。

皮里青河流域呈东北—西南走向，流域内海拔 645.5～3123.8 m，流域面积为 915 km^2。自 2010 年以来该区域发生了 4 次（2010 年 5 月 2 日、2012 年 6 月 3 日、2016 年 5 月 9 日、2016 年 6 月 17 日）洪水灾害。在 2016 年 6 月 17 日皮里青河流域洪水发生后，进行灾后实地考察，对两个考察点喀拉亚尕奇乡和潘津乡进行淹没水深测量，分别为 1.5 m 和 1.3 m。

由于缺少水文资料，采用水动力模型进行淹没水深的模拟。运用小时降水、土地利用类型、数字高程（DEM）、实测淹没深度等数据，基于 FloodArea 模型对研究区 4 次洪水过程进行再现模拟，通过检验得出，FloodArea 模型对研究区洪水过程模拟的效果较好，可以反映出该区域的洪水淹没情况，能为无水文资料的山区流域的山洪过程进行较为精准的模拟。

建立降水-淹没深度的关系，相关分析得出，喀拉亚尕奇乡累计 8 h 降雨量与模拟洪水淹没深度的相关性最好，方程为：$y_1=38.245x_1+15.792$，相关系数达到了 0.96；潘津乡降雨累计 5 h 的相关性最好，方程为：$y_2=36.372x_2+10.568$，相关系数达到了 0.99。式中 y_1，y_2 为面雨量；x_1，x_2 为淹没水深。

在此基础上确定四个淹没等级（漫出河道、0.6 m、1.2 m、1.8 m）对应的致灾临界雨量（表 3.5）。

表 3.5　不同淹没等级的致灾临界雨量阈值（5 小时临界面雨量）

淹没等级	四级	三级	二级	一级
淹没深度（m）	0.2	0.6	1.2	1.8
临界雨量（mm）	17.84	32.39	54.21	76.04

3）城市内涝致灾临界雨量确定方法

城市内涝是因强降水或连续性降水超过城市消纳雨水和排水能力致使城市内产生积水的现象。由于城市内涝局地性很强，城市每一个社区，每一个立交桥涵洞内涝临界雨量都不同，当城市排水条件发生变化时，应重新制定修改内涝临界雨量。城市内涝等级根据内涝对交通、商业和住宅、车库等主要承灾体的影响程度划分（表 3.6）。

表 3.6　基于承灾体易损性的内涝等级划分标准（李春梅等，2015）

城市内涝等级		4 级	3 级	2 级	1 级
行驶的车辆（道路交通）	积水深度	5～20 cm	20～55 cm	55～100 cm	＞100 cm
	内涝影响	机动车尚可行使，但行车缓慢，影响道路交通畅通	小车无法通行，交通部分阻断	大部分车辆无法通行，交通完全阻断	车辆无法通行，可造成人员被困，交通完全中断
商铺、住宅、社区	积水深度	5～20 cm	20～60 cm	60～120 cm	＞120 cm
	内涝影响	影响居民生活，可能造成一层商铺和住宅的财产损失	影响居民生活，造成一层商铺和住宅部分财产损失	严重影响居民生活，造成一层商铺和住宅较严重财产损失	商店、住宅进水严重，对居民生活造成特别严重影响，造成严重财产损失，可造成人员伤亡
停放的车辆（地上/地下车库）	积水深度	5～25 cm	25～60 cm	60～130 cm	＞130 cm
	内涝影响	对部分排气管较低车型可能影响	水浸超过排气管高度，对发动机可能有影响，车厢内可能进水	水浸高度超过进气口，发动机进水，车厢浸泡	车辆全部被浸，损坏严重

确定内涝临界雨量的方法有统计分析方法和城市内涝模型法两种。

统计分析方法：基于大量的城市内涝个例调查，根据历史灾情记录中的内涝发生时段、内涝地点、积水深度、积水面积等信息，查找附近区域自动站气象在对应时段内的不同历时的降雨量记录和雷达定量估测降水资料，建立面雨量与积水深度的对应关系，根据不同内涝等级确定相应的临界降水指标。再通过对内涝点实地调查，细化和完善临界降水条件，修订城市内涝临界雨量。

城市内涝模型法：以城市排水系统为基础，模拟城市降雨地表径流和内涝的形成过程。模型的输入量主要为降雨量，输出量为积水深度。当以内涝点水浸深度等级值为输出条件，可反推出达到该内涝点某内涝等级时所需的临界雨量。

4)泥石流、滑坡致灾临界雨量方法

泥石流、滑坡地质灾害的致灾临界雨量阈值由于致灾因子、环境复杂，很难确定，不同灾害等级的阈值则更难确定。造成沟谷流域岩土体失稳产生洪流的雨量，为泥石流致灾临界(面)雨量，考虑前期累积雨量与短历时降水强度共同影响。诱发滑坡的致灾临界雨量，可以理解为降雨导致斜坡发生破坏的临界值，其下限是斜坡没有变形破坏，濒临破坏；上限是斜坡已经发生变形破坏。滑坡根据致灾机理的不同，采用的指标有临界(面)雨量(或雨强)及有效雨量，反映强降水或持续降水造成的滑坡。

目前采用的方法主要有以下几类：基于灾害资料的统计分析方法有很多，如：绘制前期有效雨量—触发雨量—灾害发生(或未发生)，判定雨量阈值；根据灾害发生密度与降雨强度、有效雨量关系，判定雨量阈值；采用双因素分级叠加的方法等。相似类比法针对缺少降水和灾害资料的地区，当这些地方的地理、地质、生态环境等与已确定致灾临界阈值的地区较为相似，可近似的认为致灾临界雨量也相似，可根据实际情况适当调整。基于机理的预报模型确定方法，已有很多研究，由于输入、参数复杂，离实际业务应用仍有较大距离。

应用个例：

李忠燕等(2016)利用贵州铜仁地区 2010—2014 年 61 起滑坡事件对应的气象站逐小时降水资料，采用统计分析的方法分析滑坡发生前后的降水类型。在此基础上，通过激发雨量时效 1 h、3 h 和有效雨量 1 d、3 d 情景设计 4 种组合，并绘制点聚图，如图 3.2 所示。基于临界雨量判别线的方法，建立了不同时效的有效雨量和激发雨量组合的临界雨量模型，其原则是最大限度地区分发生滑坡和未发生滑坡。

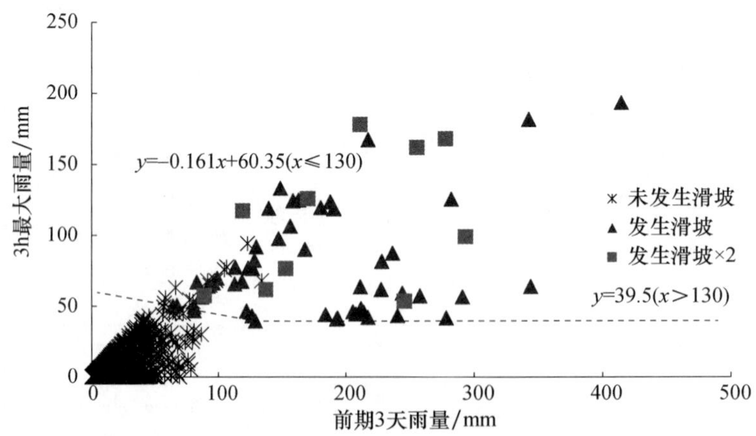

图 3.2　滑坡前 3 天累积雨量与滑坡当日 3h 最大雨量点聚图(李忠燕 等，2016)

四种组合的滑坡判别线公式为：

滑坡当日 1 h 最大雨量与滑坡当日 24 h 雨量组合：

$$\begin{cases} R_{1h\_max} \geqslant -1.18R_{24h} + 98.512 & (当\ R_{24h} \leqslant 68.4) \\ R_{1h\_max} \geqslant 17.8 & (当\ R_{24h} > 68.4) \end{cases} \tag{3.2}$$

滑坡当日 3 h 最大雨量与滑坡当日 24 h 雨量组合：

$$\begin{cases} R_{3h\_max} \geqslant -0.7343R_{24h} + 96.552 & (当\ R_{24h} \leqslant 78.0) \\ R_{3h\_max} \geqslant 39.5 & (当\ R_{24h} > 78.0) \end{cases} \tag{3.3}$$

滑坡当日 1 h 最大雨量与滑坡发生前 3 d 累积雨量组合：

$$\begin{cases} R_{1h\_max} \geqslant -0.3708R_{3d} + 47.852 & (当\ R_{3d} \leqslant 81.0) \\ R_{1h\_max} \geqslant 17.8 & (当\ R_{3d} > 81.0) \end{cases} \tag{3.4}$$

滑坡当日 3 h 最大雨量与滑坡发生前 3 d 累积雨量组合：

$$\begin{cases} R_{3h\_max} \geqslant -0.161R_{3d} + 60.35 & (当\ R_{3d} \leqslant 130) \\ R_{3h\_max} \geqslant 39.5 & (当\ R_{3d} > 130) \end{cases} \tag{3.5}$$

式中，R_{1h_max}，R_{3h_max}，R_{24h} 和 R_{3d} 分别表示滑坡当日 1 h 最大雨量、滑坡当日 3 h 最大雨量、滑坡当日 24 h 雨量和滑坡前 3 d(包括当天)累积雨量。

利用这些模型和 24 h 雨量预报(3 d 有效雨量中前 2 d 采用实况)及 3 h 最大雨量预报就可开展滑坡预警。即使能够临近预报 3 h 降雨量，也可提前预报滑坡。

5)台风致灾风雨阈值确定方法

应用个例：

赵珊珊等(2018)建立了广东省沿海地区县域单元的经济损失率与其对应的过程降水量、最大日降水量及日最大风速关系(图 3.3)，确定了不同等级经济灾损率对应的气象因素致灾阈值(表 3.7 和表 3.8)。

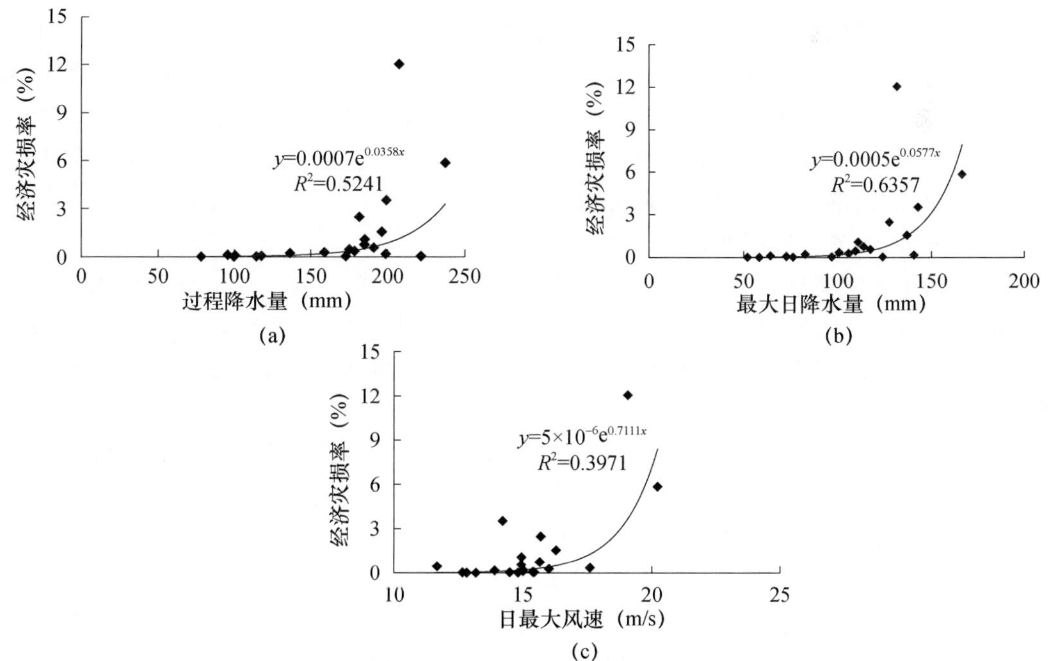

图 3.3　广东省沿海县域单元的经济灾损率与过程降水量(a)、最大日降水量(b)和日最大风速(c)的关系曲线

表 3.7　广东省沿海地区台风经济灾损率的气象因素致灾阈值

经济灾损率	低	较低	中	较高	高
过程降水量(mm)	≤120	121～140	141～170	171～210	>210
最大日降水量(mm)	≤70	71～90	91～110	111～140	>140
日最大风速(m/s)	≤13.5	13.6～14.5	14.6～15.5	15.6～16.5	>16.5

表 3.8　广东省内陆地区台风经济灾损率的气象因素致灾阈值

经济灾损率	低	较低	中	较高	高
过程降水量(mm)	≤100	101～120	121～150	151～200	>200
最大日降水量(mm)	≤60	61～80	81～100	101～130	>130

致灾临界气象条件与以往的气象要素指标有很大的不同，它的确定不仅考虑了灾害的影响，甚至依据气象条件与损失影响的关系，给出定量的灾害评估等级。致灾临界气象条件的研究，使得灾害风险预警更具针对性、可靠性。

3.3.2　气象灾害预警

基于致灾临界气象条件，滚动结合监测和/或实时的精细化气象预报产品，通过对比，如果达到和超越某一等级的致灾临界气象条件，就可进行灾害等级预警。也可直接将气象监测和预报输入到物理模型，动态评估致灾因子的危险性，达到一定灾害等级后，开展预警。

这里以中小河水洪水、山洪和城市内涝等灾害为例进行介绍。

(1)中小河流洪水预警

对实时监测预报的流域面雨量与不同等级致洪临界面雨量的比较，开展中小河流洪水预警，或者将预报的流域面雨量直接输入率定好的水文模型预报洪水。实际业务运行时，根据情况，充分利用现有监测预报产品，可采用基于实况雨量的洪水监测预警、基于临近逐小时格点降水预报的洪水预警、基于短时和短期定量降水预报的洪水预警三种方式，开展预警服务，提高服务的时效，满足洪水防灾减灾实际需求。

针对每种方式，又可选用两种思路开展：

一是采用中小河流域的自动气象站实时雨量观测记录或雷达定量估测降水以及预报产品，滚动计算致洪时效的累积面雨量，通过与不同等级致洪临界面雨量动态对比，监测或预测洪水演进过程，当流域面雨量达到某洪水等级对应的临界面雨量时，便发布该等级的洪水预警。

二是当流域面雨量达到最低等级洪水临界面雨量的 70%时，滚动将逐小时降水量或不同降水预报产品输入水文模型，得到预报的洪水流量，然后根据洪水流量与水位的关系，将预报流量换算成预报水位，当预报水位达到某洪水等级时，便发布该等级的洪水预警。

不同的预报产品包括：临近逐小时格点降水预报产品及短时(2～12 小时)和短期(12 小时、24 小时)定量降水预报产品，短时(2～12 小时)、短期(12 小时、24 小时)定量降水预报(quantitative precipitation forecast，QPF)业务产品需精细到 1 小时，然后计算流域面雨量，并与实况降雨量累加至致洪时效的面雨量。

具体的中小河流洪水动态预警见图 3.4。

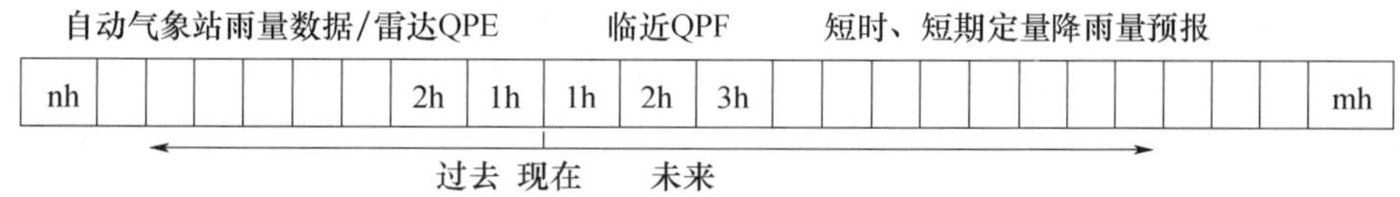

图 3.4　基于逐小时降水预报的洪水滚动预警示意图(周月华 等,2015)

(2)山洪预警

山洪的监测预警包括基于上游水位和面雨量的监测预警和基于降雨量预报的山洪预警,具体思路如下:

基于自动水位资料的山洪预警。针对在极易受山洪威胁的重要人类活动场所,如村镇,在其上游有水位观测的情况,根据该水位站历史水位高度或水位上涨高度对下游村镇的影响程度划分不同山洪等级,当该水位站的水位高度或水位上涨高度达到某山洪等级时,便发布该等级的山洪预警。由于水位站位于预警点的上游,对预警点而言,预警是有提前时效的(张容焱 等,2015)。

例如,2011 年 6 月 5 日夜间至 6 日凌晨,贵州望谟河上游出现强降水,指标站打易站 6 日 00 时 1 h 降雨量 106 mm,达到水位上涨 4 m 的指标。2011 年 6 月 6 日 00:16,贵州省气象台根据降水实时监测,发布了望谟河山洪预警服务信息,内容如下:“2011 年 6 月 5 日夜间至 6 日凌晨,望谟河上游出现强降水,将会造成望谟河沿岸及县城重洪涝灾害,望做好气象防灾减灾服务工作。”6 日凌晨 2 时左右洪水进入望谟县城,由于洪水预警提前了 2 个小时,县委县政府及时转移了群众和重要物质,没有造成人员伤亡,减少了经济损失,气象服务效益十分明显。

基于自动雨量观测资料的山洪预警。利用山洪沟流域的自动雨量站实时观测记录或雷达定量估测降水,逐 6 min 滚动计算流域 1 h 面雨量并自动累计致洪时效的面雨量,监测实时山洪演进过程,当流域面雨量或指标站雨量达到某山洪等级时,便发布该等级的山洪预警。或者对每条山洪沟设立一个面雨量阈值(例如最低等级山洪的临界面雨量),当达到这个阈值时,将逐小时降水量输入淹没模拟模型,得到每条山洪沟的淹没范围和深度,根据每个预警点的淹没深度,发布预警点山洪等级预警。

基于逐小时格点临近降水预报(QPF)的山洪预警。与基于自动雨量观测资料的山洪预警方法类似,只是输入值除了监测值外,还采用临近预报的逐小时格点雨量,进行自动累计致洪时效的面雨量。

基于短时和短期定量降水预报的山洪预警。也与自动雨量观测资料的山洪预警方法类似,输入值综合考虑监测值与短时(2～12 小时)、短期(12 小时、24 小时)定量降水预报(QPF) 1 小时精细化业务产品,进行致洪时效面雨量自动累计。

(3)城市内涝预警

城市内涝监测与预警包括:在实况监测基础上的预警、基于降雨临近预报的内涝临近预警和基于短时、短期精细化降雨量预报的内涝短时、短期预警(李春梅 等,2015)。

城市内涝监测预警。在实况监测基础上的内涝预警主要有四类:基于雨量监测的预警、基于水位监测的预警、基于实景监测的预警和基于雷达定量降水监测的预警。基于雨量监测的预警,雨量监测以区域自动气象站网为主,水务系统建设的雨量站为辅,自动监测每个易涝点自动雨量站的逐时雨量(面雨量)变化并自动累计临界雨量对应时效的雨量,当达到某内涝等级时,便可以发布该易涝点此等级的内涝预警。基于水位监测的预警,水位监测包括区域内水体的水位监测和地表积水的水位监测。基于实景监测的预警,通过网络实时获取高清内涝的监控视频，识别水浸深度标尺的淹没深度，当水深达到某内涝等级时，便可以发布该内涝点该等级的内涝预警，实景监测还可以为排水防涝决策提供重要依据，也可以最快速地检验城市内涝风险预警服务的结果。基于雷达定量降水监测的预警，采用 1 km 空间分辨率滚动 6 min 逐小时雷达定量降水估测(QPE)产品融合雷达以及地面自动站加密观测等多源数据，推算降水强度和降水量。

城市内涝临近预警。基于各易涝区(点)城市自动雨量站实时观测记录或雷达定量估测降水，逐 6 min 滚动计算各易涝区(点)1 h 面雨量，并自动与临近预报的雨量相加，自动累计临界雨量时效对应的面雨量，并与内涝临界雨量比较，当达到某易涝点某等级内涝临界雨量时可以发布该易涝点该等级的内涝预警；或者将逐小时的精细化定量降水观测(QPE)和预报(QPF)产品输入城市积涝淹没水深模拟模型或城市水文动力模型，得到发生内涝的地点和水深，根据淹没深度，发布城市各内涝点内涝等级临近预警。

城市内涝短时和短期预警。方法与邻近预警思路类似，输入值除监测信息外，采用与短时(2～6 小时)、短期(12 小时、24 小时)精细化定量降水预报(QPF)1 小时产品自动累计临界雨量时效对应的面雨量。

在降雨实况监测基础上内涝预警的准确率取决于内涝临界雨量的准确率；内涝临近、短时和短期预警准确率不仅与内涝临界雨量有关，而且降雨量预报准确率紧密相关。

3.3.3 气象灾害风险评估

气象灾害风险评估是对气象灾害风险发生的强度和形式进行评定和估计。风险评估主要基于气象灾害风险的基本理论进行，综合考虑致灾因子危险性与承灾体的脆弱性和暴露程度叠加与相互作用，通过风险分析，达到提前预知灾害可能发生的时间、地区、规模和可能造成的不利影响或损害的目的，为早期风险预警和风险防范措施的采取提供重要参考依据，有效地减轻或避免灾害损失。

实际业务运行时，气象灾害风险评估启动是当进行气象灾害预警时，如果接近达到最低灾害预警等级时开始。用于实时防灾减灾的气象灾害风险评估的技术方法主要有两种：一是基于气象灾害预报和当前承灾体暴露度和脆弱性的风险评估；二是基于气象灾害预报和历史灾损资料的风险评估(章国材，2009)。

(1)基于气象灾害预报和当前承灾体暴露度和脆弱性的风险评估方法

基于预报某种气象灾害的强度和影响范围，评估受这种气象灾害强度和影响的每一种承灾体的物理暴露(包括数量和价值)，结合脆弱性分析，进一步评估可能的损失。

步骤如下：

步骤 1：气象灾害预报。与传统的灾害性天气预报有本质的不同，气象灾害预报实质上为致灾临界气象条件预报，气象灾害预报需要较高的时间、空间分辨率和准确率，政府和社会才能有效地防御灾害和减少损失。

步骤 2：确定气象灾害影响范围。对于温度、大风、冰雹、雾、沙尘暴等气象要素和天气现象，它们致灾临界气象条件预报所覆盖的范围便是气象灾害影响范围。然而，降水的预报范围(落区)并不等于洪水灾害的影响范围，需根据淹没模拟模型来得到洪水的淹没范围。

步骤 3：评估气象灾害影响范围内受影响的承灾体的数量和价值量，即：物理暴露评估。

步骤 4：基于建立的承灾体的灾损脆弱性曲线，估算暴露在气象灾害影响范围中每种承灾体的损失，即：暴露在气象灾害影响范围中承灾体的价值量乘以该承灾体的灾损率。然后进行所有承灾体可能损失的汇总。在此基础上，绘制气象灾害风险专题图谱，给出灾损风险的定量化评估结果。

关键技术：

1）物理暴露的评估

目的是评估气象灾害影响范围中的承灾体数量、价值量及空间分布。评估指标分为数量型和价值量型。

数量型指标。可抽象为点的承灾体通常用个数来表示，如人口数、牲畜数等；线状承灾体通常用长度单位（米，千米）来表示，如公路里程、管道长度等；面状承灾体一般用面积单位（亩、公顷、平方米等）来表示，如耕地面积、作物种植面积、建筑面积等。有些承灾体，如：房屋，可以用个数或面积单位来计量，可视评估目标和获取资料而定。

承灾体数量的获取可通过基础地理信息数据、实地调查以及专题地图和遥感影像的解释等途径获取。基础地理信息数据可提供丰富的信息，如包括：居民点、农田、草地、林地、房屋等信息。实地调查需根据评估目的设计详细调查表，组织专人前往评估地区进行普查和抽查，这种方法精度高，但工作量大，对调查人员的普查和抽查技术有较高要求。专题地图和遥感影像中蕴涵着丰富的承灾体信息，可以获取的承灾体信息有房屋建筑物、交通路线、土地资源、村落等，但是不可能获取全部承灾体的数据。当资料不足时，可以评估区域内的单位面积承灾体的数量作为代用指标，如区域人口密度、耕地密度、经济密度等。

价值量型指标。除人口以外，许多承灾体普遍适用价值量型指标。

应用个例：

遥感估算水稻种植分布情况。对于典型动态承灾体如水稻，可利用卫星遥感资料，获取某类水稻不同生育期的植被指数序列，通过比对实测的作物光谱信息，分析这类水稻关键生育期的光谱特征，利用混合像元分解技术或图像分类技术，建立水稻信息识别及提取模型，完成这类水稻分布数据的采集（图 3.5）。由遥感估算的湖北省中稻播种面积为 126.036 万 hm^2，与实际种植面积相比误差小于 0.5%。

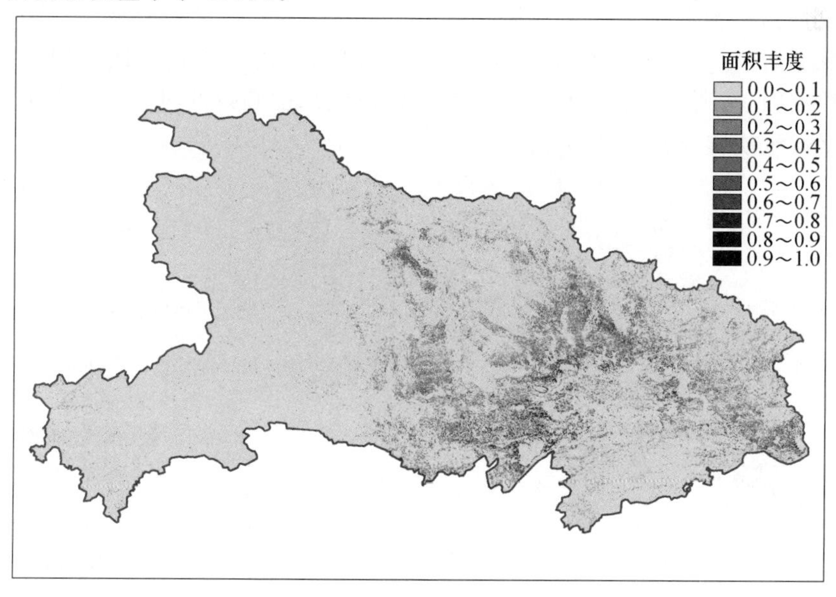

图 3.5　卫星遥感资料反演的湖北省中稻面积丰度分布

2)脆弱性评估

脆弱性评估常采用的方法分为以下几类:

综合指数法。从脆弱性表现特征、发生的原因等方面建立评价指标体系,利用统计方法或其他数学方法综合成脆弱性指数,来表示评估单元脆弱性程度的相对大小。

试验方法。通过试验建立灾害致灾程度与损失的关系,如:基于人工模拟试验,开展不同降雹情景模拟下,作物植株性状、损失率情况分析。

脆弱性曲线方法。不同类别的承灾体对灾害的响应特征不同,相同的灾害强度可能会造成不同灾损程度,因此,构建脆弱性曲线(或称灾损曲线)是定量化分析承灾体脆弱性和灾害风险的关键。构建的方法有以下几种:一是基于灾情数据的脆弱性曲线构建,利用收集到的灾情数据中致灾强度与成灾影响一一对应的关系,采用曲线拟合、神经网络等数学方法发掘之间的脆弱性规律,灾情数据来自历史文献、灾害数据库、实地调查或保险数据等。二是基于已有脆弱性曲线的再构建。在已有脆弱性曲线的基础上,通过研究区对曲线参数本地化的修正,形成新的脆弱性曲线的过程。三是基于系统调查的脆弱性曲线构建,基于对承灾体价值调查和受灾情景假设,推测出不同致灾强度下的损失率进而构建脆弱性曲线,该方法主要是基于土地覆盖和土地利用模式、承灾体类型、调查问卷等信息,发掘致灾参数和损失的一一对应关系,进而构建曲线。如:吴先华等(2016)、高歌等(2018)基于实地调研方式,针对城镇、山洪沟建立了不同承灾体不同淹没水深下的灾损率脆弱性曲线。

应用个例:

①基于实地调查获取的江苏李中镇暴雨洪涝系列脆弱性曲线

吴先华等(2016)根据在里下河地区李中镇调研所得数据,确定不同承灾体在不同淹没水深下的灾损率,构建了初始灾损率曲线。主要采用典型抽样的方法搜集数据。共调研了李中镇的工业区、商铺、学校、政府机关、15 个行政村和 1 个居委会。将承灾体分为住宅区、农林区、工业区、商业区和公共设施区(包括政府、学校、养老院、道路设施等)五大类型,制作了不同的调查问卷,以了解不同类型承灾体在不同淹没水深情景下的财产损失。确定的脆弱性曲线见图 3.6。

②基于灾情构建的水稻脆弱性曲线

通过文献调研,收集水稻受淹试验和实地调查资料,以水稻产量为损失指标,淹没深度和持续时间为致灾因子,通过拟合水稻减产率与不同淹没深度和持续时间的函数关系,构建不同生育期水稻暴雨洪涝灾损脆弱性曲线(图 3.7)。

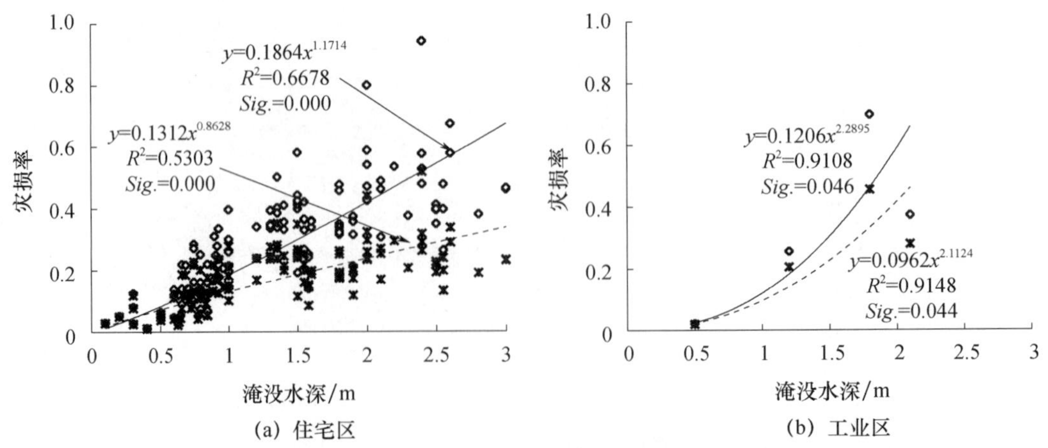

(a) 住宅区　　(b) 工业区

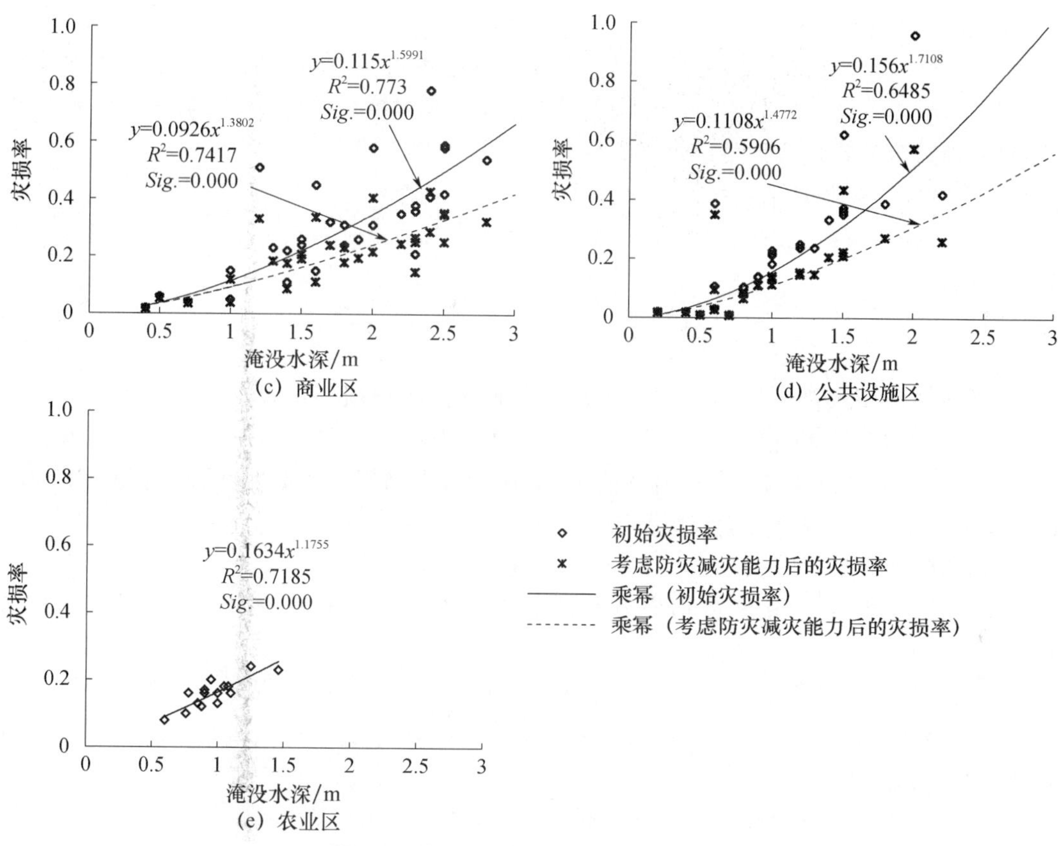

图 3.6　李中镇五种类型财产的初始灾损率曲线及考虑防灾减灾能力因素后的灾损率曲线（吴先华 等，2016）

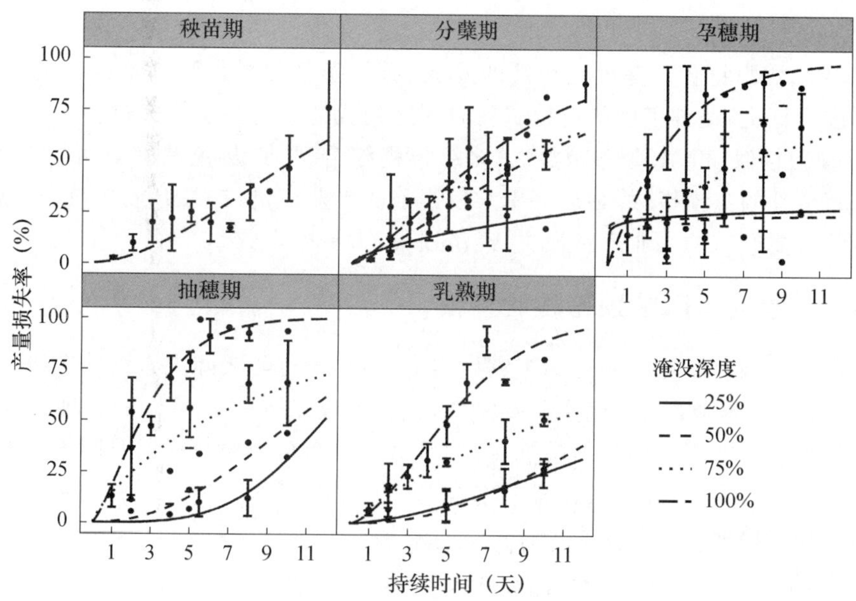

图 3.7　不同发育期水稻受洪水影响的产量损失率与淹没深度和持续时间的对应关系（淹没深度以淹没水深/植株高度表示）

3)风险(可能损失)评估

以暴雨洪涝灾害为例，将淹没模拟结果与承灾体数据进行空间叠加分析，识别提取受影响的承灾体范围、数量等，结合暴露量和脆弱性指标，开展灾害风险评估，绘制灾害风险专题图谱，给出灾损风险的定量化评估结果。

直接经济灾损风险评估：

直接经济损失是由淹没范围内各类财产的价值乘以其相应的损失率，再求和得到，采用如下计算公式：

$$S_D = \sum_{i=1}^{N}\sum_{j=1}^{M}\sum_{k=1}^{L}\beta_{ijk}(h,t)V_{ijk} = \sum_{j=1}^{M}S_{Dj} \tag{3.6}$$

式中，S_D为根据洪灾损失率计算的一次洪灾引起的直接经济损失值；S_{Dj}为第j类财产的直接经济损失值；β_{ijk}为第k种淹没程度下第i个经济分区内第j类财产的损失率；V_{ijk}为第k种淹没程度下第i个经济分区内第j类财产值；N为淹没区人为划分的单元数；M为第i个经济区内的财产种类数；L为淹没程度等级数(章国材，2009)。

间接经济灾损风险评估：

间接经济损失是由直接经济损失波及带来的或派生的损失，不表现为实物形态的损失。间接损失很难作直接的定量核算。

考虑到风险评估工作量大，资料信息缺乏，目前气象灾害风险预警业务中尤其关注中小河流洪水、山洪对人造成的危害，因此，先将风险评估聚焦洪水淹没的村庄及可能影响的人员，然后再进一步做损失评估。

(2)基于气象灾害预报和历史灾损资料的风险评估

历史灾损资料是某种强度的气象灾害综合作用于影响范围内承灾体的结果，在没有承灾体脆弱性曲线资料，又要评估可能的经济损失和人员伤亡时，可基于历史灾损资料，评估灾害可能的损失。

步骤如下：

步骤1:灾损资料订正。考虑到经济的发展、通货膨胀和物价波动等因素的影响，历史灾损资料必须进行订正，使订正后的灾损资料时间序列成为平稳马尔科夫过程。

步骤2:采用相似、相关、分布函数法、多级模糊综合评估、灰色关联分析模型等方法估算当前气象灾害事件的灾损指数，最后分别乘以当前的农业产量或GDP或人口密度就可以得到这个灾害事件可能产生的农业产量损失、经济损失、人员死亡数。

3.3.4 气象灾害风险预警检验评估

气象灾害风险预警服务产品可基于灾后实地调查，通过与实际灾害评估等级、实况灾情影响等对比，对气象灾害预警的准确率和及时性，包括致灾临界气象条件的合理性及修订、风险评估的致灾情况和可能损失估计的精准度、预警信息发布覆盖率及提前时间等方面进行检验。

下面以山洪灾害为例，介绍具体检验内容、方法(张容焱 等，2015)，中小河流洪水、城市内涝等灾害风险预警检验评估基本类似。

(1)实时灾情调查和收集资料

对有较大影响的山洪过程进行灾后实地调查，进行走访测量，调查收集的主要内容有：洪水起止时间，包括：隐患点洪水上涨开始时间、漫坝时间、最大淹没深度出现时间，流域内重要承灾体淹没时间以及洪水退水时间等；淹没范围和水深；承灾体受淹情况，测量重要承灾体(人口、房屋、财产、道路、桥梁等)受淹最大深度，了解重要承灾体受淹数量、(单)价值、损失程度和金额、人员伤亡等信息；水文、气象信息以及水库调度等详情；防御措施采取情况，如：山洪预警信息的发布次数、发布时间、发布山洪的等级，预警信息电视和广播电台发布情况，手机短信和彩信预警信息发送人次和覆盖率及提前时间等，当地监测预警山洪的手段，人员转移数量和方式，防灾减灾投入等。

(2)山洪预警准确率检验

根据山洪预警等级，结合山洪调查信息，分别统计山洪预警的命中率(TSR)、空报率(TF)、漏报率(PO)、准确率(TS)，检验预警效果。

命中率：
$$TSR=\frac{NA}{NA+NB}\times 100\% \tag{3.7}$$

空报率：
$$TF=\frac{NB}{NA+NB}\times 100\% \tag{3.8}$$

漏报率：
$$PO=\frac{NC}{NA+NC}\times 100\% \tag{3.9}$$

准确率：
$$TS=\frac{NA}{NA+NB+NC}\times 100\% \tag{3.10}$$

式中，NA 为山洪预警正确的次数；NB 为山洪预警空报次数；NC 为山洪预警漏报次数。

预警时效检验。通过预警发布和山洪实际出现的时间对比，检验预警是否提前以及提前的时间量，是否满足应急响应时间。

致洪临界雨量合理性检验。根据实际降水，计算实际山洪等级，通过对比，分析致洪临界雨量确定的合理性和产生误差的原因，如果有较大差异，需要进行重新分析确定。

(3)淹没范围和水深的检验

通过实况淹没范围和预报图对比，计算重叠部分占总实际淹没面积的比例，分析预报图误差原因。也可检验受淹村镇、社区预报的命中率、空报率、漏报率和准确率。

通过实况和预报图的淹没水深位置和深度对比，计算最大淹没水深位置误差和深度误差大小，并分析原因。

(4)风险评估检验

根据实际调查得到的受淹承灾体的数量和价值量以及损失，分村落、分承灾体逐一与实时考察结果对比，分析受淹承灾体数量和价值量以及损失评估的可信度和偏差，统计命中率、空报率、漏报率和准确率，并查找原因。

3.3.5　气象灾害风险预警个例

下面以安徽省秋浦河流域的暴雨洪涝灾害风险预警服务个例，对气象灾害风险预警流程和涉及的技术方法应用进行全方位展示。

(1)秋浦河流域洪水风险普查

秋浦河主体位于安徽省池州市境内，为长江一级支流，具有山区面积大(占 78.5%)、上游水土流失严重、下游河道弯曲、洪水量大且来势汹涌等特点，流域总面积 2235 km^2，干流全长 149 km，河道比降七里到泥湾段为 1/1500，泥湾至殷汇为 1/3400，殷汇至池口为 1/5700，泄洪能力为 1000 m^3/s。

秋浦河正常年份年径流量 24.34 亿 m^3，最丰高达 36.43 亿 m^3(1954 年)，最枯年份为 17.13 亿 m^3(1978 年)，高坦镇历史最大流量为 2710 m^3/s(1957 年 7 月 4 日)，历史最高水位为 26.87 m(1970 年 7 月 13 日),历史最低水位为 19.58 m(1966 年 9 月 28 日)。秋浦河流域地理位置及地形、水系、气象站、水文站分布见图 3.8。

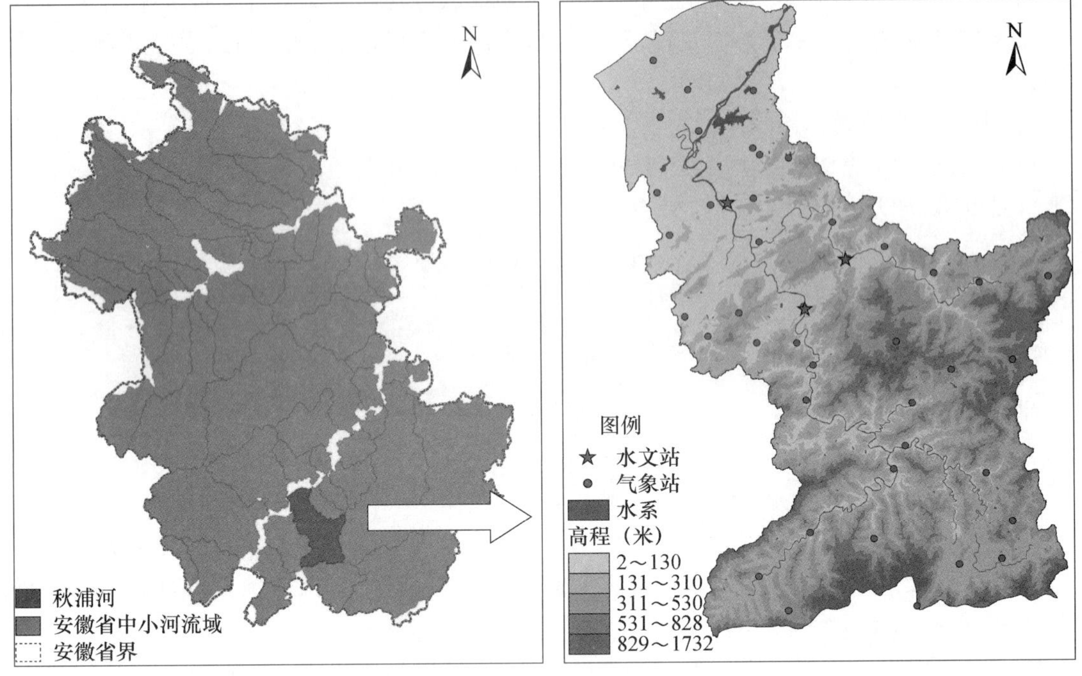

图 3.8　秋浦河流域地理位置及地形、水系、气象站、水文站分布图

经洪水风险普查,秋浦河流域内用于暴雨洪涝灾害风险评估预警的气象资料、水文资料、地理信息资料、社会经济统计资料以及灾情调查资料见表 3.9。

表 3.9　各类资料的名称、来源及属性

	名称	来源	属性
气象资料	WRF 模式预报降水量	安徽省气象局	3 km×3 km 逐小时格点数据
	区域站实况降水量		国家气象站及区域自动站(共 41 个)逐小时站点数据
水文资料	水文站水位	水文年鉴	3 个水文站(高坦、殷家汇、栗坑)逐小时水位资料
地理信息资料	DEM	SRTM(Shuttle Radar Topography Mission)数据	30 m×30 m 格点数据
	土地利用类型	国家基础地理信息中心	Shp 矢量数据
	Manning 系数	由土地利用数据计算而来	30 m×30 m 格点数据
社会经济统计资料	人口	国家综合地球观测数据共享平台	1 km×1 km 格点数据
	GDP		1 km×1 km 格点数据
灾情调查资料	灾情数据	安徽省民政厅	受灾人口、直接经济损失等

(2)致灾临界面雨量确定

根据秋浦河流域范围内气象站,采用泰森多边形计算每个雨量站的面积权重,并形成流域面雨量资料序列。秋浦河流域收集到的水文及气象资料较为完备，采用统计分析法研究该流域的致灾临界面雨量。

通过分析秋浦河流域小时水位与前 n 小时面雨量的关系可知，当累计雨量超过 12 小时后，水位与面雨量的相关系数基本稳定。根据预警时间越早越好的原则，取前 12 小时面雨量与水位建立回归方程，相关系数超过 0.9。由于无法获得水文控制站（高坦）的警戒水位和保证水位，参考历史典型洪水过程资料，近似认为警戒水位 22.5 m、保证水位 26.5 m、坝顶高度 28.1 m。以三个等级临界水位为判据，根据不同的前期基础水位和统计模型，可以求得各等级致灾临界面雨量值（表 3.10）。

表 3.10　秋浦河流域致灾临界面雨量

洪水等级(1/2/3)	时效(h)	临界面雨量(mm)	临界水位(m)	基础水位(m)
3	12	89.0	22.5	19.0
2	12	177.0	26.5	19.0
1	12	233.0	28.1	19.0
3	12	81.0	22.5	20.0
2	12	147.0	26.5	20.0
1	12	200.0	28.1	20.0
3	12	78.0	22.5	21.0
2	12	129.0	26.5	21.0
1	12	170.0	28.1	21.0

（3）洪水预警

2016 年 6 月 27 日上午，安徽省气象台预报：27—28 日沿江江南将有一次强降水过程，强降水主要时段为 6 月 27 日 20 时—28 日 20 时，WRF 模式 24 小时降水预报沿江江南大到暴雨，其中沿江西部及江南中部大暴雨，局部特大暴雨（图 3.9）。

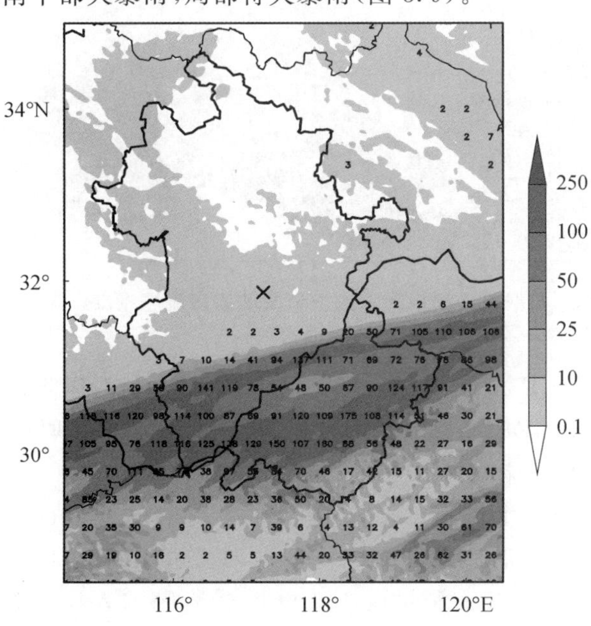

图 3.9　2016 年 6 月 27 日 20 时—28 日 20 时安徽省降水量预报（单位：mm）

根据 WRF 模式关于本次强降水落区和强度的格点预报值，计算安徽省各中小河流域（共65 个）的面雨量，并与“山洪项目气象灾害风险管理业务建设”研究制定的中小河流域致灾临界面雨量阈值进行对比，位于强降水中心的秋浦河流域面雨量值超出该流域以出水口为预警点的致灾临界面雨量阈值，暴雨诱发中小河流洪水风险较高。针对秋浦河流域，及时发布强降水预警，并基于 FloodArea 模型开展秋浦河流域洪水风险评估。

（4）洪水风险评估

将 WRF 模式预报的 6 月 27 日 20 时—28 日 20 时逐小时降水资料、叠加堤坝信息的 DEM、由土地利用推算的 Manning 系数（地表糙率）等数据代入 FloodArea 模型进行洪水淹没模拟，得到秋浦河流域 24 h 洪水淹没预评估图（图 3.10），由图可见，淹没较深的区域位于河道两侧地势低洼地带，发生积水内涝或洪涝的风险较高；此外，流域上游多条山洪沟涨水较为明显，暴发山洪灾害风险较高。

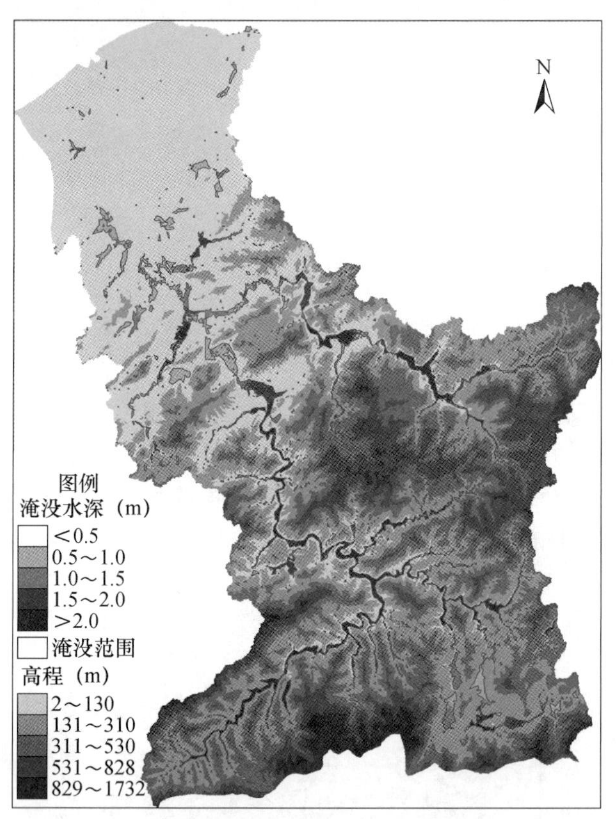

图 3.10　根据模式预报降水量模拟的秋浦河流域淹没风险预评估图

将秋浦河流域 24 h（6 月 27 日 20 时—28 日 20 时）洪水淹没风险预评估结果，叠加流域内精细化承灾体信息（人口、GDP、土地利用等），运用 ArcGIS 栅格提取运算功能，开展流域精细化暴雨洪涝灾害风险评估。流域内不同淹没水深下受影响人口、GDP 和耕地累计百分比见图 3.11。由图 3.11 可知，淹没水深在 0.2 m 以下时受影响的人口、GDP 和耕地比例分别为 76.2%、76.9%和 69.3%，淹没水深在 0.2～1.0 m 时受影响的人口、GDP 和耕地比例分别为 21.1%、21.6%和 26.2%，淹没水深超过 1.0 m 时受影响的人口、GDP 和耕地比例分别为 2.7%、1.5%和 4.5%。此外，根据流域内人口和 GDP 的空间分布，提取涨水深度超过 1.0 m

(洪涝风险较高区域)的人口分布和 GDP 位置等,进行有针对性的人员撤离和财产转移,最大程度降低洪涝灾害带来的经济损失和人员伤亡。

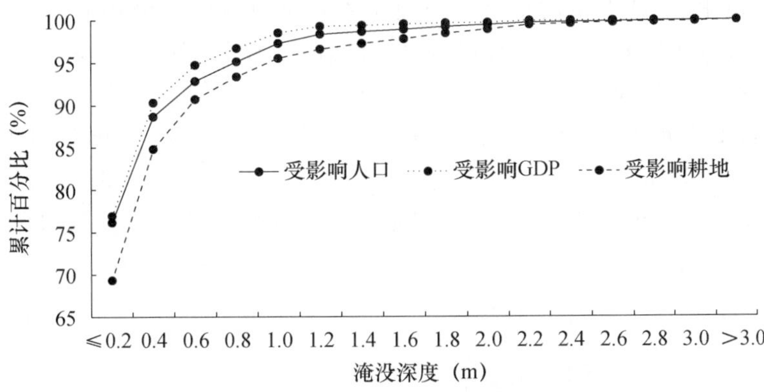

图 3.11　不同淹没水深下受影响承灾体累计百分比

(5)结果检验

图 3.12 为 2016 年 6 月 27 日 20 时—28 日 20 时安徽省降水量实况图,与 WRF 模式预报相比,24 h 降水强度及落区预报与实况较为吻合,对于秋浦河流域,其上游普降大到暴雨,中下游为大暴雨,流域内 41 个气象站中,有 22 个站降水量超过 50 mm,其中 13 个站超过 100 mm,最大为秋江街道的万宝站,24h 降水量达 169 mm。

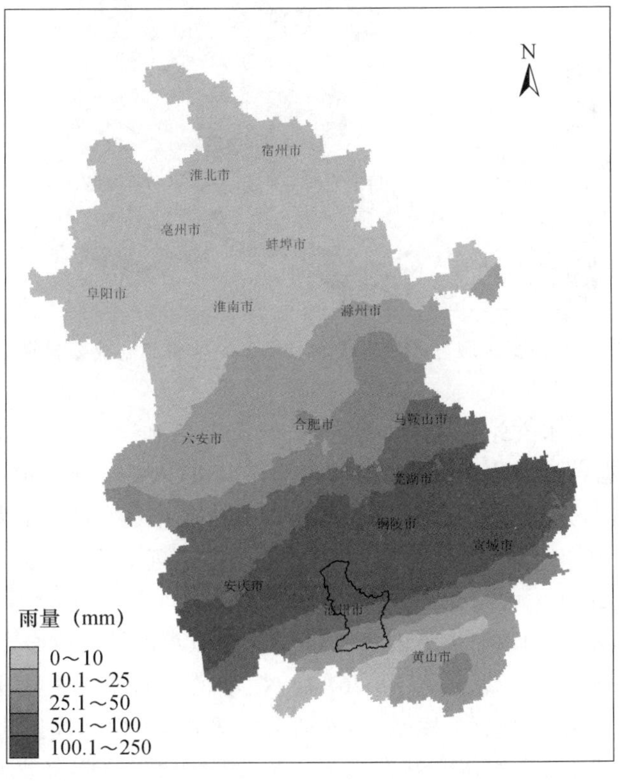

图 3.12　2016 年 6 月 27 日 20 时—28 日 20 时安徽省降水量实况(单位:mm)

将秋浦河流域内所有区域自动站 6 月 27 日 20 时—28 日 20 时实况降水资料带入 FloodArea 模型进行淹没模拟，最终得到 24h 淹没图(图 3.13)。与 WRF 模式预报降水量模拟的秋浦河流域淹没图相比，流域中下游地区的淹没范围和淹没水深较为相似，但流域上游差别较大，根据 WRF 模式预报降水量模拟的淹没范围较实况降水资料模拟的淹没范围大、淹没深度深。究其原因主要是由于 WRF 模式预报误差引起的，6 月 27 日 20 时—28 日 20 时实况降水与 WRF 模式预报降水相比，强降水的落区和量级预报总体效果较好，但相对于秋浦河流域来说，WRF 模式预报强降水落区略微偏南，基本覆盖了秋浦河全流域，但实况强降水只覆盖了流域中下游地区，致使流域上游预评估结果较实况降水资料模拟的淹没范围大、深度深。

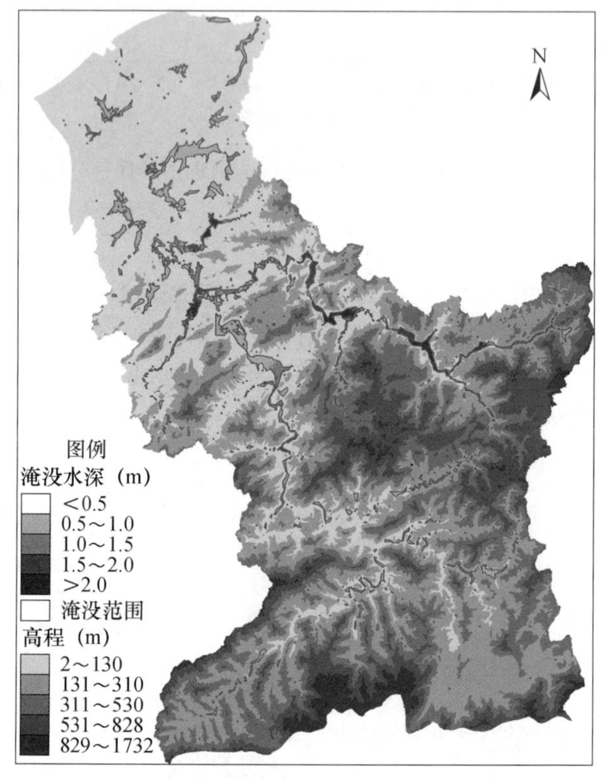

图 3.13　根据区域自动站降水实况模拟的秋浦河流域 24h 淹没图

秋浦河流域内有 3 个水文站，分别是高坦站、殷家汇站和栗坑站，均有较为完备的逐小时水位和流量资料。根据各站逐小时水位资料，可与 FloodArea 模型模拟结果进行点对点的淹没历时和淹没水深对比，进而检验 FloodArea 模型模拟效果。图 3.14 为各水文站逐小时(6 月 27 日 20 时—28 日 20 时)实测淹没水深与 FloodArea 模型模拟的逐小时淹没水深对比图。由图可见，对于殷家汇站和栗坑站来说，实测淹没水深与模拟水深在各个时次上均较为吻合，误差较小，而针对高坦站，前 13 个小时内实测水深与模拟水深较为吻合，误差较小，而后 11 个小时内误差变大，实测涨水速度远大于 FloodArea 模型模拟的涨水速度，两者相差较大。究其原因，这是由于高坦水文站上游有一座水库，在强降水期间，为保水库安全，该水库进行了人工调蓄，开闸放水，致使下游的高坦水文站在强降水后期涨水较快(强降水和水库放水相叠加)，而 FloodArea 模型无法模拟出水库的人工调蓄作用，因而两者相差较大。此外，由图 3.14 可以初步看出秋浦河流域暴雨发生及持续时间与洪涝发生时间的滞后关系。

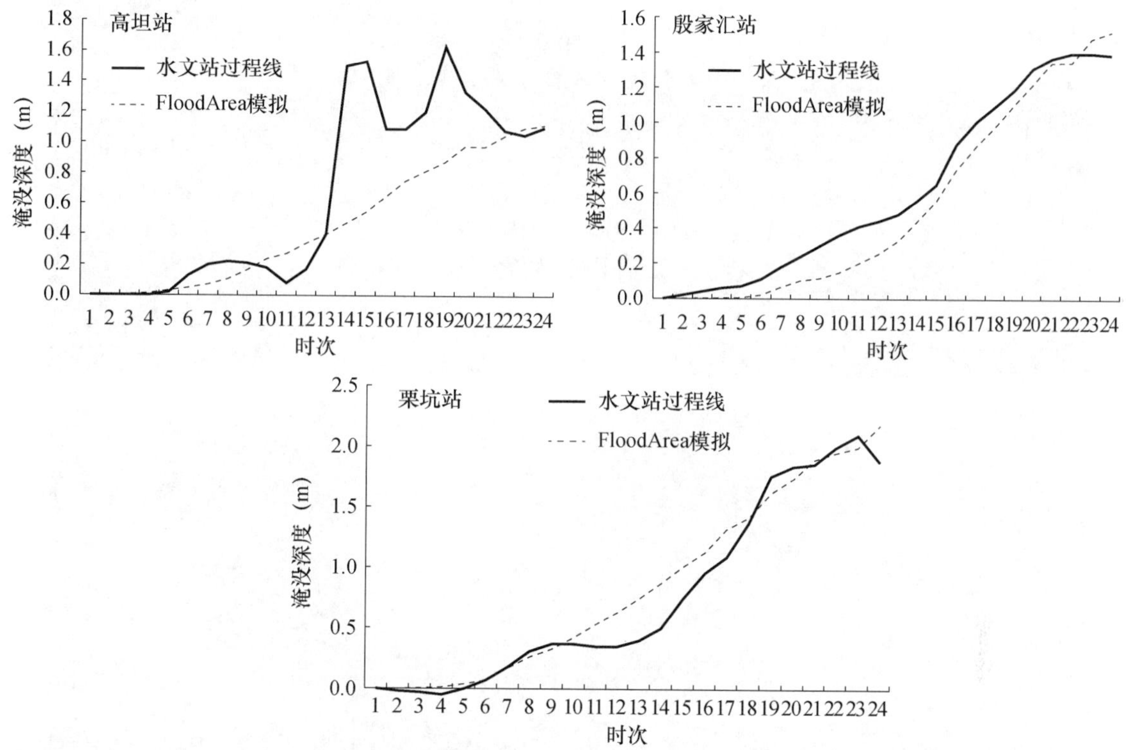

图3.14　水文站逐小时实测淹没水深与FloodArea模拟水深对比

进一步分析FloodArea模型模拟水深与水文站实测水深之间的误差(表3.11)可知,殷家汇站和栗坑站在没有人工调蓄的影响下,平均绝对误差分别为0.11 m和0.12 m,平均相对误差分别为14.0%和10.7%,而高坦站受水库人工调蓄的影响,平均绝对误差为0.23 m,平均相对误差为28.7%,较其他两个水文站来说,误差相对较大。

表3.11　FloodArea模拟与水文站实测水深误差分析

站名	平均绝对误差(m)	平均相对误差(%)
高坦	0.23	28.7
殷家汇	0.11	14.0
栗坑	0.12	10.7

此外,针对此次暴雨洪涝过程,通过实地灾情调查(图3.15)可知,受灾较重的乡镇与FloodArea模型模拟涨水较深的区域较为吻合,主要位于流域内沿河道地势低洼地区,表明FloodArea模型对秋浦河流域暴雨洪涝淹没具有较好的模拟效果。

(6)效益评估

针对秋浦河流域2016年6月27—28日强降水过程,采用FloodArea水动力模型并结合WRF模式降水格点预报,开展中小河流域暴雨洪涝灾害风险评估技术研究,由风险评估效果检验可知,无论是流域面上的淹没范围和淹没深度对比,还是通过水文站点对点的淹没历时和淹没水深误差分析,以及实地灾情调查验证等方式,均表明FloodArea模型模拟的洪水淹没范围、淹没水深以及淹没历时与实况较为吻合,风险预警及评估结果准确可靠。

图 3.15　2016 年 6 月 30 日秋浦河流域洪涝灾情实地调查

根据降水和洪水风险评估预警，气象部门及时启动应急响应，与防汛、国土、水利等多部门进行会商，实时向公众发布预警产品和信息，通过电话、短信、大喇叭等手段开展了点对点预警服务，动员高风险地区群众撤离，为及时救灾转移赢得了时间和主动，部门合作、上下联动，大大减轻了暴雨洪涝灾害可能带来的经济损失和人员伤亡，为面向实时防灾减灾的决策气象服务提供坚实保障。

3.4　气象灾害调查和认证

气象灾情收集是气象灾害信息服务工作体系中的重要组成部分，是支撑防灾、减灾、救灾的一项基础性工作，可为政府决策、公众科学客观地了解灾害程度和科研人员研究灾害成因提供信息。

气象灾害的发生，往往是多种因素的时空交错、自然与人为活动共同作用而形成。是和致灾因子强度与持续时间、孕灾环境和承灾体当时的状态，以及人们对灾害的防御意识、防御能力密切相关。进行气象灾害的调查和认证，对准确描述气象灾害的发生、发展和影响，认识气象灾害的致灾机理、确定致灾因子的临界条件，乃至今后的灾害的防御都具有重要的意义。

3.4.1　气象灾害调查的内容

需要进行气象灾害调查的情况主要分为两类，一是气象灾害已经发生，需要对灾害的强度、影响程度以及成因进行分析确认;二是已经监测到极端天气气候事件出现或者气象要素已经达到致灾临界条件;或者预报将要出现极端天气气候事件或者气象要素将要达到致灾临界条件,可能出现较为严重的气象灾害,需要通过调查,对预报预警效果或者致灾临界气象条件进行验证。两种调查的引导方式不同,但调查内容和方法基本类似。

首先从气象灾害形成的机理方面,确定灾害调查的基本内容,然后根据调查目的,对调查内容进行调整、补充完善。

致灾因子方面:收集灾害发生时段的气象观测、预报资料,包括天基-地基的不同空间尺度和不同部门的观测资料。资料采集的时段随致灾的气象因子不同而不同,例如局地强对流的时间段可以较短,以日、时、分尺度为主,而持续性气象灾害如干旱的资料采集时间尺度可以延长到季节甚至到年。

承灾体方面:影响区域内的社会、经济情况,受损的主要对象及其表象和程度等等。

孕灾环境方面:收集灾害发生地的自然地理状态,根据灾害特点,评价其敏感性程度并确定调查区域范围。如山洪灾害,除常规的地理特征外,还需调查植被、土壤等。

防灾减灾措施方面:一是工程措施方面,工程措施的建设年代、设计标准等;二是非工程措施方面,防灾减灾的宣传、日常与应急管理措施、气象预警、预报情况等。

灾情方面:影响区域内主要承灾体损失的数量和总价值量等。

3.4.2 气象灾害调查的方法

由于气象灾害在空间上既有区域性又有局地性,在时间上有突发性也有持续性,因此气象灾害的调查方法随着致灾因子的时空及强度的变化而变化。有时需要进行大范围区域灾情采集作业,有时只要局地的采集作业;对同一地点灾情,有时需要进行连续采集作业,有时一次采集作业即可。本节主要介绍的是灾情现场的调查方法,其他气象资料、地理信息资料、社会经济资料以及预报服务资料的收集渠道可参见气象灾害风险普查章节。

(1)实地调查法

获取的是离散的、不连续的现场信息。主要通过主、客观两个方面进行调查,一是访问事发地周围群众等相关人员,二是采集灾害现场损害情况、痕迹等,如暴雨洪涝淹没的水痕高度、冲毁的农田面积,大风折断的树木直径,作物倒伏的方向等等。传统的方法主要是依靠纸笔、测量工具、相机和访问等,随着现代技术手段的引入,如智能技术、通信技术、互联网技术等,使得大量定点、定时、定性、定量的灾情资料,特别是一些隐患点、代表点、重点监测点的灾情资料,可以快速获取。如武汉区域气候中心开发的灾情采集应用程序App(雨伴-气象减灾助手)安装于智能手机、平板电脑等智能移动设备终端后,即可变成便携式的移动灾情采集平台。通过采集者在灾情现场的调查,可获得现场较为详细的包含上述灾害调查内容的各项要素,如淹没水深、受灾时间、具体承灾体、经济损失、灾情照片等,采集完成后可以现场对数据进行封装,通过移动无线网络快速传输到服务器,达到即采即用。由于智能移动设备终端特别是手机的普及,使得灾情信息采集全面、详细、快速成为可能。

智能移动终端灾情采集技术的优点是可以动态获取定点、定时、定性、定量的气象灾情信息,缺点是需要大量的数据才能使信息由点变成面。

(2)卫星遥感解译法

通过卫星遥感、航拍等技术手段,获得灾情发生地的影像数据。通过分析水体、植被、建筑等地物的光谱特性,结合地面地理信息分析,获得灾情分布信息。其优势是可以快速获取空间连续的灾情信息；不足方面一是受卫星过境时间限制，无法获得灾害的时间连续的灾情变化信息，二是易受到天气条件的影响，在多云或阴雨天，除雷达卫星外，不易获得较好的影像数据，从而影响灾情采集效果。

(3)固定视频观测提取技术

目前视频监控技术发展很快，视频监控点也逐渐普及。依托视频监控资料，通过人机交互判断和在线编辑，可快速、连续获得视频监控点现场灾情信息。基于视频数据的灾情采集主要通过图像识别技术，采集视频监控中的气象灾情的相关信息，并将灾害的图文信息等数据进行在线编辑与上传分析。由于视频观测点是固定的，因此，具有时间连续的优点，可以看到灾害的发生、发展和消失过程，缺点是信息的局部特征多，面上信息不完备，需要通过多部门、多视频点共同协作完成。

(4)其他多渠道信息采集

一是可来源于专业部门，如应急部门、水利部门、农业部门等；二是可来源于媒体、公众信息等，通过对相关数据的甄别、分析，统一管理，加以应用。

通过上述四种气象灾害调查方法综合应用，相互补充、印证，方可获得比较全面气象灾害基础信息。在此基础上，通过数理统计、机理分析、数值模拟等方法进行综合分析判断，可对气象灾害的发生、发展过程进行客观、科学的判断，确定主要气象灾害的特点、量级以及致灾方式等。

3.4.3 气象灾害论证的方法

(1)机理分析法：主要通过对气象灾害致灾机理的分析，建立或者应用相应的物理模型，通过计算模拟灾害的发生发展过程，结合现场调查结果，对模型参数进行调整，给出较为合理的分析判断结论。例如：天津城市内涝仿真模型对城市的积水进行模拟，对其影响范围、水深等进行评估。模型以城市地表与明渠河道水流运动为主要模拟对象，基本控制方程以平面二维非恒定流的基本方程为骨架，反映了降雨量分布、产汇流原理、地面流、河道明渠流、堰流、跌水、管网有压流、管道无压流、有压流到无压流过渡过程，以及地面向管道中泄流或从管道向地面涌水现象等多种工程情况及其相互连接问题。

(2)灾害标识物(DI)类比法：利用调查的痕迹与灾害标识物(DI)进行类比，得出相应的分析结论。例如龙卷强度的判断，大多是根据已广泛应用的“藤田等级”(F 等级)或者 EF 等级，通过灾害调查的灾害标识物的受损程度，结合气象观测结果综合确定。

(3)基于灾害链的综合分析法：分析气象灾害链的各个环节，在各环节采取合理的分析方法，结合现场调查资料、遥感资料和其他信息资料，对受灾强度和灾害损失、灾害成因进行了综合分析论证。

3.4.4 气象灾害调查论证的步骤

气象灾害调查论证的步骤见图 3.16。下面以强对流天气所致强风灾害调查为例，进行说明。

首先，利用政府信息、新闻媒体或者互联网、监控视频等信息尽量确定已知灾情，要尽可能明确灾害发生时间和地点。

其次，利用多种气象资料结合灾情信息来综合分析判断该次灾害是否与强对流天气相关；若为强对流天气所致灾害，利用雷达、卫星和闪电等观测资料来确定可能导致灾害的中尺度天气系统，并初步分析判断其导致风灾的可能强度和影响区域。

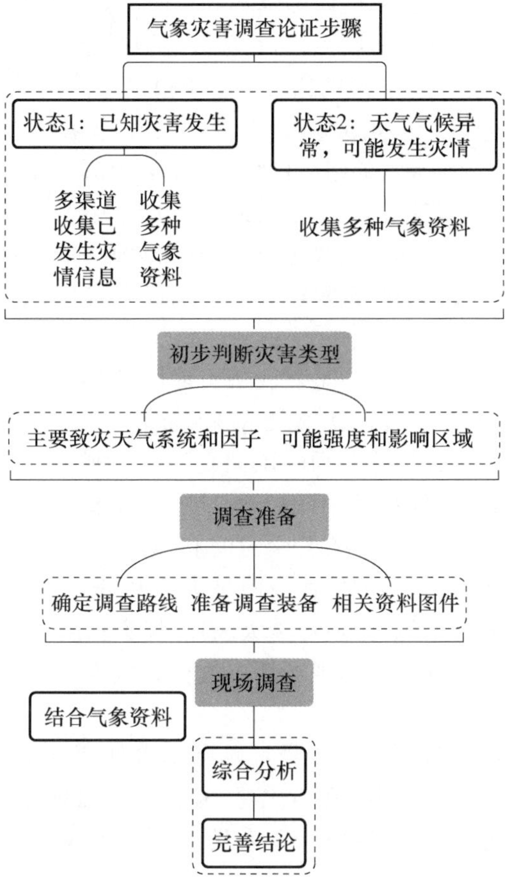

图 3.16　气象灾害调查论证步骤图

然后，利用地面自动站观测风场和雷达观测径向风场进一步综合判断明确风灾的可能强度、影响区域和可能成因，并结合灾害情况综合确定现场调查的大致区域和调查路线。

再有，准备现场调查所需装备，这些装备包括智能手机（具有无线网络通信、照相、录像、电子导航地图、指南针、GPS 定位等功能）、高清相机、GPS 定位仪（指南针）、携带多块电源和高清相机的无人机、充电宝等。目前无人机已在现场调查中发挥了重要的无可替代作用。

现场调查过程中，除了进行相机和无人机拍照或者录像、定位，确定作物、树木等的倒伏方向等重要工作外，还需要询问受灾人员、目击者、政府相关官员和其他人员，也需要了解灾害现场的监控视频、环境条件状况等，获取丰富、翔实的第一手调查资料；并根据掌握的具体情况修正调查区域和路线。

现场调查结束后，全面综合分析气象资料和现场调查资料，排除虚假或者不准确信息，给出最终调查结论。调查过程中需要注意灾害现场是否因为现场救援工作受到破坏或者部分破坏；现场中的部分灾情是否与该次灾害属于同一次天气过程所致；部分网络信息可能为虚假信息的问题。

3.4.5　气象灾害调查与论证案例

（1）强对流天气灾害调查

我国中小尺度灾害性天气多，但强对流天气强度强，更易于致灾，且多次导致重大灾害。强对流天气指的是雷暴大风、冰雹、龙卷、短时强降水等天气，具有时空尺度小、突发性和局地性强、发展快、生命史短、强度强、易于致灾等特点；是目前天气预报业务的主要难点之一。强对流天气的定义尚无普适的科学标准。我国中央气象台业务预报定义的强对流天气指的是直径≥5 mm的冰雹、或者龙卷、或者风速≥17 m/s(或 8 级)的雷暴大风、或者小时雨量≥20 mm 的短时强降水等任意一种天气或者其中几种天气的组合(郑永光 等,2015)。综合我国和美国强对流天气的定义以及我国的强对流天气气候特征，我国重大强对流天气一般指的是直径≥20 mm 的冰雹、或者 EF2 级(阵风可达 50 m/s 以上)及以上级别龙卷、或者风速≥25 m/s(或 10 级)的雷暴大风、或者小时雨量≥50 mm 的短时强降水等任意一种天气或者其中几种天气的组合(郑永光 等,2017)。

由于强对流天气时空尺度小，因此，虽然我国目前已经布设完成了较为完备的业务新一代多普勒天气雷达监测网、稠密的区域自动气象站网和静止气象卫星观测体系，但依然难以全面监测强对流天气。现场天气调查是分析和确认无直接气象观测的小尺度强降水、冰雹或者灾害性大风天气精细分布的最重要的直接手段。通过走访当事人、拍摄灾情照片和视频等，进一步确定灾害天气的成因，确定这些天气的发生时间和地点、演变、具体灾情、强度、灾害路径长度和宽度分布等。对于强降水天气，需要估计雨量大小和分布；对冰雹天气，需要估计冰雹大小和分布；对大风天气，需要判断风向，估计最大风速、风灾强度和分布等。

下面分别对三次强对流天气风灾的现场调查进行具体说明。

1)“东方之星”翻沉事件气象调查

事件概况：国务院调查组《“东方之星”号客轮翻沉事件调查报告》显示，2015 年 6 月 1 日 21 时约 32 分，重庆东方轮船公司所属“东方之星”号轮船由南京开往重庆，当航行至湖北省荆州市监利县长江大马洲水道时翻沉，造成 442 人死亡(事发时船上共有 454 人，经各方全力搜救，12 人生还)。

灾害调查与论证：气象资料分析表明，6 月 1 日 20:00—22:00 时左右，东方之星客轮翻沉事件发生江段及其附近区域出现了暴雨、雷电和大风等强对流天气；新一代天气雷达反射率因子和径向速度场分析表明这些区域存在线状对流、弓形回波、中气旋和下击暴流等特征。6 月 2—5 日和 10—14 日，中国气象局两次派出由国家气象中心(中央气象台)、湖北省气象局、北京大学和南京大学等组成的调查组赴湖北监利长江段两岸进行现场天气调查以辅助确定导致此次突发事件的天气成因。

经对气象资料、船舶有关情况的调查和船舶模拟试验，根据“东方之星”客轮信息系统领域学术专业组织(AIS)、全球定位系统、全球定位系统(GPS)轨迹资料，现场勘查记录及获救船员、旅客、事发水域附近船舶船员陈述，还原了“东方之星”号客轮的最后 12 分钟(综合分析判断法)。

21 时 18 分，“东方之星”号客轮行驶至大马洲水道 3 号红浮附近，遭遇了飑线天气系统，风向由偏南风转为西北风，风雨开始加大。

……

21 时 31 分，船舶主机熄火，迅速向右横倾。

约 21 时 32 分，“东方之星”号客轮翻沉，AIS 与 GPS 信号消失。

中国气象局调查组根据“东方之星”号客轮的翻沉位置和事件发生前后的雷达资料，对事发江段东岸(位于湖北省监利县)和西岸(位于湖南省华容县)进行了详细调查(图 3.17)，共发现 19 处主要风灾地点。调查结果表明事发周边区域的北部陆地区域灾情较南部陆地区域更为显著，这些调查点风灾为典型微下击暴流所致。现场勘查和航拍资料表明，“东方之星”客轮倾覆水域右岸树木倒伏方向主要为东南方向，朝向较为一致，瞬时极大风速可达 31 m/s 以上(图 3.18)(Meng et al.,2016)。据多位当事人和目击者回忆，遭遇大风影响后风向无明显变化，这些均符合下击暴流产生的地面直线型大风迹象。

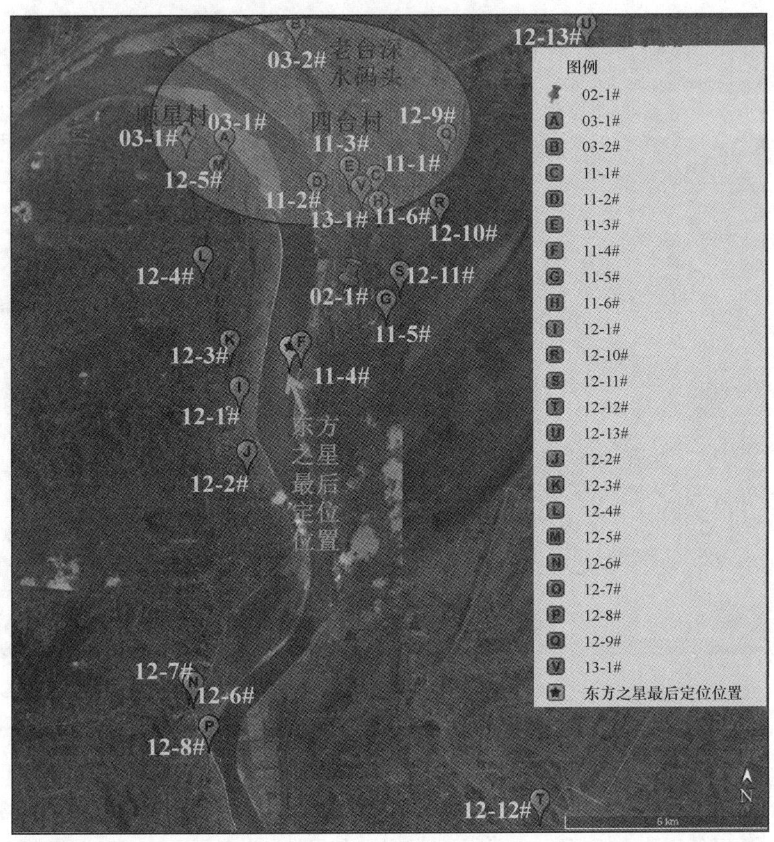

图 3.17　2015 年 6 月 1 日“东方之星”翻沉事件调查区域地貌和调查地点分布
(其中调查地点按照日期和调查时间先后编号，如 11-4＃表示 11 日第四个调查点，东方之星最后定位位置数据来自长江海事局 AIS 系统定位数据)(郑永光 等,2016a)

最终调查认定，“东方之星”号客轮翻沉事件是一起由突发罕见的强对流天气系统(飑线伴有下击暴流)产生的强风暴雨袭击导致的特别重大灾难性事件。同时客轮的抗风压倾覆能力、船长及当班大副对极端恶劣天气及其风险认知不足、在紧急状态下应对不力也是灾害发生的重要原因(许小峰,2017)。

2)2016 年江苏盐城龙卷风冰雹特大灾害

事件概况：2016 年 6 月 23 日午后到夜里，江苏省盐城市出现大风、冰雹和短时强降水等强对流天气，14:19—15:30，阜宁、射阳县部分地区分别出现龙卷风和冰雹，对两地造成严重影响，导致 99 人死亡、846 人受伤，房屋倒塌损毁严重。

灾害调查与论证：

阜宁县气象局迅速收集、整理气象资料，在 6 月 23 日 15:10(龙卷风影响结束后 10 分钟)派出两路人员到各镇区了解灾情。24—27 日，中国气象局派出由国家气象中心(中央气象台)、中国气象科学研究院、江苏省气象局、北京大学和南京大学等组成的调查组赴阜宁县进行现场天气调查以确定导致此次特大灾害的天气成因、强度和灾害分布。

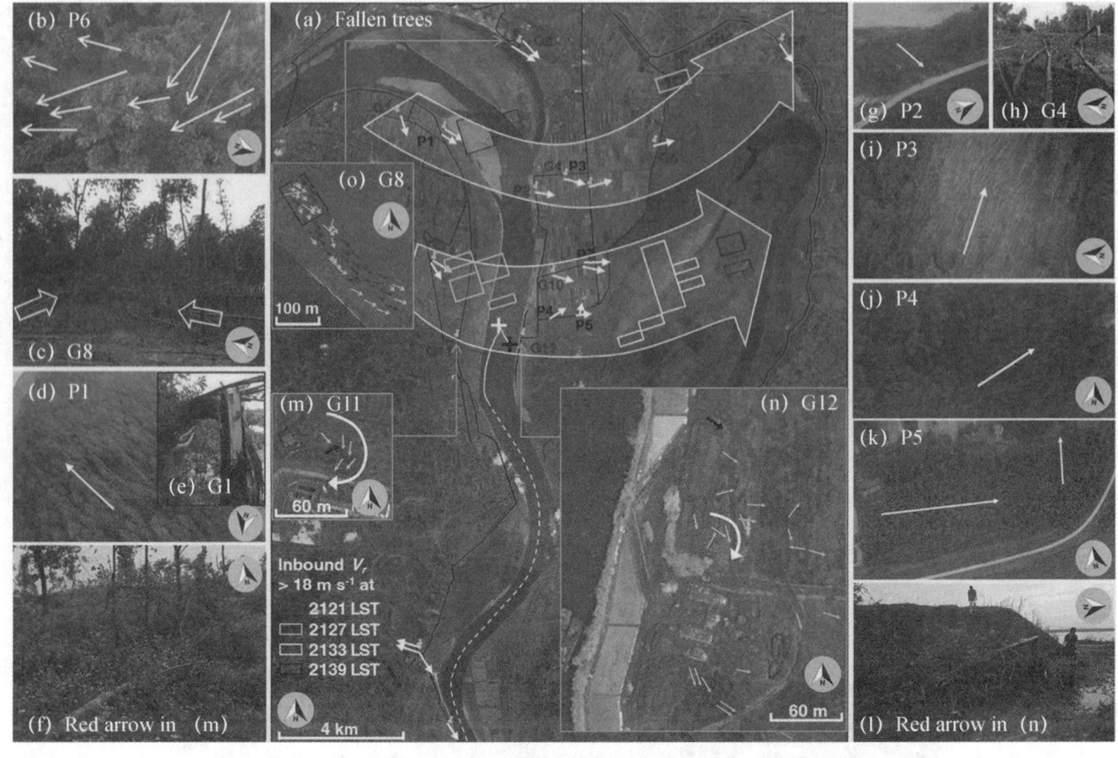

图 3.18　2015 年 6 月 1 日“东方之星”翻沉事件现场调查中获得的树木倒伏信息，包括地面人员拍照和航拍照片。(a)中分别以北京时 21:21(深灰色)、21:27(浅灰色)、21:33(白色)和 21:39(黑色)表示 0.5°仰角朝向岳阳雷达的径向速度不小于 18 m/s 的区域，总体上看倒树(白色细箭头)和朝向岳阳雷达的径向速度。两个主要的风带用大的白色箭头表示。P1—P7 表示航拍区域的位置。现场调查的路线(黑线)和地点(浅灰色别针，用字母和数字标记)。G1—G15 为地面人员调查点。黑色(白色)十字表示东方之星的翻沉位置(最北端位置)。图中基于实时 AIS 记录也给出了该船最后 21 分钟(白色实线)的航行轨迹。G11、G12 和 G8 处的向下(浅灰色箭头)或弯曲(深灰色箭头)树的详细分布如(m—o)所示。(m,n)中的白色箭头表示倒下树木指示的弯曲风模式。(b)—(l)为多个调查地点的照片，如其各自的标题所示。其中(b)，(d)，(g)，(i)—(k)是由无人机拍照获得，而(c)，(e)，(f)，(h)，(l)中的照片是由地面人员拍摄的。(b)中的图片覆盖了(o)中黑色框表示的区域。(m,n)中的黑色箭头所表示的倒树的图片分别为(f,l)。每幅图形中灰色阴影圆圈中的箭头表示方向为北(Meng et al.,2016)。

利用自动站和雷达资料的综合监测显示，23 日 14—15 时，中气旋主要影响阜宁县新沟镇及其以南的东西向狭窄区域(图 3.19a)，该区域共计有 5 个自动站的瞬时风速超过 8 级，大风范围非常小，仅出现在阜宁县西南部长 25 km、宽 10 km 的范围内，自动站监测到的瞬时极大风速 34.6 m/s(风力 12 级)位于新沟镇(出现时间为 14:29，距离核心灾区 6 km)，是自阜宁县 1959 年有观测记录以来观测到的最大风速(许小峰，2017)。

现场调查过程中(郑永光 等，2016b)，在阜宁县吴滩中心小学发现了该学校教师用手机拍摄的漏斗云视频(图 3.19b)，视频中可以清晰地看到旋转的漏斗云和正在空中旋转的被卷到空中的地面物体碎片。结合该视频和雷达径向速度的中气旋和 TVS 结构(张小玲 等，2016)，确定本次灾害由超级单体龙卷造成。

现场调查结果表明，阜宁龙卷灾害区域（图 3.19a）东西方向长度超过 30 km，最大宽度约 4 km，最窄约 500 m。阜宁受灾区域大部为农村，受灾房屋多为砖木结构（屋墙为砖砌、屋顶为木材所制梁和檩），少部分受灾房屋为水泥砖砌和混凝土预制楼板结构；受灾树木多为杨树。

阜宁灾区部分二层房屋的顶层完全损毁（图 3.19c），其为水泥砖砌和混凝土预制楼板结构，墙体中并使用了较细的钢筋加固，外墙体加贴了瓷砖，这种结构类似美国的二层 Townhouse（EF 等级中的 DI 5）；这种阜宁的房屋也有点类似美国的初中或者高中学校的二层教学楼结构（EF 等级中的 DI 16），但房屋长度比 DI 16 小得多。因此根据 EF 等级，这些灾害可估计为 EF4 级灾害，对应于我国龙卷强度等级的四级。在灾害现场发现的被龙卷抛出了 400～500 m 左右重约 1～2 t 的空集装箱，具有明显的扭转痕迹，这为 F4（甚至 F5 级）级灾害，但不能用来估计 EF 级别。

因此，综合分析判断 2016 年江苏阜宁龙卷风为我国龙卷等级的四级（相当于美国的 EF4 级），风速范围为 74～89 m/s，灾情描述为毁灭性破坏。

(a)

(b)

(c)

图 3.19　阜宁龙卷灾害路径（a）、阜宁县吴滩中心小学教师手机拍摄的龙卷漏斗云视频截图（图中箭头表示龙卷旋转方向）（b）、立新村受灾二层房屋（c）（郑永光 等，2016b）

3)2019 年辽宁开原龙卷

事件概况:2019 年 7 月 3 日 17—18 时,辽宁省开原市出现了龙卷风、冰雹、短时强降水等强对流天气。该次龙卷造成 7 人死亡、190 余人受伤、9900 余人受灾,导致严重经济损失。

灾害调查与论证:龙卷发生后,国家气象中心(中央气象台)立即派出专家会同中国气象科学研究院、辽宁省气象局相关部门、南京大学和佛山龙卷预警中心人员共同进行了现场调查。

多个龙卷视频资料、沈阳新一代天气雷达和 FY-4A 卫星可见光图像综合表明此次龙卷为一个孤立的超级单体龙卷(郑永光 等,2020)。

综合灾情现场、监控视频、停电信息等分析,龙卷路径全程(图 3.20a)长约 14 km,历时约30 min,最强达四级(EF4 级)强度(图 3.20c)(张涛 等,2020)。开原龙卷漏斗云 17:15 左右在开原市金钩子镇金英村北约 1 km 处开始形成(图 3.20a)、17:17 接地(图 3.20b);17:16—17:18,以 EF2 级强度自北向南方向穿过金英村、农田和高速公路;17:23 左右,以 EF3 级进入并纵贯开原工业区北园,17:33 进入工业园南区,在工业园南区中部达到我国龙卷最强等级的四级(相当于美国的 EF4 级)强度,最后于 17:47 左右在瓜台子村南 1.8 km 附近区域消散(图 3.20a)。

分析工业园南区中部食堂灾前的顶视和平视照片以及灾后受损情况,可知:食堂为钢筋混凝土框架结构的二层小楼,分为中心内部和外围两部分,龙卷风自北向南穿过主体正中,整个食堂大部被夷为平地;食堂框架由钢筋水泥的柱体和梁体构成,大部折断倒塌(图 3.20c);因此,该处龙卷强度确定为四级(EF4 级)。

综合分析判断 2019 年辽宁龙卷风为四级(EF4 级),风速范围为 74～89 m/s,灾情描述为毁灭性破坏。但需要指出的是,该次龙卷最强灾害影响范围非常小,显著小于 2016 年江苏阜宁四级(EF4 级)龙卷(张涛 等,2020)。

(2)暴雨洪涝灾害调查

本节给出的两个个例,分别是已经发生的洪涝灾害的影响调查和为提高山洪灾害预警服务能力进行的针对山洪致灾临界雨量的准确性和监测预警服务效果的检验调查。

1)2016 年 7 月 19—20 日湖北省汉北河流域暴雨洪涝灾害

这是一次已经发生的暴雨洪涝灾害的现场调查。

事件概况:据湖北省民政部门消息,截至 2016 年 7 月 19 日 24 时统计,荆门地区出现洪涝和渍涝灾害,流域中游(天门地区)严重渍涝。荆门市 435949 人受灾,直接经济损失 72039.65 万元。灾害调查目的是了解洪涝灾害的起始时间、淹没面积、水深和灾害影响;验证淹没模拟方法的准确性。

灾害调查与论证:气象资料显示,2016 年 7 月 19—20 日汉北河流域出现强降水,强降水中心位于该流域上游(荆门地区),大部自动站累计雨量在 200 mm 以上,最大出现在沙洋马良 880 mm。

灾害发生后,湖北省气象局立即组织人员赴荆门市部分乡镇进行了现场调查。首先基于气象灾情采集 App 传回 65 个灾情点位图片(图 3.21)。并于 7 月 21 日使用无人机对荆门市沙洋县高德镇黄荡湖洪涝情况进行航拍(图 3.22)。同时收集了大量农业、水利、电力等部门的受灾情况,如受淹变电站的灾情资料,具体信息包括变电站的位置及最大淹水深度。

(a)

(b)

(c)

图 3.20　2019 年 7 月 3 日开原龙卷路径和强度(a)、头寨子村监控视频拍摄的初始龙卷(b)、开原工业园南区钢筋混凝土框架结构食堂几乎被夷为平地(c)(张涛 等，2020)

图 3.21　沙洋县马良镇大片水稻受灾(暴雨洪涝灾情采集系统)

图 3.22　2016 年 7 月 21 日荆门沙洋县高阳镇黄荡湖无人机航拍图片

气象灾害论证采用综合分析法,先是利用模型对淹没水深和范围进行模拟,提取不同淹没深度的面积。结合现场调查资料、航拍图片中的淹没范围采集以及主要农作物信息等其他资料,对作物受灾面积和灾害损失情况进行了综合分析论证。

对 App 采集的 65 个灾害点,通过筛选甄别后,剔除重合灾情点位,最终挑选出 48 个调查点。使用 GIS 工具,将采集的 48 个灾情点位与模拟水深叠加分析,计算其灾情匹配率达到 85%。

对无人机航拍的图片,通过分析水体等地物的光谱特性,结合地面地理信息分析显示,航拍区域内东南部与西北部洪涝淹没严重,与模拟的淹没区域对比可见,淹没区域与实际淹没区域较为吻合(图 3.23)。

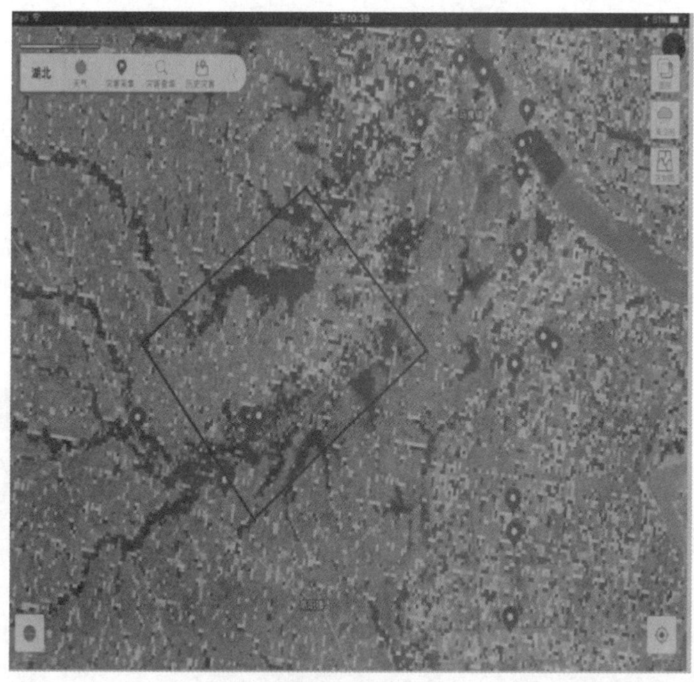

图 3.23　2016 年 7 月 19—20 日荆门沙洋县高阳镇、马良镇淹没水深叠加实际调查点分布图
(深灰色为淹没水深,气球状点为灾情调查系统 App 传回的灾情点,
黑色方框区域为黄荡湖附近区域)

利用收集的 4 个受淹变电站的灾情信息,通过对变电站灾情点位及水深两个要素的实际值与模拟值对比分析,从而进行模拟精度检验。

通过多种调查资料对模拟结果的检验,最终可以分析出随着降水量的不断加大,洪涝灾害最先在沙洋县引发局地性洪涝灾害;天门市受上游来水及长江和汉江水位顶托的共同影响,发生严重的持续性渍涝灾害的发生、发展过程。最终利用卫星遥感监测及暴雨洪涝淹没模型,对洪涝面积和中稻灾损进行模拟评估,荆门市农田受灾面积为约 4.031 万 hm^2,略小于民政厅上报的荆门市农作物受灾面积,可能原因是荆门市的遥感影像部分地区受云覆盖影响。

2)台风“莫兰蒂”(201614)诱发马洋溪山洪预警服务调查

事件概况:2016 年第 14 号台风“莫兰蒂”(Meranti)于 9 月 10 日 14 时在西北太平洋洋面上生成,12 日 11 时加强为超强台风,15 日 03 时 05 分在厦门翔安沿海登陆,登陆时中心附近最大风力 15 级(48 m/s,强台风级),中心最低气压 945 hPa,由南至北横穿福建后于 15 日夜间进入江西境内。9 月 15 日 04—06 时,台风中心经过长泰县东北部。根据长泰县马洋溪山洪致灾临界雨量的对比分析应用,认为马洋溪流域内可能出现严重山洪,提前 3 小时预警了高等级山洪灾害发生。长泰县气象局根据滚动预警结果,及时向当地县委、县政府、防汛办等相关决策部门报呈《重要天气预警报告》,启动最高级别的台风防御措施。

灾害调查与论证:马洋溪上游红岩水库,14 日水位为 277.2 m(台风暴雨发生前),15 日 05:30 水位为 288.4 m,超过溢洪道底部高程,06 时水位达最高(290.4 m),08 时水位回落至

289.8 m,水库自然溢洪,至21日水库水位恢复正常。流域沿线有4个村落:上游山重村,中游后坊村和旺亭村,下游十里村。流域洪水发生在15日凌晨03—06时,最深淹没出现的时间大约在04时左右,退水时间中上游05—06时,下游10时左右,1~2个小时洪水全部退完,是典型的暴涨暴落山洪。

上游区域,凶猛的山洪冲刷地表,树木倒伏,堵塞涵洞,导致道路崩塌,山重境外公路大桥河岸洪水高度超过2.3 m,淹没河道两岸大约50 m范围。中游区域(后坊)洪水挟带大量的树木杂草,堵塞马厝桥洞,河道水深8.7 m,洪水漫桥0.65 m,沿岸的2个桥墩被掏空,是1968年建桥48年来最大洪水(图3.24左),淹没和冲毁大片农业设施,生态果园变成一片乱石滩。下游十里村洪水威力更大,桥梁护栏齐刷刷冲倒或冲毁消失(图3.24中),龙凤谷景区、厦广漂流公司全部泡在超过2 m深的水中(图3.24右)。

图3.24 后坊村马厝自然村河道(左),冲毁的龙凤谷大桥(中),厦广漂流公司服务中心(右)

降水过程结束后,采用实况雨量,检验预警点山洪等级和各级山洪报警时间;按照实况雨量,利用水动力模型对“莫兰蒂”诱发的马洋溪山洪进行了反演,提取了流域内重要隐患点、敏感点的淹没时间、最大淹没范围和最深淹没深度,对致灾临界阈值和淹没情况进行了检验。结果显示:15日05—08时4小时累计面雨量接近或超过1级山洪临界阈值(109.3 mm),预计山洪淹没预警点水深超过1.8 m,实地测量预警点淹没水深大约3 m,属于1级山洪,说明临界雨量预示的山洪等级和预警点最大淹没水深正确。据村民描述的预警点处洪水实况是“3时多涨水,很快淹没沿岸,5时水位最高”。从实况监测结果看,阈值提示的是4时尚未淹没,比描述的落后1~2小时。分析认为主要预警中对雨型的分布考虑不够。

最大淹没深度和范围检验,显示马厝桥、后坊桥和龙凤谷模拟淹没范围与测得的洪水淹没边界(马厝桥淹没宽度大约40 m,后坊村桥淹没宽度大约250 m,龙凤谷淹没近70 m)结果相近(图3.25)。

各个村落模拟和考察对比可以看出淹没时间存在差异,在下游表现特别显著。究其原因,除了面雨量预报与实况有差异外,许多实际致灾情况也不容忽视,如:因台风大风造成树木折损严重,增加河道阻塞物,导致洪水淹没时间和深度都有改变,影响洪水进程;旅游开发也会导致河道阻水、增加流域洪水灾害风险隐患等。因此,在山洪淹没和风险预警分析的同时,还需考虑实际情况,才能更准确地、有效地为基于灾害影响的山洪早期监测、预警提供科技支撑和有效地防灾防御依据。

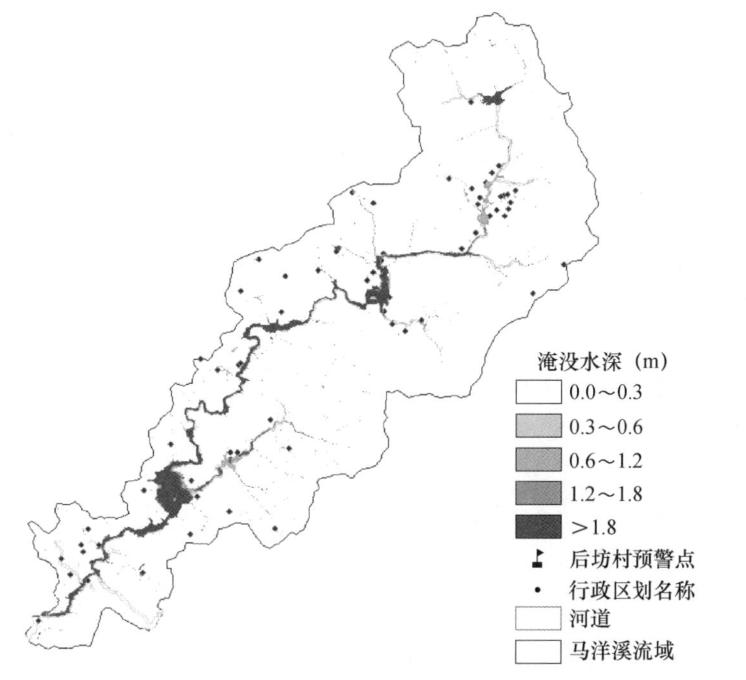

图3.25　台风"莫兰蒂"暴雨期间马洋溪山洪最深淹没图(Zhang et al.,2018)

3.5　气象灾害风险区划

3.5.1　气象灾害风险区划的必要性及原理

在气候变化背景下,世界各地极端气象灾害呈增多趋强,由极端气象事件引发的气象灾害及其衍生灾害所造成的损失也在不断增加,面临的灾害风险也不断加大。为了减轻灾害造成的损失,人类开展了大量的工程和非工程减灾行动。盲目的减灾行动必然导致人力、物力和财力等的大量浪费,有悖于减灾的初衷。只有对灾害的孕育、发生、发展、可能造成的影响有科学的认识,才能避免行动的盲目性。防灾减灾的重要环节是全面认识和恰当评价自然灾害给人类社会造成的风险,国内外大量的减灾实践表明,防灾减灾三大体系——监测预报体系、防御体系和紧急救援体系在时间域与空间域上的优化配置和有序建设,需要以正确的灾害风险区划分析成果为基本依据。气象灾害风险区划必须回答如下两个问题:一是哪些地区是气象灾害高风险区,不适合建居民点、开发区和工程;二是如果确有必要建或人类社会已经处于气象灾害高风险区内又难以搬迁,应当采取什么工程性措施预防风险的发生,并为防灾工程的设计标准提供科学依据,以防御灾害风险的发生。

气象灾害是致灾因子作用于承灾体的结果,气象灾害风险区划是致灾因子对承灾体产生不利影响可能性的空间区域划分。它表示某地区若干年内可能达到的气象灾害风险程度,即可能发生某等级气象灾害的概率或超越某一概率的气象灾害最大等级。

由于经济社会发展的非平稳性,各种承灾体的历史变化过程都不是平稳的,因此很难求出各种承灾体暴露度、脆弱性的概率。理论上只能求致灾危险性的概率,即致灾临界条件的概率或超越某一概率的致灾临界条件的最大等级。

设 X 为气象致灾因子指标，T 年内关于 X 的超越概率分布定义如下：

$$X=\{x_1, x_2, \cdots, x_n\} \tag{3.11}$$

设超越 x_i的概率 $P(x \geqslant x_i)$为 p_i，$i=1,2,\cdots,n$，则概率分布

$$P=\{p_1, p_2, \cdots, p_n\} \tag{3.12}$$

称为气象灾害风险概率分布。因此，气象灾害风险区划无论是科学性还是实用性只能是致灾临界气象条件概率的地理分布或超越某一概率的致灾临界气象条件最大等级的地理分布及其可能发生的风险。

气象灾害损失不仅与致灾因子的强度有关，而且与承灾体的易损性有关，即承灾体的物理暴露和脆弱性也影响着气象灾害损失的程度。与此同时，人类防灾减灾能力的提升也在一定程度上减少了灾害损失。因此，在 T 年一遇的气象灾害 $H(T)$ 中，第 i 类承灾体的风险 $(R_{d,i})$为：

$$R_{d,i}=\{E_{d,i} \cdot V_{d,i} \cdot [a_i+(1-a_i)(1-C_{d,i})]\}|_{H(T)} \tag{3.13}$$

式中，$E_{d,i}$为第 i 种承灾体暴露在 $H(T)$中的数量和价值量；$V_{d,i}$是第 i 种承灾体的脆弱性；$C_{d,i}$为人类社会对第 i 种承灾体的防灾减灾能力；a_i为第 i 种承灾体不可防御的灾害。

3.5.2　气象灾害风险区划内容与流程

根据气象灾害风险区划原理，风险区划主要包含如下内容。

(1)确定致灾临界气象条件。致灾临界气象条件应根据不同灾害致灾机制特点选择不同方案。以暴雨洪涝灾害为例，降水并不直接导致灾害，而是转变为地表径流后才会产生一系列影响，这就有必要采用物理模型或者统计手段等方法建立二者的纽带，从而求算致灾临界雨量。另外一种方案是以历史灾损的大小来反映不同强度的致灾因子作用于承灾体的影响程度，基于灾损信息建立致灾因子强度与承灾体脆弱性之间关系，从而得到致灾临界气象条件指标。由于灾害的发生不仅与致灾因子有关，还依赖于人类社会所处的自然地理环境条件以及防灾设施的能力，因此，在自然地质地理条件发生变化以及兴建防灾工程后，必须重新研究致灾临界气象条件。

(2)确定致灾临界气象条件的概率分布。根据历史资料序列，选取最适合的概率密度函数，研究得到致灾临界气象条件的概率分布特征。为了使得样本符合平稳的马尔科夫随机过程，样本数应在 30 个及以上。

(3)评估致灾危险性的地理分布。采用科学的物理内插方法，分析研究区域内每年每个格点致灾临界气象条件的数值，得到每个格点致灾临界气象条件数值的历史序列，根据概率密度函数计算每个格点不同等级致灾临界气象条件的出现概率或超越某概率的致灾临界气象条件最大数值，在此基础上分析空间地理分布。

(4)绘制气象灾害风险区划图谱。收集主要承灾体的物理暴露数据(暴露于气象灾害之中的承灾体的数量和价值量)，研究脆弱性曲线，评估每种承灾体在不同超越概率致灾临界气象条件最大数值下的物理暴露(数量和价值量)和可能的损失，编制风险图谱。承灾体的物理暴露或脆弱性发生变化后，应当重新评估每种承灾体的风险。

(5)提出防御措施。指出灾害高风险区，以及可能会对居民点、工程建设等敏感和重要承灾体有什么不利影响，在未来规划开发建设应引起注意；如果确有必要建或者承灾体已经存在，应当给出防御工程的建设标准等针对性建议，规避风险。

风险区划的流程如图 3.26 所示。

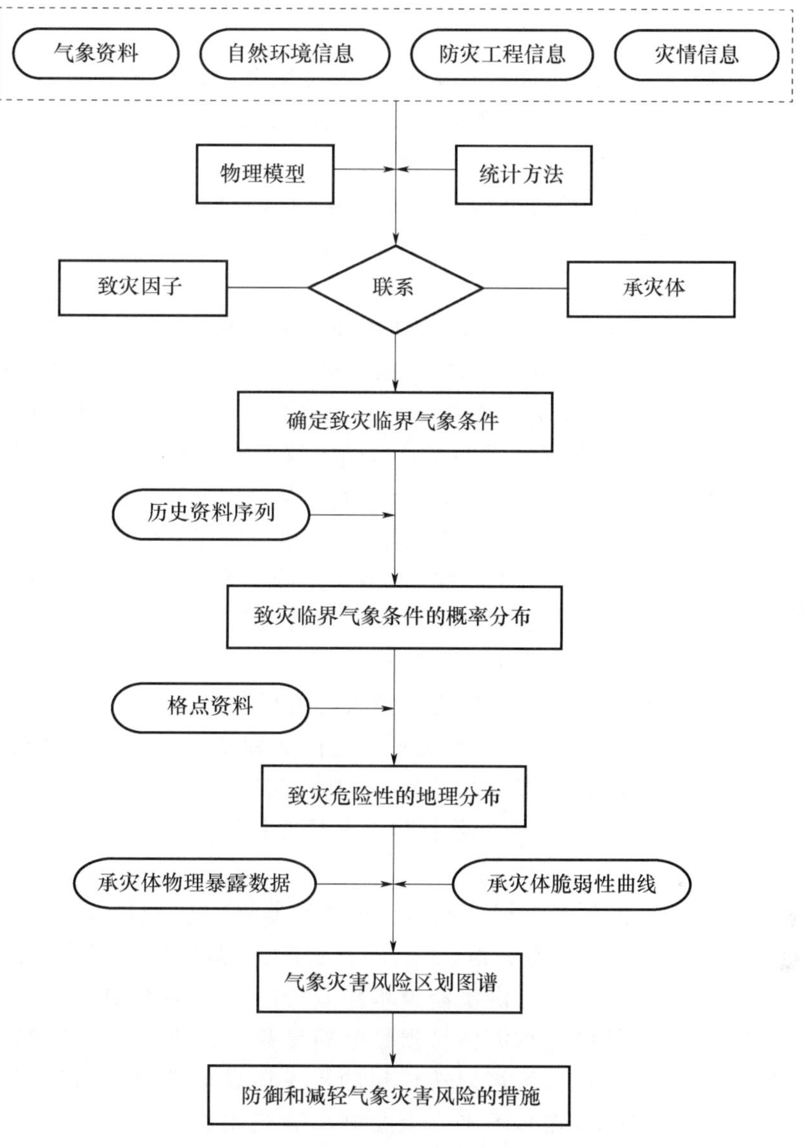

图 3.26　气象灾害风险区划流程示意图

3.5.3　气象灾害风险区划成果个例

前人对气象灾害风险区划进行过各种探索，但大多停留在研究层面。2008 年，中国气象局遴选安徽、湖北、辽宁、上海等省(市)气象局作为试点，在国家气候中心的牵头下启动气象灾害风险区划业务试点建设，具有开创性意义。2012 年起中国气象局启动暴雨诱发的中小河流洪水、山洪、城市内涝和地质灾害气象风险预警服务业务，气象灾害风险区划工作得到快速发展。目前，国家级和省级暴雨洪涝、干旱、台风灾害风险区划业已完成，很多省份还完成了霜冻、高温、冰雹、雷电、雪灾等灾害风险区划，部分省份开展了精细到乡镇的灾害风险区划，最终形成了多灾种、分层级、不同重现期的气象灾害风险区划图谱。下面给出几种有代表性的灾害风险区划案例。

(1)暴雨洪涝灾害风险区划方法与个例

区划方法：

我国中小河流域众多，暴雨洪涝灾害频繁，对人民生命财产的威胁日显突出，因而开展中小河流域暴雨洪涝灾害风险区划意义重大(黄崇福，2012)。暴雨洪涝灾害风险区划是研究可能发生的暴雨洪涝的概率或超越某一概率的洪涝灾害最大等级的空间分布，并阐述不同超越概率(或不同重现期)下暴雨洪涝灾害的风险(章国材，2014)，区划方法及流程主要包括：面雨量计算、致灾临界面雨量确定、洪涝淹没模拟、灾害风险区划等(谢五三 等，2017)。

由于降水的时空分布不均匀性，如何准确估算面雨量是开展流域暴雨洪涝灾害风险区划的基础。采用反距离权重、克里金等方法，同时根据降水空间分布特点，考虑海拔高度、地形起伏度等地形因子，构建空间插值模型并精确计算出流域面雨量。致灾临界面雨量是基于水文气象耦合技术来求算，通过雨-洪-灾三者的关系来确定致灾临界气象条件；根据研究区域的特点及所掌握的资料情况，致灾临界面雨量确定方法流程及应用策略包括：统计分析法和模型模拟法。统计分析法主要适用于有部分资料的流域，采用该方法建立面雨量与水位的定量关系，并根据防洪标准等条件确定致灾临界面雨量；模型模拟法主要根据暴雨洪涝灾害事件的动力学过程，以水文水动力模型来模拟灾害发生过程，并通过流量水位关系、防洪设施标准以及淹没水位影响等来识别判断致灾临界条件(卢燕宇 等，2016；周月华 等，2015)。对于暴雨洪涝灾害而言，降水并不直接导致灾害，而是转变为地表径流后才会产生一系列影响，洪涝灾害的危害与洪水的淹没范围和水深直接相关，确定灾害范围和程度可通过模拟洪水演进及其水文特征来实现。由于水动力模型(例如 FloodArea)能够实现洪水演进的动态模拟(Geomer，2003)，可以比较准确地反映淹没范围、淹没深度及其历时特征，因而采用水动力模型进行洪涝淹没模拟。

收集整理流域内各类承灾体数据，分析流域内各类承灾体物理暴露度(如流域人口、GDP 和土地利用等)；通过历史洪涝灾情、实地调查走访、试验模拟等多种方法，结合相关的数理统计方法及评估模型，研究不同洪水淹没水深及历时与不同类型承灾体灾损率之间的定量关系，进而得到研究区精细化承灾体易损性分析结果。根据不同重现期下洪水淹没图(包括淹没范围和淹没水深)，结合流域内精细化的承灾体易损性分析结果，分种类、分层次地进行暴雨洪涝灾害风险分析，在 GIS 平台上绘制出满足用户需求的暴雨洪涝灾害风险区划图谱。

区划个例——以安徽省东津河流域为例。

东津河流域地处安徽省皖南山区，是水阳江上游三源之一，为中小河流洪水和山洪地质灾害易发地区，以东津河流域为研究个例，所用资料主要包括流域内的气象资料、水文资料、地理信息资料、社会经济统计资料以及历史灾情资料等。

面雨量计算：根据流域精细化的数字高程模型(DEM)、水系以及水文站断面信息，采用 GIS 中的水文分析方法提取东津河流域边界，再根据流域范围内所有气象站分布及长序列历史雨量资料，采用流域最优化插值方案，计算出东津河流域面雨量资料序列。

致灾临界面雨量确定：东津河流域历史资料较为完备，因而采用模型模拟法确定致灾临界面雨量。选用 TOPMODEL 模型进行流量模拟，如果模拟流量和给定的临界流量相差较大，那么重新给定面雨量进行模拟，通过多次模拟，直到模拟与临界流量一致。利用历史洪水过程

(2007年、2009年两次典型的洪水过程),采用统计法以小时资料为步长,建立面雨量与流量和水位的关系;通过对两次洪水过程分析,水位与前16小时面雨量的相关性均超过了0.9;最终利用TOPMODEL模型得到东津河流域不同基础水位的16小时致灾临界面雨量。根据东津河流域逐小时雨量资料,计算出该流域逐小时面雨量序列,进而计算出滑动16小时累计面雨量,对照东津河流域16小时致灾临界面雨量计算结果,通过超门限值法挑选出东津河流域共56个致灾面雨量历史样本个例,采用广义极值分布函数来进行拟合优度检验,进而计算出东津河流域不同重现期的致灾面雨量如表3.12所示。

表3.12　东津河流域不同重现期的致灾面雨量(单位:mm)

重现期	5a一遇	10a一遇	15a一遇	20a一遇	30a一遇	50a一遇	100a一遇
致灾面雨量	86.3	101.8	113.5	123.2	139.4	164.9	211.4

洪涝淹没模拟:根据东津河流域致灾面雨量序列以及逐小时降水资料,计算逐小时降水概率,确定东津河流域内小时降水雨型分布。最终将计算得到的东津河流域不同重现期致灾面雨量、小时雨型分布、叠加堤坝信息的数字高程模型(DEM)、地表粗糙度(Manning系数)等数据代入FloodArea模型进行洪水淹没模拟,得到不同重现期下洪水淹没图(图3.27)。由图可见,不同重现期下淹没较深的区域均位于河道两侧地势低洼地带,查阅相关历史洪涝灾情数据并实地调查走访可知,该流域河道两侧低洼地带为暴雨洪涝灾害易发区,洪水淹没模拟结果与实况较为吻合。

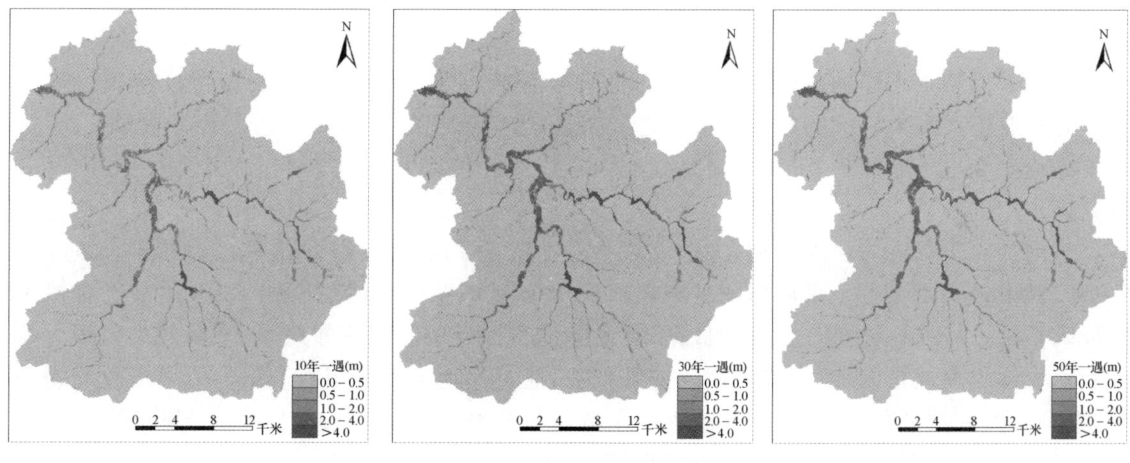

图3.27　东津河流域不同重现期下洪水淹没水深分布图(单位:m)

灾害风险区划:收集整理流域内人口、GDP以及土地利用等各类承灾体数据,建立相关的空间栅格化模型,得到东津河流域精细化承灾体易损性分析结果。将流域不同重现期下(5a,10a,15a,20a,30a,50a,100a一遇)暴雨洪涝淹没结果分别叠加栅格化的人口、GDP以及土地利用等信息,最终得到不同重现期下人口、GDP以及土地利用等灾害风险区划图谱(图3.28)。风险较高地区主要位于流域河道两侧及地势低洼地带,区划结果精度高、实用性强,且与实况较为吻合。

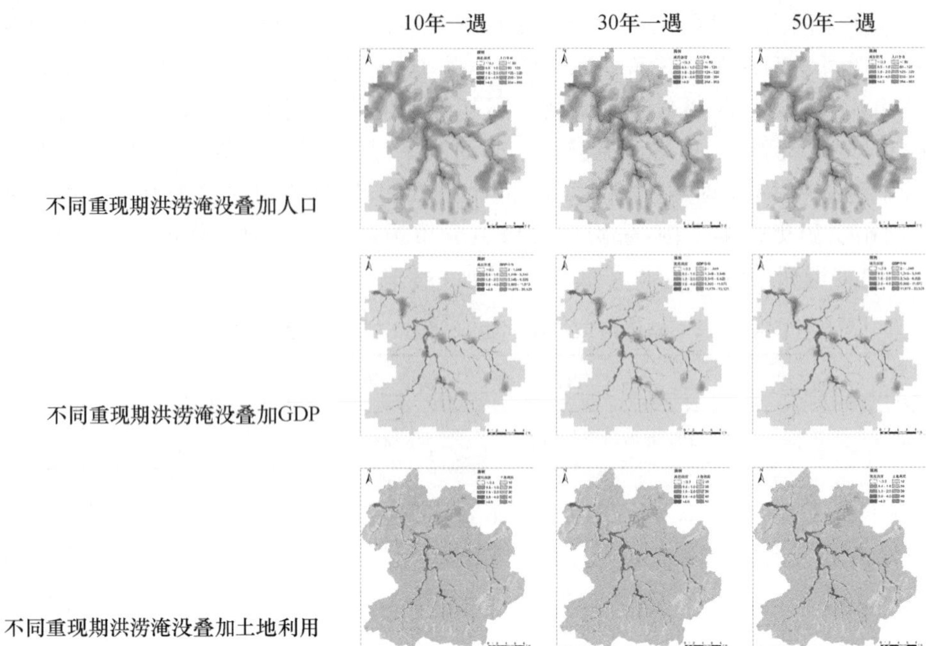

图 3.28　东津河流域不同重现期下人口(单位:人)、GDP(单位:元)以及土地利用风险区划图谱

(2)干旱灾害风险区划方法与个例

区划方法:

我国干旱特点是影响范围大、持续时间长、灾情重,它的频繁发生和长期持续给国民经济特别是农业生产带来巨大的经济损失。近年来,随着旱灾损失的加剧和认识的不断深入,干旱风险理论研究也不断深入,干旱风险是某地区一段时间内降水短缺以及该地区脆弱性和暴露度共同作用的产物。

当前针对干旱灾害风险区划,方法多种多样(张继权 等,2012;许凯 等 2013;刘义花 等,2013),其中较为常见的是采用作物减产风险评价模型来进行评估与区划,该方法基于自然灾害风险系统,以干旱持续期内单位时段旱灾风险的累加反映其累积效应,从干旱致灾因子危险性及承灾体脆弱性角度,建立旱灾风险识别指数;通过作物干旱期望减产率与干旱指数的相关性,选择相关系数最高的指标,作为致灾因子危险性指数,构建期望减产率与干旱指标的定量关系模型;在此基础上,计算超越致灾临界值(或不同干旱强度等级频次),根据作物期望减产程度划分干旱强度等级,结合承灾体的脆弱度,完成干旱灾害风险区划。

对于干旱致灾因子的识别,采用水分亏缺率(*CWDIa*)、累积湿润度指数(*Ma*)、综合气象干旱指数(*CI*)、降水距平百分率(*Pa*)以及土壤相对湿度(*Rsm*)等 5 种干旱指标,计算作物生育期历年干旱指数序列;挑选作物生育期基本无灾年(或产量最大年),对应的产量可被看作是相应年份的最大值,以此为基准点,用拉格朗日插值方法可以得到其他年份期望产量(宫德吉和陈素华,1999),进而计算出期望减产率;在此基础上,根据作物不同生育期干旱指标与其对应期望减产率序列相关程度,挑选相关程度最高、最具代表性的干旱指标,作为干旱灾害致灾因子识别指标。

利用作物期望减产率与最优干旱指标相关程度的高低,挑选出典型干旱年,分析期望减产率与干旱指标的定量关系,构建作物期望减产率与干旱指标的关系模型。对期望减产率序列从小到大排列，采用百分位数法划分减产程度，其中前 40%的分位值为轻度减产(期望减产率 10%)，前 70%的分位值为中度减产(期望减产率 40%)，前 90%的分位值为重度减产(期望减产率 70%)，根据作物减产率与干旱指标的关系模型，划分出不同等级致灾阈值，确定干旱灾害致灾临界气象条件。

干旱灾害风险是由致灾因子危险性、承灾体脆弱性及暴露度构成。承灾体脆弱性主要考虑作物不同生长期水分敏感系数，一般采用 Jensen 模型(丛振涛 等，2002)(水分生产函数模型)确定水分胁迫系数；暴露度指标以作物播种面积为基准，计算播种面积与耕地面积的比值。最终将干旱致灾因子危险性、承灾体脆弱性及物理暴露度三者耦合，构建干旱灾害风险评估模型，计算干旱灾害风险，再结合干旱不同等级致灾阈值，得到基于不同致灾阈值超越频率的干旱灾害风险区划图谱。

区划个例——以安徽省冬小麦干旱为例

干旱对安徽的影响主要体现在农业方面，尤以合肥以北地区的冬小麦为甚，是冬小麦生育期主要气象灾害。干旱灾害风险区划以安徽省冬小麦为例，从干旱致灾因子危险性及承灾体脆弱性角度，通过多种干旱指标对比，识别最优指数作为致灾因子，构建期望减产率与干旱致灾因子的定量关系模型，从而确定致灾阈值，计算致灾阈值超越频率，完成干旱灾害风险区划。

致灾因子识别：利用《安徽省气象灾害大典》《安徽省气象志》以及民政部门灾情资料，挑选出冬小麦全生育期干旱较为典型的 9 个年份，分别为 1961/1962 年、1965/1966 年、1976/1977 年、1981/1982 年、1995/1996 年、1998/1999 年、2008/2009 年及 2010/2011 年，计算上述年份冬小麦期望减产率与 5 种干旱指数的相关系数，结果表明：5 种指数中以水分亏缺率($CWDIa$)与冬小麦期望减产率相关系数最大，并且不同年份的相关系数相对稳定，能较好地反映干旱对冬小麦产量的影响，故选取 $CWDIa$ 作为致灾因子，开展冬小麦干旱灾害风险区划。

致灾临界气象条件确定：利用冬小麦期望减产率与 $CWDIa$ 相关程度的高低，挑选 1961/1962 年、1965/1966 年、1976/1977 年、1995/1996 年、2008/2009 年等 5 个冬小麦干旱代表年，分析期望减产率与 $CWDIa$ 定量关系。$CWDIa$ 干旱指数与冬小麦期望减产率呈极显著的线性关系($P=0.001$)，据此构建冬小麦期望减产率与 $CWDIa$ 关系模型，结合百分位数法得到冬小麦全生育期期望减产率对应的相应等级致灾阈值表(表 3.13)。

表 3.13　冬小麦全生育期期望减产率对应的相应等级致灾阈值

指标	灾害等级			
	轻旱	中旱	重旱	特旱
期望减产率 y_m(%)	$y_m<10$	$10\leqslant y_m<40$	$40\leqslant y_m<70$	$y_m\geqslant 70$
$CWDIa$ 指数(G_m)	$G_m<23.5$	$23.5\leqslant G_m<46.3$	$46.3\leqslant G_m<69.2$	$G_m\geqslant 69.2$

灾害风险区划：根据冬小麦全生育期期望减产率对应的相应等级致灾阈值表，计算 1961—2012 年冬麦区不同等级致灾阈值的超越频率，基于致灾阈值超越频率得到干旱灾害风险区划：轻旱以淮北东北部及江淮之间西南部出现频率较高，而沿淮一带频率较低；中旱以冬麦区中东部出现频率较高，而北部及西南部较低；重旱以淮北西部频率最高，而冬麦区南部频率较低；特旱以淮北东北部及西北部频率较高，而江淮之间西南部较低(图 3.29)。

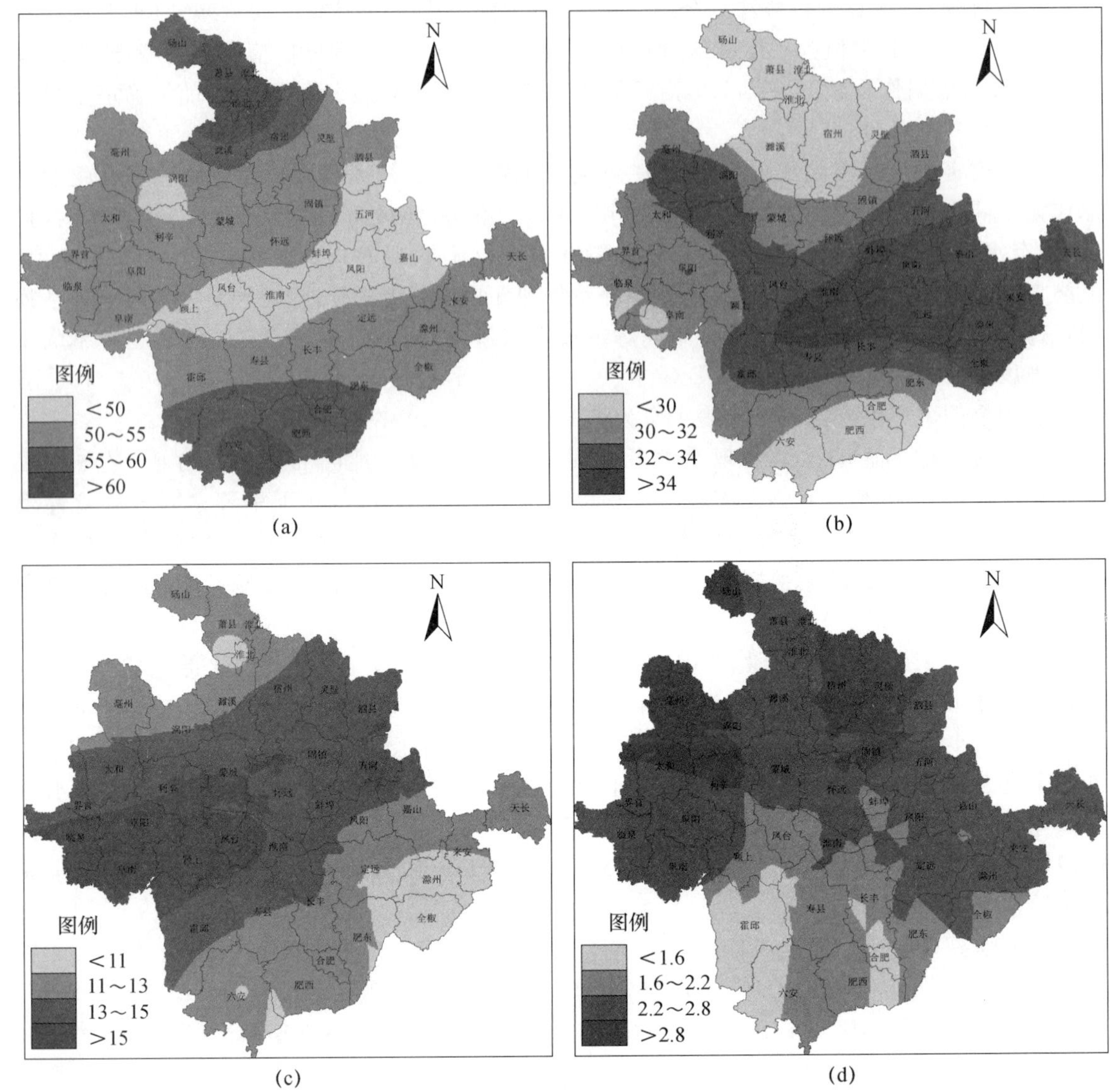

图 3.29　安徽省冬小麦干旱灾害风险区划

(a)轻旱；(b)中旱；(c)重旱；(d)特旱

(3)冰雹灾害风险区划方法与个例

区划方法：

冰雹是我国常见的一种气象灾害，多出现于春夏季，常与大风天气相伴。虽然其范围不大，但破坏力很强，常常砸毁大片农作物、果园、牲畜，损坏房屋车辆，对农业危害很大。按照自然灾害风险系统理论，风险由风险源（致灾因子）和风险承载体（承灾体）组成，灾害风险是致灾因子危险性和承灾体易损性的非线性函数（章国材，2014）。还有的学者分的更细，提出危险性可以包含孕灾环境敏感性，易损性可以包含抗灾减灾能力，因此这些作者的风险区划中考虑了上述四个方面的因素。

目前国内在冰雹灾害风险区划方面的技术思路大体相同，即综合考虑冰雹特征量、灾害损失、经济发展、孕灾环境等因素的影响来建模，利用模型计算各地风险指数，最终得到风险区划结果，但使用的资料和具体方法有所不同，主要可以归结为以下两种：

1)使用灾损资料，用冰雹特征量(频次、冰雹直径、降雹持续时间等)与灾损数据建模。一种是用统计方法直接建立风险指数模型，根据灾损划分风险等级并确定阈值，然后计算各地致灾阈值的超越频率，在 GIS 平台上给出风险区划；还有一种是将风险评估方程建立在冰雹概率、灾损及变异性的基础上，依据“风险＝概率×损失”方程来计算风险值，然后结合风险等级标准完成风险区划(杨振鑫 等，2016；刘彩红 等，2012；扈海波 等，2011)；

2)未使用灾损资料，而是从冰雹致灾因子危险性、孕灾环境敏感性、承灾体易损性、防灾减灾能力等 4 个因子方面选取各类指标，采用加权综合法计算各评价因子，再将各个因子进行加权综合，得到雹灾风险值，进而给出风险区划。如选取冰雹日数、路径、高程、下垫面、人口、耕地面积、GDP 等作为评价指标，利用 GIS 平台的空间分析功能进行各种叠加计算，最后将各类因子加权综合得到风险区划结果。也有针对单个承灾体的风险区划，如北师大曾选择安徽棉花作为承灾体，先进行孕灾环境敏感性、致灾因子危险性、承灾体脆弱性区划，通过三者叠加来确定一级和二级区划界线，然后对风险评价结果聚类，确定三级区划界线，最后完成棉花雹灾风险区划(杨茜和高阳华，2013；张永红 等，2013；李丽华 等，2010；尹圆圆 等，2013)。这类方法中，可以用各地灾损数据对区划结果进行验证。

在使用灾损数据时，应注意由于最近几十年来，物价、经济增长率等诸多因素均发生了变化，需要用当年的 GDP 对经济损失进行订正。

区划个例——以安徽省冰雹为例

数据收集与处理。由于气象站冰雹观测记录相对较少，因此首先收集整理各地气象站建站以来地面气象月报表、气象灾害年鉴、气象志、地方志及相关文献资料中的冰雹记录，包括最大冰雹直径、降雹持续时间、降雹时极大风速、历史灾情及 GDP 数据。将最大冰雹直径的定性描述转换成定量数据。以某地冰雹灾害造成的直接经济损失除以当年该地 GDP，得到灾损指数。

致灾因子识别。分别计算灾损指数与最大冰雹直径、降雹持续时间、降雹时极大风速的相关系数，选取通过显著性检验的因子作为致灾因子。本案例选出的致灾因子为最大冰雹直径和降雹持续时间。

风险评估模型构建及阈值划分。采用多元线性回归构建灾损与致灾因子的关系模型即风险评估模型，其中自变量为冰雹最大直径和降雹持续时间，因变量为风险指数。然后，对于历史记录中只有冰雹而无灾损的个例，利用评估模型估算出风险指数($\hat{I}$)，然后与已有的灾损指数(I)构成一个完整的风险指数序列。分别取 60%、80%和 95%百分位以将冰雹灾害风险划分为轻度、中度、重度和特重四个等级，并推算出各等级对应的阈值，以此作为风险区划的依据(表 3.14)。

表 3.14　安徽省冰雹灾害风险等级划分

等级	百分位数	风险指数($\hat{I}$)	风险等级
1	$P \leqslant 60\%$	$\hat{I} \leqslant 1.81$	轻度
2	$60\% < P \leqslant 80\%$	$1.81 < \hat{I} \leqslant 3.16$	中度
3	$80\% < P \leqslant 95\%$	$3.16 < \hat{I} \leqslant 4.18$	重度
4	$P > 95\%$	$\hat{I} > 4.18$	特重

冰雹灾害风险区划。基于重建的冰雹风险指数序列，统计全省各地不同风险等级 I 的出现频次，得到基于致灾阈值超越频率的风险区划。结果表明：不同等级的高风险区主要分布在安徽省沿淮淮北地区、江淮之间东部及西南部、沿江中东部地区（图 3.30）。黄山及大别山区虽然易发冰雹，但由于山区承灾体较少，故风险等级相对较低。

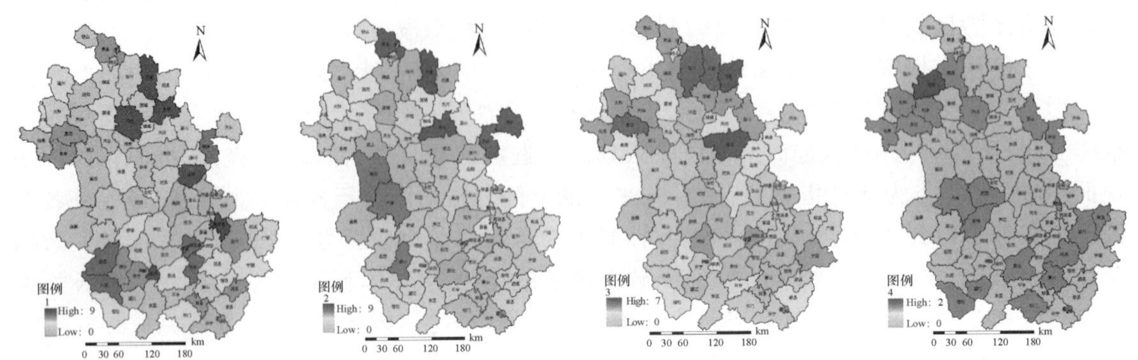

图 3.30　不同冰雹风险等级的区划结果

（从左向右：轻度、中度、重度、特重）

（4）雪灾风险区划方法与个例

区划方法：

随着全球气候不断变化，各地各类极端天气气候事件频发，其中雪灾也不例外，雪灾对畜牧业的影响较大，容易造成牲畜的死亡，由雪灾引发的畜牧业生产风险已日益成为制约社会经济发展的重要因素（李红梅 等，2012）。

国内外专家学者对牧区雪灾已开展了大量的研究工作，例如梁天刚等（2004）建立了基于格网单元的积雪危害指数模型，可综合反映积雪对草地畜牧业的危害程度；郝璐等（2003）建立了内蒙古牧区雪灾脆弱性评价指标体系及评价模型；张继权和李宁等（2007）利用 BP 神经网络模型，根据致灾因素建立了一种新的雪灾风险评估模型；周秉荣等（2006）应用灾害学的理论和观点，对造成青藏高原雪灾的致灾因子、孕灾环境和承灾体等要素综合分析，建立综合判识模型。然而，对于雪灾频发的大部分牧业区，评估所需的各类资料匮乏，在进行雪灾风险区划时所考虑的因素越多，其区划结果可能会越精确，但在实际业务服务中却存在很大的局限性，往往会因为资料不全而无法进行评估与区划，因而，利用牲畜死亡率的大小来进行雪灾风险区划，既具有一定的科学性，同时也有利于在业务服务中的应用。

致灾因子危险性指气象灾害异常程度，主要是由气象致灾因子活动规模（强度）和活动频次（频率）决定的。一般致灾因子强度越大，频次越高，气象灾害造成的破坏损失越严重，气象灾害的风险也越大。反映雪灾致灾因子危险性大小的指标很多，最为直接和最常用的是积雪深度和积雪持续时间，因而选取气象站逐日雪深和持续时间资料、过程最大积雪深度等，将某一时段≥2 cm 的积雪深度之和乘以≥2 cm 的积雪持续日数之和的乘积定义为积雪指标，并用积雪指标的多年平均值来表示某一地区的致灾危险性大小。

承灾体易损性是指可能受到灾害威胁的所有人员和财产的伤害或损失程度，如人员、牲畜等，一个地区人口、牲畜越多越集中，易损性就越高，可能遭受潜在损失也越大，灾害风险也越大。收集整理雪灾历史灾情资料，建立积雪指标和雪灾牲畜死亡率的灾情数据库，根据历年来雪灾发生时牲畜死亡率资料，计算出相应时段的积雪指标，并将积雪指标取对数，得到牲畜死亡率和积雪指标的拟合曲线，根据拟合曲线和不同等级雪灾条件下牲畜死亡率数，计算出不同雪灾等级条件下积雪指标临界值，进而确定雪灾致灾临界气象条件。

雪灾风险区划主要根据不同雪灾等级条件下积雪指标阈值，分别计算各格点发生轻灾（牲畜死亡率＜5％）、中灾（5％≤牲畜死亡率＜20％）、重灾（20％≤牲畜死亡率＜30％）和特大灾（牲畜死亡率≥30％）的频率，绘制不同雪灾等级分布的风险区划图谱。

区划个例——以青海高原雪灾为例

青海地处青藏高原，全省海拔在 3000m 以上的地区占土地总面积的 84.7％以上，境内地形复杂多样，气候条件恶劣且各地差异较大，作为我国四大草原之一，青海省是受雪灾影响最为严重的省区之一，由于自然放牧的畜牧业类型和受海拔较高、交通不便等环境因素的影响，不同程度的雪灾几乎每年都会发生。因而以青海高原为例，基于青海省 50 个气象台站逐日积雪深度资料、遥感监测积雪深度资料以及牲畜死亡率资料等，开展雪灾风险区划。

致灾因子识别：根据青海省地方灾害标准《气象灾害分级指标：DB 63/T372—2011》（青海省气象局，2011）规定，在青海地区当积雪深度超过 2 cm 且持续一段时间后，就会出现雪灾，因此，利用积雪指标来进行评估雪灾致灾因子危险性的大小。分别计算各格点 1981—2005 年平均积雪指标的大小，即青海各地致灾因子危险性的大小，结果表明，青海三江源地区和祁连山区的部分地区致灾因子危险性最高，柴达木盆地的西部和东部农业区以及环湖的部分地区致灾因子危险性较低（图 3.31）。

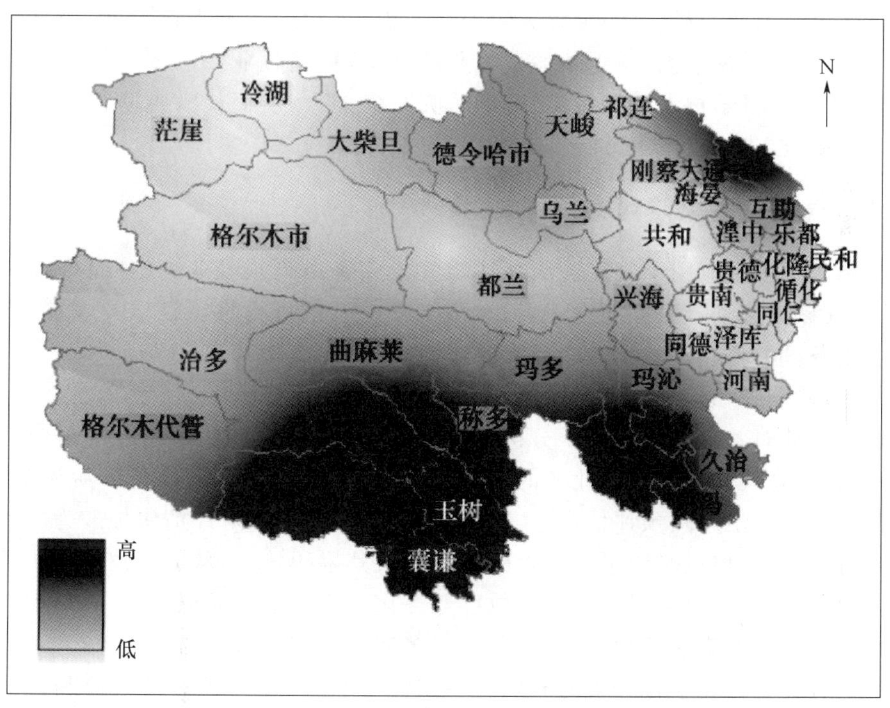

图 3.31　青海雪灾危险性分布图

致灾临界气象条件确定：为了能更好地显示牲畜死亡率和积雪指标之间的函数关系，首先将积雪指标取对数，然后和牲畜死亡率进行拟合，根据每年积雪指标的大小就可以判定牲畜死亡率的大小。根据郭晓宁等(2010)确定的青海省不同雪灾等级标准下牲畜死亡率(S)的大小,并根据牲畜死亡率和积雪指标的拟合曲线,得出不同雪灾等级下积雪指标(JX)的临界指标(表3.15)。

表3.15 不同雪灾等级标准

雪灾等级	等级	死亡率 S (%)	积雪指标 JX (cm·d)
1	轻灾	$S<5$	$JX<200$
2	中灾	$5\leqslant S<20$	$200\leqslant JX<1075$
3	重灾	$20\leqslant S<30$	$1075\leqslant JX<1758$
4	特大灾	$S\geqslant 30$	$JX\geqslant 1758$

灾害风险区划:轻灾主要发生在柴达木盆地、东部农业区的大部和环湖的部分地区,这些地区发生轻灾的频率大都在50%以上;中灾和重灾在青海发生频率均不高,都在20%以下;三江源的大部尤其是囊谦、玉树和称多一带是特大雪灾的高发区,发生频率均在50%以上。总体来看,青海地区以发生轻度雪灾和特大雪灾为主,轻灾主要发生在降水量较少和牲畜存栏数较少的地区,而特大雪灾主要发生在以畜牧业为主的青南牧区,这些地区海拔较高,气候条件恶劣,发生雪灾时容易造成较大面积的牲畜死亡。

在全球变暖的气候背景下,青海省极端天气气候事件频繁发生,尤其是雪灾给人们造成的影响越来越严重。因此,应提高防御雪灾的理性认识,自觉约束不当行为,保护草原环境系统功能平衡,通过强化雪灾意识,树立效益畜牧业的观念,提高牧业商品率和加强草原建设以缓解畜草矛盾,并依靠科学技术抗御雪灾、提高防灾减灾能力,从而使雪灾防御工作由被动防御转变为主动防御,逐步从根本上减轻雪灾影响。

3.5.4 气象灾害风险区划成果应用

风险区划成果广泛应用于气候监测评估与气象灾害风险预警业务、各级气象灾害防御规划编制、基层气象灾害预警服务能力建设、大型工程的气候可行性论证以及农业、交通、电力、旅游等专业服务,取得显著的社会效益和经济效益。

(1)为气候监测评估与气象灾害风险预警业务提供指标方法

区划过程中针对各灾种致灾因子分析,形成的指标体系及评估模型已用于极端天气气候事件监测评估,提高气候监测评估业务的定量化水平。如:经率定的暴雨洪涝淹没模型,已用于安徽省实时暴雨洪涝风险预评估业务,制作业务产品《灾害风险评估快报》,为决策服务提供参考;以干旱持续期内单位时段旱灾风险的累加反映其累积效应,从干旱致灾因子危险性及承灾体脆弱性角度,建立的旱灾风险识别指数已业务化应用于干旱监测评估;冰雹灾损评估模型和风雹指数应用于气候影响评价业务中,制作了多期冰雹灾害风险评估业务产品;雪灾风险评估方法和区划分类指标比较符合青海省实际雪灾分布特征,用于该省雪灾监测评估业务。此外,区划过程中针对各灾种致灾临界气象条件分析,形成的各灾种致灾临界阈值库已用于气象灾害风险预警实时业务中,为预警发布提供参考依据。

(2)为气象灾害防御规划编制、基层气象灾害预警服务能力建设等提供技术支撑

气象灾害风险区划图谱在安徽、湖北、河南等全国多个省份的气象灾害防御规划中得到广

泛应用，为气象灾害防御规划编制提供必要的技术支撑；精细化的风险区划成果应用于中国气象局重点工作“基层气象灾害预警服务能力建设”，为市县气象部门科学指挥和精准调度气象灾害防御工作提供“作战图”，有效提高基层气象防灾减灾能力。此外，区划成果应用于气象为农服务体系建设工作，根据各灾种风险区划图谱，指导各地农业产业布局合理调整，优化农业种植结构，并提出农业防灾减灾对策等。如依据作物初霜冻风险区划结果，在危害较重的地区，选用耐寒和早熟品种，合理调整播种期，加强田间管理，确保作物在霜冻来前充分成熟，避免和减轻灾害损失；根据水稻和冬小麦种植适宜性区划及风险区划结果，对水稻和冬小麦的种植区进行合理调整，提高水稻和冬小麦的产量。

(3)为大型工程气候可行性论证及交通、电力、旅游等专业服务提供科学参考

气象灾害风险区划的目的是为了防灾减灾，区划成果可为大型工程的气候可行性论证以及交通、电力、保险、旅游等专业服务提供科学参考。如安徽省台风灾害风险区划用于多个核电厂选址，高温、雷电灾害风险区划用于化工、电厂等大型企业建设气候论证，冰雹、低温覆冰灾害风险区划用于风电场规划选址及建设，暴雨山洪风险区划用于黄山风景区旅游气象服务。江苏、安徽、上海等省(市)大雾灾害风险区划为交通运输行业提供技术服务；鄂西南架空输电线覆冰风险区划用于鄂西南地区电力行业输电线路的走向设计；天津、广东等沿海城市风暴潮风险区划以及城市内涝风险区划为海绵城市建设提供科学参考。

3.6　气象灾害风险转移

3.6.1　气象灾害风险转移概况

气象灾害风险，是指由天气、气候原因引起或造成不利或有害的可能性后果，特别是气象高相关行业，天气、气候原因对这些行业存在不利或有害的可能性很高。

气象灾害风险转移，就是指风险人通过合同或非合同的方式将气象灾害可能发生的损失风险，转嫁给另一个人或主体的一种风险承担。风险人是指气象灾害发生时，可能直接或间接造成损失或发生不幸事件的人；通过转移风险合同的方式是指按照合同法进行约定方式，明确风险人与风险转移承担人责任与义务关系，以实现风险转移；通过非合同的方式就是通过合同以外的其他交易形式实现风险转移。另一个人或主体是实际的风险转移承担人，可以是保险公司，也可以是其他法人或个人。

在人们的生产生活中气象灾害风险发生的情况比较复杂，气象灾害风险转移同样面临许多复杂的情况。从气象灾害风险特征看，气象灾害防损减损，主要有险前预防、险中抢救、险后赔偿三个主要环节。通过转移风险后，保险就可以主动地参与、配合其他防灾防损主管部门扩展防灾防损减灾工作。保险人为了稳定自己的经营，就可以通过采取事先预防，减少损失发生，从而降低赔付率，以增加保险经营的收益，也有利于保障社会财富安全；而投保人也为减少风险损失，在保险人的指导下从而加强防灾防损工作，其意义远超过一般的经济损失赔偿。

根据一般风险转移的方式，气象灾害风险转移也可以分为三类，一是合同方式转移，即借助合同法，通过与有关方面签订气象灾害连带风险在内的合同，将风险转移给对方，如农户与公司通过合同形式转移，在双方约定合同中就会明确风险承担责任。二是采用保险方式转移，对那些属于保险公司开保的险种，可通过投保把风险全部或部分转移给保险公司。气象灾害风险比较复杂，其实就气象灾害造成的财产损失、人身安全等，均可以通过这类比较规范的险

种投保，也不分农村和城市。但是，种植类、养殖类农业保险是一种动态和潜在财产，气象灾害风险具有很大的不确定性，应是一种比较特殊的险种。三是利用其他风险交易工具转嫁风险。非保险转移，可以采取天气期货、期权、互换等天气衍生品和气象巨灾风险证券等方式转移气象灾害风险。目前，这些风险转移方式均处于探索阶段。

3.6.2 气象灾害风险转移国内外发展现状

(1)国外气象灾害风险转移发展现状

气象灾害风险转移在国外起步很早，就农业灾害风险转移，德国的尤斯底在1750年的《国家经济》一书中就曾经论述到农作物雹害保险的必要。到19世纪末，美国及许多欧洲国家相继开展了农业保险。早期的保险计划基本由私人保险公司提供，并且只提供单一作物或者单一气象灾害的保险。多元风险农作物保险曾经被少许公司做过试探性的尝试，但最终以失败告终。

政府涉及多元风险农作物保险始于美国，联邦政府在1938年首次对这种保险方式授权该方案的保险作物为小麦。在试点运作成功的基础上，美国政府于1939年制定了约16.5万条政策，覆盖31个州约700万英亩小麦(Rowe and Smith，1940)。但由于政策性限制，直到1980年，也只有不到一半的地区以及26种作物有资格被制定保险计划。20世纪90年代通过改革政策，农业保险有了新的发展。

日本在1939年实施了多元风险农作物保险计划，覆盖全国的水稻、小麦、大麦和桑葚四种作物，政府的补贴额占保费成本的15%(Yamauchi，1986)。加拿大通过立法，在1959年对年多元风险农作物保险进行了授权。在第二次世界大战后，随着政府补贴政策的实施，如奥地利在1955年、意大利在1970年、西班牙在1980年、法国在2005年实施的政府补贴项目，这种保险形式在欧洲大规模铺开。

2008年，世界银行对各国农业保险进行了调研(Mahul and Stutley，2010)。结果表明，在调研的21个国家中，有7个国家未实行政府补贴项目，他们主要由私企直接提供包含单一的农业产品或自然灾害的保险产品，但这些产品的种类较少、分布也不广泛。有14个国家实行补贴，其中10个国家实行了多元风险农作物保险。仅瑞典、加拿大、美国存在营利保险产品。美国、加拿大、韩国、法国、新西兰推出了更新的基于气象指数保险(IBMIs)，除新西兰外，4个国家政府都出台了相应的补贴政策。

(2)国内气象灾害风险转移发展现状

我国涉及气象灾害风险转移的农业灾害保险业，相对于国外起步较晚。在21世纪初开始试行，在2008年农业遭受巨灾以后，开始受到重视和推广。开始阶段，国家相关方面的具体政策法律法规支持及政府的规范化引导有些不足，灾害风险转移开展范围不大，扩展比较缓慢，保险能够发挥的作用比较有限。我国是农业大国，为应对气象灾害农业造成的巨大损失，近10年来国家逐步出台了一系列政策引导发展农业保险，并通过建立相应的灾害损失保费补贴政策，以促进气象农业灾害保险的扩大与发展。

目前，全国各省(区、市)和新疆生产建设兵团，均开展了由中央财政补贴政策的农业气象灾害风险转移，农业政策性保险有了很大发展。各省(区、市)、市、县级政府、财政部门、民政部门以相应的政策资金支持为支撑，开展气象灾害风险转移，政策性农业保险及其他“三农”保险险种，已取得了很大的进展，尤其是涉及主要种植业、养殖业气象灾害风险转移，在农业政策保险支持下已经取得了显著成效。

3.6.3　农业保险与政策性农业保险

气象灾害是由于气象原因造成生命伤亡与社会财产损失的自然灾害。我国是世界上气象灾害最严重的国家之一，气象灾害损失占所有自然灾害总损失的70%以上。因此，做好气象灾害风险转移是自然灾害风险管理体系中不可或缺的一部分，而灾害保险是转移、分散灾害风险的有效手段。

目前我国自然灾害保险主要有四种形式(廖永丰 等，2018)，见图3.32。一是农房灾害保险，起始于2016年为转移台风侵蚀带来的重大灾害损失而在浙江、福建试点，随后逐渐铺开。二是农业灾害保险。三是自然灾害公众责任险(又称自然灾害民生保险、自然灾害救助补偿保险)，是由政府统一投保，当发生因自然灾害造成的群众人身伤亡或失踪时，由保险公司根据协议进行资金补偿。四是巨灾保险，目前我国大致有三种试点模式，以深圳、宁波为代表的多灾种巨灾保险，保障范围为台风、暴雨、洪水等；以云南大理为代表的地震巨灾保险和以广东为代表的巨灾指数保险，保险责任范围为发生频率较高的台风、强降雨以及破坏力较强的地震，赔付触发机制基于气象、地震等部门发布的监测信息，根据等级进行分层赔付。从上可以看出，四种模式中，除地震外几乎全部是由气象因素诱发的灾害。因此，也可以看作是目前气象灾害风险转移的主要模式。

农业是最为脆弱的、受自然灾害最为频繁和严重的一个行业。在中国，农业保险是解决“三农”问题的重要组成部分。

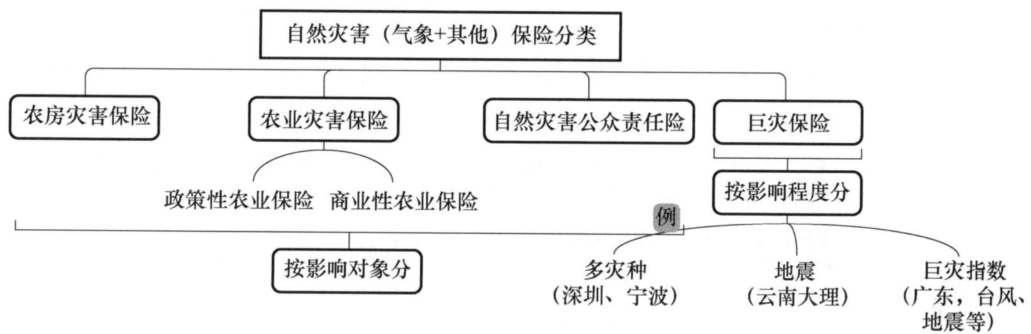

图3.32　自然灾害保险分类示意图

农业保险(简称“农险”)是专为农业生产者在从事种植业、林业、畜牧业和渔业生产过程中，对遭受自然灾害、意外事故疫病、疾病等保险事故所造成的经济损失提供保障的一种保险。现阶段我国的农业保险主要分为政策性农业保险和商业性农业保险。

政策性农业保险是农业保险的主要模式之一。通过政策性农业保险，可以减少自然灾害对农业生产的影响，稳定农民收入，促进农业和农村经济的发展(郑治斌 等，2016)。目前，中央财政和省级财政提供政策性农业保险保费补贴的品种有玉米、水稻、小麦、棉花、马铃薯、油料作物、糖料作物、能繁母猪、奶牛、育肥猪、天然橡胶、森林、青稞、藏系羊、牦牛等共计15个。根据全国各地实施情况，标准每年都会有所调整。

3.6.4　气象参与政策性农业保险

3.6.4.1　政策性农业保险规定的气象灾害种类

农业生产最大的威胁来源于气象灾害。气象灾害对农业的影响往往是大范围的，可造成小麦、玉米、大豆等主要农作物单产下降，大量农田受灾。同时温度的升高改变了农业生产环境条件，使作物种植制度和品种布局发生变化，这种变化虽然有利于高纬度作物的生长发育，但这种变暖的趋势也会导致中纬度地区大部分作物产量下降，农业病虫害发生范围扩大，危害程度加重，农业成本和投资大幅增加。除这些气象灾害对农业生产造成的直接损失外，泥石流、滑坡、山洪等次生气象灾害以及由气象灾害引发的瘟疫、环境污染、虫灾、森林草原火灾等气象衍生灾害也将对农业生产产生重要影响。

目前我国政策性农业保险规定气象灾害包括洪水、干旱、霜冻、冰雹、暴风、暴雨、龙卷等（表 3.16）。因此，气象是农业灾害保险的重要组成部分。

表 3.16　政策性农业保险规定气象灾害标准

序号	气象灾种	量级标准
1	暴雨	指降雨量每小时在 16 mm 以上，或连续 12 小时降雨量达 30 mm 以上，或连续 24 小时降雨量达 50 mm 以上
2	暴风	指风速在 28.3 m/s 以上，即风力等级表中的 11 级风，本条款的暴风责任扩大至 8 级风，即风速在 17.2 m/s 以上即构成暴风责任
3	龙卷	指一种范围小而时间短的猛烈旋风，陆地上平均最大风速在 79～103 m/s，极端最大风速在 100 m/s 以上
4	洪水	指山洪暴发、江河泛滥、潮水上岸及倒灌或暴雨积水。规律性涨潮、海水倒灌、自动灭火设施漏水以及常年水位线以下或地下渗水、水管爆裂不属洪水责任
5	冰雹	指在对流性天气控制下，积雨云中凝结生成的冰块从空中降落，造成作物严重的机械损伤而带来的损失
6	干旱	指因自然气候的影响，土壤水与农作物生长需水不平衡造成植株异常水分短缺，从而直接导致农作物减产和绝收损失的灾害。旱灾以市级以上（含市级）农业技术部门和气象部门鉴定为准
7	泥石流	由于雨水、冰雪融化等水源激发的、含有大量泥沙石块的特殊洪流

注：政策性农业保险规定气象灾害标准数据来源于国家统计局。

这些灾害通常是普通商业保险中的除外条款，极强地体现了政策性农业保险的稳农促农性。

3.6.4.2　气象参与农业气象灾害保险的政策

2012 年颁布的《农业保险条例》第四条规定："财政、保险监督管理、国土资源、农业、林业、气象等有关部门、机构应当建立农业保险相关信息的共享机制。"2014 年 8 月，国务院印发了《关于加快发展现代保险服务业的若干意见》，明确提出了"鼓励各地根据风险特点，探索对台风、地震、滑坡、泥石流、洪水、森林火灾等灾害的有效保障模式"，"探索天气指数保险等新兴产品和服务，丰富农业保险风险管理工具"，"健全保险经营机构与灾害预报部门、农业主管部门的合作机制"。国务院的规定为气象参与农业气象灾害保险提供了充分依据。

中国保监会为保障农业保险业的健康发展，也对保险行业提出了重视气象相关工作的要求。2007 年中国保监会印发了《关于做好保险业应对全球变暖引发极端天气气候事件有关事项的通知》（保监产险〔2007〕402 号），要求各保险公司和保监局高度重视气候持续变化可能对我国经济社会发展造成的负面影响，充分发挥保险经济补偿、资金融通和社会管理功能，提高应对极端天气气候事件的能力。2015 年 9 月，中国保监会又印发了《关于做好农业气象灾害理赔和防灾减损工作的通知》（保监产险〔2015〕192 号），要求"加强与气象、农业、水利、国土等部门的合作，加强信息共享和协调联动，协助政府部门积极开展防灾减灾工作。要积极探索人工干预天气、无人机航拍、病虫害防治等方式，充分运用新技术、新手段，有效发挥保险功能作用。要积极配合地方政府和有关部门做好大面积农业气象灾害的抢险救灾工作，利用现代农业技术、信息技术、遥感测绘技术等科技成果，提高灾害应对能力”。中国保监会的这些文件要求，为各级气象部门参与农业气象灾害保险提供了实施性的政策支持。

3.6.4.3　气象部门提供的农业保险气象服务产品

政策性农业保险绝不是限于一个投保与理赔的关系问题，通过专业化的防灾避灾减灾，避免或减少灾害损失也是推广政策性农业保险的重要目的。气象部门在政策性农业保险中可以发挥十分重要的作用。自实施政策性农业保险工作以来，各地气象部门根据农业保险的要求，提供了许多适用性的农业保险气象服务产品。

(1)提供农业气象灾害风险评估产品，以指导农业种植结构和生产布局调整。目前，各级气象部门通过收集、整理现在各种气象要素资料以及各地主要粮食、经济作物灾害指标及各种的生育期总量指标，建成了农业气象灾情数据库，构建分灾种、分作物的农业气象灾害预警模型和风险评估方法，完成了影响主要作物的气象灾害风险区划，这在许多地方不仅成为保险区划、费率区划的基础，也成为指导农业调整种植结构和生产布局的科学避灾的重要依据，如根据气象灾害风险区划，涝区不搞旱作、旱地少搞水田，旱涝年调整生产布局等措施，不仅可从源头上就农业生产避免农业气象灾害的发生，而且还可以化不利而为有利。

农业气象灾害风险评估产品在许多地方已经成为重要农业保险指导服务产品。如浙江省气象局完成了基于 GIS 的水稻、油菜、柑橘等作物的产量风险区划，对台风、雨涝、干旱等主要气象灾害进行了风险评估；开发了气象理赔指数，并研制业务平台；设计不同免赔额下的保险费率及保险合同，利用这些成果先后为浙江省政府、省政策性农业保险领导小组办公室等单位和部门提供了《浙江省农业气象灾害风险分析》《浙江省晚稻生产风险区划》《关于政策性农业保险条款费率调整修改方案的反馈意见》等研究成果，相关部门在保险费的计算中增加了“区域风险系数”(如水稻和西瓜的高、中、低风险区域的系数分别为：1.6，1.2，1.0 和 3.2，1.6，1.0)，根据风险区域划分，设置不同费率，改变了不同区域使用同一费率的状况，优化了费率设置。这些成果还在完善浙江省政策性农业保险制度、运行方案设计等方面发挥重要作用。

(2) 提供经常性农业保险气象服务产品。向保险部门和参保对象提供有针对性的灾害性天气预报、农用天气预报、气象灾害警报等，直接应用于农业生产防灾避灾。气象部门在提高农业气象灾害预测预警水平的同时，还建立了专业农业保险气象监测预警服务平台，利用手机短信、计算机网络等手段为保险部门和农户提供重要天气预报信息和气象灾害预警信息，以让农户能及时采取适当措施减轻农业气象灾害损失，进而减少保险部门的保险赔付。如湖北省咸宁市气象局与保险公司合作开展农业保险气象服务，通过保险公司的服务平台将农业气象灾害预警信息和农作物保险、畜牧业保险、“两属两户”住房等保险专项服务产品传给基层农业技术人员、农业种植、养殖大户和房屋参保群众，为防灾减灾、指导生产提供服务，据估算，仅 2009 年全市投保农户因此减少直接经济损失在 1000 万元以上，保险理赔额减少超过 60 多万元。2009 年北京市气象局联合北京市农村工作委员会、北京市财政局、北京市保监局、北京市统计局等单位，开发建立了北京政策性农业保险气象灾害实时监测预测预警评估服务系统，并建立农业保险气象灾害监测预警预估的业务流程和联合发布机制，达到防御保险理赔的道德风险、降低气象灾害的损失、减少保险理赔中政府和保险公司的理赔开支等目的。

(3)提供气象灾害农业损失评估产品。多年来，气象部门一直在开展农业气象灾害损失评估研究和业务试验工作，已初步形成了一些可供保险理赔应用的灾损评估方法和指标等，从而可以科学合理地确定灾害现场勘查的抽样方式和样点，并大大减少勘灾定损的人力财力投入，同时将灾害现场勘灾定损的结果与气象评估结果相结合，可以提高定损的准确性、客观性，提高保险部门在农民中的信誉度。如内蒙古自治区气象局利用综合气象监测评估、卫星遥感、航空遥感、地面调查等定量评估手段，为内蒙古境内安华农业保险公司所承保的 9 个盟市、36 个旗县，提供了洪涝、冰雹、干旱等灾害的农业保险精细化评估气象服务，解决了保险部门在确定勘损标准、核损结果的科学性等方面存在的问题，在有效实现快速查勘定损的同时，提高了理赔的时效性和科学性。安徽省气象局联合国元农业保险公司采用“局企共建”形式打造了国内首个“农业气象灾害评估和风险转移联合实验室”，开展了基于 GIS 的安徽省农业气候资源要素空间分析、遥感地面监测试验，研发了农作物长势遥感监测与定量分析系统和作物灾害损失评估模型。设计开发了全国首套农业保险气象服务业务系统——“安徽省农业保险气象服务业务系统”，为保险公司提供“一站式”气象服务，同时双方制订了《农业气象灾害现场调查规范》和《政策性农业保险勘灾定损气象认证业务规范》，详细规定了灾害调查和定损认证操作的流程，严格规定了各个环节的技术要求，减少了政策性农业保险理赔工作的主观性和盲目性。

(4)研发天气指数保险产品。天气指数保险产品也有人称气象指数保险产品(朱平安 等，2013;尹东，2014)。气象部门通过收集作物产量数据、气象环境数据、主要气象灾害数据、保险理赔数据等资料，并在此基础上构建农业气象灾害指数，建立主要气象灾害与作物产量间的关系模型，分析影响作物的主要农业气象灾害风险，探索性地开发了天气指数保险产品，设计天气指数保险条款，有力地拓展了农业保险的业务面，提高了服务水平。从理论上说，有可能因天气变化而遭受损失的行业，都可以发展相应的天气指数保险，如农业天气指数保险、养殖业天气指数保险、巨灾保险(地震引发的巨灾适用于地震指数)等。天气指数保险是根据客观气象数据来决定是否理赔和理赔量级的客观方法，这种方法科学透明，免去了大工作量核灾过程和成本，也免去了在核灾过程中保险部门和保户的争议，以及可能出现的“道德风险”。未来，天气指数保险将可能成为通过保险手段转移气象灾害风险的重要方式。

(5)实施人工影响天气提供农业气象灾害保险服务。人工影响天气是指为避免或者减轻气象灾害，合理利用气候资源，在适当条件下通过飞机、火箭、高炮或地面发生器等手段向云中播撒干冰或者碘化银等催化剂的方法，对局部大气的物理、化学过程进行人工影响，实现增雨雪、防雹、消雨、消雾、防霜、灭火等目的的活动。气象部门通过与保险公司、农业部门建立联动机制，根据气象灾害预报预警信息，认真评估对承保农作物的致害性，实施人工影响天气技术作业，趋利避害，以减少冰雹、干旱等气象灾害对农业生产的影响，有效地拓展农业气象灾害保险风险管控服务的内涵和外延，增强农业气象灾害应对能力。

3.6.5 天气指数保险

天气指数保险是气象参与政策性农业保险的重要内容。2014 年中央一号文件用专门段落提出“加大农业保险支持力度”，在继续要求提高保费补贴比例、保险覆盖面和风险保障水平的同时，首次提出了“鼓励开展多种形式的互助合作保险，规范农业保险大灾风险准备金管理”。2014 年 8 月，国务院印发了《关于加快发展现代保险服务业的若干意见》，明确提出“按照中央支持保大宗、保成本，地方支持保特色、保产量，有条件的保价格、保收入的原则，鼓励农民自愿参保，扩大农业保险覆盖面，提高农特保险保障程度，探索天气指数保险等新兴产品和服务，丰富农业保险风险管理工具;健全保险经营机构与灾害预报部门、农业主管部门的合作机制”。2016 年《中共中央 国务院关于落实发展新理念加快农业现代化实现全面小康目标的若干意见》(中发〔2016〕1号)中,提出"探索开展重要农产品目标价格保险,以及收入保险、天气指数保险试点"。中国气象局气发〔2015〕12号、气发〔2016〕11号、气发〔2017〕1号均提出,推进天气指数农业保险服务的工作任务。这些文件为气象参与农业保险尤其是天气指数政策性农业保险服务指引了明确的方向。2018年中国气象局颁发了《农业保险气象服务指南》——天气指数设计,指导各级气象部门进一步开展天气指数保险气象服务。

3.6.5.1　天气指数保险的意义

天气指数保险以某一个或几个气象要素为致灾触发条件,如风速、降雨量、温度等,当达到触发条件后,无论受保者是否受灾,保险部门都将根据气象要素指数向保户支付保险金。天气指数保险产品专业性强,涉及气象、农业、保险、经济等多个领域。天气指数保险的优越性体现在其涉及的各个行为方与各个领域。对保险人而言,可以减少大工作量的勘察核灾过程,降低运行成本,具有道德风险控制的功能;免去在核灾过程中保险公司和保户的争议,以及可能出现的"道德风险";容易同其他金融服务组合,推动农户风险控制财务体系的构建;可以利用资本市场分散风险;产品设计的余地比较充分,可塑性很强。

对保户而言,保险合同的内涵透明、权益统一,且客观独立;保险赔偿支付及时,投保手续简单,利益有保证;保额和保险利益的可选择性多样化;可以获得政府保险费补贴等支持,具有吸引力和更大的适应性。但天气指数保险存在比较难处理的问题,即天气指数的风险临界确定,这可能直接影响天气指数保险发展与推广,因此当前天气指数保险还只处于试验试行阶段。

每种天气指数只针对一种特定的农作物品种,同时还要注意到农业技术措施的差异;天气指数可以是单一的气象要素,但也可以由几种气象要素组合而成。如农作物病虫害一般都是在几种气象要素同时形成的不利条件下才出现,因此需要设计组合式的天气指数。

同时基于对农业高影响的气象灾害指标标准,根据气象指数保险产品的需求和农业种植的生理特性,对农业气象灾害指标进行细分,充分考虑到农作物在不同的生长阶段对农业气象灾害的敏感程度,即农作物对气象要素的敏感期和关键期。

在费率的厘定上,一般由纯费率和附加费率两部分组成。其中纯费率根据损失概率确定,用于保险事故发生后对被保险人进行赔付。附加费率用于保险的营业费用。

天气指数保险合同条款制订,包括合同的类型、合同期官方的气象数据、确定气象保险指数、诱发系数、单向的或者是双向的赔付、费率,其核心部分是保险领域的费率厘定。天气指数保险与传统保险之间的差别见表3.17。

表3.17　天气指数保险与传统农业保险的利弊比较

	天气指数保险	传统农业保险
合同特征	合同标准化程度高、利益客观透明	合同非标准化、易生争端
信息不对称	道德风险和逆向选择问题小	道德风险和逆选择控制难度较大
管理成本	不需要对单个投保标的进行监督、核保、定损和理赔成本小	需要对分散化的保险标的逐一核实,核保、定损和理赔成本大
保单流通性	标准化保单,易于在二级市场流通	非标准化保单,不易流通
风险再分散	存在全球新兴天气风险和再保险市场,可利用资本市场资源	缺乏分保市场,依赖政府支持
教育成本	赔付标准简单,农民接受程度高	赔付标准复杂,农民很难理解接受

3.6.5.2 天气指数保险的发展

2008年10月，国内首个花菜价格指数保险在上海崇明的花菜基地开始试点。自2009年起，安徽、浙江、福建、江西、上海等地陆续开始试点农业气象指数保险。2010年5月，中国保监会发布《关于进一步做好2010年农业保险工作的通知》，明确指出开展天气指数保险业务是理赔方式创新的重要举措。2010年，福建省长汀县试点烟草种植霜冻和暴雨洪涝等不同的指数保险，曾为受灾烟农补偿了55.6%的损失；2013年全国副省级城市中的首张"蔬菜价格指数保险保单"正式在四川成都产生；2013年7月，安徽省芜湖市南陵县、无为县承保了12万亩杂交水稻天气指数保险，此后试点地区持续高温，根据保险合同每亩水稻得到39.6元赔偿，共计赔付477万元；同样在2013年，安徽省滁州市和宿州市承保的2.5万亩水稻也得到了16.51万元的赔付。从2011年开始，江西省气候中心结合中国人保财险公司江西省分公司的需求，以南丰县为试点，开展了南丰蜜橘冻害气象指数保险研究，确定了蜜橘冻害指数、厘定了保险费率、设计了多选择的保险条款。该成果在人保财险公司江西省分公司进行应用，通过了中国保监会批准，投入了市场运营。完成了南丰蜜橘冻害指数保险服务试点工作，取得了良好的社会和经济效益。2014年上海市气象局联合安信农业保险公司、上海农业技术推广服务中心、蔬菜行业协会等多家单位，针对上海地区蔬菜生产中"夏淡季"青菜建立农业气象灾害对青菜产量影响评估模型，确定基本保费和费率后应用保险产品精算定价模型，率先在国内推出露地种植青菜、鸡毛菜气象指数保险产品，受到广大菜农的青睐，该工作也获得了上海市政府颁发的"2014年度上海金融创新奖"。

3.6.5.3 天气指数保险的确定方法

天气指数保险的关键是准确了解和掌握气象灾害与被保险农作物损失之间定量的相关关系。天气指数研发流程主要在于致灾因子确定，构建灾害与产量模型，确定天气指数，厘定保险费率等。

(1)气象灾害指标的确定。基于需求分析和实地调查，初步确定标的物的主要承保灾种、主要保险时段和关键气象要素。根据天气指数保险产品的需求和农业种植的生理特性，对农业气象灾害指标进行细分，充分考虑到农作物在不同的生长阶段对农业气象灾害的敏感程度，即农作物对气象要素的敏感期和关键期。

(2)气象灾害风险区划。基于灾害学理论和风险评估技术方法，通过因子分析法建立农作物主要气象灾害的单灾种和综合灾害的风险评估模型，根据危险性评估模型制作农作物气象灾害风险区划图。由于农业气象灾害风险在空间分布上的差异，天气指数的确定以及保险赔付标准应当存在相应的空间差异。

(3)气象灾害减产率的确定。采集农作物种植生育期、产量结构数据和历史灾情数据等基础数据，通过应用均值分析、聚类分析、非线性回归等方法进行数据分析，建立产量损失率与气象灾害指标的关系。

(4)灾害发生概率计算。农作物主要气象灾害大多属于极端气候事件，可采用极值理论进行导致灾害结果的气象风险分析，得到达到赔偿标准的概率。

(5)每种天气指数只针对一种特定的农作物品种，还要注意到农业技术措施的差异；天气指数可以是单一的气象要素，但也可以由几种气象要素组合而成。如农作物病虫害一般都是在几种气象要素同时形成的不利条件下才出现，因此需要设计组合式的天气指数。

(6)天气指数设计尽可能直观并且简单明了，便于在推广应用前对农民进行培训，增强参保意愿。

(7)费率的厘定。一般由纯费率和附加费率两部分组成。其中纯费率根据损失概率确定，用于保险事故发生后对被保险人进行赔付。附加费率用于保险的营业费用。

(8)天气指数保险合同条款制订。包括合同的类型、合同期官方的气象数据、确定天气保险指数、诱发系数、单向的或者是双向的赔付、费率，其核心部分是厘定费率。

3.6.5.4　天气指数保险的实现途径

由于天气指数保险产品设计复杂，需要长期历史数据进行精确演算，必然加大了产品设计的难度，会提高设计成本，政府相关部门应加大对天气指数保险研究的支持力度，为气象部门研究天气指数、保险机构开办天气指数保险提供必要的政策支持和财政倾斜。天气指数保险是农业保险的一种创新形式，为提高农民对天气指数保险的认知度与投保率，应简化天气指数保险合同条款，推动天气指数保险的销售与开展。应推进天气指数保险试点工作，通过对天气指数保险实施优惠的保费补贴政策，鼓励各保险公司开展天气指数保险试点，以此推动天气指数保险的探索与实践，同时要通过多种渠道做好天气指数保险再保险工作，农业保险直保公司应探索天气指数保险的再保险工作，降低天气指数再保险费率。

3.6.5.5　天气指数的应用典型案例

(1)安徽保险机制建设示范

安徽自 2007 年以来，安徽气象部门联合中国保监会安徽监管局、安徽省财政厅、安徽省农业委员会、安徽省人民政府金融工作办公室等有关部门，与国元农业保险有限公司密切合作，在农业保险气象服务合作机制、科技创新体系、天气指数保险产品研发设计及业务规范化等方面大胆实践，形成安徽省政策性农业保险和天气指数农业保险气象服务经验与模式(杨太明等，2018)。

一是政策支持有力。2008 年《安徽省人民政府关于开展政策性农业保险试点工作的实施意见》(皖政〔2008〕42 号)，明确了气象部门在农业灾害风险区划、监测预警、防灾减损和灾情评估等方面的工作职责。2015 年，安徽省政府出台了《关于加快发展现代保险服务的实施意见》(皖政〔2015〕29 号)，明确要求完善三农保险支持政策，建立完善农业保险和气象、水利、国土资源、农业、民政、林业等部门的水文气象、灾害信息共享机制，建立健全农业保险灾害数据库。同时，在重点任务分工里，明确由安徽省气象局牵头，安徽省保监局、安徽省农村综合经济信息中心(安徽省农业气象中心)、安徽省政府金融办参加，完成“加大天气指数保险模型研发，扩大农作物保险的试点范围”。

二是部门合作稳固。2008 年开始，安徽省气象局就与安徽保监局密切合作，联合下发了《关于加强气象灾害风险管理做好政策性农业保险试点气象服务工作的通知》，确立了双方的合作机制和合作内容。2015 年，为了进一步强化安徽省农业保险气象服务工作推进力度，安徽省气象局联合安徽省农业委员会、安徽省政府金融办、安徽省保监局共同印发了《关于进一步加强农业保险气象服务工作的通知》。通知明确要求各级气象、财政、农业、保监部门要进一步提高对做好农业保险气象服务工作重要性的认识，切实把做好农业保险气象服务工作作为防灾减灾、服务“三农”和优化风险保障的重要措施抓好落实。通知同时要求气象、农业、财政、保监等部门要建立协商联动工作机制，定期召开工作会议，及时研究解决农业保险气象服务工作中出现的具体问题。完善农业保险气象服务运行保障机制，鼓励和支持保险运营企业、信息服务企业等按市场化运行模式开展农业保险增值服务。

三是局企合作规范。在与国元农业保险公司签订框架合作协议的基础上，完善和改进双方合作模式，共同印发了《安徽省农业保险气象服务实施细则（试行）》。该细则明确了气象、保险双方的需求和权利义务，确定了农业保险气象服务产品清单和服务性质。细则规定公益类服务产品由气象部门免费提供，有偿类产品所需经费由国元农业保险公司负责，研发类服务产品由双方共建的联合实验室负责。该细则的印发进一步完善了农业保险气象服务经费投入渠道和运行保障机制。

四是内部分工高效。强化省级业务单位在农业保险气象服务的支撑作用，在安徽省农业气象中心组建了天气指数模型研发团队，依托与国元农业保险公司共建的农业气象灾害评估及风险转移联合实验室，围绕确定的重点研究方向开展技术研发。制定了天气指数保险气象服务技术规范、安徽省政策性农业保险气象服务产品制作发布业务规定，围绕农业保险的查勘、定损、理赔、防灾减损等工作环节，明确省、市、县三级气象部门农业保险气象服务业务分工和流程，提高了农业保险气象服务的规范化水平，初步构建了省、市、县三级联动的农业保险气象服务业务体系。

（2）以作物为代表的天气指数建立示范

天气指数保险在农林牧渔均有涉猎，如：内蒙古自治区锡林郭勒盟肉羊、中部地区粮食（小麦、玉米、水稻等）、浙江茶叶霜冻、柑橘冻害、广西壮族自治区桑蚕、北京蜜蜂、湖北小龙虾等。以下介绍中稻高温热害（刘凯文 等，2017）和暴雨洪涝天气保险指数（周月华 等，2019）的应用案例。

1）中稻高温热害天气保险指数

中稻高温热害天气保险指数的研究和应用思路见图 3.33。

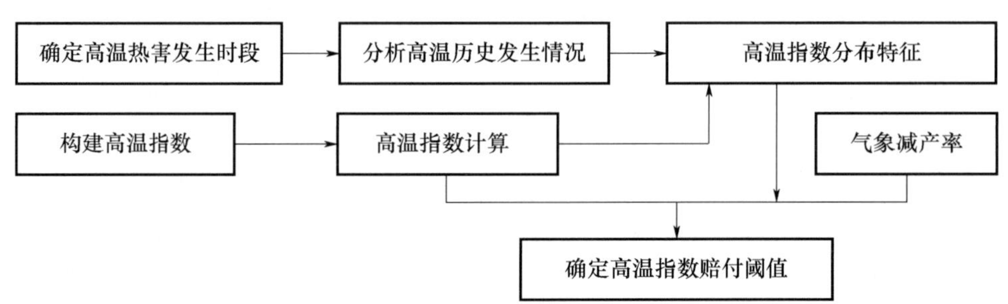

图 3.33　中稻高温热害天气保险指数开发技术路线

第一步：分析中稻高温热害发生特点。根据各地农业气象观测站中稻历史发育期观测资料分析，湖北省大部地区正常播种的一季中稻一般在 7 月上旬进入孕穗期，9 月上中旬收获，这是中稻遭受高温热害减产的主要时段。其中，对高温热害最敏感的抽穗扬花期主要处于 8 月 1—20 日。而 7—8 月长江中下游地区被副热带高压所控制，是一年之中最热的时期，是湖北省 35 ℃以上极端高温发生频率最高的时段。因此，确定高温热害分析时段为 7 月 10 日—8 月 31 日。

第二步：确定高温指数。单过程热害强度和热害指数（该时段内多个热害过程的累计值）的计算如下：

$$h = \sum_{i=1}^{m} (T_i - T_0) \tag{3.14}$$

$$h = \sum_{i=1}^{m} \frac{T_i - T_0}{c + RH_i} \tag{3.15}$$

$$H = \sum_{j=1}^{n} h_j \tag{3.16}$$

式中，h 为单过程热害强度；T_0 为临界温度，这里 $T_0 = 35$ ℃；T_i 为高温过程第 i 日最高气温。由于湖北省北部地区高温时往往伴随相对湿度偏低的情况，因此北部增加考虑相对湿度影响因子，北部地区考虑 $c=0.4$，且当空气相对湿度大于 60%时，取 $RH_i=60\%$。

第三步：计算各站历年热害指数（H），分析热害指数分布特点。分析各站历年≥35 ℃高温日数、≥37 ℃高温日数、≥39 ℃高温日数，以此统计各站不同强度高温热害发生情况和频次，根据高温指数计算公式，计算各站历年热害指数（图 3.34）。

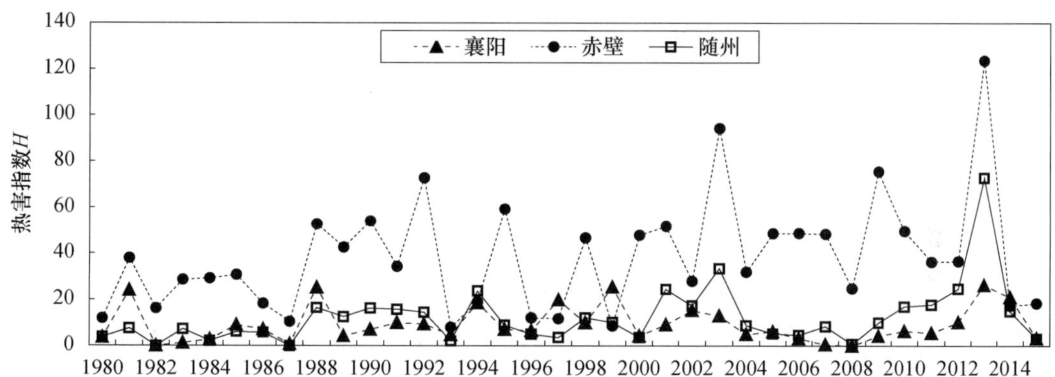

图 3.34　中稻代表站历年热害指数

根据各站 Weibull 分布函数，可分别计算得到各县市高温热害概率分布图（图 3.35）。

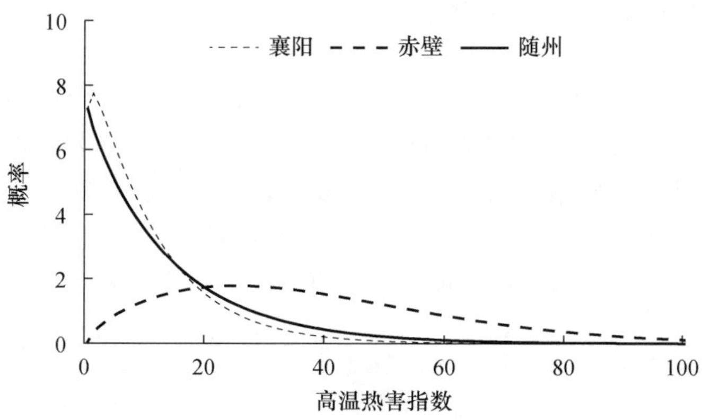

图 3.35　中稻代表站热害指数分布概率图

第四步：分析高温热害对水稻产量损失率的影响。利用气象减产率作为评定因子，分析高温热害对水稻产量损失率的影响（表 3.18）。

$$y_r = -\frac{y - y_t}{y_t} \times 100\% \quad (y > y_t \text{ 时}, y_r = 0) \tag{3.17}$$

式中，y_r为相对气象产量；y 为实际产量；y_t为趋势产量。

表 3.18 中稻代表站气象减产率分布统计

项目	站点		
	襄阳	随州	赤壁
均值	6.1	4.9	4.7
最大值	15.5	14.5	11.2
最小值	1.2	0.2	0.1
标准误	1.2	1.1	0.9
偏度	1.0	1.0	0.6
峰度	−0.6	−0.6	−0.6

将历年气象减产率划分为 4 个等级如表 3.19。

表 3.19 中稻气象减产率分级

	轻度减产	中度减产	较重减产	严重减产
等级号	1	2	3	4
减产率范围	0～3	3～6	6～10	＞10

根据不同高温等级的概率，轻度热害概率 47％、中度热害概率 25％、较强热害概率 17％、超强热害概率 11％，确定各地各等级高温热害的热害指数值。按照农业保险设计要求，轻度热害属于中稻热害保险的免赔部分，因此，取达到中度以上热害等级的热害指数临界值作为开始启动赔付的触发值。

2016 年在襄州、曾都、枝江、夷陵、咸安、嘉鱼、浠水、麻城等 8 个试点县(区)投入试用，承保面积合计 102.15 万亩，受益农户 17.3 万余户，在保险责任期间试点县(区)遭遇了高温热害，实际赔付金额近 900 万元，为稳定受灾农户正常生产和生活，开展灾后重建提供了有力保障。

2)水稻暴雨洪涝灾害保险气象指数设计

强降水主要通过淹没时长、淹没水深对中稻产生影响，而淹没时长、水深又与地形、河网以及排水措施等密切相关。以湖北省仙桃市为试点，在暴雨洪涝灾害危险性、脆弱性分析基础上，基于 GIS 技术进行仙桃市中稻暴雨洪涝灾害精细区划，为开展差异性区域中稻保险提供依据；在历史典型暴雨洪涝灾情调查和不同发育期淹没灾损试验基础上，建立中稻关键发育期暴雨洪涝淹没水深、历时与中稻减产率的关系模型；利用暴雨洪涝淹没模型反演各级减产率致灾雨量，设计中稻暴雨洪涝灾害保险产品。其具体方法流程如图 3.36 所示。

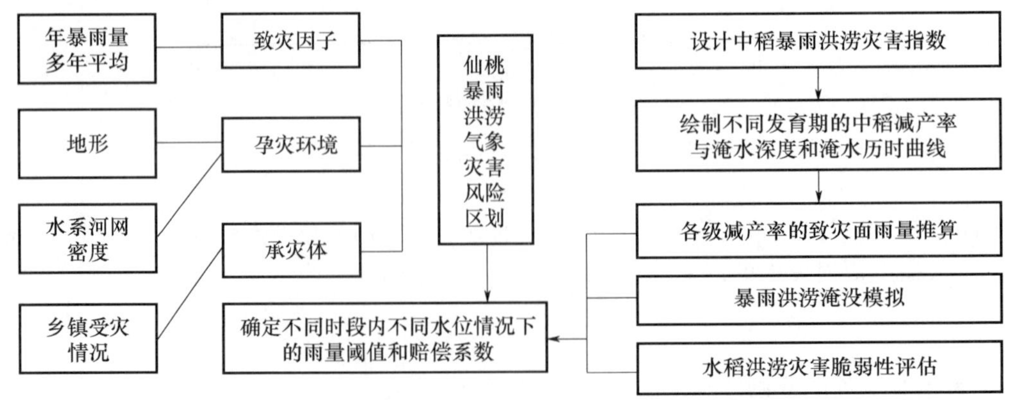

图 3.36 水稻暴雨洪涝灾害保险气象指数设计技术路线图

第一步:仙桃暴雨洪涝灾害风险区划。在分析仙桃市暴雨洪涝灾害孕灾环境(地形因子、河网水系密度)、承灾体(乡镇洪涝灾害成灾面积)、致灾因子(暴雨量)等因子基础上,利用 GIS 的空间分析功能,制作仙桃市洪涝灾害风险区划图(图 3.37)。

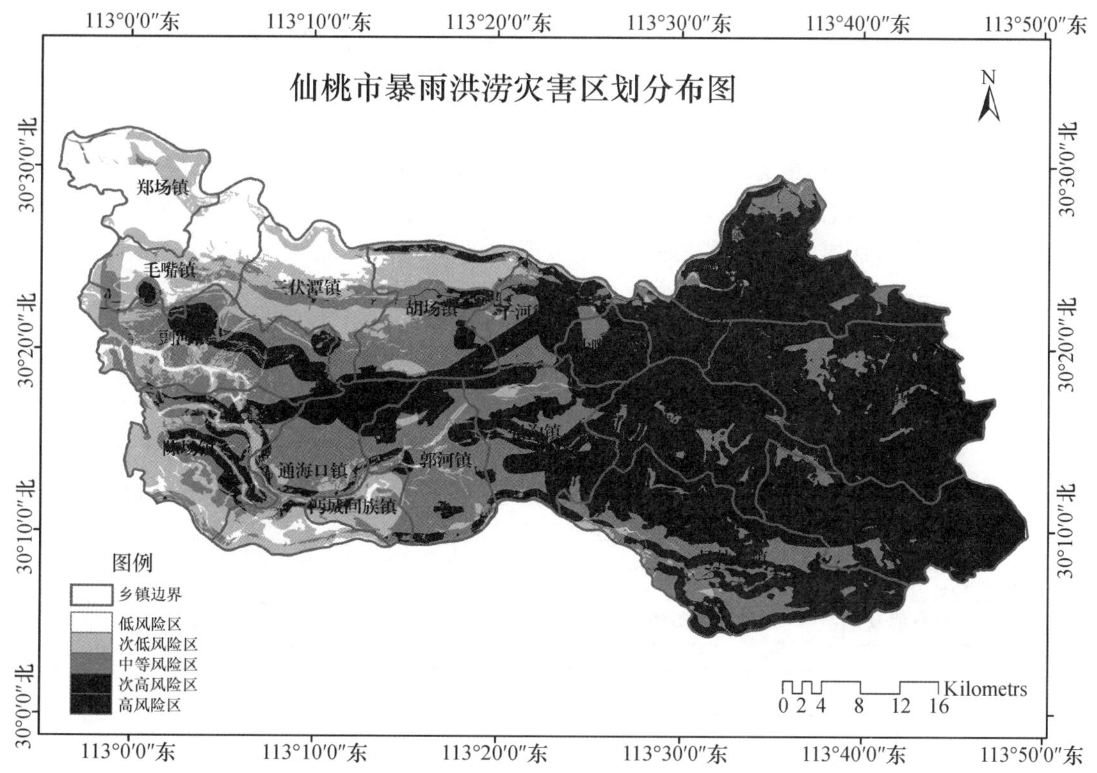

图 3.37　仙桃市暴雨洪涝灾害风险区划图

第二步:开展中稻暴雨洪涝灾害保险气象指数设计。保险时段为中稻大田生长期,从 6 月 1 日—9 月 20 日。根据生育期划分为 4 个主要时段(表 3.20)。

表 3.20　中稻暴雨洪涝灾害保险指数保险设计时段

发育期	时段	天数
分蘖—拔节	6 月 01 日—6 月 30 日	30
拔节—孕穗	7 月 01 日—7 月 31 日	31
孕穗—抽穗	8 月 01 日—8 月 20 日	20
抽穗—乳熟	8 月 21 日—9 月 20 日	31

定义中稻暴雨洪涝灾害指数为:仙桃市某一强降水过程乡镇雨量站逐日平均雨量之和。期间允许有 1 日平均雨量为 0 ,至少 1 日平均雨量≥30mm。

暴雨洪涝灾害指数 RZ 定义为:

$$RZ = \sum_{i=1}^{m} R_i = \sum_{i=1}^{m} \frac{\sum_{j=1}^{N} R_{ij}}{N} \tag{3.18}$$

式中,$j=1,2,\cdots,N$,为仙桃市境内乡镇雨量站数;$i=1,2,\cdots,m$,为某一次降水过程持续日数;R_{ij} 为第 j 个乡镇某一次降水过程中第 i 日的雨量。

$$R_j = \frac{\sum_{j=1}^{N} R_{ij}}{N} \tag{3.19}$$

为仙桃市某一次降水过程中第 i 日的平均雨量。

第三步:确定中稻不同发育期减灾率与淹没水深、淹水历时曲线的关系(脆弱性曲线)。

根据参考文献、调查和实验法,确定中稻分蘖期(6 月 1—30 日)、拔节孕穗期(7 月 1—31 日)、抽穗开花期(8 月 1—20 日)、乳熟期(8 月 21 日—9 月 20 日)四个时段内,不同淹没水深、淹没持续时间与减产率的关系曲线及方程,得到三种发育期不同减产率下对应的暴雨洪涝灾害淹没指标(淹没水深、淹没历时)。

第四步:推算各级减产率的致灾面雨量。见图 3.38。

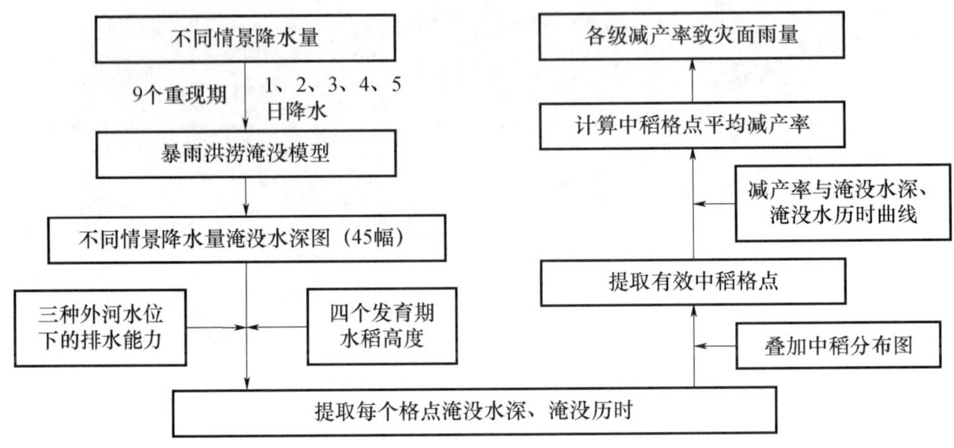

图 3.38　中稻产量损失致灾面雨量的推算

通过暴雨洪涝淹没模型分析和水稻洪涝灾害脆弱性评估,确定采用一次降水过程的面雨量作为暴雨洪涝保险指数,具体定义如下:

暴雨指数:指一次降雨过程的总雨量,其中一次降雨过程是指连续数日平均雨量≥0.1 mm(其中允许 1 日平均降水量<0.1 mm)。降水过程逐日平均降水量之和为该次过程的总雨量(RZ)

$$RZ = \left[\sum_{i=1}^{m} R_i\right] \times Y = \left[\sum_{i=1}^{m}\left(\sum_{j=1}^{21} R_{ij}/j\right)\right] \times Y \tag{3.20}$$

式中,$j=1,2,\cdots,21$,为仙桃市境内乡镇雨量站数;$i=1,2,\cdots,m$,为某一次降水过程持续日数;R_{ij} 为第 j 个乡镇某一次降水过程中第 i 日的雨量,即单站日雨量;R_i 为第 i 日仙桃市日平均雨量,即日平均雨量。Y 为校正系数,范围在 0.8～1.2 之间,由气象、水文和农业等部门根据保险水稻最近的气象站实测雨量进行综合评估确定。

上述雨量单位均为毫米(mm),精度 0.1。单站日雨量:气象观测的日降水量(晚 20 时—次日晚 20 时,24 小时雨量),日平均雨量:投保区域内多个气象自动观测站某一日雨量的平均值,当两次降水过程间隔≤3 d,若任意一次降水过程总雨量 RZ 大于 30 mm,则将两次过程合并为一次过程,相应地,过程雨量为两次过程雨量之和。

降水过程开始日或者结束日在保险时段内,且过程总雨量达到起赔条件,则该降水过程纳入保险范围。

结合仙桃市水稻生产实际，确定保险时段为7月1日—8月15日，并根据水稻不同生育期对洪涝的敏感性差异分为两个时段，即分蘖期（7月1—31日）和孕穗期（8月1—15日），赔偿金额按生育期分别计算，公式如下：

$$每亩赔偿金额=(降雨量\times系数A+系数B)\times保险金额 \tag{3.21}$$

式中，系数A和系数B的确定依据不同雨量上下限阈值、不同水位条件分别确定。

$$赔偿金额=每亩赔偿金额\times保险面积 \tag{3.22}$$

2016年湖北省仙桃市承保面积13.74万亩，受益农户3.3万余户，在保险责任期间试点遭遇了暴雨洪涝，实际赔付金额1063万元，有效弥补了农户因暴雨洪涝造成的农业损失。

3.6.6　气象灾害巨灾风险分散与转移

3.6.6.1　气象灾害巨灾风险分散机制下的产品种类

保险经营作为一种特殊的商品经营，除了要遵循一般商品的经营规律外，还需遵循保险商品特有的经营规律，包括风险大数法则、风险分散和风险选择等原则。这三个原则的特点是：一是基于概率论的大数法则是保险费率计算的基础，只有承保大量的风险单位，大数法则才能体现其作用；二是为保证保险产品的稳定性和可持续性，需通过地理范围、时间和多种经营方式来扩大风险的范围，即分散风险；三是风险选择原则需是保险人对投保人所投保的风险种类、风险程度和保险金额等进行系统分析后做出的承保选择。

气象灾害巨灾具有一般超强自然灾害的显著特点，发生频率低，影响范围、损失程度均超出预期，甚至可能出现毁灭性的影响。在气候变化背景下，我国极端气象灾害频繁出现，如超强台风、超强降雨、大范围长时间的干旱和低温雨雪。这些气象灾害事件的发生对人民生命财产造成巨大的破坏和损失，对社会和国民经济生产造成严重影响。由于巨灾和我国巨灾风险保险制度的特殊性，大数法则和风险选择原则不适用或部分适用于巨灾保险，巨灾风险的分散机制就显得尤为重要。目前我国巨灾保险实行逐步建立财政支持下以商业保险为平台、多层次风险分担为保障的巨灾保险制度。气象灾害巨灾风险分散机制则在这一大框架下，于巨灾保险制度完善、多方参与、风险对冲工具等方面形成一定的特色。

我国气象灾害巨灾风险分散机制下的巨灾保险产品类型有损失补偿型巨灾保险产品、风险概率巨灾保险产品两大类。

（1）损失补偿型巨灾保险产品

2014年5月，深圳市民政局与人保财险深圳市分公司正式签署《深圳市巨灾救助保险协议书》，深圳市政府出资3600万元向商业保险公司购买地震、台风、海啸、暴雨、泥石流、滑坡等14种灾害的巨灾保险服务。2014年11月，宁波市民政局与人保财险宁波市分公司签署了公共巨灾保险合同，宁波市政府出资3800万元向商业保险公司购买6亿元的台风、强热带风暴、龙卷、暴雨、洪水和雷击（仅对人身伤亡）等自然灾害巨灾风险保险服务。深圳和宁波巨灾保险种类中的台风、暴雨、龙卷和雷击为气象灾害，均采用传统保险产品对巨灾风险进行转移。

2015年的台风“灿鸿”“杜鹃”以及2016年的台风“莫兰蒂”导致宁波市大范围受灾，巨灾保险接报案超过20万户（次），共赔付8900多万元。

（2）巨灾指数型保险产品

2016年，广东省在10个地市开展巨灾指数保险试点工作，由省市两级财政按照3∶1配套出资，根据“一市一方案”的原则，根据当地的强降雨、台风灾害特点针对当地市政府的需求，量身定制巨灾保险不同险种的个性化方案。2016年，黑龙江省启动农业财政巨灾指数保险试点，针对 28 个贫困县干旱、低温、强降水及洪水等常见气象灾害，由省财政厅代表省政府向保险公司购买巨灾保险服务。气象巨灾指数险种涉及低温和干旱等气象灾害。

上述两种巨灾保险模式的试点工作有效地推进了政府、市场与社会组织等多方参与，完善气象灾害巨灾风险分散机制。在坚持政府主导、市场运作，将财政资金与保险保障深度融合的基础上，明确政府、市场和社会组织等参与各方在巨灾保险服务中的定位，形成架构清晰的巨灾风险分散机制：政府购买巨灾保险服务，承保人提供风险转移产品，其他社会组织和资本提供各类支持，共同降低气象巨灾对人民生命财产、社会经济的危害，从而分散风险。

作为完善气象灾害巨灾保险制度的重要环节，气象部门作为第三方技术支持机构被引入到巨灾保险架构中，气象部门提供灾害预警、灾害风险区划等技术服务有力推动投保地区做好防灾防损工作，变事后的被动救济为事前主动的风险防范，丰富和完善灾前、灾中、灾后全覆盖的灾害管理体系，提高全社会抵御自然灾害的能力，改变社会公众在灾害救助方面过分依赖政府的传统思维，提升社会公众应对风险的意识和能力，起到完善巨灾风险分散的重要作用。

3.6.6.2 损失补偿型巨灾保险产品典型案例

2016 年，1614 号台风“莫兰蒂”是 1949 年以来登陆闽南的最强台风，也是 2016 登陆我国大陆的最强台风。受“莫兰蒂”影响，9 月 14 日 08 时至 17 日 08 时浙江省面雨量 149 mm，黄岩区屿头乡后岙村 534 mm、文成珊溪镇三垟村 482 mm，有 157 个站次 1 小时降雨量超过 50 mm，最大临海尤溪镇岭脚金 118 mm，沿海出现 8～10 级大风。因灾死亡 13 人，失踪 2 人，受灾人口 110.1 万人，转移人口 16.4 万人，倒塌房屋 2000 余间，农作物受灾面积 4.6 万 hm^2，绝收面积逾 4000 hm^2，直接经济损失 54.3 亿元。

宁波市公共巨灾保险三年试点期，先后因台风“灿鸿”“杜鹃”“莫兰蒂”“鲶鱼”“卡努”启动五次大面积理赔工作，累计向 16.5 万多户居民家庭支付救助赔款 9500 多万元，起到了很好的风险“缓冲垫”和社会“稳定器”。

损失补偿型巨灾保险产品通过共保体成立巨灾保险理赔指挥部，统筹共保公司理赔资源。灾害发生后，受灾居民一般向当地村(居)委会报损，由村(社区)巨灾保险联络员登记汇总并统一向保险公司报案，报案信息包括：出险原因，出险的详细村(社区)名称、地点，报案人联系方式，受灾的房屋数量，受灾情况，伤亡人数等。保险机构根据灾害登记信息，灵活采用相同地势受灾住宅水位线一线定损、比例抽样定损等方式，快速集中查勘定损，定损结果在社区、乡村张榜公示，确保理赔公开透明。

2016 年起，宁波公共巨灾保险将现代测绘技术引入巨灾理赔，在宁波的江北区、鄞州区、余姚市、奉化市等地 560 个村建立水灾远程定损理赔管理系统。远程定损系统事先将每户家庭的室内地坪高程以及采集到的家庭户主的姓名、银行账户、联系电话等录入到水灾远程核灾定损理赔管理系统，通过在每个村庄低洼地带设置一个水位桩为基准点，锚定每户居民住宅室内地坪与水位桩基准点间的高程差，一旦村里发生水灾，保险公司或村(社区)巨灾保险联络员对本村(社区)的标准水位桩的水淹高度进行测量和拍照记录，并对该水位桩覆盖地域的 5～10 户居民的家里进水情况进行测量和拍照记录，保险公司和村(社区)巨灾保险联络员对数据进行校验后，将校验后的数据录入远程核灾定损理赔管理系统，系统自动生成的符合救助标准的名单，以此作为救助理赔的依据，实现快速定损理赔。远程定损系统的更大作用还在于消除人工测量失误减少理赔纠纷，使得理赔精准、高效，此外，也可以为政府部门开展灾害预报、灾情研判、救助实施等提供准确的量化依据。

3.6.6.3　巨灾指数型保险产品典型案例

(1)1713 号台风“天鸽”巨灾保险典型案例

2017 年 8 月 23 日 12 时 50 分，1713 号台风“天鸽”在珠海金湾区沿海登陆，登陆时中心附近最大风力 14 级(45 m/s，强台风级)，中心最低气压 950 hPa，是 1949 年以来登陆珠江三角洲的最强台风。据广东省民政厅统计，台风“天鸽”造成广东省 142.35 万人受灾，因灾死亡 13 人，转移避险 21.26 万人，倒塌房屋 915 间，农作物受灾面积 6.4 万公顷，直接经济损失 273.55 亿元。

台风登陆后移动路径经过珠海、中山、江门、阳江、茂名、云浮等地，其中珠海、中山、江门等三市为参与巨灾保险，台风移入茂名市时已减弱，最后获得赔付的地市为阳江和云浮。

台风“天鸽”移入阳江市时(图 3.39a)，其巨灾框内的风速最高值(2 分钟最高持续风速，四舍五入到个位)为 40 m/s；移入云浮市时(图 3.39b)，其巨灾框内的风速最高值(2 分钟最高持续风速，四舍五入到个位)为 37 m/s。

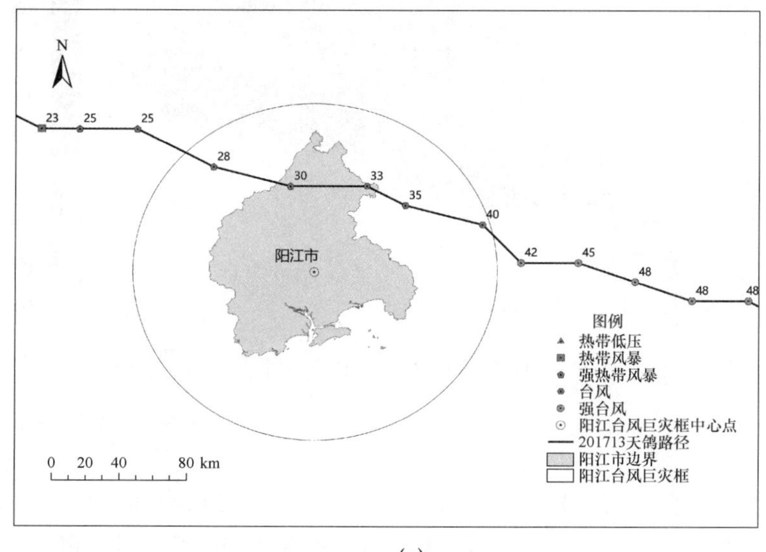

(a)

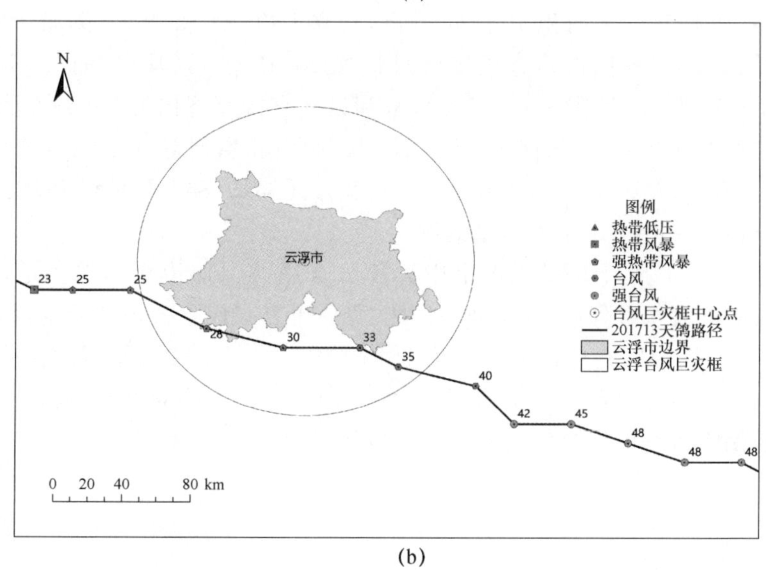

(b)

图 3.39　台风进入阳江市(a)、云浮市(b)巨灾框时风速及路径(单位：m/s)

根据广东省气象局出具的广东省巨灾保险台风指数计算报告，保险公司在报告出具后的一天内向阳江市财政局和云浮市财政局分别支付了1200万元和1000万元的理赔金额。

(2)2018年8月27日—9月1日广东持续性暴雨过程巨灾保险典型案例

受季风低压影响，8月27日—9月1日广东出现了持续强降水过程，珠三角南部市县、粤东地区出现持续性特大暴雨，惠州、汕尾、揭阳连续3天录得了大暴雨或特大暴雨，惠东、陆河等地的过程累计雨量、日雨量均刷新了历史极值(图3.40)。惠州、汕尾、汕头、深圳、江门、珠海、中山、东莞、广州等市出现不同程度的洪涝灾害，其中惠州惠东县、汕尾陆河县灾情最为严重。

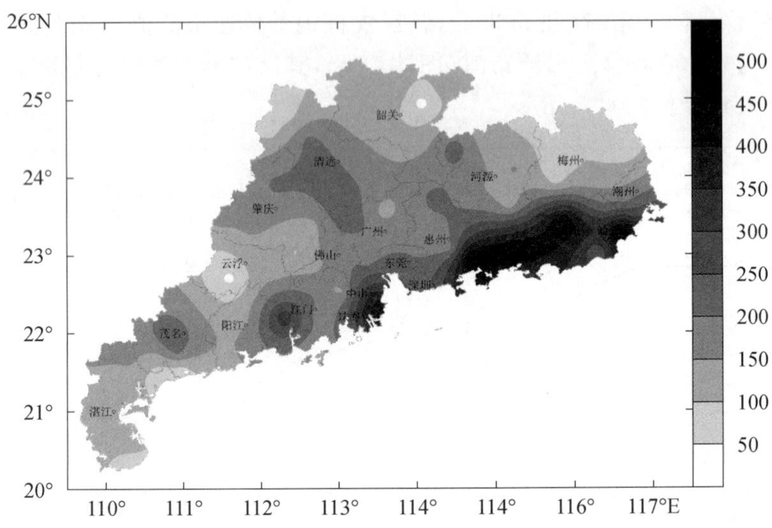

图3.40　2018年8月27日08时—9月1日08时广东累计降雨量分布图(单位:mm)

据广东省“三防”办公室统计，截至2018年9月3日10时，受强降雨影响，汕头、汕尾、惠州、揭阳、茂名、深圳、中山、潮州、江门、珠海、东莞、河源12市37个县(市、区)共272个乡镇193.56万人受灾，农作物受灾面积106.37万亩，转移人口20.32万人，倒塌房屋156间，死亡2人(汕尾市)，失踪2人(深圳市)，直接经济总损失43.19亿元(其中，汕头27.62亿元、汕尾6.72亿元、惠州3.71亿元，揭阳2.66亿元)，水利设施直接经济损失3.98亿元。

此次暴雨灾害事件共致汕尾、揭阳、潮州、河源、汕头和惠州等6个地市产生理赔，赔付金额分别为2127.2万元、750万元、500万元、2070.8万元、649.842万元和1422.6万元。

(3)多家公司共同投保/共保体典型案例

2016—2017年度，广东十个试点地市中大部分采用共保体模式承保当地巨灾指数保险，例如：梅州、茂名的巨灾指数保险，由人保、平安、太平洋三家保险公司共同承保，共保比例分别为70%、15%、15%；河源的共保比例分别为65%、20%、15%。参与承保的保险公司通常经过政府采购流程以公开招标的形式择优选择，共保比例由共保方协商确定，通常确定的依据为该保险公司在当地保险市场的综合实力和市场份额作为参考。

第4章 气象防灾减灾体制机制

在中国气象局党组谋划部署推动下，气象防灾减灾工作与气象事业发展同频共振。自改革开放特别是党的十八大以来，气象部门始终坚决落实党中央、国务院关于气象工作的重要决策部署，紧密围绕国家和民生需求，坚持公共气象发展方向，深化气象发展理念和发展思路，推动气象服务实践创新、体制机制创新，提升气象防灾减灾以及服务能力，气象防灾减灾日益融入国家综合防灾减灾大局，气象服务领域拓展至涵盖经济社会发展各行各业，为国家重大战略实施、经济社会发展、人民群众生产生活提供了强有力的气象服务保障。我国已成为气象服务体系最全、保障领域最广、服务效益最为突出的国家之一，成为全球展示气象作用、贡献和效益的优秀典范。

4.1 组织和责任体系

2002年，重庆市颁布实施《重庆市气象灾害防御条例》，首次在地方性法规中明确了政府、气象主管机构以及其他防灾减灾部门的气象灾害防御职责。2010年，《气象灾害防御条例》颁布实施，明确了县级以上人民政府、国务院气象主管机构和国务院有关部门、地方各级气象主管机构和有关部门的气象灾害防御职责，以及公民、法人和其他组织的气象灾害防御义务。2010年，中国气象局出台《关于加强农业气象服务体系建设的指导意见》和《关于加强农村气象灾害防御体系建设的指导意见》，明确提出构建有效联动的农村应急减灾组织体系，并在2011年开始设立的中央财政“乡村气象服务专项”中给予经费支持。随着气象为农服务“两个体系”建设的不断深入，全国气象部门逐步建立了“党委领导、政府主导、部门联动、社会参与”的气象防灾减灾机制，覆盖到村的气象灾害防御责任体系逐渐形成，全社会参与气象灾害防御的义务和责任更加明晰。

4.1.1 政府主导气象防灾减灾

政府是公共服务的主导者，气象防灾减灾属于公共服务，政府是气象防灾减灾责无旁贷的主导者。政府主导的特征表现为政府是气象防灾减灾服务的提供主体和气象灾害防御体系建设的核心。

《气象灾害防御条例》明确提出，县级以上人民政府的气象防灾减灾职责是“应当加强对气象灾害防御工作的组织、领导和协调，将气象灾害的防御纳入本级国民经济和社会发展规划，所需经费纳入本级财政预算”。《福建省气象灾害防御办法》《上海市气象灾害防御办法》等地方法规进一步细化，要求县级以上人民政府应当加强气象灾害防御工作的考核，将气象灾害防御职责的落实情况纳入政府绩效考核内容。浙江、湖北、海南等省气象灾害防御条例，对乡(镇)人民政府、街道办事处的气象防灾减灾职责提出了明确规定，要求应当做好气象灾害防御工作，应当整合基层现有防灾人力资源，配备、明确气象灾害防御协理人员和信息人员。《浙江省气象灾害防御条例》明确指出，村(居)民委员应当协助人民政府、有关部门做好气象灾害防御知识宣传、气象灾害应急演练、气象灾害预警信息传递等工作。

各级政府建立了与气象灾害防御有关的综合防灾减灾机构。综合防灾减灾机构是主要负责气象灾害、水文灾害、地质灾害、森林火灾、地震等自然灾害的应急指挥和统筹协调。比如，国家层面的有国家防汛抗旱总指挥部、国家减灾委员会、抗震救灾指挥部、森林防火指挥部等灾害指挥机构，还有2018年新成立的国家应急管理部。相应地，省市县三级政府也成立了防汛抗旱指挥部、抗震救灾指挥部、森林防火指挥部等机构和应急管理部门。这些机构的职责中包含了对气象灾害及其次生灾害防御的组织协调和应急指挥。省、市、县各级政府均成立了气象灾害防御领导小组或指挥部，或者雨雪冰冻灾害等分灾种的灾害防御领导机构，专门负责气象灾害的应急指挥和统筹协调。这些机构一般由政府领导任指挥长、气象局领导为副指挥长、有关部门负责同志为成员而组成，指挥部办公室设在气象局，在气象灾害防御中真正发挥组织、协调作用。乡村气象防灾减灾组织主要是指由乡镇气象工作站、村气象服务站和信息员队伍所组成的气象服务组织。乡镇气象工作站、村气象服务站一般设在乡镇政府办事大厅(服务中心)和村便民服务中心(综合服务站、农技推广站)，按照有职能、有人员、有场所、有装备、有制度等“五有”标准(浙江省地方标准《乡村气象防灾减灾建设规范：DB 33/T 2016—2016》)开展建设，并融入当地自然灾害群测群防体系。按照职能，乡镇气象工作站主要负责气象灾害及其次生灾害的群测群防、信息员队伍建设以及预警信息的传递；村气象服务站主要负责气象灾害预报预警信息的接收和传递，参与防灾避险等工作。

近年来，各级政府加大对气象防灾减灾工作的政策支持力度，出台气象工作文件，营造良好的政策发展环境。2010年以来，气象为农服务工作每年纳入中央一号文件，国务院发文要求加强气象灾害预警传播、人工影响天气等工作。作为政府公共服务的重要组成部分，气象防灾减灾、决策气象服务、公众气象服务已被各级政府纳入公共服务范畴。为进一步落实责任，气象防灾减灾逐步纳入政府绩效考核管理体系，实现气象防灾减灾从部门任务到政府工作的转变，比如，河北省政府将气象灾害防御工作作为一项重要的民生工程，自2012年起将气象防灾减灾工作作为政府绩效管理的重要内容，对各设区市政府和省气象局进行考核；浙江省政府将气象工作纳入“平安浙江建设”“新农村建设”“美丽浙江建设”“五水共治”等政府绩效管理内容，对地方政府进行考核；吉林、江西、重庆、陕西、甘肃、宁夏、黑龙江、海南、北京、辽宁等省(区、市)政府也明确将气象为农服务工作纳入政府绩效考核。气象灾害防御能力的提升离不开财政经费的保障，中央财政设立专项，加大对气象为农服务、山洪地质灾害气象服务的经费支持；各级地方财政加大对气象的专项资金投入，建立与气象事权和支出责任相适应的财政保障机制，双重计划财务体制不断健全。

4.1.2 部门联动参与防灾减灾

部门联动包括在气象灾害防御中负有责任的地区、部门和单位间的协调联动，包括政府与非政府组织、企事业单位间的联动，也包括军队和地方间的联动。通过充分发挥好各方面的积极性，构建部门联动协调委员会、联络员会议制度、信息资源共享机制和应急响应联动机制，以气象灾害预警信息为“消息树”，实现部门间的灾害应急响应联动、信息通报共享联动、灾害预报会商联动，有利于进一步实现信息互通、资源共享、协调配合、高效联动，实现综合防灾减灾。

《气象灾害防御条例》明确提出，国务院气象主管机构和国务院有关部门应当按照职责分工，共同做好全国气象灾害防御工作；地方各级气象主管机构和县级以上地方人民政府有关部门应当按照职责分工，共同做好本行政区域的气象灾害防御工作。气象主管机构的气象灾害防御工作主要包括灾害性天气的监测、预报、预警，气候可行性论证，气象灾害风险评估，人工影响天气等气象灾害防御的管理、服务和监督工作。有关部门则是指县级以上人民政府发展和改革、公安、建设、国土资源（现为自然资源）、交通运输、水利、农业（现为农业农村）、林业（现并入自然资源）、海洋与渔业（现并入自然资源和农业农村）、环境保护（现为生态环境）、旅游（现为文化和旅游）、质量技术监督（并入市场监督管理）、教育、人力资源和社会保障、安全生产监督管理（现为应急管理）等部门和供电、通信等单位。

近年来，全国气象部门建立完善以气象灾害预警为先导、多部门联动的气象灾害预警联动机制。中国气象局牵头建立 28 个部门组成的气象灾害预警服务部际联络员会议制度，建立起与应急管理、自然灾害、生态环境、交通运输等部门联合预警、联合会商、联合发布工作机制。联合水利部等单位开展汛期气候趋势滚动会商，及时向国务院和相关部门进行信息报告。建立与应急管理部的综合灾害风险月度预测会商和月度灾情会商机制、森林草原火险预警会商业务流程规范。与水利部、自然资源部联合发布山洪和地质灾害风险预警工作，与应急管理部、国家林草局联合发布森林草原火险预警，与农业农村部联合发布干旱监测和病虫害等级预报产品，联合银保监会开展农业气象保险工作。2014 年，新中国成立以来登陆我国最强台风“威马逊”来袭，气象部门提前 7 天准确预报，并向 2.6 万余名政府决策人员发送预警短信 97 万条次，各级各部门有效联动防范台风，最大限度减轻了人员伤亡和经济损失，创造了 17 级超强台风正面登陆广东零死(伤)亡的奇迹。

4.1.3　社会积极参与防灾减灾

气象灾害防御离不开公民、法人和社会组织的参与。科学高效的气象灾害防御是政府与公众、其他各种气象防灾减灾服务供给者之间互动的过程。气象灾害防御的社会参与以社区为载体，以公众、企业、社会组织为主体，以气象防灾减灾志愿者和气象信息员为骨干，以政府组织管理为主导，以多元利益主体的合作机制为核心，进一步提高公众防灾减灾意识和避灾自救能力，推动社会各界积极参与灾害管理。

《气象灾害防御条例》明确规定，公民有义务参与气象灾害防御工作，在气象灾害发生后开展自救互救。《浙江省气象灾害防御条例》要求公民应当学习气象灾害防御知识，关注气象灾害风险，增强气象灾害防御意识和自救互救能力。作为气象防灾减灾基层组织体系中的一员，气象协理员和信息员在气象灾害防御中发挥着越来越重要的作用，他们的工作职责也同样有法规界定。《浙江省气象灾害防御条例》明确气象协理员、信息员的职责是“协助开展气象灾害防御知识宣传、防灾避险明白卡发放、气象监测与传播设施维护、气象灾害预警信息传递、应急联络、灾情收集和报告等工作”。

对于如交通、通信、广播、电视、网络、供水、排水、供电、供气、供油、危险化学品生产和储存等重要设施和机场、港口、车站、景区、学校、医院、大型商场等公共场所及其他人员密集场所的经营、管理单位等气象灾害防御重点单位而言，也有其法定的气象灾害防御责任。《浙江省气象灾害防御条例》规定，气象灾害防御重点单位应当根据本单位特点制定气象灾害应急预案，建立防御重点部位和关键环节检查制度，及时消除气象灾害风险隐患。《浙江省气象灾害防御条例》要求广播、电视、报纸、网络等媒体，应当开展气象灾害防御知识的公益宣传。云南省、杭州市等气象法规要求教育行政主管部门，应当将气象灾害防御知识纳入中小学校教学计划，增强青少年的防灾抗灾意识和能力。

近年来，各级气象部门持之以恒地开展气象科普教育，公民气象灾害防御职责和义务逐步写入法律法规，公民参与气象灾害防御的意识和自救互救能力明显提升。气象志愿者队伍不断壮大，积极参与气象灾害防御知识宣传、气象灾害应急演练、气象灾害救援等活动，气象部门通过搭建气象防灾减灾志愿者参与服务平台，推动志愿者队伍向组织化和普及化发展。根据法规要求，越来越多的社会组织和法人参与到气象防灾减灾工作中，广播、电视、报纸、网站等媒体和通信运营企业积极参与气象预警信息传播，有效扩大了预警覆盖面；教育部门将气象科普纳入教育体系，增强青少年防灾抗灾的意识和能力。作为全社会参与气象防灾减灾的一个重要组成部分，气象灾害防御重点单位越来越受到关注和重视。根据 2017 年开始实施的《气象灾害防御重点单位气象安全保障规范：QX/T 336—2016》，部分县级以上政府加强对气象灾害防御重点单位的管理，建立了重点单位名录，比如截至 2018 年，浙江、广东分别公布了气象灾害防御重点单位，越来越多的企事业单位开展气象灾害防御准备工作。针对现阶段气象灾害防御重点单位存在的主体责任不明确、防灾意识不强、应急响应处置能力不强等问题，2018 年广东省政府出台《广东省气象灾害防御重点单位气象安全管理办法》，明确了重点单位气象灾害防御的主体责任，对其在应对气象灾害时的责任和义务作了详细规定。

4.1.4 典型案例

(1)以河北为代表的气象防灾减灾组织体系运行机制。河北省强化政府主导，初步形成了“以省市县三级气象灾害防御指挥部为管理核心，以气象灾害防御中心为技术支撑，以乡镇气象信息服务站和信息站为服务载体”的气象灾害防御组织体系框架。省政府成立了由省政府领导任指挥长、省政府副秘书长和省气象局局长任副指挥长、有关部门负责同志为成员的省气象灾害防御指挥部。11 个设区市、133 个县也相应成立气象灾害防御指挥部。同时，成立省、市、县三级气象灾害防御中心，为气象灾害防御提供技术支撑。气象灾害防御指挥部每年汛前组织召开成员单位联席会议，安排落实气象灾害防御工作；汛中召开多部门联合会商，落实职责分工，安排灾害应对工作，充分发挥气象灾害防御的统筹协调和应急指挥作用。

(2)以德清为代表的基层气象防灾减灾组织体系运行机制。基层是防灾减灾的一线，基层气象防灾减灾组织体系的健全直接影响到气象灾害防御的成效。作为全国新农村建设气象工作示范县，德清在“德清模式”的建设中，以“政府领导、气象主管、部门配合、乡镇参与、责任到人”为原则，构建了贯通县级、乡镇、行政村、气象灾害防御重点单位为一体的基层气象防灾减灾组织体系。县政府成立了气象灾害防御工作领导小组，会同县政府应急管理部门、防汛抗旱指挥部一起负责全县气象灾害防御应对和管理。明确了政府部门、乡镇气象防灾减灾工作职责，气象防灾减灾职责纳入乡镇政府“三定”工作方案，基层气象工作全面纳入均等化行动计划和政府考核体系。设立了气象应急处置与公共服务中心(县财政全额拨款的一类事业单位)，承担基层气象防灾应急和公共服务等职责。同时，将气象组织网络延伸到村和气象灾害防御重点单位，目前，全县所有乡镇(开发区)全部按“五有”标准建立了气象工作站，乡村气象工作机构和“四员”队伍覆盖率 100%，做到乡乡有气象工作站，村村有气象信息员。按照《乡村气象防灾减灾建设规范》开展气象防灾减灾标准化乡村建设，标准化乡镇覆盖率 100%，标准化村(社区)覆盖率 60%。县政府每年公布一批气象灾害防御重点单位，并对其进行气象灾害应急准备认证。在这样的运行模式下，构建了以县级政府气象灾害防御指挥机构为主体，以乡镇气象工作站为单位，以行政村气象服务站为单元，以自然村、气象灾害防御重点单位、气象次生灾害易发区等责任区为网格的基层气象防灾减灾组织体系，实现了精细化天气预报、气象灾害应急预案到乡镇，气象信息员队伍、灾害预警信息传播节点、气象防灾减灾计划到行政村，灾害预警信息、灾情收集、气象风险调查到自然村、气象灾害防御重点单位等网格的基层气象防灾减灾组织运行机制。

随着国家综合防灾减灾体制机制改革的深入，气象防灾减灾组织责任体系将不断完善。未来，按照“综合防灾、全民防御”理念，气象防灾减灾法定主体责任将进一步细化落实到法人、公民、家庭和其他社会组织，在完善的社会组织和志愿者参与防灾减灾等配套制度的激励下，将有越来越多的社会力量参与气象防灾减灾；随着综合防灾减灾组织机构的建立，气象防灾减灾组织体系将实现融入式发展，气象灾害防御指挥机构等将融入当地综合防灾减灾指挥机构，气象信息员队伍将融入当地基层防灾减灾队伍建设，实现“多员合一”；气象防灾减灾责任体系将更加完善，延伸到村的气象防灾减灾法定责任将全面落实，气象防灾减灾责任人将进一步延伸到村、各网格点和责任区，责任追究机制将更加健全。

4.2　减灾服务体系

气象防灾减灾是国家综合防灾减灾的重要组成部分。经过多年气象服务发展和实践，我国已经逐步建立了由决策气象服务、公众气象服务、农业气象服务、专业专项气象服务等业务系统构成的，以气象灾害防御和应对气候变化为着力点的中国特色气象服务体系。特别是党的十八大以来，气象部门深入贯彻习近平总书记关于综合防灾减灾救灾“两个坚持”“三个转变”的重要论述，筑牢气象防灾减灾第一道防线，为经济社会发展和人民福祉安康提供了强有力的气象保障。气象灾害造成的经济损失占 GDP 的比例从 20 世纪 90 年代的 3.4%下降到目前的 0.6%，全国因气象灾害造成的死亡人口由 20 世纪 90 年代年均 5000 人左右下降到近五年的年均 2000 人以下，公众气象服务满意度持续保持在 85 分以上。

在管理体制上，气象服务实行国务院气象主管机构和省（区、市）、市（地）、县气象主管机构分级管理；在组织机构上，有国家级气象服务机构、省（区、市）级气象服务机构、市（地）和县级气象服务机构。此外，在部分乡镇、村屯和城市街道、社区设立了气象信息员（学校、医院、车站、码头、体育场馆等公共场所气象应急联系人、乡镇气象协理员、村屯气象信息员等统称为“气象信息员”）。在防灾减灾机制上，建立完善了“党委领导、政府主导、部门联动、社会参与”的气象灾害防御机制。在业务体制上，实行逐级指导，互相协作，省级及其以下气象服务机构在上级业务指导产品的基础上制作并提供决策、公众、为农、专业专项气象服务所需要的服务产品。从整个社会经济系统角度来看，气象部门的地位、作用的增强以及形象和效益的提升，都有赖于现代气象服务体系的不断建立和完善。

4.2.1　建立气象减灾服务组织体系

我国气象减灾服务管理机构设置国、省（区、市）、市、县（区）四级。为进一步强化减灾服务管理，2009 年 4 月，按照中央编办《关于中国气象局机构编制调整的批复》（中央编办复字〔2009〕45 号）精神，中国气象局对部分内设机构处室设置、主要职责及人员编制进行调整，增加设立应急减灾与公共服务司，将由办公室承担的气象灾害防御、应急管理等职责，原预测减灾司减灾服务处、人工影响天气处和农业气象处承担的职责以及专业气象业务服务的管理职责划入应急减灾与公共服务司；应急减灾与公共服务司增加“组织实施为党中央、国务院及有关部门的重大气象服务，为国家重大社会活动提供气象保障服务”和“组织服务效益和满意度评估”职责。同时，省（区、市）气象局内设机构进行调整，增设应急与减灾处。市、县级气象部门在原有业务管理机构增加减灾服务相关管理职能。

2008年,中央编办批复同意中国气象局影视宣传中心改建为中国气象局公共气象服务中心。省(区、市)、市级和县级气象业务机构也相应调整优化,省级合并气象影视中心和专业气象台等部门成立气象服务中心,市级影视制作科改为服务中心,县(区)气象局在2012—2014年基层综合改革过程中成立综合减灾科和气象台,加强防灾减灾的气象服务。作为现代气象业务体系的重要组成部分,公共气象服务中心主要负责电视、广播、报纸、网络、手机、新媒体等所需的公众气象服务产品制作和发布,水文、地质、交通、旅游、环境、健康等专业气象服务产品的制作和发布,风能太阳能资源开发利用及其相关的功率预报、资源评估等业务,国家突发公共事件预警信息服务以及全国公共气象服务的业务技术指导等工作。

2015年2月,中央机构编制委员会办公室批复同意在中国气象局公共气象服务中心加挂国家预警信息发布中心牌子(中央编办复字〔2015〕24号)。国家预警信息发布中心是面向社会公众和政府应急责任人提供综合预警信息服务的工作机构,主要承担国家突发事件预警信息发布系统建设及运行维护管理,为相关部门发布预警信息提供综合发布渠道,研究拟定相关政策和标准等工作,指导全国开展预警信息发布业务。国家预警信息发布中心在原国务院应急办的指导下,在中国气象局的直接领导下,完善相关业务运行和管理体系,明确了各有关单位承担的任务和职责,确保各项业务高效稳定运转。目前,全国已形成国家、省、地、县四级相互衔接、规范统一、多部门应用的预警信息发布业务系统和工作体系,实现预警信息发布机构与政府应急管理部门、突发事件应急处置部门平台之间的互联互通。16个部委的76类预警信息实现了实时收集、共享和快速发布,气象信息决策支持系统进驻国务院总值班室和应急管理部指挥中心。全国共有24个省份、183个地市、683个县经地方政府批准成立预警发布中心,全国预警工作队伍达到9026人。全国各级地方政府批复人员编制3292个,投入建设经费累计超过20亿元。自2015年5月1日国家预警信息发布系统运行以来,全国累计为应急责任人发送预警短消息37.3亿人次,发布各类预警102万余条,其中,发布其他部门预警信息1.7万余条,为国家防灾减灾做出了突出贡献。

4.2.2 健全气象减灾服务业务体系

我国气象减灾服务业务体系建设始终坚持“公共气象、安全气象、资源气象”发展理念,以提高减灾服务满意率为目标,切实增强防御和减轻气象灾害以及应对气候变化的能力,为国民经济和社会发展以及人民福祉安康提供更加优质的气象服务,气象部门在政府组织开展的自然灾害防御、事故灾难救助、公共卫生事件应急和社会安全事件应对中发挥着越来越重要的作用。

4.2.2.1 决策气象服务

决策气象服务主要是向党中央、国务院和地方各级党委、政府报送重要天气气候信息和防灾减灾信息,并根据天气气候实况及趋势预测进行综合分析,提供防灾减灾、应对气候变化、合理开发利用资源、生态文明建设以及重大工程建设等重大决策建议,为国家防灾减灾、制定国民经济和社会发展规划、组织重大社会活动等发挥参谋和助手作用。

近年来,我国初步建立了“小实体、大网络”的气象决策服务业务运行机制。2008年,中国气象局召开决策气象服务会议,完善决策气象服务“小实体、大网络”的体制构建,出台《中国气象局决策气象服务中心运行方案》,开创了决策气象服务的新局面。2014年,中国气象局出台修订后的决策气象服务中心运行方案,进一步完善了“小实体、大网络”的决策气象服务运行机制和业务流程，提升决策气象服务质量和效益。2018 年，充实调整中国气象局气象服务工作领导小组，组织制定《国家级决策气象服务业务启动规范(试行)》《国家级决策气象服务产品制作业务流程》《决策气象服务产品标准规范》。

中国气象局决策气象服务中心是中国气象局决策气象服务业务的协调和实施机构。其中，“小实体”由气象服务室和气候服务室组成，负责决策气象服务日常业务运行，牵头开展决策服务相关业务技术规范、标准制定和业务系统建设，在业务上接受所在单位和应急减灾与公共服务司的双重指导。“大网络”以国家气象中心、国家气候中心、国家卫星气象中心、国家气象信息中心、中国气象局气象探测中心、中国气象局公共气象服务中心、中国气象科学研究院、中国气象局气象宣传与科普中心等单位为基础，联合各省(区、市)气象局组成。成员单位均需要在重点业务服务领域设立决策气象服务首席岗位，经授权还可牵头组织制作相关决策服务专题材料，并负责对本单位提供的产品和材料质量把关。在业务流程上，决策气象服务不再按“常规”和“非常规”划分，而是根据决策服务时效要求和重要性，将决策气象服务任务分为非紧急性、重大紧急性两类，并建立了领导负责制度和从决策气象服务前端产品到最终服务材料的全程四级审核把关制度。

省级气象局按照中国气象局的要求，进一步完善“小实体、大网络”的气象减灾服务业务运行机制，成立省级决策气象服务中心，即“小实体”，为省气象局减灾服务业务协调和实施机构。“大网络”即以省气象台、省气候中心、省气象信息中心、省大气探测技术保障中心、省气象服务中心、省气象科学研究所、省灾防中心、省气象局宣传与科普中心及各市、县级气象局组成。同时，建立减灾服务业务机制和日常联席会议制度，保障减灾服务业务顺利高效运行。目前，各省(区、市)气象局决策气象服务编制总数为 192 个，从事决策服务工作人员为 187 人。

4.2.2.2　农业气象服务

长期以来，中国气象局坚决贯彻落实党中央、国务院关于“三农”工作的重要决策部署，强化农村气象灾害防御体系和农业气象服务体系建设，推动气象服务“三农”实践创新、制度创新，气象工作在服务“三农”发展中做出了突出贡献。

农村气象防灾减灾组织体系基本建立。31 个省(区、市)出台了加强“两个体系”建设的文件，“三农”服务专项累计投入 19.6 亿元，带动地方政府投入近 8 亿元。县乡政府主导创建了 143 个国家级标准化现代农业气象服务县和 1159 个国家级标准化农村气象灾害防御乡(镇)。2167 个县成立气象防灾减灾或气象为农服务机构，全国气象信息员达 76.7 万名，行政村覆盖率 99.7%，县乡村三级气象防灾减灾组织管理体系基本形成。

现代农业气象业务服务组织更加有效。我国基本形成国、省、市、县四级业务和延伸到乡的五级服务格局，与农业农村部联合创建 10 个特色农业气象中心，全国建成 6 个独立运行省级的农业气象中心，11 个省成立 44 个省级农业气象分中心。形成了由 9 位全国首席服务专家、百余位正研、千余位高工为主组成的农业气象专业队伍，培训基层气象为农服务人员 2 万余人次，农业气象从业人员素质进一步提高。

农村气象灾害防御体系基本建立。农村气象灾害监测预报能力明显提升，全国农村建成 5.7 万个区域自动气象站，乡镇覆盖率达 95.9%。建立了精细到乡镇的气象预报和灾害性天气短时临近预警业务，乡镇天气预报准确率逐年提高。完成 2190 个县的暴雨洪涝灾害风险普查和风险区划，1880 个县与国土部门联合发布地质灾害气象预警，推进了与水利部门联合发布山洪和中小河流洪水风险预警。以预警信号为先导的应急联动机制初步建立。

农村气象预警信息发布能力显著增强。建成国家、省、市三级突发事件预警发布平台和

2016 个县级终端，国、省、市、县四级相互衔接、规范统一的预警信息发布业务基本形成。整合和利用各部门及社会资源，建成 7.8 万个气象信息站、覆盖 93.6%的乡镇，15.3 万块电子显示屏、覆盖 82.6%的乡镇，43.6 万套高音喇叭、覆盖 70.2%的行政村，建立覆盖我国近海海域的 8 个海洋气象广播电台。

4.2.2.3 人工影响天气

国务院 1994 年批准建立人工影响天气协调会议制度，目前有 20 个成员单位，中国气象局为牵头单位。2012 年国务院批准召开第三次全国人工影响天气工作会议，确定了全国人工影响天气工作的重点任务。2014 年，国家发展改革委、中国气象局共同印发《全国人工影响天气发展规划(2014—2020 年)》，明确区域发展布局，设立工程项目开展建设。2012 年起，财政部加大资金投入支持地方作业。2012—2017 年，地方各级财政支持人工影响天气工作资金投入累计达 80 亿元。

近年来，中国气象局加快完善国家、省、市、县四级人工影响天气业务体系建设，形成了以实时监测预报、信息加工传输、作业决策、效果评估为核心的人工影响天气业务体系。其中，国家级人工影响天气中心负责全国人工影响天气业务指导、跨区域联合作业的协调指挥中心以及人工影响天气科学研究与技术装备研发；各省(区、市)气象部门主要负责本地人工影响天气作业探测、作业指挥、作业实施、作业效果评估工作；市、县级气象部门主要负责人工影响天气作业实施及基础设施建设等。

我国构建了国家—省—市—县—作业点五级有机衔接的人工影响天气组织领导体系。全国 29 个省(区、市)、273 个市、1549 个县级人民政府成立了人工影响天气领导机构，1895 个县设立了地方工作机构，负责组织、协调和监管工作。我国发展了“四级业务纵向到底、五段流程横向到边”的人工影响天气现代业务体系。卫星、雷达、自动站以及人工增雨机载探测系统构成了综合立体观测网络，50 多架作业飞机、6500 多门高炮、8200 多部火箭作业系统、5 万余作业人员组成空地一体化协同作业体系，作业指挥系统省市县全覆盖。同时，构建了部门配合、军民融合的综合监管体系，聚焦弹药质量与运输、装备维护、空域审批、人员政审等关键环节，装备年检、作业人员政审合格率 100%。

2012—2017 年，全国实施飞机人工增雨作业 6194 架次、飞行 16871 小时，高炮、火箭等地面作业 29 万次，共发射火箭弹 74 万枚、炮弹 526 万发，累计增加降水约 2860 亿 m^3，累计减免冰雹灾害折合经济效益约 700 亿元。人工影响天气工作作为实施乡村振兴战略的重要手段、服务生态文明建设的有效途径、推进防灾减灾救灾的重要载体，服务领域从以农业生产为主向生态文明建设纵深拓展，服务方式从应急响应型作业向常态保障型作业延伸，服务经济社会发展和生态文明建设的能力有效提升，整体达到世界先进水平。

4.3 社会参与体系

联合国国际减灾战略实施以来，一直致力于用行动推动防灾减灾社会参与。中国高度重视社会力量在防灾减灾工作中的地位和作用，在《国家综合防灾减灾规划(2016—2020 年)》中，更是明确将政府主导、全社会共同参与作为“十三五”防灾减灾要坚持的四项原则之一，并积极支持和推动社会力量参与防灾减灾。在此背景下，气象部门广泛发动和引导社会各方面力量，充分利用社会资源，开展大众化的气象防灾减灾活动，逐步构建了以气象志愿者、基层社区、社会媒体、企业等为主体的社会防灾减灾多元发展格局，有效提升了全社会气象灾害应急防范能力。

4.3.1 气象志愿者

气象志愿者是气象信息传播、气象灾情收集、气象灾害防御和气象科普知识宣传的重要社会力量。通常，气象志愿者义务主要包括，践行和推广人与气候和谐相生的理念，以实际行动影响和带动身边的人；承担气象灾害预警信息接收传递、灾害性天气实况和灾情的收集上报等义务；参与和协助做好气象法律法规、气象科普知识、气象灾害防御知识的科普和技术咨询等活动；参与当地社区（村镇）气象灾害防御科普宣传、方案制定、灾害应急处置和调查评估等工作。气象信息员、气象爱好者等均属于气象志愿者范畴，具有各自相应的职责、制度、规章等。

4.3.1.1 气象信息员

气象信息员是最主要的气象志愿者。2007 年 7 月，国务院办公厅《关于进一步加强气象灾害防御工作的意见》（国办发〔2007〕49 号）明确提出“要积极创造条件，逐步设立乡村气象灾害义务信息员，及时传递预警信息，帮助群众做好防灾避灾工作”。同年 9 月，在全国气象防灾减灾大会上，回良玉副总理再次强调指出“建立学校、医院、车站、码头、体育场馆等公共场所气象灾害应急联系人和乡村气象灾害义务信息员队伍”。2007 年底，中国气象局《关于发展现代气象业务的意见》提出建立城乡气象灾害防御网络“在城市各社区、街道、企事业、学校、车站、码头、港口、医院等重点单位设置 1 名气象应急联系人。在各乡镇建立 1 名兼职气象协理员，下属每个行政村设 1 名气象信息员”。自此，全国各省（区、市）全面推进气象信息员队伍建设，特别是 2010 年中央财政“三农”服务专项设立和建设实施以来，各地将气象信息员队伍建设纳入地方政府防灾减灾建设体系，营造良好的发展环境，全国气象信息员队伍迅速壮大，截至 2018 年底，全国气象信息员达 70.8 万人，实现每一个乡镇都有一名气象协理员，99.5%的行政村都有气象信息员，成为活跃在基层气象防灾减灾一线的重要社会力量。

权利与义务。气象信息员权利，包括免费获取灾害性天气监测、预警、预报信息和其他有关气象信息；免费参加气象灾害防御知识、预警信号识别、气象灾害调查方法及其他相关气象知识的培训。

气象信息员义务，包括承担气象灾害预警信息的接收和传播以及气象灾情的收集和上报，协助开展气象灾害科普宣传，协助完成本地气象设施的维护，协助观测和报告本地特殊天气现象，参与制定本地气象灾害防御方案，协助群众做好防灾避灾工作，协助开展气象灾情调查评估，协助收集反馈气象服务效果、需求和建议等工作。此外，安徽、四川、陕西、贵州和甘肃等省的部分信息员还协助传播农业气象知识，为当地农经网收集各类信息；江西等省的部分信息员参与责任区气象探测设备、农村气象预警大喇叭、电子显示屏等设备的巡查和维护工作，及时向当地气象主管机构报告设备被盗、损坏、不正常运行等异常情况；山东等省具有资质的部分信息员还协助当地完成气象执法检查，协助进行本区域内的雷电灾害防护装置年度安全检测、防雷工程竣工验收等项工作。

聘任与解聘。气象信息员聘任通常遵循“本人自愿，乡镇政府、街道办事处或单位推荐，气象主管机构审核备案”的原则，优先从基层干部、大学生村官、农村中小学校长、退伍军人、农网信息员中选用。一经聘用，需登记气象信息员个人信息，由当地气象主管机构录入数据库，统一颁发聘书和徽章，并报上级气象主管机构备案。气象信息员或气象信息员联系方式发生变更、调整时，由其所在单位应及时按程序报送气象主管机构审核、备案。

气象信息员选聘条件一般为:关心气象工作,热心公益事业;具有较好的思想政治素质,能够吃苦耐劳;有较强的责任心和协作精神,能服从气象主管机构的组织管理;长期在责任区工作或居住,和责任区联系较多,熟悉责任区内可能发生的各类灾害性天气和气象灾害防御的重点区域;拥有与责任区气象主管机构沟通的固定联系方式,如手机、固定电话、电子邮箱等。身体条件良好并有适当交通工具,能够及时传播气象预警信息和开展气象灾情调查。各地气象信息员管理机构根据工作考核情况予以解聘或续聘。

管理与培训。气象信息员管理,一般由地方政府或气象主管机构负责。为规范管理,中国气象局于2009年正式出台《关于加强气象信息员队伍建的意见》,北京、江西等22省(区、市)气象局联合当地政府有关部门制定了省级气象信息员管理办法,陕西省人民政府办公厅在印发加强气象信息员队伍建设通知中明确抓好气象信息员教育培训和动态监管,部分县级人民政府出台当地气象信息员管理办法。根据管理办法,各地创造条件开展气象信息员培训工作,建立岗前培训和在岗培训制度,制订科学的培训方案,采取多种培训形式,确保信息员具备履行职责所应具备的素质,中国气象局统一编写的《气象信息员工作手册》《气象信息员知识读本》以及部分省编制的气象灾害及防御知识读本成为气象信息员培训的重要教材。在已有中国气象信息员管理平台的基础上,2017—2018年,中国气象局大力推动智慧信息员平台建设与推广,平台活跃人数达17.5万人,线上培训达4.3万次,基本实现全国气象信息员动态管理。

同时,各地建立和完善气象信息员考核与奖励制度,每年开展优秀气象信息员评选活动并给予适当奖励,截至2018年,中国气象局连续9年开展优秀气象信息员评选活动,累计评选优秀气象信息员约800名。各省、市、县气象部门开展本级优秀气象信息员评选奖励活动,部分地方政府建立并实施了气象信息员以奖代补机制,有效调动了整个信息员队伍的积极性,在气象灾害防范应对中取得了显著效益。

4.3.1.2 气象学会

气象学会由气象科学技术及相关科学技术领域的单位和科技工作者自愿组成,并依法登记注册的以促进气象科学技术发展和普及为宗旨的全国或区域性、学术性、非营利性社会团体,是科协也是气象志愿者的重要组成部分。气象学会主要设在国家级和省级,在国家级层面,中国气象学会作为各级气象学会的指导单位,同时也是气象科普活动的主要策划和实施单位,业务上接受中国科协指导,挂靠中国气象局。在省级层面,省气象学会作为省一级气象科普业务机构,承担气象科普活动和策划、组织实施、科普产品研发推广等相关工作,业务上接受省科协指导,挂靠当地省气象局。

气象学会组织体系健全,如中国气象学会,拥有代表大会、29个学科委员会、4个工作委员会、1个秘书处,主要业务为,开展气象科技学术交流活动,活跃学术思想,促进学科发展,推动自主创新;依照《中华人民共和国科学技术普及法》,弘扬科学精神,普及气象科学知识,传播科学思想和科学方法,捍卫科学尊严,推广先进科学技术,开展青少年气象科学技术教育活动,提高全民族科学文化素质;面向会员开展气象科技及相关专业的继续教育和培训工作;培养和举荐人才,按照规定经批准,表彰奖励取得优秀成绩的会员和气象科技工作者;按照国家有关规定,编辑、出版、发行气象科技文献、气象学术刊物和科普刊物及相关的音像制品;推动气象科技的交流、协作,组织气象技能竞赛,支持科学研究,发挥学会在气象行业内外的纽带作用,等等。自2007年开始,中国气象局、中国气象学会、教育部、共青团中央、中国科学技术协会组成“气象防灾减灾宣传志愿者联盟”,共同主办“气象防灾减灾宣传志愿者中国行”活动,2007年至 2017 年间，共计 17000 余人次的志愿者组成 1500 余支小分队，先后深入到 8543 个行政村、3050 所学校、479 家企业，发放 1880 余万份宣传资料，受众 700 余万人，为普及气象防灾减灾知识，落实全民科学素质纲要，提高大学生社会责任感和综合素质做出了重要贡献。该活动成为目前国内开展规模最大、参与单位与人数最多的专题科普服务活动。

4.3.1.3　气象爱好者

气象爱好者是近年来由各地气象爱好者按照自愿原则、自行组织的新型公益气象服务组织，坚持科学、奉献的气象科普服务的志愿精神，宣传气象知识，服务普通百姓，与官方气象局一起推动我国气象事业又好又快发展。气象爱好者通常以微博、微信等新媒体为传播载体，面向社会公众传播天气资讯、天气动态，作好天气解读等。中国气象爱好者、浙江省气象爱好者服务团队、福建气象爱好者、川渝气象爱好者、潮汕气象爱好者、绍兴气象爱好者等是当前较活跃的气象爱好者组织，其中中国气象爱好者微博粉丝已达 911 万余人，浙江省气象爱好者服务团队拥有组织架构、章程和徽标等。

4.3.2　社区

社区是城市气象防灾减灾体系建设中最基本的组织单元，是强化社会对灾害的自我管理能力、发挥社会力量参与防灾减灾作用的重要环节。为增强基层社区的灾害自我管理能力，有效减轻气象灾害带来的影响，中国气象局于 2008 年起，在浙江省德清县探索建立气象灾害应急准备认证工作制度；2010 年制定下发《气象灾害应急准备认证乡镇建设规范》，联合应急管理部门对乡镇、社区、气象灾害防御重点单位等推行气象灾害应急准备工作认证；2018 年在国家减灾委员会领导下，联合民政部门、中国地震局印发《全国综合减灾示范社区创建管理暂行办法》，共同加强社区层面减灾资源和力量统筹，提升社区防灾减灾救灾能力。

4.3.2.1　气象灾害应急准备认证

气象灾害应急准备认证是指对乡镇、社区、气象灾害防御重点单位、其他企事业单位、农业行业等气象防灾减灾基础设施和组织体系进行评定，通过评定即认为其具备气象防灾减灾能力和意识，能自动自发进行灾前、灾中到灾后各项灾害防御工作，能降低气象灾害发生风险、承受气象灾害的冲击和降低气象灾害损失。通常由当地气象部门和地方应急管理部门联合组织实施。

(1)认证对象。乡镇(街道)；行政村(社区)；气象灾害重点防御单位，包括交通、通信、广播、电视、网络、供水、排水、供电、供气、供油、危险化学品生产和储存等重要设施和机场、港口、车站、景区、学校、医院、大型商场等公共场所及其他人员密集场所的经营、管理单位；其他单位，包括特色小镇、农业企业、合作社、协会、种养殖大户以及一般企事业单位等。

(2)认证条件。绘制气象防灾减灾风险地图，编制气象灾害应急预案，组织行政村(社区)、重点单位参加本级或上级组织的气象灾害相关应急演练。

建立气象防灾减灾组织体系，明确管理制度和岗位职责；将防灾减灾组织体系融入当地网格化综合服务管理体系。

乡镇(街道)、行政村(社区)、重点单位按职责和要求配置乡镇(街道)气象协理员、行政村(社区)气象信息员、重点单位联系人；落实气象协理员、信息员、重点单位联系人工作职责。

协助开展气象监测设施的选址、建设和环境保护。统筹协调区域内的广播、电子显示屏等资源，传播推送气象信息。确保信息传播系统常态运行；建立有效的发布渠道(微信群、QQ

群、应急广播、手机短信等)。

设立避灾场所;做好应急物资准备;在关键位置和灾害多发易发区设立防灾警示牌、避灾路线图;按气象灾害应急预案,启动应急响应,及时分析灾情形势,并传递气象预警信息,采取有效防灾避险措施。

建立防雷安全单位信息库,对农民自建房、新建农民新村及公共场所建(构)筑物开展防雷技术指导。

参加上级组织或自行安排责任人、信息员等人员的防灾减灾知识培训;设置气象科普长廊或宣传窗等,对辖区内重点灾害进行有针对性的宣传。

截至2012年底,全国共有1032个县的2458个社区(村)开展了气象灾害应急准备认证工作。通过认证单位在防御强对流天气、暴雨等气象灾害中发挥了积极作用。

4.3.2.2 综合减灾示范社区

创建综合减灾示范社区,是社区减灾工作的重要载体和抓手,有利于充分调动社区居民、驻在单位和其他社会力量在减灾工作中的主动性积极性,发挥其就近就便参与防灾减灾工作的重要作用,提高综合防灾减灾能力。2018年1月,中国气象局首次联合民政部、中国地震局印发《全国综合减灾示范社区创建管理暂行办法》,共同开展评审推荐和命名工作。全国综合减灾示范社区一般应具备以下条件:

(1)基本条件。社区居民对社区综合减灾状况满意率大于70%。社区近3年内没有发生因灾造成的较大事故。具有符合社区特点的综合灾害应急救助预案并经常开展演练活动。

(2)基本要素。综合减灾工作组织与管理机制完善。成立社区综合减灾工作领导小组,建立了综合减灾示范社区工作机制。负责开展以下工作:全面组织开展综合减灾示范社区的创建、运行、评估与改进工作。组织开展社区灾害风险隐患排查、编制社区灾害风险地图。组织编制社区综合灾害应急救助预案,开展防灾减灾演练。组织制定符合社区条件、体现社区特色、切实可行的综合减灾目标和计划。调动社区内各种资源,确保必要的人力、物力、财力和技术等资源的投入,共同参与社区综合减灾教育宣传活动,提升居民防灾减灾意识。组织社区开展综合减灾绩效评审。

开展灾害风险评估。采用居民参与的方式,开展社区内各种灾害风险排查工作。明确社区老年人、小孩、孕妇、病患者、伤残人员等弱势群体的分布,针对风险落实了对口帮扶救助人员和措施。积极鼓励居民参与编制并知晓社区灾害风险地图。

制定综合灾害应急救助预案。预案明确在社区设灾害信息员,开展社区灾害风险隐患日常监测工作,建立健全监测制度,灾害风险早发现、早预防、早治理的措施落实。预案明确特定手段和方法,能及时准确向社区居民发布灾害预警信息。预案明确了领导小组和应急队伍责任人的联系方式,有针对社区弱势群体的对应救助措施。预案中有社区综合避难图,明确灾害风险隐患点(带),应急避难所分布、安全疏散路径、脆弱人群临时安置避险位置、消防和医疗设施及指挥中心位置等信息。定期开展应急演练。演练包括组织指挥、灾害隐患排查、灾害预警及信息传递、灾害自救和互救逃生、转移安置、灾情上报等内容。能及时分析总结演练经验和问题,不断完善社区综合灾害应急救助预案。

经常开展减灾宣传教育与培训活动。以国家防灾减灾日、国际减灾日为契机,开展经常性的防灾减灾宣传活动。利用现有公共活动场所或设施(图书馆、学校、宣传栏、橱窗、安全提示牌等),设置防灾减灾专栏、张贴有关宣传材料、设置安全提示牌等,开展日常性的居民防灾减灾宣传教育。利用广播、电视、电影、网络、手机短信等媒体,经常普及防灾减灾知识和避灾自救技能。定期邀请有关专家、专业人员或志愿者，对社区管理人员和居民进行防灾减灾培训，适时开展社区间减灾工作经验交流。每年印制分发社区各类防灾减灾宣传材料。

社区防灾减灾基础设施较为齐全。通过新建、加固或确认等方式，建立社区灾害应急避难场所，明确避难场所位置、可安置人数、管理人员等信息。在避难场所、关键路口等，设置醒目的安全应急标志或指示牌，引导居民快速找到避难所。避难场所标有明确的救助、安置、医疗等功能分区。社区备有必要的应急物资，包括救援工具（如铁锹、担架、灭火器等）、通信设备（如喇叭、对讲机等）、照明工具（如手电筒、应急灯等），应急药品和生活类物资（如棉衣被、食品、饮用水等）。居民家庭配有针对社区特点的减灾器材和救生工具，如逃生绳、收音机、手电筒、哨子、灭火器、常用药品等。

居民减灾意识与避灾自救技能提升。居民清楚社区内各类灾害风险及其分布，知晓本社区的避难场所及行走路线。居民掌握防灾减灾自救互救基本方法与技能，包括在不同场合（家里、室外、学校等）、不同灾害（地震、洪水、台风、地质灾害、火灾等）发生后，懂得如何逃生自救、互帮互救等基本技能。居民积极主动参与社区组织的各类防灾减灾活动。

广泛开展社区减灾动员与减灾参与活动。社区建立了防灾减灾志愿者队伍，承担社区综合减灾建设的有关工作，如宣传、教育、义务培训等，配备了必要的装备，并定期开展训练。社区内相关企事业单位积极组织开展防灾减灾活动，主动参与风险评估、隐患排查、宣传教育与演练等社区减灾活动，在做好安全生产的同时，经常对企业员工特别是外来员工进行防灾减灾教育等。社区内学校在日常教育中注重提高学生的防灾减灾意识和应急能力，能利用学校教育资源，为居民开展各类防灾减灾教育。社区内的医院能积极承担有关医护工作，关注社区脆弱人群，提高社区救护能力。社区内社会组织发挥自身优势，吸收各方资源，积极参与社区综合减灾工作。

管理考核制度健全。社区建立综合减灾绩效考核工作制度，有相关人员日常管理、防灾减灾设施维护管理等制度措施。社区定期对隐患监测、应急救助预案、脆弱人群应急应对等各项工作进行检查。社区定期对综合减灾工作开展考核，对不足之处有具体改进措施。

档案管理规范。社区建立了包括文字、照片等档案信息在内的规范齐全、方便查阅的综合减灾档案。

社区综合减灾特色鲜明。在社区减灾工作部署、动员过程中，具有有效调动居民和单位参与的方式方法。在社区综合减灾工作中，有独到的做法或经验，如利用本土知识和工具，进行灾害监测、预报和预警，有行之有效的做好外来人口减灾教育的方式方法等。利用现代技术手段，开展日常综合减灾工作，如建立社区网站、社区网络等。社区引入了风险分担机制，倡导居民开展社区各类灾害保险工作等。在防灾减灾宣传教育活动中具有地方特色。

截至 2018 年，国家减灾委员会、应急管理部、中国气象局、中国地震局联合发文命名 2018 年全国综合减灾示范社区 1487 个，有力提升了社区及公众防灾减灾救灾能力。

4.3.2.3　标准化气象灾害防御乡镇

创建标准化气象灾害防御乡镇，是中国气象局 2013 年启动的活动，旨在推动农村气象灾害易发区健全防灾减灾组织体系和应急体系，强化气象防灾减灾基础设施建设，提升乡镇和村民应对防范气象灾害的意识和能力。标准化气象灾害防御乡镇以乡镇人民政府为申报主体，由当地气象部门指导创建，上一级主管部门评审并推荐。

申报标准化气象灾害防御乡镇应满足“八有”条件，即有气象防灾减灾领导机构、有气象信息员队伍、有乡镇气象信息服务站、有气象灾害监测预警网络、有乡镇气象防灾减灾风险地图、有气象防灾减灾应急预案、有气象防灾减灾科普宣传计划、有气象防灾减灾融入式发展工作机制等。

截至2018年底，中国气象局已认定五批全国标准化气象灾害防御乡镇共计1159个。江西同步开展省级创建，结合地方秀美乡村建设，省气象局联合农业农村部门累计认定省级标准化气象灾害防御乡镇593个，有效提升了农村气象灾害防御水平。

4.3.2.4　气象信息服务站

气象信息服务站是开展气象信息进村入户的有效途径，是为农民提供气象信息服务的主要载体，是推进城乡公共气象服务均等化的重要手段。2010年，中国气象局印发《农村气象信息服务站建设规范》，规范农村气象信息服务站的建设、管理和运行。

农村气象信息服务站建设坚持公共服务、农民受益原则，坚持政府主导、社会参与原则，坚持部门合作、共建共享原则。在建设标准上要求满足“六个有”，即有固定场所、有信息设备、有信息员、有定期活动、有管理制度、有长效机制。在服务方面，要求贴近当地气象灾害特点和经济社会发展的现实需求，着力为农民提供气象灾害预警信息、农业气象服务信息、农业气象适用技术信息、农村经济信息、农村气象科普宣传和培训等服务。

截至2018年底，全国建设气象信息服务站累计为7.8万个，覆盖90%以上的乡镇，在推动气象防灾减灾工作向乡镇、村、户延伸的过程中发挥了重要的桥梁作用。

4.3.2.5　校园气象站

校园气象站是气象科普宣传的重要阵地，大致分为农村校园气象站、城市校园气象站、中小学科技创新实践基地、中小学气象科技教育创新联合体以及特殊学校校园气象站等类型。

校园气象站一般具备以下条件：建有人工观测气象站和能对4个或4个以上气象要素进行观测的自动观测气象站；重视校园气象科普工作，有分管校长负责；将校园气象站和气象科普活动列入年度工作计划；建有校园气象站管理制度，定期研究、检查、总结气象科普工作；有专门负责此项工作的教师或兼职培训人员，有一定的经费保障；成立气象科技兴趣活动小组，组织学生连续2年以上定期开展气象观测和记录，并将资料存档；依托校园气象站定期开展校园气象科普活动，能够发挥示范引领作用；命名后接受当地气象主管机构或气象学会对校园气象站的指导，并积极参加有关交流、培训等活动；积极推进校园气象站信息化、网络化和数字化建设等。

从全国情况看，校园气象站在各地发展速度不一，但是在不断创新的探索中，也形成了自己的特色与亮点。如上海市正大中学校园气象站，作为该校气象科普兴趣小组的学习和活动场所，每天做好气象资料的收集、整理和发布工作，就如同专业的观测员一样；同时，学校在高年级开设“世界气候类型”等有关气象方面的公开课，使学生融入到科学探究学习的快乐氛围。浙江充分发挥社会教师的力量，在浙江省气象学会下属的校园气象协会，通过采取总结推广工作经验、搭建交流平台、举办辅导员培训班、编撰气象科普教材等措施，全面推动浙江省校园气象科普工作。大连市沙河口区中小学生科技中心打造气象科普教育品牌课程，以气象、环保、天文等课程作为气象科普宣传的前沿阵地，建立气象教育课程体系，将气象与环保、天文等内容纳入其中。安徽合肥市东风小学依托校园气象站将气象科普进校园的活动与气象观测服务农业生产课题研究相结合，做到学以致用、科技兴农。

截至2014年，全国已建校园气象站1150个，对普及气象科学知识、提升社会气象科普教育水平发挥了重要作用。

4.3.3　社会媒体

社会媒体是气象防灾减灾工作中重要的社会参与者。早在 2007 年，国家广电总局和中国气象局联合发文，就建立重大灾害天气预警即时插播制度提出要求，努力在第一时间将气象灾害预警信息传送到公众手中。2011 年，《国务院办公厅关于加强气象灾害监测预警及信息发布工作的意见》明确指出，广播、电视、报纸、互联网等社会媒体要切实承担社会责任，及时、准确、无偿播发或刊载气象灾害预警信息，紧急情况下采用滚动字幕、加开视频窗口甚至中断正常播出等方式迅速播报预警信息及有关防范知识，正式赋予社会媒体气象防灾减灾职责。实践表明，在广泛传播气象灾害预警信息、及时普及气象灾害防范知识等方面，社会媒体发挥了重要的作用。

以 2018 年防御第 22 号超强台风“山竹”为例，“山竹”9 月 16 日 17 时在广东台山海宴镇登陆，9 月 18 日 17 时已造成广东、广西、海南、湖南、贵州 5 个省(区)近 300 万人受灾、5 人死亡、1 人失踪、160.1 万人紧急避险转移和安置。面对“山竹”，中央电视台新闻中心从国内 11 个记者站抽调精干力量，协同部分省市电视台组成 22 路直播报道团队，提前布局，及时播发气象、交通、民航等服务信息；央视新闻中心打开直播窗口，推出《迎战“山竹”》特别报道，不断呈现台风过境给当地生产生活带来的影响和各地党委政府的应急措施；广东广播电视台、海南广播电视台、深圳卫视、广西卫视等都在黄金时段集中播出抗击“山竹”相关报道，通过真实的画面，让受众感知到台风的强烈程度及受灾情况等。同时，各广播电视媒体启用全媒体矩阵，以音频、图文等形式滚动直播最新预警、交通资讯、救援信息、抢险修复等资讯，开办专栏普及防台风知识，有效增强了公众防灾避险能力，提高气象灾害应急处置水平。

4.3.4　企业

对企业而言，气象灾害往往带来经营中断及业绩波动，是气象灾害的受影响者，但同时，有些企业本身具备良好的公共服务资质，对气象灾害风险防范意识和灾害应对能力相对较强，也是气象防灾减灾工作中重要的社会参与者。2017 年，中国气象局印发《关于加强气象防灾减灾救灾工作的意见》，明确要求动员、支持和引导企业参与气象防灾减灾救灾。为保障自身利益同时也为履行公共服务职责，各地通信运营商、灾害性天气高敏感单位、商业气象服务公司等企业逐步成为气象防灾减灾战线中不可或缺的社会力量。

4.3.4.1　通信运营商

自 2011 年《国务院办公厅关于加强气象灾害监测预警及信息发布工作的意见》出台以来，各地移动、联通与电信等三大通信运营商按照“各基础电信运营企业要根据应急需求对手机短信平台进行升级改造，提高预警信息发送效率，按照政府及其授权部门的要求及时向灾害预警区域手机用户免费发布预警信息”要求，均与气象部门签订了重大气象灾害预警信息发布相关合作协议，建立了预警信息全网发布的发送平台、业务流程和工作机制，遇到重大或突发天气，第一时间启动“绿色通道”，显著提高了灾害预警信息发布的及时性和有效性，为解决信息发布“最后一公里”问题提供了重要支撑。

同时，以抢险救灾作为国有企业的责任与使命，以良好的通信保障支援地方政府的抢险救灾工作。在抗击 2008 年初南方雨雪冰冻灾害期间，中国联通各单位共出动抢险救灾人员 16 万余人次，应急通信车出动 1.6 万余车次、通信抢修及发电用车 6.3 万车次，全国累计向社会公众发布应急短信 4.47 亿条；中国联通北京分公司为中宣部、交通部等 8 部委开通了 32 路视频传送电路，保障全国性抗灾救灾电视会议 12 场；广西公司在 2 个小时内紧急为广西电网公司开通 5 条南宁至桂森的通信指挥电路，确保了电力系统指挥调度的畅通；四川公司通过大灵通网络播发灾害性天气预报等公益性信息 900 余万条；江西公司向灾区捐助面值达 100 万元的电话卡；当选 2008 年中央企业抗雨雪冰冻灾害先进集体。在 2018 年防御台风“安比”中，中国电信上海公司为政府部门 76 条防汛专线、51 条网管灾情短信专线提供了全方位保障，数百套“全球眼”时刻盯着上涨的河道水位，供防汛部门指挥决策。中国电信上海公司累计有 2577 名保障人员坚守岗位，出动 289 名员工前往一线抢修，出动抢险车辆 156 台次，彰显了国有通信企业所担负的社会责任。

4.3.4.2　重点单位

气象灾害防御重点单位是近年来被认可的防灾减灾重要社会力量。2014 年以来，广东、浙江、江西分别出台实施《广东省气象灾害防御条例》《浙江省气象灾害防御条例》《江西省气象灾害防御条例》，明确要建立气象灾害防御重点单位制度，其中，浙江省将交通、通信、广播、电视、网络、供水、排水、供电、供气、供油、危险化学品生产和储存等重要设施和机场、港口、车站、景区、学校、医院、大型商场等公共场所及其他人员密集场所的经营、管理单位统称为气象灾害防御重点单位，并于 2014 年公布气象灾害防御重点单位 982 家，其中 471 家已通过气象灾害应急准备工作认证；广东省明确列出可以确定为重点单位的范围，并于 2017 年 12 月认定和公布气象灾害防御重点单位 1969 家，更在 2018 年 6 月 1 日在全国率先施行《广东省气象灾害防御重点单位气象安全管理办法》，成为全国首部规范气象灾害防御重点单位的地方政府规章；江西省以防雷为切入点，于 2017 年公布全省雷电灾害防御重点单位 3875 个，2018 年根据江西省雷电易发区域及其防范等级划分结果调整为 3736 个。

根据国家标准《气象灾害防御重点单位气象安全保障规范：GB/T 36742—2018》，气象灾害防御重点单位指由于单位所处的地理位置、地形、地质、地貌、气候环境条件和单位的重要性及其工作特性，易遭受气象灾害的影响并可能造成较大人员伤亡、财产损失或发生较严重安全事故的单位。气象灾害防御重点单位的确定以单位受气象灾害影响的可能性、严重性及单位的重要性、工作特性为原则，以气象灾害风险评估为依据，通过单位自主申报并由当地气象主管机构、行业主管机构组织专家论证评审，根据气象灾害风险评估确定的风险等级进行分类，风险等级为特别敏感的，划为一类气象灾害防御重点单位，风险等级为一般敏感的，划为二类，接受县级以上人民政府或气象主管机构与有关部门的监督检查。

关于重点单位的气象灾害防御职责，各地规定略有不同，根据相关条例，江西省气象灾害防御重点单位应当宣传气象灾害防御知识，接收与传播预警信息，制定应急预案的实施方案并加强演练，落实气象灾害防御责任部门、责任人及其职责等。广东省气象灾害防御重点单位应当制定本单位气象灾害应急预案，并定期组织应急演练和气象灾害隐患排查；确定气象灾害应急管理人，组织实施本单位的气象灾害应急管理工作；建立气象灾害防御档案，确定防御重点部位，设置安全标志，实行严格管理；定期巡查并建立巡查记录；进行气象灾害风险安全培训；履行法律法规规定的其他职责。

做好重点单位公开和监管工作，有利于同时落实政府的领导责任、部门的服务和监管责任、重点单位的主体责任，最大限度减轻灾害损失。以浙能集团防御 2018 年第 18 号台风“温比亚”为例，在浙江省防指启动台风应急响应之际，浙能集团实时下发“温比亚”动态，指挥所属各企业按照“台风登陆前防、台风登陆经过时避、台风过后抢”原则做好防台工作。其所属的浙能台州发电厂及时调整卸煤计划，确保煤船准时离泊避风，同时又创下该电厂当年单日卸煤量新高，有力保障了台风期间机组的用煤需求和燃煤存煤量。浙能宁波海运受到台风“温比亚”影响的 10 艘船舶全部抛锚避台。浙能明州高速公司及各部门、浙能天然气运行公司各输气站场提前开展防台安全自查，及时整改问题隐患，台风影响期间有力保障了全省能源供应，且未发生一起人身事故、设备事故、大坝垮塌、船舶损坏事故、长输天然气与城市燃气供气中断等造成社会影响的事件。

4.3.4.3　商业气象服务机构

随着中国在 2015 年之后气象数据的逐步放开，以及互联网、高清可视化等技术的不断发展，中国气象服务市场迅速发展，以提供更加精细贴心天气服务为目标的商业气象服务机构应运而生，其中基于气象数据的服务公司，如墨迹天气、彩云天气、心知天气、和风天气、KuWeather 等是中国市场气象防灾减灾服务的典型企业代表。按照有关规定，截至 2018 年底，在气象部门备案的气象信息服务企业为 874 个。

以 KuWeather 为例，在 2019 春运开启之际，KuWeather、百度地图联合将路面气象预报服务应用至“路面气象导航”和“交通研判平台”产品中，“路面气象导航”可提供未来路面状态的预测及提醒，预测要素包括积水积冰等 8 种路面条件预报、积水积冰深度预测以及能见度预报，为出行用户提供安全导航指引；“交通研判平台”可直观看到特殊路面状态展示，每半小时更新一次路面气象预测情况，提示结冰湿滑等路面，帮助交管部门预判突发险情，进而提前安排保障工作。

4.4　应急响应体系

随着国家应急管理体系的不断健全，气象灾害应急响应体系更加完善，形成了以政府组织、部门联动、社会参与的共同应对气象灾害的应急响应组织运行体系，构建了以预警发布、应急响应、应急保障为主要环节的气象灾害应急响应体系。《气象灾害防御条例》(以下简称《条例》)对各级气象主管机构和县级以上地方人民政府、有关部门气象灾害应急处置职责做出明确规定。

4.4.1　气象灾害应急预案

气象灾害应急预案分为政府专项预案和部门应急预案两类，均由国家、省(区、市)、市、县四级应急预案构成。2009 年 12 月 11 日，国务院办公厅印发了《国家气象灾害应急预案》(以下简称《应急预案》)，标志着气象灾害应急响应开启经常化、制度化、法制化工作轨道。全国 31 个省(区、市)政府均制定印发了气象灾害政府专项预案，90%的地市级政府和 65%的县级政府出台了本级政府气象灾害应急专项预案，5.75 万个重点单位或村屯通过了气象灾害应急准备评估。近年来，气象灾害防御重点单位逐步制定出台了企业气象灾害应急预案，如 2018 年，江西南昌梅岭旅游发展有限公司制定下发了公司气象灾害突发应急预案。

《应急预案》明确了全国范围内台风、暴雨(雪)、寒潮、大风(沙尘暴)、低温、高温、干旱、雷电、冰雹、霜冻、冰冻、大雾、霾等 13 种气象灾害的防范和应对，应急响应设为Ⅰ级、Ⅱ级、Ⅲ级、Ⅳ级 4 个级别，Ⅰ级为最高级别。气象灾害应急响应遵循分灾响应、分级负责、上下联动的原则，应急响应启动、变更和解除实行应急会商制度。

《应急预案》为重大气象灾害应急处置工作提供了基本遵循，在重大气象灾害应对防范中发挥了重要作用。2016—2018 年，中国气象局共启动 49 次重大气象灾害应急响应，累计响应时间达 249 天，涉及台风、暴雨、暴雪、寒潮等多种气象灾害的防范应对，及时高效的应急响应为有效防范和减轻灾害提供了有力保障。各级政府高度重视气象灾害的应对防范工作，及时启动应急响应应对各种气象灾害。2019 年 1 月 24—28 日，合肥市遭受强低温雨雪冰冻天气袭击，市政府及时启动冰雪灾害天气Ⅲ级应急预案，交通、旅游、农委、安监、城乡建委、燃气、供电、供水等部门根据预案高效联动，防灾减灾成效显著。

另外，依据本级政府相关专项应急预案和其他部门应急预案及所涉及的部门职责，气象部门作为成员单位需要履行气象灾害外的自然灾害、事故灾难、公共卫生事件、社会安全事件和大型活动、重大工程建设需要提供气象应急保障职能。

4.4.2 气象部门应急响应体系

中国气象局高度重视气象灾害应急响应工作，不断健全应急管理组织体系、预案体系、制度和技术保障体系，成立专门机构开展应急指挥和协调工作，形成了有机构、有人员、有预案、有职责、上下联通的气象应急管理和响应体系，提高了气象灾害应对防范和处置能力。

4.4.2.1 气象应急组织管理体系

中国气象局气象服务工作领导小组统一领导和指挥气象灾害防范与应急处置，中国气象局应急管理办公室（以下简称局应急办）负责应急响应的综合协调，有关内设机构和直属单位依据职责分工组织做好应急响应工作。局应急办作为气象部门国家级层面的应急指挥机构，全面负责气象应急工作，履行值班值守、信息汇总、应急管理和综合协调等职能。中国气象局应急减灾与公共服务司作为气象部门气象灾害应急服务业务管理机构，负责组织拟订和实施气象灾害防御规划，组织气象灾害防御及应急管理工作；负责突发公共事件气象保障工作；承担国家突发公共事件预警信息发布系统的管理工作。

目前，国家、省、市、县四级均建立了完善的气象灾害应急响应组织管理机构，31 个省（区、市）气象局成立了汛期气象服务领导小组，负责本省气象部门灾害防御包括气象灾害应急响应的组织领导。成立了气象应急管理办公室、应急与减灾处和专门的应急值班机构，分别负责应急响应组织管理、业务管理和应急值班。各市、县气象局也都成立了相应的气象应急工作组织，明确了专兼职的值班人员。全国各级气象部门应急值守和信息报送工作有序高效。

4.4.2.2 气象应急制度和技术支撑体系

2009—2019 年，，中国气象局逐步形成了由系列标准、管理办法和气象应急技术支撑平台等组成的应急制度和技术支撑体系，强化应急响应的规范有序管理。

建立了以《应急预案》为核心的标准制度体系。中华人民共和国气象行业标准《重大气象灾害应急响应启动等级：QX/T 116—2010》按照分灾种和分级响应原则对台风等 13 种气象灾害的不同等级应急响应启动标准作出明确规定。《气象应急物资储备和调配管理办法》明确气象应急物资储备是国家战略储备的重要组成部分，是突发公共事件和其他紧急事件发生时保障基本气象业务和开展气象抗灾救灾、应急业务的重要物资基础，由中国气象局统一管理、集中调配。《重大突发事件信息报送标准和处理办法实施细则》《气象部门重大突发事件报送标准》规定了各级气象部门重大气象灾害信息、与气象相关的重大突发公共事件信息及内部突发事件信息报送标准、报送时限及处置指导、报送程序等。

为保障应急响应高效运行，中国气象局建立了国、省、市、县四级气象应急管理平台、应急会商平台、值班信息报送平台、突发事件预警信息发布平台等应急业务工作系统。各省（区、市)气象局到中国气象局、中国气象局到国务院应急办的纵向信息上报体系,各省(区、市)气象局到省级政府的横向信息上报体系已经形成。

4.4.3　部门联动应急响应

气象灾害防御工作是一项系统性强、涉及面广、关注度高的综合性工作,需要多部门密切协作。2010 年以来,中国气象局通过联合发文、签订合作协议、建立部际联络员会议制度及加强部门联合会商、联合预警、联合信息发布、联合效益评估等方式不断完善部门合作机制,有力推动了气象防灾减灾部门合作,气象防灾减灾“第一道防线”的作用充分发挥。

4.4.3.1　部门联动机制

《条例》规定县级以上人民政府有关部门应当按照各自职责,做好相应的应急工作。《应急预案》详细规定了相关部门应对气象灾害及其引发的次生、衍生灾害职责。台风、暴雨、干旱引发江河洪水及山洪、渍涝、干旱等水旱灾害由各级防汛抗旱总指挥部负责指挥应对工作;气象灾害严重影响交通、电力、能源、通信、农牧业生产、城市运行、海上作业安全等方面由相关职能部门负责协调处置工作。受灾群众生活救助工作,由各级减灾委组织实施。

2010 年以来,中国气象局与应急管理部、国家减灾委员会、国家防汛抗旱总指挥部等机构建立了气象灾害应急联动机制和灾害防御规划管理协调保障机制;与国家核应急办公室、自然资源部、交通运输部、水利部、农业农村部、卫生健康委员会、生态环境部、林业和草原局建立了地质灾害、交通安全、高温中暑、一氧化碳中毒、农业林业病虫害、森林草原火险等联合预警制度,以及海上搜救等公共突发事件气象保障机制;与工业和信息化部、广电总局等建立了共同发布气象预警信息的合作机制。

4.4.3.2　部际联络员会议和联合会商制度

中国气象局牵头成立了由发展改革委员会、教育部、工业和信息化部、公安部、民政部、国土资源部、环境保护部、住房和城乡建设部、交通运输部、水利部、农业农村部、国家健康委员会、广电总局、林业林草局、文化和旅游部、银行保监会、粮食和物资储备局等 28 家部委和单位组成的气象灾害预警服务部际联络员会议制度,构建起“多边双边配合,线上线下互动”的部际交流、联动平台。每年召开气象灾害预警服务部际联络员会议,截至 2019 年,已经举办了 12 届。各级气象部门也与各级政府和有关部门建立了相应的气象灾害及其次生、衍生灾害应急处置机制。

中国气象局与多部门建立了重大节假日联合会商机制。每逢重大节假日组织相关部委召开全国天气会商,为节假日旅游、交通安全提供气象服务保障。截至 2018 年,与应急管理部、水利部、生态环境部、自然资源部等开展台风、堰塞湖等专题会商 40 余次。与国家林业和草原局联合每日发布森林火险气象预报;与交通运输部联合每日发布全国主要公路气象预报。

2018 年 7 月,台风“玛莉亚”应急期间,广西气象部门及时向北海市防汛办、应急办、涠洲岛旅游区管委会等发布信息,与海事局会商涠洲岛客船调度问题,准确研判安全通航“空窗期”,在 4 次停航前共平稳疏散 6 万多名游客离岛。2018 年 8 月,台风“温比亚”影响期间,安徽省气象局启动台风Ⅲ级应急响应,安徽省旅发委临时关停有安全风险的旅游景区和项目 74 个,漂流等高风险旅游项目 31 个;交通部门对影响区域水上运输采取停运、在建项目停工等措施避免台风影响。台风影响期间全省累计紧急转移安置人口 3 万人,全省共有 2.1 万艘渔船回港,3 万余渔民上岸避风。

4.4.3.3 信息共享与信息交换机制

中国气象局与农业农村部、水利部、自然资源、民航等多个部位和单位建立了信息共享与信息交换机制，建成信息数据传输同城专线并实现了信息共享。搭建了气象灾害预警部际联络信息平台、决策气象服务客户端、部际联络员微信群，及时发布气象预报预警服务信息和相关工作动态。与农业农村、自然资源等部门采取多员合一方式，共建共享信息员，实现了防灾减灾资源的充分利用。中国气象局每天为 30 多个有关部委局的 600 多名应急指挥人员发送决策气象服务手机报，全国气象部门每天为 100 多万各级应急和决策指挥人员免费发送气象灾害预警短信。

4.4.3.4 预警信号为先导的停工停课机制

《应急预案》中针对台风、大风、暴雨、高温、雷电、冰雹等气象灾害的应急防御措施中对停工停课做出了要求，如在台风的应急处置措施中，教育部门根据防御指引、提示，通知幼儿园、托儿所、中小学和中等职业学校做好停课准备；避免在突发大风时段上学放学。近年来，广东等省及部分市、县地方政府、教育部门制定了重大气象灾害停工停课相关法规和政策规范文件，有效应对气象灾害。

《广东省气象灾害防御条例》以立法的形式正式明确遭遇极端天气时用人单位须合理安排劳动者的工作时间。以往气象部门发布气象灾害预警信号后，学生要等待教育部门和学校的通知，才知道是否停课。条例实施后，将以气象灾害预警信号为指令，只要气象部门发布了达到停课级别的台风或暴雨气象灾害预警信号，学生可自觉停课。2019 年 1 月 1 日开始施行的《北京市气象灾害防御条例》，规定相关部门可根据相关气象灾害应急预案，采取临时交通管制、限制生产经营单位用水和用气、企事业单位停工停课、社会单位错峰上下班等应急处置措施。陕西省汉中市政府新修订的《汉中市气象灾害应急预案》2017 年 7 月正式颁布实施，首次明确建立了暴雨红色预警气象灾害停工停课制度。要求暴雨Ⅰ级（红色）预警生效期间，托儿所、幼儿园、中小学校应当停课。除必需在岗的工作人员外，用人单位应当根据工作地点、工作性质、防灾避灾需要等情况安排工作人员推迟上班、提前下班或者停工，并为在岗工作人员以及因天气原因滞留单位的工作人员提供必要的避险措施。

4.4.4 社会应急响应

气象灾害防御需要建立全社会广泛参与的行动机制，要充分发挥群众团体、气象信息员和公民在气象灾害防御、救助等方面的作用。

4.4.4.1 社会应急响应责任

《条例》规定，公民、法人、和其他组织有义务参与气象灾害防御工作，在气象灾害发生后开展自救互救。《应急预案》明确各级人民政府或应急指挥机构可根据气象灾害事件的性质、危害程度和范围，广泛调动社会力量积极参与气象灾害突发事件的处置。《浙江省气象灾害防御条例》明确公民应当学习气象灾害防御知识，关注气象灾害风险，增强气象灾害防御意识和自救互救能力；公民、法人和其他组织应当主动了解气象灾害情况；在橙色、红色气象灾害预警信号生效期间，合理安排出行计划，储备必要的饮用水、食品及照明用具等生活用品，采取相应的自救互救措施，应当配合人民政府、有关部门采取的应急处置措施。鼓励社会组织和志愿者队伍等社会力量参与气象灾害防御知识宣传、气象灾害应急演练、气象灾害救援等气象灾害防御活动。气象工作协理员和气象工作信息员协助开展气象灾害防御知识宣传、防灾避险明白卡发放、气象监测与传播设施维护、气象灾害预警信息传递、应急联络、灾情收集和报告等工作。《广东省气象灾害防御条例》规定公民、法人和其他组织应当配合并参与气象灾害防御活动，提高科学避险避灾和自救互救能力。鼓励志愿者参与气象灾害防御知识宣传、参与应急演练等气象灾害防御活动。

4.4.4.2　气象信息员队伍

作为气象防灾减灾基层组织体系中的一员，气象信息员在气象灾害防御中发挥着越来越重要的作用，截至 2018 年底，全国气象信息员达 70.8 万人，实现 99.7%的行政村都有气象信息员，成为活跃在基层气象防灾减灾一线的重要社会力量。

2018 年 8 月 27—31 日，广东省汕尾市陆河县遭遇特大暴雨过程袭击，山体滑坡等灾害频发，河田镇共联村信息员随时关注预报预警信息和村里情况。30 日，强降水已经造成山体沙质土层的含水量接近饱和，信息员在收到暴雨预警信号升级为最高级别红色预警及启动暴雨Ⅱ级应急响应的信息后，立即联系村干部组织人力，动员村民转移，成功将 800 多人安全快速转移至安全地带，最大限度减少了灾害的损失。2017 年 7 月 17 日 12:05 分湖南省古丈县默戎镇龙鼻村九组发生坡面泥石流灾害，泥石流方量约 1 万 m^3，损毁房屋 5 栋 14 间，造成焦柳铁路中断。国土资源局工作人员及气象信息员接到气象预警信息后及时组织巡查、疏散受影响区群众 500 余人，未造成人员伤亡，是一起成功的地质灾害避险案例。

4.4.4.3　气象志愿者队伍

2007 年，成都信息工程大学打造了“气象防灾减灾宣传志愿者中国行”品牌活动。2017 年，在中国气象局、中国科协等部门倡导和支持下，非营利性、非法人的联合体——气象防灾减灾宣传志愿者联盟成立。截至 2019 年底，该活动共组织了 20000 余名志愿者组成 2000 余支小分队奔赴全国各地开展气象科普宣传工作，活动范围覆盖了除港澳台外的全国各省（区、市），深入到 10522 个行政村、3650 所学校、549 家企业，发放 2120 余万份宣传资料，受益群众达 800 余万人。志愿者行程超过 1200 万 km，为普及气象防灾减灾知识，提高公民防灾减灾意识和技能出了重要的贡献。

科普志愿者们深入中小学校、少年军事夏令营，利用互动游戏、科教片播放、知识问答等多种形式开展宣教活动；志愿者们走进厂矿企业，通过近年来我国发生的数起典型工矿企业遭遇气象灾害导致人员伤亡、财产损失的事件对企业负责人及工人开展宣传普及，调查了解厂矿、企业的防灾意识和具体措施；志愿者们在广场、车站、港口、列车上等人流量大的地方，举行防灾减灾图片展、知识讲座和气象防灾减灾知识调查，将气象防灾减灾知识送到了群众手中。

2008 年，四川遭遇“5・12”汶川特大地震，为了尽最大努力防止气象次生灾害的发生，1300 多名志愿者组成 100 支小分队，以“情系灾区、共建美好新家园”为主题，在四川、云南、陕西各地特别是重点在“5・12”地震灾区开展志愿服务活动，有效降低气象因素引发的次生、衍生灾害损失。

4.5　防灾减灾社会管理

气象社会管理是中国社会管理格局中的重要组成部分。随着气象服务市场逐步放开，气象立法和标准化建设不断加强，气象部门法治思维和依法行政水平持续提升，气象信息传播和服务管理、气象探测管理、气象资料管理、气象灾害防御管理、行业自律等职能得以进一步强化，气象社会管理体系逐步建立。

4.5.1 气象信息传播与服务管理

气象信息传播与服务管理主要包括气象信息发布管理、气象信息传播管理、气象服务质量评价等。近年来，在气象服务体制改革的不断推进下，中国气象局基本建成由9项办法，14项标准构成的气象服务市场管理和标准体系。

2015年3月12日，中国气象局同时发布第26号令《气象预报发布与传播管理办法》和第27号令《气象信息服务管理办法》，其中第26号令是对《气象预报发布与刊播管理办法》的修订，进一步明晰了气象预报概念及其内涵，对公众气象预报、灾害性天气警报和气象灾害预警信号进行了界定，明确气象预报发布的责任主体是各级气象主管机构所属的气象台，明确了气象预报发布传播与监督管理的责任主体，鼓励媒体和单位传播气象预报并对提出了传播要求。第27号令明确了规范面向市场的气象信息服务活动的内容，界定了气象信息服务内涵，建立了气象信息服务市场监管制度，开放了基本气象资料和产品，为充分发挥市场在资源配置中的作用、有序发展气象信息服务市场提供了部门规章。

为确保气象信息服务市场监管职能在各地得到有效落实，中国气象局以北京、上海、广东等省（市）为试点，在试点经验基础上完成气象服务企业备案管理子系统建设及在全国的推广和应用，制定气象信息服务企业备案工作规范和业务流程，在全国开展气象信息服务企业的备案管理工作。截至2018年底，共完成备案企业456家，其中社会企业74家。9个省份气象服务信息备案系统与市场监管部门审批系统实现对接，气象信息服务单位备案系统与工商行政审批系统实现信息共享。

基于气象预报数据的共享和开放，中国气象局建立完善了气象预报传播质量评价机制，从2017年第三季度开始，每季度向社会发布气象预报传播质量评价报告。最新评价显示，2018年全国主要网站和App气象预警传播一致性、完整性和及时性比2017年分别提高5%、10%和7%。同时，推出气象信息服务企业信用评价，成立“中国商务信用推进联盟”，制定《中国气象服务协会信用等级评价管理办法》，开展气象信息服务、防雷企业信用评价业务。

在部门规章和规范性文件的指引下，全国31个省（区、市）气象局明确了市场管理职责具体承担单位，因地制宜发展气象信息服务市场、规范气象信息服务活动。黑龙江省2017年出台国内有关气象信息服务管理方面的第一部地方性法规《黑龙江省气象信息服务管理条例》，依法实施气象信息服务管理。北京市气象局联合北京网信办，于2016年12月开展了针对部分互联网和手机客户端传播气象预报的质量评价活动，于2017年开始建立气象预报互联网传播质量评价常态化工作机制，严格执法监管。上海市气象局建立气象服务企业信用管理制度，气象服务企业的诚信度都记录在册，并实施守信激励和失信惩戒机制，建立了气象服务市场监管信息管理和综合执法制度；气象服务企业信息纳入自贸区监管信息共享平台，实行网上执法办案，构建由气象服务行业协会、第三方中介组织、社会公众等共同参与气象服务市场的多元监管。2016年5月26日，广东省气象局和广东省工商局签署开展企业信息共享和联合惩戒工作合作协议，建立健全信息通报、联合执法工作机制，形成依法履职、密切协作、齐抓共管的协同监管工作格局，对失信违法企业加大执法打击力度，切实增强监管合力，提升监管效能。

4.5.2 气象探测管理

气象探测管理主要包括气象探测环境和设施保护的管理、气象专用技术装备管理、组织编制重要气象设施建设规划、重要气象设施建设项目前期审查、气象计量监督等。

(1)气象探测环境和设施保护的管理。主要依据《中华人民共和国气象法》《气象设施和气象探测环境保护条例》《新建扩建改建建设工程避免危害气象探测环境行政许可管理办法》《气象台站迁建行政许可管理办法》和"四项强制性标准"等相关法律规章和标准实施管理。其中《气象设施和气象探测环境保护条例》为国务院第 623 号令,主要解决规划与职责、气象设施保护、气象探测环境保护和气象台站迁移等问题,明确气象设施属于基础性公共服务设施,明确重要气象台站探测环境保护的具体内容。江西按照国务院第 623 号令,严格实施气象探测环境分类保护,通过各级气象部门联合当地规划部门加强监控,明确但凡基准站 2000 m、基本站 1000 m、一般站 800 m 内有工程建设的动向,按照审批权限、审批流程开展工程建设的行政审批和备案工作;根据《江西省规范行政处罚裁量权规定》,制定了《〈气象设施和气象探测环境保护条例〉行政处罚裁量权执行标准》。广西区宾阳县 2018 年依法制止一起破坏气象探测环境行为,对中国铁塔集团宾阳县分公司通信塔在未批先建且严重破坏气象探测环境的行动,县气象局立即下达《气象行政执法责令停止违法行为通知书》,限令拆除了违建通信塔。

(2)气象专用技术装备管理等。气象专用技术装备,是指专门用于气象探测、预报、服务以及通信传输、人工影响天气、空间天气等多轨道气象业务的气象设备、仪器、仪表及消耗器材,包括民航、农垦、林业、盐业、石油、水利、海洋等部门在全国布设的主要为部门服务的气象台站(不含军事部门)和天气雷达。为规范气象设施建设,避免布局不合理和重复建设现象,《气象法》专门设立"气象设施建设与管理"这一章,对气象设施建设规划、气象设施建设,依法保护气象设施,迁移气象台站的审批权限以及气象专用技术装备和气象计量器具作出了法律规定。《气象专用技术装备使用许可管理办法》也明确由国务院气象主管机构负责气象专用技术装备使用许可的实施和业务使用的管理,地方各级气象主管机构负责本行政区域内气象专用技术装备业务使用的管理。

4.5.3　气象资料管理

气象资料管理主要包括气象资料汇交共享管理、涉外气象探测和资料管理等。

(1)气象资料汇交共享管理。主要依据中国气象局《气象信息服务管理规定》(第 27 号令)、《气象资料共享管理办法》(第 4 号令)实施管理。根据《气象信息服务管理规定》,国务院气象主管机构应当建立气象资料汇交共享平台,并制定基本气象资料和产品清单并向社会公布;开展气象信息服务的单位应当充分利用气象主管机构所属的气象台提供的基本气象资料,避免重复建设气象探测站(点),确需建站获取资料的,建站单位应当将拟建气象探测站(点)的地理位置、经纬度坐标、探测气象要素类型、仪器设备、资料传输、存储方式、目的用途和探测时段等相关信息报探测站(点)所在地设区的市级以上气象主管机构备案,并按照国家有关规定汇交所获得的气象探测资料,气象主管机构应当出具汇交凭证。《气象资料共享管理办法》则明确由国务院气象主管机构负责全国气象资料共享工作的管理,地方各级气象主管机构负责本行政区域内气象资料共享工作的管理,同时就共享气象资料的提供、使用等予以明确。涉及涉密气象资料共享的,必须遵守《中华人民共和国保守国家秘密法》和《气象部门保守国家秘密实施细则》等有关规定。在江西,省气象局官方网站建有"风能资源详查成果下载"在线服务栏目,公布有关共享政策文件、资料成果目录、使用申请程序、获取和使用方法等,指导使用者方便、有效、合法查询使用详查成果。

(2)涉外气象探测和资料管理。涉外气象探测,指境外组织、机构和个人在中华人民共和国领域和中华人民共和国管辖的其他海域从事气象探测和气象资料的提供、使用和汇交等活动。2006 年 7 月中国气象局公布的第 13 号令《涉外气象探测和资料管理办法》规定，国务院气象主管机构负责全国涉外气象探测和资料的管理，地方各级气象主管机构负责本行政区域内的涉外气象探测和资料的管理，国家安全、保密等国务院其他有关部门和地方各级人民政府其他有关部门，应当按照职责配合气象主管机构共同做好涉外气象探测和资料的管理工作。第 13 号令还规定，从事涉外气象探测和气象资料的提供、使用和汇交等活动，应当坚持严格监管、有效利用的原则，维护国家安全，促进气象国际合作；涉及国家安全、国家秘密的涉外气象探测和气象资料的提供、使用和汇交等活动，必须遵守有关国家安全和保守国家秘密的法律、法规、规章的规定；境外组织、机构和个人对其通过涉外气象探测活动所获取的气象探测资料及其加工产品享有使用权，但不得以任何形式转让、提供给第三方；在涉外气象探测活动中获取的涉及国家秘密的气象资料，由省（区、市）气象主管机构或者其授权的单位与中外合作各方按照国家规定签订气象资料保密协议，明确保密义务和责任。涉外气象探测活动所获取的气象探测原始资料，应当定期向所在地的省（区、市）气象主管机构汇交。

4.5.4 气象灾害防御管理

气象灾害防御管理主要包括组织拟订和实施气象灾害防御规划、组织气象联防、组织雷电灾害防御、组织人工影响天气、气象灾害防御重点单位管理等，主要依据《气象灾害防御条例》《人工影响天气管理条例》以及各省相关地方政府性规章、部门规章等实施。

（1）气象灾害防御规划。根据《气象灾害防御条例》，国务院气象主管机构应当会同国务院有关部门，根据气象灾害风险评估结果和气象灾害风险区域，编制国家气象灾害防御规划，报国务院批准后组织实施；县级以上地方人民政府应当组织有关部门，根据上一级人民政府的气象灾害防御规划，结合本地气象灾害特点，编制本行政区域的气象灾害防御规划。气象灾害防御规划应当包括气象灾害发生发展规律和现状、防御原则和目标、易发区和易发时段、防御设施建设和管理以及防御措施等内容。2010 年，国家发展改革委和中国气象局联合发布《国家气象灾害防御规划（2009—2020 年）》，成为我国第一个由国务院批准的气象防灾减灾专项规划，也是气象防灾减灾纲领性文件。截至 2018 年底，全国 31 个省（区、市）政府都相继出台了地方气象灾害防御规划。

（2）雷电灾害防御管理。雷电灾害防御社会管理是气象部门履行气象行政管理职责的核心内容，包括防雷行政检查、处罚、许可、应诉、复议及防雷减灾安全监管等活动。通常由国务院气象主管机构和省（区、市）人民政府依法制定规章来规范防雷减灾工作；省级气象主管机构通过制定规范性文件、细化法规实施行政认可、行政检查、行政复议行使防雷行政管理职权，如江西 2017—2018 年制定出台《江西省雷电防护装置检测资质管理实施细则》《江西省雷电防护装置检测质量考核办法》《江西省雷电防护装置检测机构监督管理办法》等三个规范性文件；市级及以下气象部门则依法开展防雷行政管理，维护正常防雷行业秩序。随着“放管服”改革的不断深化，各地加强了防雷安全监管工作，如江西，将防雷安全监管内容纳入地方政府考核评价指标体系和省安委会安全管理考核体，将防雷安全监管信息纳入信用江西平台，联合省安监、旅游部门在全省范围内集中开展防雷安全大检查，建立防雷安全重点单位目录制度并已公布重点单位 3736 家。同时，各地积极探索创新防雷减灾安全监管方式，中国气象局 2018 年初步建成全国防雷减灾综合管理服务平台并在全国推广试运行，江西以互联网＋防雷管理理念实现了气象公共安全监管平台与省工商局的信息联通。

(3)人工影响天气管理。我国的人工影响天气工作历经 60 年发展，目前建立了以《中华人民共和国气象法》和《人工影响天气管理条例》(国务院令第 348 号)为核心、《人工影响天气安全管理规定》以及地方法规规章为重要构成的人工影响天气法律法规体系，人工影响天气管理依据以上法律法规体系实施。根据规定，开展人工影响天气工作，应当制定人工影响天气工作计划，人工影响天气工作计划由有关地方气象主管机构商同级有关部门编制，报本级人民政府批准后实施；人工影响天气作业地点和从事作业单位、作业人员，须符合有关规定和条件；实施人工影响天气作业使用的火箭发射装置、炮弹、火箭弹，要求按照国家有关强制性技术标准和要求组织生产；运输、存储人工影响天气作业使用的高射炮、火箭发射装置、炮弹、火箭弹，应当遵守国家有关武器装备、爆炸物品管理的法律、法规，等等。近年来，中国气象局持续推进实施《人工影响天气安全管理行动计划》，推动各省建立"政府主导、综合监管、责任落实"的人工影响天气安全工作机制，开展业务安全督察制度；大力推进军民融合发展，贯彻军队停止有偿服务改革要求，制定人工影响天气作业高炮检修纳入军队维修机构保障政策；举办人工影响天气业务安全培训，加强人工影响天气新标准贯彻执行，提高标准化和安全管理水平。2019 年，中国气象局出台《国家级和省级人工影响天气安全责任清单》，对国家级，分别对人工影响天气组织协调、作业装备管理、安全监管、法规标准的贯彻执行、安全防控体系建设等五项工作作出详细规定；对省级，从制定省级年度人工影响天气工作计划、开展作业实施单位人工影响天气综合能力评价、建立作业人员从业条件规定、督促市县将人工影响天气安全生产纳入地方政府安全防控体系、制定作业公告发布制度、组织制定多部门参与的事故应急处置和救助预案并开展演练等十个方面加以明确，确保人工影响天气安全管理依法履职。

(4)气象灾害防御重点单位管理。气象灾害防御重点单位，是指在发生台风、暴雨、雷电、大风、高温、寒潮等灾害性天气时，容易直接或者间接造成人员伤亡、较大财产损失或者发生生产安全事故的单位，是气象高敏感性行业和部门，也是气象灾害防御重要社会力量，通常以气象灾害风险评估为依据予以确定。为进一步提高重点单位的气象防灾减灾能力，落实其主体责任，近年来，广东、福建、浙江、河北、江西等地在实践中探索推进气象灾害防御重点单位制度建设与实施，取得明显成效。如广东省人民政府以第 254 号令发布《广东省气象灾害防御重点单位气象安全管理办法》，自 2018 年 6 月 1 日起施行，成为全国首部规范气象灾害防御重点单位管理及监督检查的地方政府规章，截至 2017 年 12 月，广东省共认定并公布气象灾害防御重点单位 1969 家，涵盖危化场所、学校、医院、旅游景区等人员密集场所及在建工地、交通运输、农林水利、电力等领域重点大型企业。福建省质量监督技术局 2014 年 5 月 21 日发布地方标准《气象灾害防御重点单位气象安全保障技术规范》，厦门市气象灾害防御工作领导小组据此公布首批 16 家气象灾害防御重点单位。2018 年，该标准上升为国家标准《气象灾害防御重点单位气象安全保障规范：GB/T 36742—2018》并于 2018 年 9 月 17 日发布，于 2019 年 4 月 1 日正式实施。浙江省气象局 2014 年部署加强气象灾害防御重点单位监督管理工作，当年公布气象灾害防御重点单位 982 家，其中 471 家已通过气象灾害应急准备工作认证。2017 年以来，河北、江西以省气象灾害防御指挥部名义发文部署了做好气象灾害防御重点单位管理工作，有力增强了重点单位防御气象灾害的能力和水平。

4.5.5　行业自律社会共治

随着政府经济管理职能的不断转变，行业自律作为一种重要的自主治理形式，借助行业协会的力量，通过促进行业成员的集体自律，协助政府进行市场监管，成为行政监管的有益补充和有力支持。

在国家深化改革、气象服务市场初具规模以及社会管理进一步规范的大环境下，2015 年 5 月 13 日，中国气象服务协会正式成立，是气象部门成立的第一个全国性、行业性、非营利性社会组织，是我国气象事业和气象服务发展的重要力量，其主要职能为，根据国家有关政策法规，制定气象服务行业的行规行约；受政府部门委托，承担气象服务从业机构和气象服务从业人员的资格审查、证照签发工作；参与气象服务标准化的制定，协助贯彻实施气象服务相关标准并依授权进行监督；开展气象服务领域方针政策、法律法规、行业经济运行态势的研究和社会调查，反映行业诉求；开展学术和技术交流及气象服务行业相关科普宣传推广活动等方面。

中国气象服务协会成立以来，充分履行行业社会管理职能，组建成立气象传媒产业委员会、气象装备委员会、能源气象委员会、旅游气象委员会、应急预警委员会、预算财务委员会、防雷减灾委员会、气候可行性论证委员会和科普委员会等 9 个专业委员会，发挥气象服务协会作用；组织召开气象服务企业科技创新座谈会，发挥企业创新的主体作用；编制印发《中国气象服务协会信用评价管理办法(试行)》，为建立气象服务领域信用制度，增强气象服务领域从业单位信用意识和风险防范意识，规范中国气象服务协会信用评价工作提供了行约，2018 年 5 月开始，评价认定信用等级为 AAA 级单位 4 家，AA 级单位 2 家，A 级单位 1 家；受中国气象局委托，从 2018 年一季度开始以气象部门向社会公开发布的全国气象预警信息数据为评价基准数据，以一致性、及时性和完整性作为评价指标，开展气象灾害预警信息传播质量评价工作。

第5章 气象防灾减灾法规标准

5.1 气象防灾减灾法规建设

气象防灾减灾是气象法规体系建设的重要组成部分。纵观气象立法工作的发展，按照立法模式来划分，气象防灾减灾立法可以分为两种类型。

一种是在综合性气象法律法规中规定气象防灾减灾的内容。在国家层面，1994年8月18日，第一部以气象工作为主要内容的行政法规——《中华人民共和国气象条例》(以下简称《气象条例》)由国务院颁布。1999年10月，《气象条例》上升为《中华人民共和国气象法》(以下简称《气象法》)，成为我国气象领域唯一的一部法律。《气象条例》与《气象法》均单设“气象灾害防御”专章，内容由《气象条例》规定的3条扩充为《气象法》规定的5条，为气象防灾减灾立法提供了明确的法律基础。在地方层面，29个省(区、市)和3个较大的市(州)先后出台了综合性地方气象法规，2个省出台了综合性省政府气象规章。其中，新疆、安徽、云南、山西、河南、青海、陕西、江西、吉林、北京、浙江、福建、甘肃等13个省(区、市)出台的综合性地方性气象法规，以专门章节的形式规定了气象灾害防御的内容。

另一种是采用单行立法的模式规定气象防灾减灾的内容。在国家层面，2010年1月，国务院出台了《气象灾害防御条例》，对各项气象灾害防御制度作了系统规定，第一次将我国气象防灾减灾工作全面纳入法制化轨道，也成为我国第一部气象灾害防御的专门性法规。2001—2017年，国务院出台了《人工影响天气管理条例》，中国气象局先后出台了《气象灾害预警信号发布与传播管理办法》《气候可行性论证管理办法》《防雷减灾管理办法》《气象预报发布与传播管理办法》《气象信息服务管理办法》等5部规章，为全国各地气象防灾减灾立法工作提供了法律依据和重要参考。在地方层面，各省(区、市)也先后结合本省(区、市)实际，制定出台了156部气象灾害防御方面的地方性法规或政府规章，内容涵盖气象防灾减灾的各个方面，已经建立起一套较为完整的气象灾害防御基本法律制度。

目前，我国气象防灾减灾法律体系基本形成。气象防灾减灾法律法规涵盖了法律、行政法规、地方性法规、部门规章和政府规章4个层级，覆盖了从灾前预防、预报、预警到灾中应急处置，再到灾后恢复重建的灾害防御全过程，并对政府和各有关部门职责、公民法人及其他组织的权利义务等都进行了明确规范，呈现出立法层级鲜明、调整的时间和空间跨度大、调整对象广泛的特点。

5.1.1 气象防灾减灾法律体系

5.1.1.1 气象防灾减灾法律

《气象法》是我国第一部规范气象活动的法律，其颁布实施标志着气象工作步入了依法管理的轨道。《气象法》自1999年10月31日审议通过，2000年1月1日正式实施，先后在2009年8月27日、2014年8月31日和2016年11月7日三次修正，共计8章45条。其中，第四章

“气象预报与灾害性天气警报”中部分内容与气象防灾减灾相关，第五章“气象灾害防御”更是专设单独章节规范气象灾害防御工作。

(1)关于灾害性天气警报的法律规定

《气象法》第四章“气象预报与灾害性天气警报”，有 4 个法律条文涉及气象防灾减灾，主要规定了灾害性天气警报的统一发布制度、灾害性天气警报的播发、刊登要求以及各相关部门的配合工作。

灾害性天气警报的统一发布制度。《气象法》第二十二条规定了灾害性天气警报的统一发布制度。本条明确规定“国家对公众气象预报和灾害性天气警报实行统一发布制度”，同时规定了统一发布制度的三个内容(卞耀武 等，2001)：一是规定“各级气象主管机构所属的气象台站应当按照职责向社会发布公众气象预报和灾害性天气警报，并根据天气变化情况及时补充或者订正”，将及时、准确地发布灾害性天气警报的职责和权利赋予了各级气象主管机构所属的气象台站。二是规定“其他任何组织或者个人不得向社会发布公众气象预报和灾害性天气警报”，明确各级气象主管机构所属的气象台站是唯一发布主体。三是规定“各级气象主管机构及其所属的气象台站应当提高公众气象预报和灾害性天气警报的准确性、及时性和服务水平”，要求权力主体不断加强工作人员责任心，严密监视天气变化，认真分析研究，提升灾害性天气警报的准确率，及时、主动做好服务。

灾害性天气警报的播发、刊登要求。《气象法》第二十四条、二十五条共同规定了灾害性天气警报的播发、刊登要求。一是规定“各级广播、电视台站和省级人民政府指定的报纸，应当安排专门的时间或者版面，每天播发或者刊登公众气象预报或者灾害性天气警报”，对灾害性天气警报播发、刊登的主体、时间和频次进行了明确规定。二是规定“对国计民生可能产生重大影响的灾害性天气警报和补充、订正的气象预报，应当及时增播或者插播”，对中小尺度灾害性天气情况，规定了增播或者插播灾害性天气警报的义务。三是规定“广播、电视、报纸、电信等媒体向社会传播气象预报和灾害性天气警报，必须使用气象主管机构所属的气象台站提供的适时气象信息，并标明发布时间和气象台站的名称”，明确了灾害性天气警报应当符合播发、刊播的内容和形式要求，即在内容上采用气象主管机构所属的气象台站提供的适时气象信息，在形式上要标明发布时间和气象台站的名称。

各相关部门配合义务。《气象法》第二十六条规定了信息产业部门对传播灾害性天气警报的配合义务。一是规定“信息产业部门应当与气象主管机构密切配合，确保气象通信畅通，准确、及时地传递气象情报、气象预报和灾害性天气警报”，明确了信息产业部门的配合义务。二是规定“气象无线电专用频道和信道受到国家保护，任何组织或者个人不得挤占和干扰”，采用禁止性规定保障了灾害性天气警报传播的渠道畅通。

(2)关于气象灾害防御的法律规定

《气象法》第五章“气象灾害防御”，专章共计 5 条，主要规定了县级以上人民政府的气象防灾减灾工作职责、各级气象部门的气象防灾工作职责、人工影响天气活动以及雷电灾害防御工作(卞耀武 等，2001)。

县级以上人民政府气象防灾减灾工作职责。《气象法》第二十七条、第二十九条共同规定了县级以上人民政府的气象防灾减灾工作职责。按照责任主体的区分，《气象法》将其作为两条法律条文予以规定。

《气象法》第二十七条规定的是责任主体是“县级以上人民政府”，其职责范畴包括“加强气象灾害监测、预警系统建设”，“组织有关部门编制气象灾害防御规划”，“采取有效措施，提高防御气象灾害的能力”。同时，该条还规定了有关组织和个人的配合义务，“服从人民政府的指挥和安排，做好气象灾害防御工作”。

《气象法》第二十九条规定的责任主体是“县级以上地方人民政府”，即只包含省、市、县三级人民政府。其职责范畴包含两个方面，一是规定“根据防御气象灾害的需要，制定气象灾害防御方案”，强调气象灾害防御方案的针对性和实际性。二是规定“根据气象主管机构提供的气象信息，组织实施气象灾害防御方案”，明确气象灾害防御方案的组织实施义务。

各级气象部门气象防灾减灾工作职责。《气象法》第二十八条规定了各级气象部门的工作职责。该条按照主体类型，用两款条文将气象主管机构和气象台站职责分别予以规定。

关于各级气象主管机构的职责，一是组织开展监测、预报业务。规定“各级气象主管机构应当组织对重大灾害性天气的跨地区、跨部门的联合监测、预报工作”，对气象主管机构组织实施跨地区、跨部门联合监测、预报工作开展的时机进行了明确界定。二是对政府提供决策服务。规定“及时提出气象灾害防御措施”和“对重大气象灾害作出评估”，为政府有效的防灾、减灾和救灾提供科学的决策依据。

关于气象台站的职责，一是针对各级气象主管机构所属的气象台站，本款规定了“加强对可能影响当地的灾害性天气的监测和预报”和“及时报告有关气象主管机构”的两项义务。既要准确、及时做好灾害性、关键性和转折性天气的监测、预报等业务，还要做好及时向气象主管机构报告工作。二是针对其他有关部门所属的气象台站和与灾害性天气监测、预报有关的单位，本款规定了“及时向气象主管机构提供监测、预报气象灾害所需要的气象探测信息和有关的水情、风暴潮等监测信息”的义务，有利于发挥各部门优势，加强部门间合作，为气象防灾减灾提供更加完整、准确的决策依据。

人工影响天气活动。人工影响天气活动在抗旱、防雹、消雾、防霜等气象防灾减灾工作中发挥了重要作用。《气象法》第三十条通过三款条文规定了县级以上人民政府、各级气象主管机构、有关部门在人工影响天气工作中的职责，以及人工影响天气作业的安全管理。

关于县级以上人民政府的职责。本条第一款规定县级以上人民政府对人工影响天气工作的领导职责，并强调应当根据本地的实际情况，“有组织、有计划地开展人工影响天气工作”，以实现各部门的合作与协调，保证人工影响天气工作的顺利进行。

关于各级气象主管机构和有关部门的职责。本条第二款规定了三方面内容，一是明确规定国务院气象主管机构负责管理与指导全国人工影响天气工作。二是明确规定地方各级气象主管机构负责制定人工影响天气作业方案，并在本级人民政府的领导和协调下承担“管理、指导和组织实施”人工影响天气作业职责。三是明确规定各部门按照职责分工，配合开展人工影响天气活动的义务。

关于人工影响天气活动的安全管理。本条第三款从作业组织、作业设备和作业规范三个方面进行了规范。作业组织“必须具备省（区、市）气象主管机构规定的条件”，作业设备应当“符合国务院气象主管机构要求的技术标准”，作业活动也应当“遵守作业规范”。

雷电灾害防御工作。《气象法》第三十一条规定了气象主管机构在雷电灾害防御工作中的职责和雷电灾害防护装置的使用要求。

关于气象主管机构在雷电灾害防御工作中的职责，本条规定了两个方面：一是“加强对雷电灾害防御工作的组织管理”，明确了雷电灾害防御的归口管理单位。二是“会同有关部门指导对可能遭受雷击的建筑物、构筑物和其他设施安装的雷电灾害防护装置的检测工作”，为雷电防护装置的检测工作设定了法律依据。关于雷电防护装置的使用要求，本条授权国务院气象主管机构对使用要求另行规定。

5.1.1.2　气象防灾减灾行政法规

在《气象法》基础上，国务院先后颁布实施了《人工影响天气管理条例》《气象灾害防御条例》和《气象设施和气象探测环境保护条例》，进一步推动了气象法律体系的不断完善。其中，《气象灾害防御条例》(以下简称《条例》)是我国第一部气象灾害防御综合行政法规。《条例》的出台标志着气象灾害防御工作的法律依据更加充分，法律保障更加有力。

《条例》共计 6 章 48 条，内容涵盖了气象灾害防御的原则和机制，从灾害前的预防、监测、预报和预警，到灾害发生过程中的应急处置，以及法律责任等内容，结构清晰，内容全面，是科学防灾、依法防灾的具体体现。

(1)气象灾害防御的原则和机制

《条例》首次以法律规范的形式确立了气象灾害防御原则和机制(中国气象局政策法规司，2010)。《条例》在"总则"部分依法确立了政府统一领导、多部门配合、社会广泛参与的气象灾害防御机制，使"政府领导、部门联动、社会参与"的气象灾害防御体系进一步健全。

气象灾害防御原则。《条例》第三条规定了气象灾害防御的原则，规定"气象灾害防御工作实行以人为本、科学防御、部门联动、社会参与的原则"。这是在认真总结各级人民政府、有关部门和单位在进行防御气象灾害各项工作经验和教训的基础上，高度概括而成。"以人为本"要求把公众健康和生命财产安全放在突出位置，最大限度的减少突发公共事件及其造成的人员伤亡和危害；"科学防御"明确必须依靠科技创新，提升防御气象灾害的水平；"部门联动"强调建立健全协调有序、运转高效、多部门联动的气象灾害防御机制；"社会参与"号召充分发挥社会各界在气象灾害防御和救助等方面的作用，建立全社会广泛参与的行动机制。

气象灾害防御工作机制。《条例》第四条、第五条和第六条分别对县级以上人民政府、国务院气象主管机构和国务院有关部门、地方各级气象主管机构和县级以上人民政府有关部门的工作职责，以及跨行政区域的灾害防御工作机制进行了规定，搭建了县级以上人民政府组织、领导和协调，各级气象主管机构和政府相关部门按照职责分工，相互配合，跨区联防的工作机制，并明确了气象灾害防御应当纳入本级国民经济和社会发展规划，所需经费纳入本级财政预算的保障机制。

气象灾害预防。《条例》以专章的形式对灾害预防进行了规定，以 18 个条文确立了气象灾害普查、风险评估和区划，气象灾害防御规划和应急预案的编制、各类气象灾害的预防措施、雷电灾害防御组织管理以及农村地区灾害防御等制度，构成了递进的逻辑结构。

气象灾害普查、风险评估和区划制度。气象灾害普查、风险评估和区划制度是灾害预防的基础性工作。《条例》第十条首次以法律规范的形式确立了气象灾害普查、风险评估和区划制度。一是规定"县级以上地方人民政府应当组织气象等有关部门"开展此项工作，确定义务主体为县级以上地方人民政府，排除了国务院的职责。二是规定了三项工作之间的关系。气象灾害普查是前提，在普查基础上建立气象灾害风险数据库，然后进行风险评估，最终划定气象灾害风险区域。三是规定了三项工作的具体要求。气象灾害普查要注意地区差异性，要对灾害的种类、次数、强度和损失情况进行普查；气象灾害风险评估要按照灾害种类分类评估；气象灾害风险区域的划定要结合之前两项工作的结论完成。

气象灾害防御规划。气象灾害防御规划是各级人民政府防灾减灾工作的依据，是政府依法加强领导，落实有关政策，协调各部门工作，动员社会力量，开展气象防灾减灾工作的重要途径和手段。《条例》第十一条、第十二条、第十三条、第十四条规定了气象灾害防御规划的编制和实施、规划内容以及气象灾害防御设施和国家基础设施建设，是对《气象法》第二十九条的深化。

关于气象灾害防御规划的编制和实施。《条例》第十一条从两个方面进行了规定：一是强调气象灾害防御规划编制的科学性。编制气象灾害风险防御规划要建立在气象灾害风险评估结果和气象灾害风险区划基础上，编制各地气象灾害防御规划要结合上一级人民政府的防御规划，并结合本地气象灾害特点开展。二是明确编制和组织实施主体。在国家层面，国务院气象主管机构是编制国家气象灾害防御规划的主体，国务院有关部门起到配合作用。经报国务院批准后，国务院气象主管机构有组织实施防御规划的职责。在地方层面，县级以上地方人民政府是组织编制本行政区域内的气象灾害防御规划的主体。

关于气象灾害防御规划的内容。《条例》第十二条规定了气象灾害防御规划必备的四项内容：气象灾害发生发展规律和现状、防御原则和目标、易发区和易发时段、防御设施建设和管理以及防御措施。任何一份气象灾害防御规划必须具备以上四项内容，同时可以根据当地实际，增加诸如防御战略布局重点、主要任务、保障措施等相关内容。

关于气象灾害防御设施和国家基础设施建设。《条例》第十三条、第十四条是对第十二条规划内容中“防御设施建设和管理”的补充规定。其中，气象灾害防御设施建设主要包括气象监测网络系统、专业专项气象灾害监测网络系统、灾害性天气预报平台、气象预警信息发布系统、气象灾害风险评估系统、气象灾害应急响应系统、气象灾害科普教育工程等。而对于电力、通信等国家基础设施，由国家统一标准、统一规划布局，建设规模大、投资额度大。《条例》强调设施的工程建设标准要考虑气象灾害的影响，是部门间、行业间协同防御、科学防灾避灾的保证。

气象灾害应急预案。《条例》第十五条、第十六条、第十七条分别规定了气象灾害应急预案的编制、内容和演练。

关于气象灾害应急预案的编制。《条例》第十五条分别规定了国家气象灾害应急预案的编制和地方各级人民政府气象灾害专项应急预案的编制。在国家层面，国务院气象主管机构是编制国家气象灾害应急预案的责任主体。编制成型的预案应当报国务院批准。在地方层面，县级以上人民政府及有关部门是制定本级气象灾害应急预案的责任主体。编制成型的预案应当报上一级人民政府和有关部门备案。

关于气象灾害应急预案的内容。《条例》第十六条规定了气象应急预案必备的四个方面的内容：应急预案启动标准、应急组织指挥体系与职责、预防与预警机制、应急处置措施和保障措施。一是确定合理科学的气象灾害应急响应标准，体现预防为主、关口前移；二是明确各部门提前预防和灾害应对职责及其具体行动，体现应急联动，发挥综合减灾效益；三是理清现有各相关专项和部门预案的关系，体现了气象灾害从防御到救助的整体预案链。

关于气象灾害应急演练。《条例》第十七条规定，地方各级人民政府是组织开展气象灾害应急演练的主体，“居民委员会、村民委员会、企业事业单位应当协助本地人民政府做好气象灾害防御知识的宣传和气象灾害应急演练工作”，体现了全社会社会参与的气象灾害防御原则。

各类气象灾害预防措施。《条例》首次以法律规范的形式明确了各类气象灾害的预防措施。《条例》第十八条、第十九条、第二十条、第二十一条、第二十二条分别对大风（沙尘暴）、龙卷风以及台风、强降雨、降雪和冰冻、高温、大雾和霾等气象灾害预防措施进行了规定。一是强调做好防御设施建设，做好防护林、海塘、堤防、避风港、避风锚地、紧急避难场所以及监测设施建设。二是强调做好监督检查和巡查工作，定期组织开展建（构）筑物防风避险、各类排水设施、地质灾害易发区和地方等重要险段、电力和通信线路的监督检查和巡查等工作。三是强调做好预防应对工作。根据灾害情况,做好台风来临前的人员转移工作;做好强降雨前的河道和排水管网的疏通,以及病险水库的加固工作;做好降雪和冰冻灾害发生前的交通疏导、积雪(冰)清除、线路维护工作;做好高温来临前的供电、供水和防暑医药供应准备工作,以及做好大雾、霾发生前的交通疏导、调度和防护等工作。

雷电灾害防御组织管理。《条例》第二十三条、第二十四条对《气象法》第三十一条的内容进行了深化(国务院法制办公室 等,2010)。一是明确规定雷电防护装置"三同时"制度,即新、改、扩建建(构)筑物、场所和设施的雷电防护装置应当与主体工程同时设计、同时施工、同时投入使用。二是明确各部门按照职责范围负责新、改、扩建建设工程雷电防护装置的设计、施工以及防雷管理工作。地方各级气象主管机构仅负责"油库、气库、弹药库、化学品仓库和烟花爆竹、石化等易燃易爆建设工程和场所,雷电易发区内的矿区、旅游景点或者投入使用的建(构)筑物、设施等需要单独安装雷电防护装置的场所,以及雷电风险高且没有防雷标准规范、需要进行特殊论证的大型项目"的雷电防护装置的设计审核与竣工验收工作。三是明确了从事雷电防护装置检测工作需要取得检测资质证,省级以上气象主管机构负责检测资质证书的发放。

农村气象灾害防御工作。《条例》第二十五条深化了《气象法》第四条关于为农气象服务的内容,提出加强农村气象灾害防御工作。一是加强基础设施建设,做好农村地区气象灾害预防、监测、信息传播等基础设施建设。二是要因地制宜,采取综合措施,充分利用各种资源,做好气象防灾减灾知识宣传,提升农村地区气象灾害防御能力。

(2)监测、预报和预警

《条例》以专设章节规定了气象灾害的监测、预报和预警工作。除了《气象法》规定的灾害性天气警报统一发布制度、播发、刊登要求,以及其他部门配合义务等条文之外,《条例》将气象灾害预警信号也进行了同样的规范。此外,《条例》还对气象灾害监测体系建设,以及气象灾害预警信息发布系统信息接收、播发设施建设进行了补充规定。

气象灾害监测体系建设。《条例》第二十八条规定了气象灾害监测体系建设的三方面内容。一是规定县级以上地方人民政府是气象灾害监测体系建设和整合完善气象灾害监测信息网络的责任主体。二是规定根据气象灾害防御的需要,建设应急移动气象灾害监测设施,增强气象灾害监测的机动性,以实现与固定监测站点的优势互补。三是要建立健全应急监测队伍,建立专职或者兼职的气象灾害监测队伍,加强气象灾害监测知识和技能的培训,提升监测能力。

气象灾害预警信息发布系统信息接收、播发设施建设。多种手段互补的气象灾害预警信息发布系统和接收、播发设施是保证各类气象灾害预警信息在灾害性天气来临前畅通无阻地传递到全社会和人民群众的重要手段。《条例》第三十二条在《气象法》的基础上,从责任主体、建设场所和运行维护三个方面对气象灾害预警信息发布系统建设进行了规定。一是明确县级以上地方人民政府是建设的责任主体;二是明确在交通枢纽、公共活动场所等人口密集区域和气象灾害易发区域建设气象灾害预警信息接收和播发设施。三是明确要保证设施的正常运转。

同时,为了打通预警信息传播的"最后一公里",本条还规定要建立基层气象灾害防御队伍,确定人员,协助气象主管机构、民政部门开展气象灾害防御知识宣传、应急联络、信息传递、灾害报告和灾情调查等工作。

(3)应急处置

积极有效的应急处置是减少气象灾害损失的重要措施。《条例》首次以法律规范的形式对气象灾害应急工作作出规定。《条例》专设独立章节，主要规定了气象灾害应急预案的启动和解除、应急处置措施，以及各有关部门和单位在应急处置中的职责（国务院法制办公室 等，2010）。

气象灾害应急预案的启动和解除。《条例》第三十四条和第四十一条分别规定了气象灾害应急预案的启动、气象灾害应急响应级别的调整和解除。

关于气象灾害应急预案的启动。《条例》第三十四条通过三款条文规定了预案的启动程序和要求。一是规定了灾害性天气预报、警报和气象灾害预警信息报告制度。各级气象主管机构所属的气象台站应当及时向本级人民政府和有关部门报告。二是规定了县级以上人民政府、有关部门是启动相应应急预案的主体。应急预案启动的决定应当向社会公布，并且向上一级人民政府报告。考虑到特别重大气象灾害的情况，规定了越级上报、向当地驻军和可能受到危害的毗邻地区的人民政府通报的职责，以切实提升应对气象灾害的主动性和有效性。

关于气象灾害应急响应级别调整和应急措施的解除。气象灾害的应急措施应随着气象灾害的发生而实施，并应当随着气象灾害的危害和威胁得到控制和解除而停止。《条例》第四十一条规定要“适时调整气象灾害级别或者作出解除气象灾害应急措施的决定”，以避免不必要的人力和资源浪费。

应急处置措施。《条例》第三十五条规定了气象灾害危险区的确定。一是规定县级以上地方人民政府是确定气象灾害危险区的主体，明确了职责。二是规定了“可能造成人员伤亡或者重大财产损失”是确定的标准，避免确定范围过大。三是规定可以临时确定气象灾害危险区，体现了气象灾害危险区确定工作的科学性。四是明确要及时予以公告，以便处于危险区内的社会公众和相关单位做好防范。

《条例》第三十六条规定了气象灾害发生后应当采取的应急处置措施。本条援引了《中华人民共和国突发事件应对法》的规定，保证了采取应急处置措施的合法性。同时，本条第二款还对单位和个人的配合义务进行规定，任何单位和个人不得妨碍气象灾害救助活动。

各有关部门应急职责。《条例》对各级人民政府和相关部门的应急职责进行了列举。对于气象部门，《条例》第三十七条规定的职责是：组织所属气象台站加强对气象灾害的监测和评估、启用应急移动气象灾害监测设施，开展现场服务，并及时向本级人民政府、有关部门报告灾害性天气实况、变化趋势和评估结果，为本级人民政府组织防御气象灾害提供决策依据。

《条例》第三十八条采用列举的形式，对民政、卫生、交通运输、住房城乡建设、电力通信、国土资源、农业、水利、公安的应急响应职责做出了规定。第四十条也明确了广播、电视、报纸、电信等媒体及时准确传播气象灾害发生、发展和应急处置的义务，有利于社会公众全面、准确了解气象灾害情况，协助和监督政府做好预防和应对工作，减少不安定因素，形成政府与民众的良性互动，激发共同战胜气象灾害的信心。

《条例》考虑到因气象因素引发的衍生、次生灾害的应急处置，在第三十九条规定了气象、水利、国土资源、农业、林业、海洋等部门联合监测，以及应急处置工作。

在应急处置工作结束后，《条例》第四十二条规定了损失调查、灾后恢复重建的义务。地方各级人民政府应当组织有关部门对气象灾害造成的损失进行调查，制定恢复重建计划，并向上一级人民政府报告。

5.1.1.3　气象防灾减灾部门规章

部门规章是法律和行政法规的有力补充，是法律体系中不可或缺的一环。中国气象局依据《气象法》和《条例》，结合实际气象防灾减灾工作需求，针对气象灾害预警信号发布与传播、气候可行性论证、雷电灾害防御、气象预报发布与传播、气象信息服务等气象防灾减灾工作内容，制定了《气象灾害预警信号发布与传播管理办法》《气候可行性论证管理办法》《防雷减灾管理办法》《气象预报发布与传播管理办法》《气象信息服务管理办法》等 5 部部门规章，为气象防灾减灾工作的具体指导和规范，也为气象防灾减灾工作提供了更明确、更详细的法律依据和支撑。

(1)《气象灾害预警信号发布与传播管理办法》

2007 年 6 月 11 日，中国气象局局务会审议通过了《气象灾害预警信号发布与传播管理办法》(以下简称《预警信号管理办法》)。《预警信息管理办法》共计十八条，并附《气象灾害预警信号及防御指南》，规定了气象灾害预警信号的概念、内容与级别、预警信号发布、解除与传播，以及预警信号的教育宣传等内容。

气象灾害预警信号的概念、内容与级别。《预警信号管理办法》首次提出了气象灾害预警信号的法律概念，为 2010 年《条例》中增设“气象灾害预警信号”提供了重要参考。第二条第二款规定“本办法所称气象灾害预警信号，是指各级气象主管机构所属的气象台站向社会公众发布的预警信息”。明确了预警信号发布的主体为气象主管机构所属的气象台站，保证了预警信号发布的权威性和科学性。

《预警信号管理办法》第二条第三款规定：预警信号由名称、图标、标准和防御指南组成，并按照灾害种类分为台风、暴雨、暴雪、寒潮、大风、沙尘暴、高温、干旱、雷电、冰雹、霜冻、大雾、霾、道路结冰等 14 种。既说明了预警信号的综合性，又说明了预警信号的类别。

《预警信号管理办法》第三条规定了预警信号的等级。预警信号分为一般、较重、严重、特别严重四级，分别用拉丁文数字符号对应，用蓝、黄、橙、红四色表示，并配以中英文表示，保证预警信号具有直观性、警示性和国际性。

预警信号发布、解除与传播。对于预警信号的发布、解除与传播，《预警信号管理办法》坚持了统一发布制度，并规定各相关单位刊登、播发以及配合传播的义务。

《预警信号管理办法》第七条、第八条规定了预警信号统一发布制度。除了预警信号的发布，发布机构还应当根据天气情况，及时更新和解除预警信号，并通报同级人民政府及有关部门、防灾减灾机构。《预警信号管理办法》将发布、更新和解除的权力均赋予各级气象主管机构所属的气象台站，保证了预警信号发布、更新和解除的权威性、一致性和及时性。此外，《预警信号管理办法》第九条还考虑到了少数民族地区发布预警信号的文字问题，规定在少数民族地区发布预警信号时，除了使用汉语言之外，还应当使用当地通用的少数民族语言文字。

在各相关单位刊登、播发以及配合传播预警信号的义务上，《预警信号管理办法》与《气象法》的规定基本一致，只是增加了“不得拒绝传播气象灾害预警信号”。并通过第六条增设了预警信号专用传播设施依法受保护的内容，规定“任何组织或者个人不得侵占、损毁或者擅自移动”预警信号专用传播设施。

预警信号的教育宣传。为了推广预警信号，提升预警信号的公众认知度和接受度，《预警信号管理办法》还将预警信号的教育宣传工作作为一项义务规定下来，由各级气象主管机构负责实施。通过“编印预警信号宣传材料”，以普及气象防灾减灾知识，增强社会公众的防灾减灾意识，提高公众自救、互救能力。

(2)《气候可行性论证管理办法》

2008 年 11 月 25 日，中国气象局局务会审议通过了《气候可行性论证管理办法》。该办法除了强调合理开发利用气候资源之外，在防灾减灾方面，侧重于避免或者减轻规划和建设项目实施后可能受气象灾害、气候变化的影响，或者可能对局地气候产生的影响，规定了气候可行性论证的范围以及论证要求。

气候可行性论证的范围。《气象法》第三十四条规定了气候可行性论证的范围为:城市规划、国家重点建设工程、重大区域性经济开发项目和大型风能、太阳能等气候资源开发利用项目。《气候可行性论证管理办法》第四条是对该条款的细化和阐释,城市规划包括“城乡规划、重点领域或者区域发展建设规划”、国家重点建设工程包括“重大基础设施、公共工程和大型工程建设项目”、重大区域性经济开发项目包括“重大区域性经济开发、区域农(牧)业结构调整建设项目”,将《气象法》第三十四条规定的范畴与气候条件结合,在一定程度上缩小且明确了气候可行性论证的具体范围,增强了可操作性。

气候可行性论证的要求。气候可行性论证是一项专业性强、影响重大的工作,必须由专业的论证机构进行。《气候可行性论证管理办法》第七条规定了应当由“国务院气象主管机构确认的具备相应论证能力的机构”进行气候可行性论证,并且规定了气候可行性论证报告的基本内容和报告评审制度,论证报告和评审结论将纳入规划或者建设项目可行性研究报告的审查内容,对可行性研究报告或者申请报告中未包括气候可行性论证内容的建设项目,不予审批或者核准。

考虑到气候可行性论证的严肃性,《气候可行性论证管理办法》第九条、第十条再次强调了气候可行性论证所使用的气象资料来源的合法性和技术方法的规范性。当现有气象资料不能满足气候可行性论证需要时,应当开展现场探测,探测仪器、探测方法和探测环境应当符合相关规定,并汇交探测所得气象资料。

(3)《防雷减灾管理办法》

2013 年 5 月 31 日,中国气象局局务会审议通过了修订《防雷减灾管理办法》的决定,对 2011 年 9 月 1 日起施行的《防雷减灾管理办法》进行修订。该办法是第一部系统的规范雷电灾害防御的部门规章,为各地地方立法提供了重要参考。在多次行政审批制度改革后,关于雷电监测预警、防雷装置检测和雷电灾害调查、鉴定的相关规定仍然是防雷减灾工作的重要内容。

雷电监测与预警。《防雷减灾管理办法》第二章采用专门章节的形式规范雷电监测与预警。该章共计四条,内容涵盖了雷电监测站网建设、雷电灾害预警系统建设、雷电监测工作的开展以及雷电和雷电灾害的研究。

雷电监测站网建设是防雷减灾工作的基础,也是开展雷电监测、制作和发布雷电预报的基础。《防雷减灾管理办法》第七条重点规定了这项工作。一是在国家层面,国务院气象主管机构负责组织协调各部门,规划全国雷电监测网。并且确定了“合理布局、信息共享、有效利用”的建设原则,避免重复建设。二是在地方层面,地方各级气象主管机构负责组织本行政区域内的雷电监测网建设。

防雷装置检测。《防雷减灾管理办法》为防雷装置检测工作的开展提供了直接依据。该办法第四章系统的规定了防雷装置定期检测制度、防雷装置装置检测机构资质管理、防雷装置检测活动以及防雷装置的日常维护和监管。

关于防雷装置定期检测制度。《防雷减灾管理办法》第十九条规定了两种情形:一是防雷装置应当每年检测一次。这是一般性原则。二是对于爆炸和火灾危险环境场所的防雷装置,应当每半年检测一次,是针对特定行业的特殊规定。两者结合构成了防雷装置定期检测制度。

关于防雷装置检测活动。《防雷减灾管理办法》规定防雷装置检测机构在开展检测活动时要遵守四个方面的规定:一是应当出具检测报告。检测报告既反映检测活动,又是检测结果的载体。二是针对检测不合格的报告,要提出整改意见。检测的目的是督促整改,要为被检测单位提供服务。三是承担报告义务。针对被检测单位拒不整改或者整改不合格的，应当报告当地气象主管机构，由其依法处理，确保不合格的防雷安全隐患排查到位，整改到位。四是应当执行国家有关标准和规范，确保出具的防雷检测报告真实可靠。

关于防雷装置的日常维护和监管。《防雷减灾管理办法》将防雷装置所有人或者受托人作为防雷装置日常维护的主体，要求指定专人负责日常维护和隐患排查工作。此外，已经安装防雷装置的单位或者个人有义务主动委托具有相应资质的防雷装置检测机构进行定期检测，并且接受当地气象主管机构和当地人民政府安全生产管理委员会的管理和监督检查。

雷电灾害调查与鉴定。雷电灾害的调查与鉴定工作是开展灾后救援和雷电科学研究的基础性工作。《防雷减灾管理办法》明确各级气象主管机构负责组织雷电灾害调查与鉴定的工作，并且规定了雷灾报告制度和雷电灾害风险评估制度。

关于雷灾报告制度。《防雷减灾管理办法》第二十五条、第二十六条规定了受灾组织和个人及气象主管机构的义务。一方面，遭受雷电灾害的组织和个人，应当及时向当地气象主管机构报告，并协助其对雷电灾害进行调查鉴定；另一方面，地方各级气象主管机构应当及时向当地人民政府和上级气象主管机构报告本行政区域内的重大雷电灾情和年度雷电灾害情况。

关于雷电灾害风险评估。雷电灾害风险评估是气候可行性论证的一个重要内容。考虑到雷电灾害危害大，工程性防御效果明显，《防雷减灾管理办法》对雷电灾害风险评估的范围进行了明确：大型建设工程、重点工程、爆炸和火灾危险环境、人员密集场所等项目应当进行雷电灾害风险评估，以确保公共安全。

(4)《气象预报发布与传播管理办法》

2015 年 3 月 6 日，中国气象局局务会议审议通过了《气象预报发布与传播管理办法》(以下简称《气象预报管理办法》)。《气象预报管理办法》共计十五条，是对 2005 年《气象预报发布与刊播管理办法》的修订。

《气象预报管理办法》明确将公众气象预报、灾害性天气警报和气象灾害预警信号纳入气象预报的范畴，使其成为气象防灾减灾法律体系的一部分。其中，统一发布和鼓励传播是《气象预报管理办法》的核心内容。

气象预报统一发布制度。气象预报统一发布制度自《气象法》确立，在《条例》和《预警信号管理办法》中得到进一步完善。《气象预报管理办法》第五条第一款和第六条在规范发布渠道方面进行了深化，一是规定组织建立完善发布和传播渠道的责任主体为县级以上人民政府，进一步体现了“政府领导”气象防灾减灾的原则。二是列举了建立完善发布和传播渠道的各相关部门和单位，体现了各部门参与配合的基本思路。三是规定发布渠道的作用。不仅发布单位统一，而且必须经过特定的发布渠道向社会发布，进一步保证了气象预报发布的权威性。

鼓励传播气象预报。《气象预报管理办法》进一步放宽了对媒体和单位传播气象预报的规定，体现了鼓励传播的原则和要求。该办法第五条第二款、第七条和第九条分别从建立传播机制、传播要求和鼓励传播三方面进行了规定。一是规定传播气象预报的媒体和单位应当与当地气象主管机构所属的气象台建立获取最新气象预报机制，确保气象预报传播的及时、准确。二是规定各级人民政府指定媒体和单位在固定的时间和频率、频道、版面、页面传播最近的气象预报。改变播发时间安排的，应当事先征得当地气象主管机构所属的气象台站的同意，确保传播的覆盖面、权威性和持续性。三是明文规定鼓励媒体和单位传播气象预报。只要符合传播要求，即为合法传播。此举是考虑到自媒体等行业影响力大、影响范围广的特点，为了避免传播过时或者非权威气象预报，给社会造成不良影响。

(5)《气象信息服务管理办法》

2015 年 3 月 6 日，中国气象局局务会审议通过了《气象信息服务管理办法》。该办法共计 21 条，制定的目的是为了有序开放气象信息服务市场、培育气象信息服务主体、依法规范气象信息服务市场运行机制。

气象信息服务单位是传播灾害性天气警报和气象灾害预警信号的有力补充。《气象信息服务管理办法》以鼓励发展为原则，以事后监管为措施，辅以禁止性规定，规范气象信息服务单位开展气象防灾减灾活动。一是鼓励气象信息服务主体依法开展服务活动，支持与气象信息服务有关的科研开发和成果推广应用，引导和吸引社会资本支持气象信息产业发展。二是坚持事中事后监管。通过建立气象信息服务单位备案统计与公示制度、组织气象信息服务行业自律管理、建立气象信息服务质量定期评价与公示制度，以及信用信息公示制度，实现对气象信息服务单位的规范管理。三是明确规定禁止性行为。再次强调禁止气象信息服务单位向社会发布灾害性天气警报和气象灾害预警信号。

5.1.1.4　气象防灾减灾地方性法规

截至 2018 年 6 月 30 日，全国 23 个省(区、市)、15 个有立法权的市(自治州、自治旗)出台了 38 部气象灾害防御条例。此外，黑龙江、河南、贵州、天津等省(市)还出台了 5 部规范人工影响天气工作的管理条例。其中，17 部地方气象灾害防御条例颁布施行于 2010 年前。《条例》确立的气象灾害防御法律制度和运行机制，在各地出台的气象防灾减灾地方性法规中得到了不同程度的体现。同时各地方在立法中结合本地的实际情况，提出了一些新的法律制度，既丰富了气象灾害防御法律制度体系，也为国家层面气象防灾减灾立法提供了可供借鉴和推广的地方经验。

《条例》主要设计了气象灾害防御规划、应急预案、风险评估、监测、预报和预警、应急处置、普查区划、农村气象灾害防御、雷电灾害防御、空间天气灾害监测预报和预警以及气候可行性论证等 11 种法律制度，这 11 种法律制度中，除空间天气灾害监测、预报和预警外，其余 10 种法律制度都在地方立法中得到不同程度的体现(图 5.1)。其中，气象灾害防御规划、应急预案、气象灾害监测、气象灾害预报预警和雷电灾害防御制度在地方制定的所有气象灾害防御条例中均有规定。

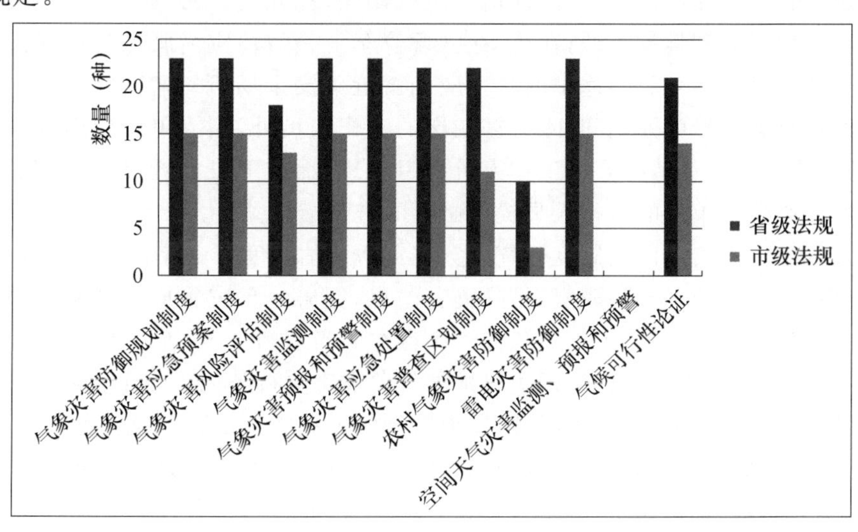

图 5.1　《条例》主要法律制度在地方性法规中的落实情况

此外,《条例》还设置了4种法律运行机制,以促进各项法律制度有效运行。这4种法律运行机制分别是气象灾害防御机制、气象灾害防御设施保障机制、气象灾害防御知识普及宣传机制和公民自救互助制度。在各地制定的气象灾害防御条例中,这4种法律运行机制也有不同程度的体现(图5.2)。

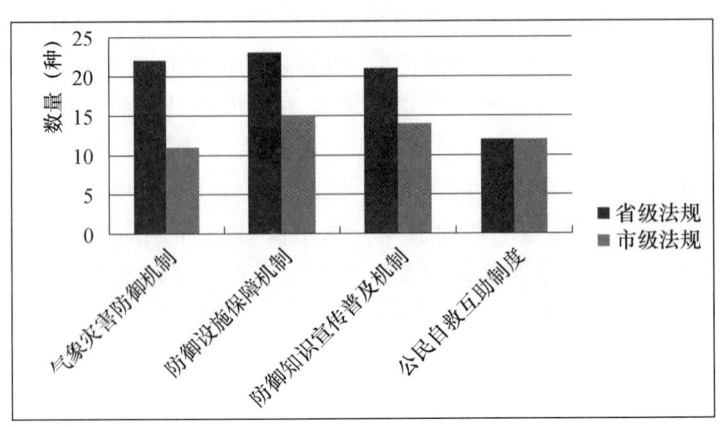

图5.2 《条例》4项法律运行机制在地方立法中的体现

各地在制定气象灾害防御的地方性法规的过程中,注重结合本地区气象灾害防御工作客观实际,在细化落实上位法相关制度的同时,开展地方立法"先行先试"的有益探索,提出了一些创新性的法律制度。主要体现在以下方面。

一是设立停工停产停课等气象灾害防御措施。江西、湖北、河北、青海、西安、宁波、济南、葫芦岛、大连等地的气象灾害防御条例将停工停课等措施作为由政府可以采取的气象灾害防御措施写入地方性法规,规定县级以上人民政府可根据气象灾害的发生发展情况,在必要时决定采取停工、停产、停课等气象灾害防御措施。广东、浙江两地将停工停产停课等气象灾害防御措施的启动主体和条件直接在地方性法规中进行明确,设置了由气象灾害预警信号直接启动气象灾害防御措施的法律制度。如《广东省气象灾害防御条例》规定,"台风黄色、橙色、红色或者暴雨红色预警信号为停课信号,停课信号生效期间,托儿所、幼儿园、中小学校应当停课。未启程上学的学生不必到学校上课;在校学生(含校车上、寄宿)应当服从学校安排,学校应当保障在校学生的安全;上学、放学途中的学生应当就近到安全场所暂避。""台风黄色、橙色、红色或者暴雨红色预警信号生效期间,除必需在岗的工作人员外,用人单位应当根据工作地点、工作性质、防灾避灾需要等情况安排工作人员推迟上班、提前下班或者停工,并为在岗工作人员以及因天气原因滞留单位的工作人员提供必要的避险措施。"

二是设置气象灾害灾后评估制度。气象灾害灾后评估制度可以综合分析造成气象灾害原因、存在的隐患和问题,明确部门职责,排除灾害隐患,完善气象灾害应急预案,修复或者加固气象灾害防御设施,查找在气象灾害应急处置中存在的问题和不足,进一步提高气象灾害防御能力。贵州、青岛、宁波、厦门、长春、延边等地的气象灾害防御条例确立了灾后评估制度。

三是鼓励或建立气象灾害(巨灾)保险制度防御气象灾害。重大气象灾害防御不当或灾后处置不力,不可避免地会造成人民生命的伤亡和财产的损失,因气象灾害造成家破人亡的现象也时有发生。如果将重大气象灾害纳入金融保险体系,通过增加保险产品种类,分担灾害风险,将有利于人民财产的安全补偿。该制度不仅不会增加公民、法人的负担,还能给公民、法人的财产提供一种保障方式。宁夏、广东、河南、湖北、云南、浙江、宁波、青岛、长春、本溪等地制定的气象灾害防御条例中确立了鼓励公民、法人参与气象灾害(巨灾)保险制度或者建立健全政府财政支持的气象灾害风险保险体系(浙江)以及与气象灾害有关的巨灾保险制度(广东)。

四是设置气象灾害信息员制度。气象信息员是气象灾害防御工作中不可或缺的社会力量,整合基层现有防灾人力资源,确定信息人员协助气象、民政等有关部门负责灾害性天气警报和气象灾害预警信号的接收与传播、灾情报告等工作;乡镇人民政府、街道办事处配备兼职气象灾害防御协理员,村(居)民委员会配备兼职信息员,协助气象主管机构开展气象灾害防御知识宣传、应急联络、气象灾害预警信息传递、灾害报告和灾情调查等工作,有利于提高基层气象灾害防御效能,加大社会力量参与气象灾害防御的深度和广度。安徽、甘肃、河南、山西、宁夏、陕西、云南、海南、河北、江西、湖北、广东、浙江、青海、济南等地的气象灾害防御条例确立了气象灾害信息员制度。

5.1.1.5　气象防灾减灾地方政府规章

截至 2018 年 6 月 30 日,全国 25 个省(区、市)、15 个有立法权的市(自治州、自治旗)出台了包括气象灾害防御、人工影响天气、气象灾害预警信号发布、气象灾害评估、气象信息服务等五类的地方政府规章 62 部。其中,27 部地方政府规章颁布施行于 2010 年前。从地方政府立法情况看,我国从灾前预防、预报、预警到灾时应急处置,再到灾后恢复重建,已经建立了一套较为完整的气象灾害防御基本法律制度。

《人工影响天气管理条例》《气象灾害防御条例》在《气象法》的基础上,规定了人工影响天气作业安全、气象灾害防御规划、应急预案、风险评估、监测、预报和预警、应急处置、农村气象灾害防御、雷电灾害防御以及气候可行性论证等方面的法律制度,各地出台的气象防灾减灾地方政府规章中也不同程度的有所体现。同时,各地在制定气象防灾减灾地方政府规章的过程中,注重总结多年来本地区气象灾害防御实践经验,对上位法中气象防灾减灾有关内容进行了深化和细化,积极开展地方立法"先行先试"的有益探索,主要体现在以下方面。

一是进一步明确了政府、部门、企事业单位和公民在气象灾害防御中的职责和义务。气象灾害防御工作离不开"政府领导、部门联动、社会参与",所以明确各主体责任是有效做好气象灾害防御工作的前提。《条例》第五条规定了"地方各级气象主管机构和县级以上地方人民政府有关部门应当按照职责分工,共同做好本行政区域的气象灾害防御工作。"但该规定比较原则,也没有未设立气象主管机构的区级地方人民政府承担气象灾害防御工作做出具体规定。17 部气象灾害防御地方政府规章均对地方政府、部门承担气象灾害防御职责进行了不同程度的细化和明确。其中,上海、杭州、苏州等地对未设气象主管机构的城区特别规定由区政府明确气象灾害防御工作主管部门。如《上海市气象灾害防御办法》第五条第二款:"未设立气象主管机构的区人民政府应当指定有关部门或者安排有关人员配合市气象主管机构做好前款规定的相关工作。"《杭州市气象灾害防御办法》第五条:"……未设立气象主管机构的区人民政府,应当明确本辖区内的气象灾害防御主管部门"。福建、广西、新疆将"气象灾害防御职责的落实情况纳入政府绩效考核内容"写入政府规章。湖北、河北、上海、辽宁、广西等地明确规定村(居)民委员会、企事业单位和公民主动防御气象灾害的责任和义务。

二是建立气象灾害风险管理制度,细化了预防措施。重视气象灾害风险管理是社会发展的需要,是气象灾害防御工作从重抗灾救灾向重防灾减灾转变的需要。随着全球气候持续变化,极端天气事件发生频率越来越高,对经济建设尤其是生态、环境、粮食、民生安全带来严重威胁,各地积极探索开展包括气象灾害风险评估、气候可行性论证、气象指数保险和巨灾保险农村灾害防御体系建设等在内的气象灾害风险管理工作，努力将气象防灾减灾工作关口前移，科学防御气象灾害。江苏、山东、甘肃等3个省专门出台了气象灾害风险管理的政府规章，对气象灾害评估定义、普查与区划、评估范围、评估内容、评估单位管理、评估结论应用等方面作出了规定。福建、广西、新疆、湖北等地将建立气象灾害风险评估和气候可行性论证制度、鼓励建立灾害风险保险体系，建立健全农村气象灾害防御制度等内容写入规章。另外，河北分灾种制定出台了暴雨灾害防御、暴雪大风寒潮大雾高温防御两个地方政府规章。福建、上海、广西等地针对不同行业、不同气象灾害种类，提出了细化的、有针对性的预防措施。

三是建立防灾减灾监测、预警合作机制，实现部门信息资源共享。气象灾害及其衍生、次生灾害防御涉及政府多个部门，各级气象主管机构现有站点布局在气象灾害监测和预警服务中发挥了重要作用，但是，由于灾害性天气的发生发展具有突发性、局地性、发展迅速等特点，各级气象主管机构所属的气象观测站点尚不能满足偏远、局地灾害性天气监测的需要，因此，构建多部门协作共享的气象灾害监测、预警信息平台，建立共享合作机制，有利于减少重复建设，有效发挥各类气象灾害信息的作用，实现部门资源利用效益最大化。如《新疆维吾尔自治区实施〈气象灾害防御条例〉办法》第十四条："县级以上人民政府应当加强气象灾害监测网络建设，并做好下列工作：……"第十五条："县级以上人民政府应当组织气象、公安、民政……等部门建立气象灾害监测、预警信息共享平台。"上海还创设了灾害性天气风险预判部门间通报制度。

四是深化灾害性天气警报和气象灾害预警信号统一发布与传播制度。气象灾害预警信号在气象防灾减灾工作中发挥着"消息树"的作用，规范气象灾害预警信息发布与传播工作，对有效避免和减轻气象灾害对人民群众生命和财产安全造成损失至关重要。青海、宁夏、江西、广东、新疆、湖北、重庆、四川、河南、内蒙古、山东、吉林、陕西、深圳、杭州、宁波、青岛、无锡、西安等地在深化气象灾害预警信息发布与传播制度方面进行了不同程度的创新和细化。如进一步规范政府、媒体、通信运营企业、其他媒体、企事业单位、社会组织以及公共场所和人员密集场所的经营、管理单位在气象灾害预警信号传播中的职责和义务；与广播、电视、报纸、互联网等媒体和通信、户外媒体、车载信息终端等运营企业建立广泛传播机制，不断扩大气象预警信息传播覆盖面，利用广播、预警大喇叭等接收终端在边远农村、山区、矿区、渔区及时传递气象灾害预警信号；建立气象灾害预警信息权威发布渠道和合法获取机制，保证气象预警信息发布的权威性；明确特殊行业接收、传播气象预警信息要求，提高气象灾害预警服务有效性；明确传播气象灾害预警信息需标明发布台站的名称和时间，规范气象预警信息准确、及时传播。

五是建立气象灾害防御重点单位制度。针对基层单位主动防灾的主体责任不够明确，基层防灾避险意识不强，应急响应处置能力不强等问题，上海、广东、湖北等地方政府规章建立了气象灾害防御重点单位制度。如《上海市气象灾害防御办法》第十五条："本市实行气象灾害防御重点单位(以下简称重点单位)管理制度。市气象主管机构应当会同安全生产监管、住房城乡建设、消防等部门结合本市基层应急管理单元的设置，综合考虑地理位置、气候背景、行业特点等因素，制定本市重点单位认定标准，并根据认定标准，确定重点单位名录。"广东则出台《广东省气象灾害防御重点单位气象安全管理办法》，全文对气象灾害防御重点单位定义、范围、防御职责、服务与监督及法律责任等作了规定，有利于压实重点单位气象灾害防御主体责任，提高重点单位气象灾害风险防范意识，以点带面增强全社会抵御气象灾害的综合防御能力。

六是建立健全人工影响天气作业安全管理制度。人工影响天气作业是各地政府防灾减灾的重要手段之一，在防灾减灾、缓解水资源、农业生产和生态建设等方面发挥重要作用。新疆、江西、贵州、四川、山西、青海、湖北、辽宁、宁夏、西藏、陕西、重庆、河北、内蒙古、吉林、甘肃、云南、广西、西安、长春、普洱、昆明等地出台了 22 部人工影响天气的地方政府规章。这些规章对人工影响天气工作职责，工作机制、经费投入，人影作业点规划、建设和保护、作业实施要求，作业设备采购和报废，作业人员的待遇保障，作业装备的保养年检、作业设备及弹药的运输储存等内容进行了细化和创新。其中，云南、吉林等还明确人工影响天气作业单位，在完成公益性人工影响天气任务的前提下，可以根据用户需求，提供人工影响天气专项服务。

5.1.2　气象防灾减灾地方立法探索举例

5.1.2.1　《广东省气象灾害防御重点单位气象安全管理办法》

2018 年 2 月 1 日，《广东省气象灾害防御重点单位气象安全管理办法》(以下简称《广东重点单位管理办法》)经广东省人民政府第十三届 1 次常务会议通过，于 2018 年 6 月 1 日起施行。《广东重点单位管理办法》分总则、重点单位的确定、重点单位气象灾害防御、服务与监督、法律责任、附则共 6 章 32 条。

《广东重点单位管理办法》是全国首部规范气象灾害防御重点单位管理和监督检查的地方政府规章，旨在着力解决气象灾害防御工作面临的突出问题，进一步规范化、法制化气象灾害防御重点单位管理。一是规定了重点单位的确定因素和程序，规定了确定重点单位应当综合考虑的因素，列举了人员密集场所、危险物品的生产、充装、储存、供应、运输或者销售，在建工程、海洋渔业、旅游等八大类行业领域可作为重点单位的类型以及上述领域应当列为重点单位满足的三项条件，规定了重点单位的确定程序，要求通过组织专家或委托第三方机构进行评审，由同级人民政府确定后向社会公布，规定了重点单位的退出程序和更新机制。二是细化了气象灾害防御重点单位的主体责任，强化重点单位自我管理制度建设，确定气象灾害防御责任人、气象灾害应急管理人的各四项职责：防御责任人要组织制定气象灾害防御制度，保障本单位气象灾害防御工作经费，指挥自救互救等；应急管理人要组织制定本单位气象灾害应急预案，开展预案演练及培训，组织开展气象灾害隐患排查及收集上报灾情等。特别规定了不同类别的重点单位，在收到灾害性天气警报和气象灾害预警信号时，应当采取的重点防御措施，包括加固安全措施、停止户外露天作业、调整生产作业、发出警示信息关闭营运区域、停止营业组织人员避险、停止作业回港避风等。要求重点单位制定应急预案和演练、培训，以及开展定期巡查、档案管理等。三是明确了各地政府的领导责任和县级以上气象主管机构、有关部门的指导和监管责任。明确了重点单位由市、县(区)人民政府负责确定，县级以上人民政府应加强组织领导和经费保障，县级以上气象主管机构和有关部门在各自职责范围内做好对重点单位的指导和监管的监管责任。四是提出了对重点单位的服务与监督，鼓励相关行业协会、气象信息服务单位为重点单位开展有针对性的适应生产需求的个性化气象服务，建立气象灾害防御能力和水平评价，规定了气象主管机构及有关部门对重点单位进行监督检查以及检查的八项内容。此外，《广东重点单位管理办法》与对广东省各市的安全生产责任制考核紧密链接，推动重点单位监督检查工作发挥实效。

《广东重点单位管理办法》的贯彻实施，为广东省实现对重点单位有效管理提供科学依据，进一步强化气象部门依法履行指导和监督职责，实现从减少灾害损失向减轻灾害风险转变，预防和减少因气象因素直接造成或诱发重特大生产安全事故的发生，压实重点单位气象灾害防御重点单位主体责任，助力广东省经济高质量发展和社会民生进步。截至 10 月 31 日，广东省各地市已公布气象灾害防御重点单位 3037 家。

5.1.2.2 《浙江省气象灾害防御条例》

《浙江省气象灾害防御条例》(以下简称《浙江省条例》)于 2017 年 3 月 30 日经浙江省第十二届人大常委会第三十九次会议审议通过,自 2017 年 7 月 1 日正式实施,分总则、预防措施、监测预报预警、应急处置、法律责任和附则,共计 6 章 35 条。《浙江省条例》主要规定了以下几个方面的内容。

一是关于气象灾害防御工作的职责。进一步细化气象主管机构的职责,明确气象灾害防御的有关职能部门、基层群众性自治组织和有关单位在气象灾害防御方面的工作要求,是有效防御气象灾害,建立健全政府主导、部门联动、社会参与的工作机制的必然要求。第三条规定了省、市、县级人民政府、气象主管机构和其他部门气象灾害防御工作职责,强调气象灾害预防纳入当地国民经济和社会发展规划、财政预算等要求。第四条规定:“乡(镇)人民政府、街道办事处应当按照本条例规定,做好气象灾害防御工作。村(居)民委员会应当协助人民政府、有关部门做好气象灾害防御知识宣传、气象灾害应急演练、气象灾害预警信息传递等工作。”同时,将气象协理员、信息员的职责具体工作职责写入法规。

二是创设气象灾害预警信号属地化发布制度。针对气象灾害预警信号发布层级太多、应急响应效率低下等局限性,第十九条规定:“县级以上气象主管机构所属的气象台站应当按照职责向社会统一发布灾害性天气警报和气象灾害预警信号,并及时向有关灾害防御、救助部门和单位通报;其他组织和个人不得向社会发布灾害性天气警报和气象灾害预警信号,不得向社会发布混淆气象灾害预警信号的近似信号。气象灾害预警信号实行属地发布制度。气象灾害预警信号的发布、变更和解除,由县级气象主管机构所属的气象台站负责;未设立气象台站的,由设区的市气象主管机构所属的气象台站负责”,有力促进了以气象灾害预警信号为先导的全社会应急响应机制建设。

三是关于公民参与的要求。针对公民、法人、其他组织参与防灾自救的意识和能力不够,甚至不配合政府采取的预防和应急处置措施的情况,省条例对此予以规范。第五条规定:“公民应当学习气象灾害防御知识,关注气象灾害风险,增强气象灾害防御意识和自救互救能力。”第二十七条规定:“公众和气象灾害防御重点单位在应急响应方面应当采取的措施,如在橙色、红色气象灾害预警信号生效期间,公民应当合理安排出行计划,储备必要的饮用水、食品及照明用具等生活用品,积极配合人民政府、有关部门采取的应急处置措施;气象灾害防御重点单位应当根据气象灾害情况和气象灾害应急预案,组织实施本单位的应急处置工作,加强对防御重点部位和关键环节的巡查,保障运营安全。”

四是关于极端天气停课停产停工措施的规定。将停课停产停工等措施作为气象灾害防御措施写入地方性法规,并授权县级以上人民政府根据本地区实际制定“三停”具体办法。第二十九条规定:“台风、暴雨、暴雪、道路结冰、霾红色预警信号生效期间,托儿所、幼儿园、中小学校应当停课。未启程上学的学生不必到学校上课;上学途中的学生可以就近到安全场所暂避;在校学生应当服从学校安排,学校应当保障在校学生的安全。台风、暴雨、暴雪、道路结冰、霾红色预警信号生效期间,除国家机关和直接保障城市运行的企事业单位外,其他用人单位应当根据生产经营特点和防灾减灾需要,采取临时停产、停工、停业或者调整工作时间等措施;用人单位应当为在岗及因天气原因滞留单位的工作人员提供必要的避险措施。停课安排和停产、停工、停业的具体办法由县级以上人民政府制定。”

五是建立了气象灾害风险管理体系。着重推进气象灾害风险防范措施具体化,建立覆盖“风险区划、应急准备、监测预警、应急响应、保险救助”全过程的气象灾害风险管理体系。建立了气候可行性论证强评估制度，第十二条规定："国家重点建设工程、重大区域性经济开发项目和大型太阳能、风能等气候资源开发利用项目，应当按照国家强制性评估的要求进行气候可行性论证。"明确加强气象防灾减灾标准化乡(镇)、村建设，深化基层气象防灾减灾服务和管理能力。建立气象灾害防御重点单位管理制度，第八条规定由县级以上人民政府公布气象灾害防御重点单位，重点单位应当制定气象灾害应急预案，建立防御重点部位和关键环节检查制度，及时消除气象灾害风险隐患，并接受气象主管机构的指导和监督检查。四是建立财政支持的气象灾害风险保险制度，第十五条鼓励保险机构提供天气指数保险、巨灾保险等产品和服务，提高全社会抵御气象灾害风险能力。

5.1.2.3　《甘肃省气象灾害风险评估管理办法》

2015 年 1 月 16 日，《甘肃省气象灾害风险评估管理办法》(以下简称《管理办法》)经甘肃省人民政府第 68 次常务会议审议通过，于 2015 年 5 月 1 日起施行。《管理办法》不设章节，共计 18 条。《管理办法》对气象灾害评估行为进行规范，提出了加强气象灾害风险评估管理工作的具体措施。

《管理办法》对"气象灾害风险评估"进行了定义，第三条规定"本办法所称气象灾害风险评估，是指对本行政区域内可能发生的，对人民生命财产安全、经济社会发展产生重大影响的气象灾害，以及与气象条件密切相关的城乡规划、重点领域或者区域发展建设规划和建设项目进行气候可行性、气象灾害风险性等分析、评估的活动"。

《管理办法》明确了气象灾害风险评估工作中政府、气象主管部门以及其他有关部门的责任和义务，第四条规定"县级以上人民政府应当加强对气象灾害风险评估工作的组织和领导。县级以上气象主管部门在本级人民政府和上级气象主管部门的领导下，负责本行政区域内气象灾害风险评估的监督管理工作。县级以上人民政府发展改革、工业信息化、建设规划、交通运输、国土资源、农业、林业、水利、民政、环境保护、安全生产监督管理等主管部门在各自职责范围内做好气象灾害风险评估工作"。

《管理办法》确立了气象灾害风险评估工作中的三项具体制度。一是气象灾害风险区划制度，第五条规定"县级以上人民政府应当组织有关部门，对本行政区域内发生的气象灾害种类、次数、强度和造成的损失等情况开展普查，建立气象灾害基础数据库并及时更新补充。按照气象灾害种类和有关评估结果，编制气象灾害风险区划，划定气象灾害风险区域，并向社会公布"。二是区域气象灾害分析评估制度，第六条第一款规定"县级以上气象主管部门应当对本行政区域气象灾害的种类、时间、范围、特点、趋势和危害程度等进行分析、评估，并编制报告报送本级人民政府"。三是重大公共事件气象灾害分析评估制度，第六条第二款规定"气象主管部门应当根据本级人民政府的要求，及时组织开展对重大活动、突发事件和其他重大公共事件的气象因素影响分析、评估"。

《管理办法》首次对规划和建设项目的气象灾害风险评估进行区分。第七条第一款规定"县级以上人民政府在编制城乡规划、重点领域或者区域发展建设规划时，应当进行气象灾害风险评估"。第九条明确了需要开展气象灾害风险评估的建设项目具体范围，在《气象法》的基础上将涉及公共安全的易燃易爆等场所和气象灾害易发区的建设项目也纳入评估范围。同时，第八条和第十一条分别规定了规划和建设项目的气象灾害风险评估报告应当包括的内容。

此外，《管理办法》对气象灾害风险评估机构的能力和相关义务进行规定，确立了气象灾害风险评估机构备案和信用评价制度，规定了气象灾害风险评估活动中气象资料审查、气象资料探测和汇交制度，赋予了省气象主管部门对气象灾害风险评估活动和评估人员培训的监督管理义务。在罚则中,分别对建设单位、气象灾害风险评估机构、政府部门及其工作人员的行为进行法律约束。

《管理办法》实施以来,甘肃省各级气象部门在全省开展了气象灾害风险区划,配合各级政府对重要区域和重大公共事件开展气象灾害风险评估。各行业高度重视气象灾害风险评估工作,重大项目及区域化经济项目均主动进行气象灾害风险评估工作。对兰州新区、高新区、经济区等重大规划开展气象灾害风险评估,并根据评估结果对规划进行调整。目前,气象灾害风险评估工作已经融入甘肃省经济建设的各个领域,尤其在交通运输、环境治理、新能源开发、生态修复等工作领域发挥了积极的作用。

5.1.2.4 黑龙江省气象信息服务管理条例

《黑龙江省气象信息服务管理条例》(以下简称《黑龙江信息条例》)于 2017 年 10 月经黑龙江省第十二届人大常委会第三十六次会议审议通过,自 2018 年 1 月 1 日起实施。《黑龙江信息条例》不分章,共计 34 条,对气象信息进行了分类,规定了公众气象信息从制作、发布、传播、使用以及非公众气象信息的管理。

《黑龙江信息条例》第二条对公共气象信息和个性化气象信息制作传播法定机构进行了明确的区分。《黑龙江信息条例》第三条规定气象信息服务遵循公益性为主、公益性与市场化经营相结合的原则。第九条、第十二条明确了公众气象信息(包括气象灾害预警信息)发布主体的唯一性,公众气象信息来源的合法性,明确了发布、传播的主体责任和具体要求。

鼓励公众气象信息传播渠道的多样性。按照“放管服”改革要求,适应气象部门执法力量存在结构性矛盾的特点,加强公众气象信息传播事中事后管理,《黑龙江信息条例》第二十三条、第二十四条设立公众气象信息传播质量评价制度、传播质量信用标识制度。发挥市场选择机制的作用,实现了对气象信息服务监管方式的创新和突破。符合“放管服”改革要求,节约行政监管成本。

《黑龙江信息条例》适应互联网媒体蓬勃发展的新形势,填补了对互联网传播气象信息专项监管的“空白”。第十七条、第二十六条鼓励互联网信息服务企业,从事公众气象预报传播服务,并针对互联网企业气象信息传播进行规范。《黑龙江信息条例》第十八条明确要求向本省行政区域内用户传播公众气象信息的互联网信息服务企业,有义务及时向受气象灾害影响区域的群体传播灾害性天气警报和气象灾害预警信号,并对其进行评价和监管。《黑龙江信息条例》第二十三条授权对域外互联网企业气象信息传播质量评价和行为监管,通过信用评价、传播质量评价及传播质量信用标识制度加以引导和规范。

《黑龙江信息条例》第八条、第九条、第十一条、第十八条、第十九条明确公众气象信息、非公众气象信息制作、发布、传播主体及要求。明晰了两类信息界面和职责分工,区分开了气象部门防灾减灾责任与专业气象服务合同的经济义务。

此外,《黑龙江信息条例》第六条明确了地方政府,在灾害性天气警报和气象灾害预警信号发布、传播设施建设方面的事权及支出责任,适应财政保障机制改革要求。同时,《黑龙江信息条例》第十四条建立、优化了预警信息发布、传播机制。《黑龙江信息条例》的颁布实施,对当地气象信息服务管理规范发展,发挥了重要作用。

5.2 气象防灾减灾标准化建设

标准是国家基础性制度建设的重要内容,是规范经济和社会活动的重要技术依据,也是科学技术和实践经验的总结。我国的气象事业是科技型、基础性社会公益事业，气象防灾减灾等各个工作领域都离不开标准的支撑与引领，做好气象标准化工作对促进气象事业科学发展具有重要意义。随着我国经济社会的快速发展和气象科技的不断进步，气象防灾减灾需求、要求和领域也在不断增长，气象标准和标准化的基础性、战略性作用日益凸显，对于加快推进气象现代化、充分发挥气象工作在保障经济社会发展和人民安全福祉具有十分重要的意义。比如：在气象灾害监测工作中，只有统一了装备要求、统一了监测方法、统一了数据格式，所获取的气象资料才能确保可靠、可共享；同样的，在气象灾害预警工作中，只有统一了交换协议、信息格式、系统接口，气象预警信息才能得以高效发布和传播；而在气象灾害防御的组织管理中，标准同样也发挥着重要的作用和效益，特别是随着国家简政放权改革进程的推进，对防雷减灾和气象信息服务等活动或事务的监管进一步减少了行政许可事项，只有通过建立统一的监管标准体系，进一步明确监管主体和客体的行为准则和具体要求，才能做到强化事中事后监管和落实安全监管责任。

近年来，为适应新时代气象事业改革发展的需要，中国气象局在国家标准委及相关部门的关心、支持下，坚持紧贴需求、服务大局的工作思路，立足民生，面向行业、面向经济社会发展，以标准助力业务技术水平的提升和气象工作职责的履行，积极推进气象防灾减灾标准化建设取得了明显成效。中国气象局先后制定印发了《气象标准化“十二五”发展规划》《气象标准化管理规定》《气象标准制修订管理细则》《气象领域标准化技术委员会评估办法》《“十三五”气象标准体系框架及重点气象标准项目计划》等政策制度，建立健全相应的气象标准化工作机制，明确工作思路和重点，为推动和规范气象标准化发展提供了制度保障；加强气象标准化组织机构的建设，基本形成了以管理机构、研究机构、技术组织以及标准编制和实施应用单位组成的气象标准化工作体系，国家层面成立了包括防灾减灾、气候与气候变化、人工影响天气等多个领域的标准化技术委员会，全国超过 2/3 的省(区、市)成立了气象领域的地方标准化技术组织，为提高气象标准化工作水平和能力奠定了组织保障；强化标准的实施应用，建立了“执行标准清单”以及标准实施应用反馈和定期复审制度，推进城乡气象服务、防雷减灾、人工影响天气、灾害预警、现代农业气象保障、气象装备服务、标准验证检验检测点等多个领域的国家级标准化试点示范工作，多途径、多渠道发挥好气象标准的作用和效益；推进气象标准化管理和服务信息化平台的开发应用，中国气象标准化网、气象标准制修订管理系统、气象标准信息库、气象地方标准报告系统等信息化系统，为提高气象标准制修订效率和信息共享水平提供了平台支撑。

5.2.1　气象防灾减灾标准体系

为充分发挥气象标准化工作在气象防灾减灾工作中的作用和效益，中国气象局组织建立了门类齐全、结构清晰、涵盖主要业务服务领域的气象防灾减灾标准体系。按照整体性、统一性、科学性、开放性、实用性的原则，将气象防灾减灾标准划分为气象灾害防御、应对气候变化、公共气象服务、气象预报预测、综合气象观测、气象基本信息、人工影响天气、生态气象、农业气象、卫星气象、空间天气、大气成分、风能太阳能气候资源、雷电防护、基础综合等 15 个分体系(图 5.3)，各分体系的标准由国家标准、行业标准、地方标准、团体标准四个层级的标准组成，同时按应用方向及所发挥作用将各层级标准分为业务技术类标准(指气象行业工作人员开展气象观测、预报等气象业务技术工作需遵循的标准)、服务类标准(指面向政府领导、社会公众、专业用户等各类气象服务对象的标准)、管理类标准(指用于规范管理工作或为履行气象管理职能提供支撑的标准)、通用基础类标准(指气象术语、符号等用于工作衔接的标准)。

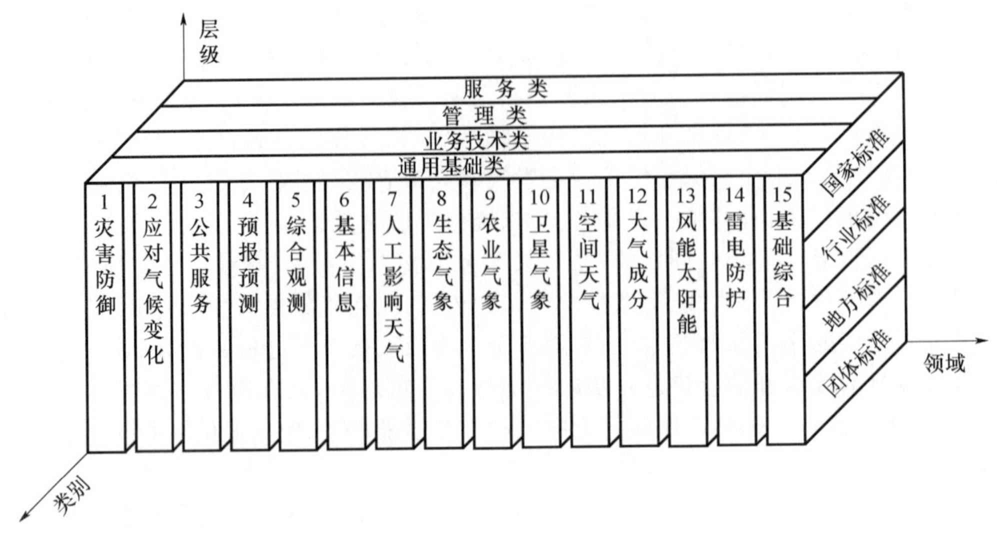

图 5.3　气象防灾减灾标准体系框架

5.2.1.1　灾害防御标准分体系

气象灾害防御标准分体系由灾害监测预警、风险管理、应急及其他三个部分组成，各部分的主要内涵及对应的各层级标准分布情况见表 5.1。

表 5.1　灾害防御标准分体系主要内涵及标准分布情况

所属专业领域	主要内容	标准数量			
		国标	行标	地标	团标
灾害监测预警	灾害监测、灾害等级划分、灾害预警等级及预警信息发布与传播等	9	8	56	0
风险管理	灾害风险普查、区划、评估等				
应急及其他	气象灾害防御措施、灾害应急启动与终止、工作流程、灾情调查与收集等				

注：数据统计截止时间为 2018 年底。本章表同。

5.2.1.2　应对气候变化标准分体系

应对气候变化标准分体系由气候变化监测评估、影响评估及气候可行性论证三个部分组成，各部分的主要内涵及对应的各层级标准分布情况见表 5.2。

表 5.2　应对气候变化标准分体系主要内涵及标准分布情况

所属专业领域	主要内容	标准数量			
		国标	行标	地标	团标
气候变化监测评估	气候变化的监测、检测、预估等	0	10	5	0
气候变化影响评估	气候变化影响评估的技术方法、流程等				
气候可行性论证	气候可行性论证技术方法、工程气象参数计算及质量评价、监督检查等				

5.2.1.3 公共服务标准分体系

公共气象服务标准分体系由服务产品与供给、市场监管要求、服务评估三个部分组成，各部分的主要内涵及对应的各层级标准分布情况见表5.3。

表5.3 公共服务标准分体系主要内涵及标准分布情况

所属专业领域	主要内容	标准数量			
		国标	行标	地标	团标
服务产品与供给	气象服务产品的制作、传播等	8	45	44	4
市场监管要求	从业规范、服务能力和信用评价、服务监督等				
服务评估	服务质量与效果评价等				

5.2.1.4 预报预测标准分体系

气象预报预测标准分体系由天气预报、气候预测、气候影响评估、业务质量管理四个部分组成，各部分的主要内涵及对应的各层级标准分布情况见表5.4。

表5.4 预报预测标准分体系主要内涵及标准分布情况

所属专业领域	主要内容	标准数量			
		国标	行标	地标	团标
天气预报	天气现象定义、灾害性天气定义及分级、天气预报用语、天气预报产品规范、天气预报流程规范等	9	5	9	0
气候预测	气候事件定义和指标、气候预测流程、产品规范等				
气候影响评估	气候影响等级、评估方法、流程等				
业务质量管理	天气预报质量检验、气候预测质量检验、数值模式预报检验等				

5.2.1.5 综合观测标准分体系

综合气象观测标准分体系由仪器装备、观测方法与产品、观测规范、业务技术保障四个部分组成，各部分的主要内涵及对应的各层级标准分布情况见表5.5。

表5.5 综合观测标准分体系主要内涵及标准分布情况

所属专业领域	主要内容	标准数量			
		国标	行标	地标	团标
仪器装备	气象仪器装备的技术要求和指标等	7	5	3	0
观测方法与产品	气象观测方法及产品制作等				
观测规范	气象观测业务要求及流程规范等				
业务技术保障	计量检定，业务运行监控，装备保障等				

5.2.1.6 基本信息标准分体系

气象基本信息标准分体系由基础设施、信息资源、信息应用、信息安全四个部分组成，各部分的主要内涵及对应的各层级标准分布情况见表5.6。

表 5.6 基本信息标准分体系主要内涵及标准分布情况

所属专业领域	主要内容	标准数量			
		国标	行标	地标	团标
基础设施	专有云、高性能计算、网络、机房场地的技术和管理要求等	5	42	6	1
信息资源	数据分类分级编码、数据产品、信息获取、元数据、文件格式、数据库、质量控制等				
信息应用	信息共享交换、大数据应用技术、应用系统、业务流程、信息处理算法、运行维护等				
信息安全	安全体系、安全技术和安全管理等				

5.2.1.7 人工影响天气标准分体系

人工影响天气标准分体系由人影装备、作业条件、作业安全、作业效果检验、业务技术保障五个部分组成，各部分的主要内涵及对应的各层级标准分布情况见表 5.7。

表 5.7 人工影响天气标准分体系主要内涵及标准分布情况

所属专业领域	主要内容	标准数量			
		国标	行标	地标	团标
装备	机载观测仪器、作业装备、催化剂的技术要求与指标等	5	18	46	0
作业条件	增雨、防雹、防霜、消云雾作业条件预报识别等				
作业安全	人影作业操作规程、空域申请等				
作业效果检验	人影作业效果的物理、统计、数值模拟检验等				
业务技术保障	人影作业站点建设，弹药焰条存贮及运输，装备保障等				

5.2.1.8 生态气象标准分体系

生态气象标准分体系由生态气象监测、预报、服务、评估、灾害防御、生态气候资源六个部分组成，各部分的主要内涵及对应的各层级标准分布情况见表 5.8。

表 5.8 生态气象标准分体系主要内涵及标准分布情况

所属专业领域	主要内容	标准数量			
		国标	行标	地标	团标
监测	农田、植被、草地、森林、湿地、水体、荒漠等生态系统监测方法、产品等	4	3	7	0
预报	生态气象相关预测预报的方法和产品等				
服务	生态系统及生态功能区气象保障服务的流程、效益评价等				
评估	生态质量气象综合评价及影响评估的方法及指标等				
灾害防御	生态气象灾害监测、预警、评估及风险管理等				
生态气候资源	生态气候资源评价、区划、利用等				

5.2.1.9 农业气象标准分体系

农业气象标准分体系由农业气象观测、预报、服务、评价、灾害防御、农业气候资源、试验研究七个部分组成，各部分的主要内涵及对应的各层级标准分布情况见表5.9。

表5.9 农业气象标准分体系主要内涵及标准分布情况

所属专业领域	主要内容	标准数量			
		国标	行标	地标	团标
观测	农业气象观测规范、方法和产品等	6	9	6	0
预报	农业气象条件预报、农田土壤墒情及灌溉预报、发育期预报、产量预报、农用天气预报、自然物候期预报、病虫害发生发展气象等级预报等				
服务	农业气象服务产品、流程、效益评价等				
评价	定期综合评价规范、气象条件评价产品与指标、土壤墒情评价方法与指标等				
灾害防御	农业气象灾害监测、预警、评估等				
农业气候资源	农业气候资源评价、区划、利用等				
试验研究	农业气象试验方法、流程等				

5.2.1.10 卫星气象标准分体系

卫星气象标准分体系由卫星地面系统和遥感应用两个部分组成，各部分的主要内涵及对应的各层级标准分布情况见表5.10。

表5.10 卫星气象标准分体系主要内涵及标准分布情况

所属专业领域	主要内容	标准数量			
		国标	行标	地标	团标
地面系统	气象卫星测控、遥感接收、辐射校正，气象卫星频率及空间电磁环境，气象卫星业务管理等	0	35	3	0
遥感应用	气象卫星遥感应用技术、产品、服务、管理等				

5.2.1.11 空间天气标准分体系

空间天气标准分体系由空间天气监测仪器、监测、预警、服务、空间天气效应五个部分组成，各部分的主要内涵及对应的各层级标准分布情况见表5.11。

表5.11 空间天气标准分体系主要内涵及标准分布情况

所属专业领域	主要内容	标准数量			
		国标	行标	地标	团标
仪器	空间天气监测仪器的技术要求和指标等	5	0	0	0
监测	太阳活动以及行星际、磁层、电离层、中高层大气环境监测技术方法、流程等				
预警	空间天气及其环境等级、预警技术和用语等				
服务	空间天气服务产品制作及质量评价等				
空间天气效应	空间粒子辐射和充电效应、中高层大气效应、空间天气通信导航定位效应等				

5.2.1.12　大气成分标准分体系

大气成分标准分体系由大气成分监测仪器、观测、预报预警、服务四个部分组成，各部分的主要内涵及对应的各层级标准分布情况见表5.12。

表5.12　大气成分标准分体系主要内涵及标准分布情况

所属专业领域	主要内容	标准数量			
		国标	行标	地标	团标
仪器	大气成分监测仪器技术方法与指标等	9	30	0	0
观测	大气成分观测规范、方法、质量保证等				
预报预警	大气成分预报预警技术、方法及等级，检验评估等				
服务	大气成分服务产品制作、效益影响评估等				

5.2.1.13　风能太阳能气候资源标准分体系

风能太阳能气候资源标准分体系气候资源测量、评估、气象保障三个部分组成，各部分的主要内涵及对应的各层级标准分布情况见表5.13。

表5.13　气候资源标准分体系主要内涵及标准分布情况

所属专业领域	主要内容	标准数量			
		国标	行标	地标	团标
测量	风能、太阳能气候资源的测量方法与等级等	4	8	10	0
评估	风能、太阳能气候资源的区划、调查、评估方法与指标等				
气象保障	气候资源开发利用的气象保障要求，站址选择及工程建设气象参数等				

5.2.1.14　雷电防护标准分体系

雷电防护标准分体系由雷电监测、预警、防雷装置技术要求、防雷装置检测、市场监管要求、雷灾调查与评估六个部分组成，各部分的主要内涵及对应的各层级标准分布情况见表5.14。

表5.14　雷电防护标准分体系主要内涵及标准分布情况

所属专业领域	主要内容	标准数量			
		国标	行标	地标	团标
监测	雷电活动监测方法、产品制作等	8	57	144	2
预警	雷电活动预警方法与业务流程等				
防雷装置技术要求	雷电防护装置的设计施工要求、防雷相关产品技术要求及测试等				
防雷装置检测	雷电防护装置检测仪器要求、技术方法、服务规范等				
市场监管要求	防雷服务市场的技术监督、质量评价等				
雷灾调查与评估	雷电灾害调查、鉴定、区划、风险评估等				

5.2.1.15　基础综合标准分体系

气象基础综合标准分体系由符号与术语、科技管理、工程管理、人才管理、其他五个部分组成，各部分的主要内涵及对应的各层级标准分布情况见表 5.15。

表 5.15　基础综合标准分体系主要内涵及标准分布情况

所属专业领域	主要内容	标准数量			
		国标	行标	地标	团标
符号与术语	气象通用符号与术语等	5	19	16	0
科技管理	气象科技项目管理，科研成果管理，科研单位评估等				
工程管理	气象工程设计、建设、验收、评价等				
人才管理	气象人才资源管理、从业资格、教育培训等				
其他	气象科普宣传、气象立法与执法、标准体系等				

5.2.2　气象防灾减灾地方标准化工作实践与探索举例

近年来，各省（区、市）气象局围绕地方经济社会发展需求，结合各自地域气候特点，发挥自身专业技术优势，在推进气象地方标准化工作方面进行了大量的实践与探索，取得丰硕的成果，为依法履行气象工作职责、服务地方改革发展提供了良好的技术支撑和保障。

5.2.2.1　辽宁省生态气象标准化工作实践与探索

辽宁省气象标准化工作起步较早、发展稳定，截至 2018 年，地方标准已发布 42 项，主编或参编的国家标准和行业标准有 19 项，初步形成了结构清晰、涵盖气象主要业务服务领域的气象标准体系。辽宁省气象标准化工作已融入地方政府标准化工作体系，是辽宁省实施标准化发展战略联席会议成员单位，农业气象和气象灾害评估与预警、防雷等多个领域标准被作为重点建设领域纳入《辽宁省标准化体系建设发展规划(2016—2020)》(辽政办发〔2016〕58 号)。

生态气象领域标准是辽宁气象标准化工作的专长和特色，已初步形成由 15 项系列地方标准组成的生态气象标准体系，涉及气象灾害监测评价预警、植被生态质量气象评价、极轨卫星遥感监测、高分卫星监测等专业领域，相关标准制定主要考虑了生态系统与农业生产的特点、气象行业的优势、指标和方法的先进性、与国内其他标准体系接轨的可比性等因素。依托生态气象系列标准，在植被与长势、海冰、森林火灾、雾霾、洪涝、积雪、沙尘暴、干旱灾害及荒漠化以及东北地区典型水体(水库)、典型湿地、农作物种植面积等方面开展了业务与研究应用，研发了《辽宁省生态质量气象评价报告》《辽宁省地下水位变化综合评估》《辽宁省农田土壤养分评价报告》《辽宁省植物物候评价报告》等种类繁多的业务化生态气象服务产品，为生态建设、粮食安全、农民增收、防灾减灾等提供了准确及时的服务信息。辽宁省生态气象标准化工作推动了全省气象业务科研工作的进步，并在助力创新发展、绿色发展、共享发展等方面也发挥着日益突出的作用，比如：基于遥感及高分系列标准开展的植被、土地沙化、湿地、旱灾损失等监测评价成果在服务中得到了广泛应用，引起了电视、广播、报纸、网站等国内各大新闻媒体的广泛关注，产生了较好的社会经济效益；《辽宁日报》在每年世界气象日发布《生态质量气象评价报告》；干旱影响精细化评估结果赢得了保监会、农业管理部门、农险公司、投保农户和地方政府等相关方的认可。

5.2.2.2　山东省综合气象标准化工作实践与探索

山东省气象标准化工作近年来成果丰硕，主导编制的国家标准 5 项、行业标准 15 项、地方标准 27 项，涉及气象监测预警、气象信息资料服务、人工影响天气作业、设施农业气象服务、涉海气象服务、气候影响和雷电灾害防御等多个专业领域，气象标准化工作于 2014 年、2015 年连续两次被列为省政府标准化重点任务，气象标准编制工作也多次受到行业或地方标准化主管部门的肯定，并被邀请为各种标准化培训活动介绍经验。

山东省气象标准化工作的着力点体现在“编好标准”和“用好标准”两个方面。在“编好标准”上，坚持高标准、严把关、专家写标准、出“好用标准”的指导思想，首先是申报标准项目时严选题、精选人，项目要有科研基础（或属科研成果转化）或长期工作总结，且优先推荐标准内容已经实践检验项目，第一起草人要具备较强综合实力（国标、行标的主要起草人均为正研或高工，大多数具有博士或硕士学位，很多是本省本领域的学科带头人）；其次，在编制过程中充分调研并发挥好专家作用，征求意见充分、验证试验扎实；第三是“开门写标准”，积极吸纳相关行业单位参加标准编制，例如：编制引航和海水养殖气象服务的标准，就与海事、引航、渔业等部门联合，编制盐业气象服务标准就和盐业集团联合，编制防雷技术服务规范就和建筑设计院、建筑装饰公司、地铁公司联合。在“用好标准”上，一是在人工影响天气作业安全等事关人民生命财产安全、事关社会稳定的领域，加大标准宣贯力度，将标准内容纳入对相关工作人员的培训、考核范畴；二是在气象资料共享、产品制作和使用方面，将标准核技术心内容融合进业务软件或业务流程，使其在全国推广应用的同时也进一步检验验证了标准适用性；三是组织针对服务对象或用户单位的跨行业标准宣贯培训活动，提高标准的实际释用能力和应用水平，促进气象服务效率和效益的提升。

5.2.2.3 广东省突发事件预警信息发布标准化工作实践与探索

广东省气象标准化工作立足于全国气象法治试点、气象现代化试点、气象管理体制改革试点等重点工作，以气象标委会为平台，凝聚各行业、各领域专家的智慧，并与省标准化研究院签署合作协议培养标准化专业人才，积极推进气象标准化工作取得了显著成效。截至 2018 年地方标准已发布 12 项，主编或参编的国家标准和行业标准 29 项。

广东省突发事件预警信息发布标准化工作在全国具有创新性、引领性和示范性作用。近年来，广东省气象局为贯彻落实好广东省政府与中国气象局合作备忘录中所提出的有关建立突发事件预警信息发布体系和推进广东气象现代化的目标任务，以《突发事件预警信息发布中心建设规范》等 3 部系列地方标准的编制与发布实施为抓手，建立了省、市、县突发事件预警信息发布中心 102 个，形成了相互衔接、规范统一、运行高效的突发事件预警信息发布体系，全省突发事件预警信息发布覆盖率达到 90%，相关工作在全国突发事件预警信息发布工作推进会、WMO 基本系统委员会(CBS)第 16 次届会上受到普遍关注和充分肯定。以此为基础，广东省气象局联合省质监局组织专家编制了全国首个省级突发事件预警信息发布标准体系规划与路线图，并于 2018 年 8 月召开专题新闻发布会，中央电视台和南方日报等多家国家级和地方媒体单位集中进行报道，宣传效果显著、社会影响广泛。该体系规划与路线图由标准体系框架、标准清单和标准化路线图三部分组成，针对当前突发事件预警信息标准涵盖范围不广、针对性不强等问题，通过明确标准化基本方向、梳理当前标准状况、分时间阶段制定标准化目标，把标准化的理念和方法融入到预警信息发布管理全流程，以标准固化和推广突发事件预警信息发布成功模式和先进经验，实现突发事件预警信息发布标准化、规范化管理，其发布实施将助力广东到 2022 年建成“功能齐全、科学高效、覆盖全省”的预警信息发布系统，突发灾害性天气预警提前量达到 20 分钟以上，预警信息发布覆盖率达 95%以上，通过标准和标准化实现更快更准的预警，并为实施“标准化＋公共服务”工程提供范例。

5.2.2.4　云南省气象灾害防御标准化工作实践与探索

云南省气象标准化在支撑气象灾害防御、推动气象现代化建设方面成效突出，相关工作内容被纳入《云南省标准化体系建设发展规划(2016—2020 年)》《云南省人民政府关于全面推进气象现代化加强气象防灾减灾体系建设的意见》等地方政府文件，气象标准化建设成果被中国气象局评为创新工作项目并纳入《全面推进气象现代化阶段性亮点成果》。截至 2018 年地方标准已发布 14 项，主编或参编的国家标准和行业标准 11 项。

云南省气象局在省政府"推进标准化发展战略专项课题"的支持下，完成了云南气象标准体系研究与建设，凝练提出包括气象防灾减灾、生态与环境气象等 9 个符合当地发展需求和气象工作特点的地方标准重点领域。研制了《气象灾害预警信号检验技术规范》等以气象防灾减灾为核心内容的系列地方标准，以此为依托，近两年来制作发布了一万多份气象灾害风险预警业务产品，对决策部门和社会公众高度关注的昆明大暴雨以及机场大雾、霜冻等灾害性天气过程作出了准确及时的预报预警，极大地减轻了灾害损失，相关工作获省委、省政府领导多次批示肯定；制定了《橡胶寒害等级》《烤烟气象灾害等级》《小粒种咖啡寒害等级》等系列标准，建立了高原特色农作物防灾减灾指标体系，为贯彻落实云南省"发展高原特色农业"的战略部署提供技术支撑；制定并推广应用《农村民居防雷技术规范》《闪电监测定位系统》等多项标准，建成由 46 个闪电定位仪和 57 个大气电场仪组成的、覆盖全省主要雷暴区的雷电监测网，实现雷电预警信息的提前发布，全省雷灾发生起数和伤亡人数较十年前均减少了 85%以上；在云南省地方性法规和政府规章《气象灾害防御条例》《气象设施和气象探测环境保护办法》中，充分考虑和采用相关技术标准的规定，使标准条款成为可详细量化的法规条文，增强了法规的可操作性。

5.2.3　国外气象防灾减灾标准化工作概况

5.2.3.1　气象国际标准制定机构

世界气象组织(World Meteorological Organization，WMO)。前身为国际气象组织，为了适应世界航海事业的发展，首先研究了国际海上船舶气象观测和航海用语格式等标准化问题。世界气象组织(WMO)成立以后，陆续对全球天气观测、电讯、资料处理和服务等实行了标准化。2003 年举行的世界气象组织第十四次大会，通过了关于"质量管理"的第 27 号决议，要求把以往散见于不同出版物的标准(包括技术规则、手册、指南、指导方针和技术出版物)、质量控制的要素、业绩监督和专业人员培训等内容进行整合和升级，建立 WMO 质量管理框架(World Meteorological Organization quality management Framework，WMO QMF)，包括 WMO 技术标准、含质量控制在内的质量管理体系、认证程序三个部分。WMO 随后成立了关于 QMF 的 ICTT(跨委员会专题组)，专门开展质量管理框架工作。

国际标准化组织(International Organization for Standardization，ISO)。是国际上最权威的国际标准化组织，ISO 针对各种服务提供商设计的服务流程的标准认证，获得了各国际机构的认可；同时，ISO 也一直寻求与各种国际机构，在气象学领域尤其是与 WMO 的合作。WMO 真正感受到 ISO 的影响和重要性，是国际民航组织(International Civil Aviation Organization，ICAO)要求其旗下的各区域民航机构逐渐规范为其提供服务的供应商，如以往较多地由各国气象部门提供的气象导航服务，针对提供机构设立了需要具有 ISO 质量认证或类似的门槛，以全面加强民航系统的安全和服务规范。2007 年，ISO 理事会通过了 2007/43 决议，承认 WMO 为国际标准化机构。

国际电工组织(International Electrotechnical Commission,IEC)。IEC 的宗旨是促进在电学和电子学领域中的标准化及有关事物方面(如认证)的国际合作,增进国际间的相互了解。

5.2.3.2　国际气象标准现状

世界气象组织(WMO)。制定和出版的技术指导文件,由上到下采用 5 级框架体系,描述和体现文件的成熟程度和适用的范围:一是标准(技术规则):由 WMO 大会审定;二是手册:技术规则的附属文件——由 WMO 大会或理事会审定出版,包括针对技术规则的调整内容;三是指南:针对特别主题的指导手册;四指导方针:指导或用标准化原则作为针对流程的指南;五是技术出版物:项目支持的出版物(标以 WMO 出版号或技术文件号)。上述指南、指导方针和技术出版物一般由技术委员会制定和审核。截至 2018 年 10 月,WMO 制定和出版的技术指导文件总体情况如下:政策文件 9 项、标准(技术规则)3 项、附件 8 项、指南 95 项、手册 53 项、能力建设 38 项、观测 30 项、信息管理 22 项、洪水控制 21 项、天气服务态度 1 项、海洋气象 14 项、航空气象 14 项。

国际标准化组织(ISO)。ISO 中 TC146 技术委员会下设 6 个分委会,专门负责有关空气质量的国际标准,分别承担固定源排放、工作场所大气、环境大气、一般方面、气象学、室内空气共六个领域国际标准的制修订。气象学分委会(SC5)成立于 1994 年,目前共有 15 个参与国、11 个观测国。SC5 到目前为止已成立了 10 个技术工作组负责相关标准的制修订。截止到 2018 年 10 月,ISO 共发布气象及与气象相关的水文、清洁能源、建筑、航空等领域的标准 31 项。

国际电工组织(IEC)。IEC 中与气象防灾减灾相关的委员会有 TC64(电气装置及电击保护),TC77(电磁兼容),TC81(雷电防护)3 个技术委员会和 TC28(绝缘配合)和 TC37(避雷器)中的若干工作组。截至 2018 年 10 月,IEC 发布的与雷电防护相关的国际标准共 21 项。

5.2.3.3　WMO 推动气象防灾减灾的标准化行动

世界气象组织对气象防灾减灾非常关注,成立了专门机构负责减缓气象灾害和风险(disaster risk reduction,DRR)。WMO 执行理事会在 EC-64 届会上批准了成立四个 DRR 优先主题领域中的 DRR 用户界面专家咨询组(UI-EAG),指导编写良好规范并确定用户对产品和服务的需求及要求,以支持 DRR 决策的各主题领域,包括:灾害和风险分析及评估;多灾种早期预警系统(MHEWS);灾害风险融资气候服务;促进人道主义规划和响应的水文气象服务。该机构成立以来推动了一系列气象防灾减灾标准、技术规范、指南、手册等的制修订,包括:实施标准化分发技术,例如国家气象和水文部门(NMHS)的通用警报协议(common alerting protocol,CAP),作为分发公共预警的有效工具,并在《WMO 预警机构注册系统》注册其预警机构。通用警报协议(CAP)可为所有的灾害应急警报和公共预警提供国际标准,包括那些涉及天气事件、地震、海啸、火山爆发、公共卫生、停电等诸多突发事件的灾害。这个协议也适用于所有媒体,包括通信媒体,涉及警报、移动电话、传真、无线电、电视和各种基于网络的通信网络;DRR 过程的先决条件是风险评估,它可确定以往、目前和潜在未来风险的性质和程度。它涉及确定、分析和评估:(1)关于灾害的地点、强度、频率、持续时间和概率;(2)脆弱性的自然、社会、经济和环境方面;(3)人员和财产的暴露度;(4)主要应对和适应能力或其他应对和适应能力的有效性。灾后危害以及损失和损害资料可作为评估未来影响的支持资料。此类资料需要以灾害事件为时间和地理参照,需要有质量保证、一致进行编目和适当存档。当需要进行长期灾害、脆弱性和暴露度分析时，风险评估可用于 DRM 的恢复/预防（或“冷”）阶段，当需要实时分析时，则可用于备灾/响应（或“热”）阶段。为此，必须将天气、水、气候、空间天气及其他相关环境灾害和风险信息标准化，并开发天气、水和气候极端事件编目标识符；标识符和编目系统是编制《天气、气候和水极端事件造成的死亡率和经济损失图集》以及联合国减轻灾害风险办事处（UNISDR）全球 DRR 评估报告（Global Assessment Report on Disaster Risk Reduction，GAR）的重要前提条件。该系统可将国家气象和水文部门（NMHS）的标准化方法用于分析和记录国家数据库中的水文气象极端事件，并支持这些资料的国际交换和验证，从而极大地帮助全球气候服务框架（GFCS）；为了加强灾害风险治理以管理灾害风险，WMO 鼓励国家气象和水文部门（NMHS）积极参与其国家 DRM 和更广泛的风险治理，和不同部门的 DRM 利益攸关方建立业务合作和标准运行程序（standard operation procedure，SOP），即国家、次区域、区域和全球 DRR 平台，以通过多灾种早期预警系统（MHEWS）和部门规划等方式支持风险评估，并减轻风险，以及通过以天气指数为依据的大灾保险进行财务风险转移。

第6章　重点区域和行业气象防灾减灾

6.1　农村气象防灾减灾

6.1.1　农村气象灾害特征

农村是我国气象灾害防御的薄弱地区，我国农村人口数量多、基础设施偏差、群众防灾减灾意识和应对能力相对薄弱，每年因气象灾害而导致的死亡人员绝大部分发生在农村，因各种气象灾害造成的农作物受灾面积广，经济损失大，严重影响农业生产，威胁农民生命财产安全。

6.1.1.1　气象灾害多发重发

(1)农村气象灾害种类全、频次高、持续时间长

由于我国地理位置、特定的地形地貌和气候特征，加之我国农村地域面积广阔，致使我国农村气象灾害种类繁多。气象灾害大致可分为7大类20余种，在我国农村均有发生。春季以干旱、沙尘暴、寒潮、雪害、低温连阴雨等灾害为主；夏季的暴雨洪涝、台风、干旱、风雹、雷电、干热风、高温酷热等灾害影响最大；秋季台风、干旱、冷害、连阴雨、霜冻等灾害最重；冬季寒潮、大风、雪害、冻害等危害突出。我国农村气象灾害发生频次高，每年平均发生较大范围的旱灾7.5次，平均发生12次范围较大的强降水天气过程，由此引发的洪涝灾害每年平均为5.8次。农村气象灾害分布地域广，农村一年四季均会发生不同类别的气象灾害，2001—2018年农作物受灾面积多年平均有35.5万 km^2，约占耕地总面积1/4～1/3。农村气象灾害持续时间长，旱灾一次持续数月，甚至数年；严重的洪涝灾害持续一周或半个月，甚至数月。

(2)农村气象灾害暴露度在不断变化

农村气象灾害暴露度主要表现在农村人口和耕地暴露在受极端天气气候事件不利影响的范围和数量。当前，我国农村人口由1978年的7.9亿人下降到2017年的5.8亿人，耕地面积则由1978年的99.4万 km^2 增加到2017年的134.9万 km^2。农村人口对灾害的暴露度在减少，耕地对灾害的暴露度在增加。另外，农村人口和耕地的暴露度在空间分布上有很大差异；2017年，农村人口暴露度最高的省份是河南、四川和山东，农村人口分别为4764万人，4085万人和3944万人；耕地对气象灾害暴露度最高的省份是黑龙江、内蒙古和河南，面积分别是15.8万 km^2、9.2万 km^2 和8.1万 km^2。上海、江苏和广西的农村人口有显著减少，分别由2000年的408.7万人、4287万人和3739万人减少到2017年的297万人、2508万人和2481万人。

(3)农村气象灾害承灾体脆弱性高

我国农村经济社会发展对气象灾害的敏感性和脆弱性高，随着农村经济发展，贫困人口的减少，尽管缺少有效保护措施的农村暴露度在缩小，但农村人口、基础设施等仍存在较大的脆弱性。近10年，全国平均每年因气象灾害死亡2000人左右，其中90%以上集中在农村。随着农村经济社会的快速发展，由此带来的农村社会孕灾环境将更加脆弱敏感，特别是随着农村

青壮年进城务工，人口老龄化和低龄化又带来了人口脆弱性的提高。

(4)农村气象灾害防灾减灾能力弱

当前，农村气象灾害防御仍然是整个防灾减灾工作的短板，农业是受气象灾害影响最为敏感的行业，农村气象灾害防御基础能力薄弱。受地理条件限制，广袤的农村里居民分布相对松散，部分山区交通欠发达，通信较落后，气象灾害预警信息发布尚未完全覆盖广大农村、牧区、山区、海上等通信设施薄弱地区，预警信息传递“最后一公里”的问题仍然存在；农村的防灾抗灾能力相对偏低，公共设施、基础设施承灾能力低；气象灾害监测能力、预报时效、预报准确率和精细化程度不能完全满足农村气象灾害防御需求；气象灾害防御方案和应急预案不够完善，农村气象灾害防御能力不强；农民灾害防御知识欠缺，防灾避灾意识不强，是受灾影响最大的群体。1984—2013年，天气气候灾害造成的农村年均直接经济损失为1123.3亿元，且呈上升趋势。受灾人口明显增多，多集中在易发山洪、滑坡、泥石流等地区，由1984—2003年的年均9832.9万人增加到2004—2013年的年均21038.9万人。

6.1.2　农村气象灾害监测预报预警

2010年中央一号文件提出健全农村气象灾害防御体系，提高农村气象灾害防御能力。对此，中国气象局出台《关于加强农村气象灾害防御体系建设的指导意见》，提出利用3至5年时间，形成精细化的气象灾害监测预报能力，即建成预报到乡、乡乡有自动气象站的农村气象灾害监测预报体系，力争用5年时间实现农村突发气象灾害监测预报准确率接近城市水平。在完善现有农村监测站网的基础上，适当增加监测密度，实现局地小气候的自动观测。建成农村自动雨量监测网，在暴雨和地质灾害频发的村建设1套2要素以上自动气象站，实现对可能诱发山洪、泥石流等灾害的自动监测和报警。在雷电多发频发地区，建成农村雷电灾害监测网。以中尺度数值预报解释应用技术和新一代天气雷达、卫星、加密自动站等监测分析技术为基础，省级气象部门建立和完善精细化预报业务，发布精细化水平到乡镇的预报产品。市县气象部门重点开展灾害性天气监测、预警，并利用上级预报产品开展临近预报订正和跟踪服务。

气象部门大力推进农村气象监测预报预警能力建设。全国建成6.8万个区域自动气象站，实现乡镇自动气象站全覆盖，可高频次自动观测，观测数据实时秒级传输到国省两级气象部门，进一步提升了中小尺度气象灾害的监测预警能力。建立了精细到乡镇的气象预报系统和灾害性天气短时临近预报系统，乡镇天气预报准确率逐年提高，此外还联合其他部门开展山洪地质灾害气象等级、森林火险气象等级预报。

为提升农村气象灾害风险预警服务能力，近年来，气象部门开展了以“一本账、一张图、一张网、一把尺、一队伍、一平台”的“六个一”强基工程。广泛收集整理农村气象灾害历史灾情、灾害隐患点、防灾减灾救灾设施和人员等基础数据，逐步建立气象防灾减灾基础数据集，统一纳入省级气象业务基础数据库，建立气象防灾减灾数据“一本账”。同时，综合基层气象防灾减灾数据，依托地理信息系统，绘制基层气象防灾减灾“一张图”，有效提升了气象灾害的综合监测水平。如贵州气象部门深化与防灾减灾部门的数据共享，应用大数据技术，结合防汛、国土、教育、交通、旅游等部门的易灾点普查成果，基于地理信息系统，以县为单位绘制综合防灾减灾“一张图”(包含气象监测点、水文监测点、地质灾害隐患点、山洪沟、水库、农业园区、重点景区、学校等易灾点信息，以及防御责任人联系方式等)，实现了县域内易灾点基础信息的全覆盖，让各级防灾减灾责任人有了“作战图”，使地方政府指挥调度更加精准。他们以“气象综合防灾减灾地图”为基础，将灾害性天气监测区域划分为监视区、警戒区、责任区，其中责任区范围为本县行政区，责任区外延 30 km 以上为警戒区，再外延 30 km 以上为监视区。三个区与卫星云图、雷达回波、雨量实况等实时监测信息叠加显示，并明确雷达回波影响到监视区、警戒区、责任区时业务值班员的职责，实现对灾害性天气过程的全程跟踪监测，确保监测不漏网、预警能及时。

6.1.3 农村气象灾害预警信息发布

为了努力推动气象灾害预警信息到村到户到人，中国气象局一直致力于加强农村气象灾害预警发布系统建设。各地因地制宜，采取土洋结合的方式努力扩大预警信息发布和传播的覆盖面，通过广播、大喇叭、电视、互联网、手机短信等传播渠道及时向乡镇政府和村级防灾减灾责任人、气象信息员以及村民发布气象灾害预警服务信息，形成基层防灾减灾预警信息发布和传播"一张网"。农村气象手机短信用户达 3000 万，农村气象预警大喇叭近 8 万个，有效改善了气象预警信息传播"最后一公里"问题。各级气象部门在政府主导下，建立完善覆盖全国乡镇、行政村和气象灾害重点防御单位的信息员队伍，气象信息员在接到气象部门发布的预警之后，第一时间通过大喇叭、锣、鼓等方式向农村居民广播气象预警信息，在传播气象灾害预警信息、普及气象灾害防御知识、组织基层群众防灾避险中发挥了重要作用。重庆永川区建立了多渠道预警信息发布平台，形成了八类发布渠道。区级相关领导办公室配备了移动预警终端或多媒体信息电话；在人员密集场所建立了 110 块电子显示屏；手机短信系统覆盖各级领导和村级防灾信息员 6000 余人；部门、镇街和农业种植基地、灾害敏感单位配备了专用预警终端；建立了农村气象综合信息服务平台；实现了电视台和广播电台的即时插播；开通了全区 5344 个预警大喇叭的直播功能，制定了信息发布的职责权限和流程规范，基本形成了一个权威、畅通的预警信息发布平台，确保各类责任人和广大村民能够快速获取气象灾害预警信息。

为了更好地发挥气象灾害预警信息在农村防灾减灾中的作用，各地不断创新，建立健全以气象灾害预警信息为先导的应急转移避险机制，有效避免了因灾可能造成的损失和人员伤亡。如贵州省气象局创建了"三个叫应"预警联动机制。即发生强降水时通过电话将降水信息点对点传递到县、乡镇、村领导和有关责任人，提醒做好防御。2016 年以来，组织以县为单位梳理本地强降雨致灾阈值，制订内、外部叫应的启动标准和叫应内容、流程、方式、对象等，并由当地政府印发，明确了各涉灾部门和乡镇在接到气象局"叫应"后的职责，发挥了预警信息的"消息树"作用，压实了各级各部门的防灾减灾责任，为政府科学决策、有效调度各方力量提供了有力支撑。2016 年 6 月 19 日夜间至 20 日凌晨，黔西南州出现大范围暴雨天气，义龙试验区管委会接到州气象局的电话后，立即组织 180 多户群众转移，群众房屋不久即被洪水淹没，无一人伤亡。时任贵州省副省长刘远坤指出："'三个叫应'非常管用，在防灾减灾机制中起到了核心作用!"

6.1.4 气象信息员队伍建设

20 世纪 50 年代，中央气象局召开全国气象工作会议，提出在农村组建民办气象机构。按照"自愿、自建、自管、自用"的原则，在人民公社建立气象哨，在生产队建立气象组，承担观察记载、天气预报传播、灾情收集和开展气象知识普及和宣传等任务，为农业生产服务。当时气象哨的工作人员就是现在气象信息员的前身。为加强基层气象灾害防御工作，2007 年底，《中国气象局关于发展现代气象业务的意见》(气发〔2007〕477 号)，提出建立城乡气象灾害防御网络"在城市各社区、街道、企事业、学校、车站、码头、港口、医院等重点单位设置 1 名气象应急联系人。在各乡镇建立 1 名兼职气象协理员，下属每个行政村设 1 名气象信息员”。截至 2018 年底，全国共发展了 70.8 万名气象信息员。

气象信息员主要承担气象灾害预警信息的接收和传播以及气象灾情的收集和上报，协助开展气象灾害科普宣传，协助完成本地气象设施的维护，协助观测和报告本地特殊天气现象，参与制定本地气象灾害防御方案，协助群众做好防灾避灾工作，协助开展气象灾情调查评估，协助收集反馈气象服务效果、需求和建议等工作。

各级气象部门积极探索气象信息员队伍建设和管理思路，完善管理机制。各级气象部门充分利用社会资源，采取灵活的用人机制，凝聚各类群体力量，发展壮大信息员队伍；争取政府部门的支持，把气象信息员队伍建设纳入地方政府防灾减灾建设体系，积极争取地方财政投入，营造良好的发展环境。加大气象信息员培训力度。中国气象局组织编写了《气象信息员工作手册》和《气象信息员知识读本》培训教材。依托“三农”专项资金，各地气象部门因地制宜，编写地方培训教材，开展气象信息员的轮训。31 个省(区、市)至少每 2 年组织开展一次以市或县级为单位的气象信息员培训。建立健全气象信息员激励机制，为调动信息员工作积极性，各地根据实际情况，通过定期对信息员进行评比考核，建立奖惩机制，激励信息员以更高的热情去开展工作，自 2012 年起，中国气象局每年评选一百名在气象防灾减灾工作中有突出贡献的优秀气象信息员给予表彰。

气象信息员在防灾减灾中发挥了积极作用。2018 年 8 月 11 日清晨，北京市房山区大安山乡军红路发生较大规模山体崩塌灾害，约 3 万立方米石块同时滚落，就在事发前 10 分钟，房山区气象信息员(也是地质灾害群测群防员)安红三在雨中巡查时，发现山体有石块滑落，有发生大面积崩塌的可能，他立即拦截了过往车辆和行人，以“10 分钟奇迹”取代了一场可能发生的灾害。

6.1.5　农村气象灾害应急联动

在接收到气象灾害预警信息之后，农村基层政府和村民能够快速的采取防灾减灾措施或避灾自救措施非常重要。为完善农村“党委领导、政府主导、部门联动、社会参与”的气象防灾减灾机制，按照中国气象局的统一部署，全国纷纷建立形成各地政府统一领导、综合协调，相关部门各负其责、有效联动的农村应急减灾组织体系，建立和完善了以气象预警信息为先导的基层应急联动机制。县级人民政府组建了由分管县长任总指挥长，气象、民政、水利等相关部门负责人为领导小组成员的气象灾害防御领导小组；乡级人民政府由分管乡长负责气象灾害防御工作，由乡干部担任的气象协理员负责日常工作；行政村村长为本区域气象灾害防御责任人，每个村设有气象信息员；实现了县乡有分管领导、乡乡有气象信息服务站、村村有气象信息员。建立了预案到村、责任到人的农村气象灾害应急处置体系。县、乡、村定期开展气象灾害应急演练，通过演练适时对预案进行修订和更新。通过这一应急联动体系的建立，使气象灾害预警信号这一“消息树”在农村气象防灾减灾中的作用得到了充分发挥。

各级气象部门积极探索农村气象防灾减灾新模式。“德清模式”“永川模式”成为该领域探索和实践的两个范本。

探索建立“德清模式”。浙江省德清县围绕新农村建设气象灾害防御工作，建立了“组织健全、职责明确、预案科学、处置及时、设施完备、保障有力”的基层气象工作体系，为农村气象防灾减灾打下了扎实基础。全县建立“政府领导、气象主管、部门配合、乡镇参与、责任到人”的基层气象组织网络，县政府成立了由 31 个部门组成的气象灾害防御领导小组，同时将组织网络延伸到农村最基层，按“有职能、有人员、有场所、有装备、有考核”标准建立12个乡镇(开发区)气象工作站，完善县、乡、村三级公共气象服务窗口。乡镇配备分管领导，设置气象职位；村级设置气象与农网服务站，配备气象联络员。做到乡乡有气象工作站，村村有气象协理员。德清县进一步完善组织机制、应急联动、资源共享、防灾行为、保障措施等体系要素，强化多部门联动机制，明确了31个气象联动成员单位的工作职责，建立气象灾害防范应对专业、专家队伍和联络制度。建立了水利气象防汛预警平台，实现信息资源共享。

积极打造“永川模式”。重庆市永川区探索建立了以“一个工作体系、两个主干网络、五个功能平台”为架构的自然灾害应急联动预警体系，即由区政府应急办、气象局、农委、水务局、林业局等部门应急处置人员及相关部门信息员队伍组成的工作体系；建立了自然灾害监测网和预警信息发布网两个主干网络；搭建了多灾种灾害监测、多专业协同研判、多渠道预警信息发布、多部门联动响应和多类别灾情速报的五平台。修订出台了《重庆市气象灾害防御条例》，确立了“市、区县(自治县)人民政府应当加强对气象灾害防御工作的组织领导，建立健全气象灾害防御协调机制”，乡(镇)人民政府、街道办事处应当履行“气象灾害防御知识宣传、应急处置、信息传递、灾情报告和灾情调查等工作”职责。市政府出台了《重庆市突发事件预警信息发布管理办法》《重庆市突发事件预警短信发送实施细则(试行)》《重庆市市级突发事件预警信息发布平台运行管理制度(暂行)》等预警信息发布规范性文件。市、区县气象部门与国土、水利、农业、林业、海事等部门建立监测信息共享、自然灾害联合会商、预警信息联合发布、预警响应管理在内的预警联动工作机制，有效提升了综合防灾减灾能力。

6.2 城市气象防灾减灾

城市气象灾害是按照发生地域或受影响范围而划分出的一类气象灾害，是指发生在城市区域，由于气象要素或其组合的异常，对城市居民的生命与健康，对城市建筑与设施、城市各行各业生产与社会生活以及对城市资源与生态环境造成损害的各类事件。由于城市系统的脆弱性，并不明显的气象要素异常也可能造成比较严重的经济损失或较大的社会影响。

6.2.1 城市气象灾害特征

6.2.1.1 城市气象灾害的特点

由于城市人口集中、建筑密集、经济要素聚集，城市气象灾害具有复合性，其带来的连锁效应、放大效应明显。

(1)城市气象灾害复合性

由于自然生态系统和人工系统在城市内部的密切交织，导致其易发的气象灾害具有自然和人为双重属性。城市除了受台风、暴雨、持续高温、大风、雾霾等大尺度气候系统带来的气象灾害影响之外，还存在突发性、局地性强对流天气影响下的灾害风险。城市是人类活动的高强度区域，人类活动会使城市气象灾害更具有局地性特征，高楼林立造成的狭管效应会加重风灾的影响，城市热岛效应会让高温热浪天气影响更大，不同敏感人群和行业对相应高影响气象灾害表现出不同程度的脆弱性，当多种气象灾害伴随发生时，往往会同时影响城市系统多个环节，表现为城市气象灾害的强致灾性。

(2)城市气象灾害的连锁效应

城市人口的不断增加和人员财富的日趋集中，城市基础设施的承载负担不断加剧，城市对气象及其衍生灾害影响的暴露度、脆弱性和敏感性越来越大，其面临的气象灾害风险也越来越高，气象灾害的“连锁性”效应日益凸显。现代化城市正常运转需要依赖生命线工程，如果系统中某点发生瘫痪，灾害会在系统内部和系统之间产生连锁反应。因此，城镇化区域更容易发生次生、衍生灾害，形成灾害链，即“多米诺骨牌”效应，如 2012 年台风“海葵”影响上海期间，造成的直接经济损失超过 5 亿元，其间接影响则更大，造成浦东、虹桥两大机场取消航班 782 架次，铁路停运约百班次，长途客运停运 600 多班。

(3)城市气象灾害的放大效应

气象因素作为一种自然力作用于城市系统时，使城市气象灾害的破坏力明显增大。研究显示，当城市发展到一定规模之后，由于人类活动密集，城市下垫面和地貌的改变，会使城市局地气候特点和生态环境发生变化，使城市气象灾害打上人类活动的印迹。以城市暴雨内涝灾害为例，在城市高层建筑集中区，热岛环流有利于城市上空的热对流发展，更容易引发暴雨；由于城市内部路面硬化、水面率较低，加大了地表径流，因此暴雨发生在城市使积涝风险明显放大。如 2013 年 10 月 7 日受台风“菲特”影响，浙江余姚城区大面积受淹，主城区城市交通瘫痪，全线停水、停电，商贸业损失严重，影响期间，余姚洪涝区一加油站发生汽油泄漏，气象灾害呈现明显的放大效应。

6.2.1.2 气候变化和城市化影响下的城市气象灾害演变特征

在全球变暖和城市化的双重影响下，城市热岛、干岛、湿岛、雨岛、浑浊岛五岛效应演变特征更加明显。

(1)城市热岛效应

城市下垫面、人工热源、水气影响、空气污染、绿地减少、人口迁徙等是造成城市热岛效应的主要因素。由于热岛中心区域近地面气温高，大气做上升运动，与周围地区形成气压差异，近地面大气向中心区辐合，从而在城市中心区域形成一个低压漩涡，导致人们生活、工业生产、交通工具运转中燃烧石化燃料而形成的硫氧化物、氮氧化物、碳氧化物、碳氢化合物等大气污染物质在热岛中心区域聚集，危害人们的身体健康甚至生命。对居民生活和消费构成影响的主要是夏季高温天气下的热岛效应。

(2)城市干岛效应

城市干岛效应与城市热岛效应通常是相伴存在的。由于城市的主体为连片的钢筋水泥筑就的不透水下垫面，因此，降落地面的水分大部分都经人工铺设的管道排至他处，形成径流迅速，缺乏天然地面所具有的土壤和植被的吸收和保蓄能力。因而平时城市近地面的空气就难以像其他自然区域一样，从土壤和植被的蒸发中获得持续的水分补给。使得城市空气中的水分偏少，湿度较低，形成孤立于周围地区的“干岛”。

(3)城市湿岛效应

城市湿岛效应包括雾天湿岛、结霜湿岛、雪天湿岛，雾天湿岛常是在有雾时，雾滴与周围空气间进行水分交换，市区较暖，饱和水汽压较高，能容纳的水汽量较郊区为多，形成雾天湿岛。结霜湿岛是市区有强热岛时，结霜量小于郊区，空气中的水汽压比郊区大，形成结霜湿岛。雪天湿岛的形成与雨天湿岛相似，但因气温低、热岛效应小和风速稍大等，其湿岛强度较弱。

(4)城市雨岛效应

城市大气环流较弱，加之城市热岛效应导致局地气流的上升，有利于对流性降水的发生和发展。城市空气中凝结核多，其化学组分不同，粒径大小不一，当有较多大核(如硝酸盐类)存在时有促进暖云降水作用。城市下垫面粗糙度大，对移动滞缓的降雨系统有阻障效应，使其移速更为缓慢，延长城区降雨时间，受上述种种因素共同作用影响，会“诱导”暴雨最大强度的落点位于市区及其下风方向，形成城市雨岛。“城市雨岛”集中出现在汛期和暴雨时，易造成大面积积水和城市内涝。

(5)城市浑浊岛效应

城市机动车辆众多、人口密集、工业生产集中，致使排出的污染气体和空气中的尘埃等浑浊程度都大大高于周边地区，形成“浑浊岛”。城市在不断“长高”，“水泥森林”的阻挡作用也造成了风速的降低。风速变小扩散条件就变差，如果不采取控制措施，雾、霾天气会越来越严重，这就是所谓的城市“浑浊岛”效应。

6.2.2 城市生命线安全运行气象保障

城市生命线运行系统指维系城市物质、能量和信息流通的各类交通与市政公用设施，主要包括交通、通信、能源、给排水等子系统。气象灾害对不同类型系统的影响和可能引发的次生、衍生灾害都有所不同，保障城市生命线运行是城市气象防灾减灾工作的重点。

6.2.2.1 城市交通安全气象保障

城市交通是指城市(城区)内的交通，包括城市道路交通、城市轨道交通和城市水上交通等。随着我国城市化进程的快速发展，城市快速路及高速公路建设规模不断扩大，由于城市人口高度密集，机动车保有量高，造成城市交通出行高峰时间不断延长，早晚高峰出行量持续增加，晚高峰有提前的趋势。据统计，城市交通受大雾、雨雪冰冻以及降水等天气的影响较大，往往会导致严重的交通堵塞、甚至引发严重的交通事故，造成人员伤亡和财产损失。

近年来，全国气象部门在城市道路交通气象服务方面不断取得进展。在业务系统与平台建设方面，江苏研发了集交通气象监测、预警预报、服务产品制作与分发、交通气象信息共享于一体的交通气象信息服务业务系统(TMISS V1.0)，打造了“智慧交通气象 2.0”。上海依托城市精细化管理气象先知系统打造了交通气象智能应用场景。在道路交通气象服务技术方面，中国气象局交通气象重点开放实验室在江苏挂牌成立，重点针对交通高影响天气的浓雾、雨雪冰冻等气象灾害，开展了一系列的科学试验和研究攻关，目前研发了交通高影响天气预报预警技术、浓雾生消预警预报技术、路面状况预警预报技术、基于热谱图的路面低温冰情监测预警技术、道路横风预报预警技术等多项公路交通气象业务服务技术，部分省(区、市)气象部门正在运用人工智能开展实景监测图像识别天气要素技术研发和应用。在道路交通服务渠道方面，全国各省(区、市)依托突发事件预警信息发布系统建设，建立了立体化的公路交通气象信息发布渠道，包括电视、移动电视、高架情报板、交通广播、微信、微博、手机 App 等，为交通管理部门、路桥公司和公众等实时提供交通气象预报预警信息。目前，全国 31 个省(区、市)气象部门均与交通、公安等部门建立了灾害性天气应急联动工作机制，江苏在省政府的主导下，由气象、公安、交通、应急等部门建立了“一路多方”的应急联动机制，广东建立了交通、气象、公安三方信息共享机制，上海气象部门与公安部门签署“智慧气象保障智慧公安”战略合作协议，在恶劣天气交通管控方面建立合作机制。

城市轨道交通是城市发展经济和服务社会的重要交通设施，是缓解交通拥堵难题的重要途径。但是，随着通车里程及行车速度的不断增加，城市轨道交通行车安全问题也日益凸显，在台风等恶劣天气影响下，由于轨道交通车速高，风速成为影响轨道交通正常运营的重要安全隐患。近年来，上海、深圳等积极发展城市气象灾害影响预报和风险预警业务，建立了以城市轨道交通等为重点方向的交通气象灾害风险预警服务。上海市气象局与申通地铁公司合作，共同研究不同风速、不同风向条件下风对于地铁运行的影响，开发出一套预警阈值及与之相应的预警体系，为轨道交通运行指挥中心提供申通地铁 16 号线地面段、2 号线东延伸段沿线各区段的大风影响预报和风险预警服务。

机场和港口是城市综合交通的重要组成部分。北京大兴机场属于超大型国际航空综合交通枢纽，大兴空管中心气象台制作大兴国际机场气象实况报文产品，发送给全球民航用户，作为航空管制与飞行用户重要的决策依据。上海气象部门将虹桥国际机场、浦东国际机场和上海港作为基层应急管理单位重点服务对象，接入突发事件预警信息发布终端，并开展面向基层应急管理单元的风险预警服务，正在围绕世界级机场群的发展目标，推进建设长三角机场群航空交通枢纽立体气象监测系统。

6.2.2.2　城市供电供暖安全气象保障

电力供应等是城市重要的基础服务，是城市安全运转的“生命线”，气象条件影响着城市供电、供暖、供水等“生命线”运行保障。全国气象部门已针对电网安全运行进行精细化的气象监测预警、电力负荷预测及开展极端天气灾害对电力安全运行的影响评估等工作探索。除了城市供电气象保障外，气象部门在为城市供暖、供水等方面也积极探索，为政府和相关部门决策提供了依据。

在城市供电气象保障方面，我国省会以上城市气象部门与电力部门建立了跟进式服务流程，加强短期预报和临近预警，建立了与电力部门的关键时间节点的联合会商机制，向电力部门提供迎峰度夏、迎峰度冬等气象服务产品，使电力调度更有效率。湖北省气象服务中心建立了夏冬季高敏感负荷、高敏感用电量、用电需求气象条件指数的预测指标和关系模型，并开发用电需求服务平台，实现了湖北电网逐日主要用电指标气象预报，预测准确率平均达 96%左右。湖南省气象服务中心针对强降水、冰雹、雷电、强降温对电网的影响，以及季节转换间电线结冰以及水库流域降水等，不断提高服务水平。

在城市供暖气象保障方面，气象部门立足供暖服务新技术，联合多部门组织供暖结束日专题会商，加强与政府供暖决策部门和社会民众的联动，取得显著节能效果。2015 年起，北京市气象部门根据气温、日照、风力和空气湿度等气象因素，综合计算得出供暖气象指数，通过《供暖气象服务专报》适时提供给市供热办。市供热办建立一套结合市、区、街、乡的“两级指挥、三级联动”预警信息保障系统，与全市供热管理部门和供热单位形成互通连接机制。根据气象部门提供的气象预报预警和供暖情况分析，制定科学供暖决策及时传达到各供热单位。针对企业及公众个人，气象部门根据不同需求，分别制定了 5 级和 20 级的供暖气象指数，通过微博、微信、网站等新媒体以及电台、广播、短信等传统渠道适时发布，对企业科学用暖给予专业建议，精细的气象预报及服务提示为市供暖决策提供了科学依据。天津市气象局建设供暖气象数据服务系统，搭建“一对一”专用网络服务平台，将气象预报服务信息直接嵌入天津能源集团、津安热电等供暖部门的供暖调度系统，提供逐小时气象要素预报、采暖节能气象预报（包括节能温度、回水温度、平均气温及供暖建议），指导 1.2 亿平方米供热面积内居民和企事业单位供热，实现了供暖服务对气象基础实况信息和预报信息的实时调取和对接应用，大大提升了供暖调节与调度的科学性。

6.2.2.3　城市内涝气象风险预警服务

城市内涝是指由于强降水或连续性降水超过城市排水能力致使城市内产生积水灾害的现象。造成内涝的客观原因是降雨强度大，范围集中。降雨特别急的地方可能形成积水，降雨强度较大、时间较长也有可能形成积水。

气象部门高度重视城市内涝风险预警服务。近年来，依托城市重大气象灾害监测和防御专项，组织相关城市开展试点建设，全国 100 多个中等以上城市研究强降水与城市内涝的关系，构建了本地化的城市内涝模型，并在实际业务中应用，面向防汛办、城市排水管理中心或相关部门提供城市内涝气象风险监测预警服务，为城市内涝抢险提供决策支撑，同时向社会提供城市内涝出行指引。

开展城市内涝风险预警服务业务主要技术路线如下：一是通过开展城市内涝历史灾情调查和风险普查，收集基础地理信息数据、内涝风险隐患点、排水防涝设施等数据并进行数字化处理，录入城市内涝基础数据库。二是基于内涝风险隐患点的内涝模拟和验证，对区域排水能力进行数字化，建立暴雨内涝模型，计算在不同降雨条件下的内涝范围和最大积水深度，根据城市不同降雨条件的内涝模拟计算和影响分析，综合城市防汛应急预案中的响应标准、社区居民内涝敏感程度、防汛部门相关规定，确定四级内涝影响级别和对应的临界小时降雨量阈值指标，以及可接受的四级概率大小，建立暴雨内涝风险矩阵。三是依托 0～2 小时定量降水预报（QPF）、0～12 小时和 0～72 小时等精细化格点预报产品，计算出城市社区单元的小时面雨量，基于暴雨内涝模型计算 0～24 小时暴雨内涝影响分布，制作 0～24 小时暴雨内涝影响预报产品。四是基于 0～2 小时的 QPF 产品，综合雷达回波、自动站、积水站等实况数据，根据制定的四级暴雨内涝临界雨量阈值指标，制作发布城市内涝风险预警。

各级气象部门不断创新，结合当地特征，探索开展城市内涝气象灾害风险预警服务。广州市气象局 2018 年实现广州市城市内涝风险预警系统的业务运行，向广州市排水管理中心发送内涝风险预警产品，作为决策辅助应用，同时给市民发布内涝预警短信，取得了良好的社会服务效果。天津市气象局开展了城市内涝实时监测预警推送服务，应用物联网的思维自主研发积水监测设备，分钟级自动监测城市内涝和道路积水；研发了机器学习神经网络算法，可根据降水强度、降水时间、积水深度等因素迅速判断“积水情景”，预测未来积水；利用定位技术，实现基于居住位置与基于手机定位的城市内涝监测信息与预警信息的推送服务，为城市内涝服务治理提供良好的解决方案。

6.2.3 城市安全生产气象保障

城市安全生产是气象保障的重点和难点，中国气象局和安全生产监督管理部门大力强化气象安全生产工作，联合印发《关于进一步强化气象相关安全生产工作的通知》（气发〔2017〕14号），要求各级气象和相关部门要紧密配合，采取有力措施，有效预防气象相关安全生产事故和气象因素直接造成或者诱发的危险化学品、冶金、建筑工地、电力、水利、港口、码头、地铁、铁路、机场、航运、船舶制造、户外大型游乐设施、城镇燃气经营使用等行业领域安全生产事故的发生。各地气象部门以人员密集场所（旅游景区、港口等）以及高气象安全风险领域（化工生产、大型游乐设施、户外广告牌等）、关键生产环节（建设工地、大桥合龙等）为重点，开展安全生产气象服务保障。

6.2.3.1 建筑工地安全生产气象保障

建筑工地对气象条件较为敏感，高温、低温、大风、雷电等灾害性天气条件直接影响到工地作业安全。近年来，气象部门与地方建设管理部门建立合作，针对高温、大风等灾害性天气，从气象灾害防御机制、应急预案、预警信息发布、安全监管、停工响应制度等方面加强建筑工地安全生产气象保障。通过气象安全生产的联合培训、联合检查等工作，促进企事业单位切实履行灾害性天气防御和危险气象要素诱发安全事故防范主体责任，有效降低因天气原因造成的安全生产事故发生率，减轻气象灾害对安全生产的影响。

各地气象部门在建筑工地安全生产气象保障方面因地制宜，开展各具特色的气象服务。2016 年 4 月 13 日 05:40—07:12，广东省东莞市自西向东出现了一轮极其迅猛、极具破坏力的强对流(强飑线)天气过程。广东省东莞市气象局收到灾情信息后，第一时间派出灾情调查组赴灾区现场调查灾情，并开展现场救灾保障服务，及时向市政府及有关部门报送《12 日至 13 日强天气过程实况和预报预警情况》的重大气象信息专报，参加市政府事故调查组，参与开展自然灾害引发生产安全事故的安全大检查和隐患排查治理。2017 年起，上海市气象局与上海市住建委联合开展面向全市在建建筑工地的预警服务，每年更新建筑工地名录，当台风、暴雨、大风、雷电、高温、寒潮等灾害性天气和空气重污染来临时，及时通过手机短信向全市 4000 多个建筑工地发布预警服务和安全防范提示信息。，除了对建筑工地加强安全生产气象服务外，针对建筑工地发生因气象要素诱发的安全事故等，气象部门积极发布在安全生产事故应急救援保障中的作用。2018 年，内蒙古自治区住房和城乡建设厅、自治区气象局印发《关于建立重大气象灾害建筑工地停工预警机制和城市内涝灾害预警信息发布机制的通知》，明确了重大气象灾害建筑工地停工标准以及城市内涝预警信息发布标准，并建立了预警信息责任人更新备案制度及预警信息发布制度，两部门根据暴雨等重大气象灾害特点及致灾风险，结合建筑类型、高度、建筑工地所处不同地理位置等，联合制定包含预警信号类别、级别、范围、应对措施等内容的重大气象灾害建筑工地停工标准。

6.2.3.2　人员密集场所气象服务保障

极端天气气候事件影响的严重性不仅取决于极端天气气候本身，还取决于承灾体的暴露度和脆弱性，城市中人员密集场所较多，暴露度增加，气象灾害风险也增加。气象部门针对人员密集场所，重点加强了气象预报预警信息发布，在学校、医院、车站、码头、体育场馆、广场等人员密集场所逐步设立气象电子显示屏和多媒体显示终端，充分利用社会公共媒体、部门和行业内部信息发布资源发布气象信息。

6.2.3.3　气象灾害防御重点单位服务与管理

近年来，广东、重庆、上海等省(市)气象部门，通过创立并落实气象灾害防御重点单位制度，推进气象防灾减灾实现“三个转变”，压实气象灾害防御重点单位主体责任，推动落实地方各级党委和政府领导责任，实现气象防灾减灾服务向气象安全管理拓展。针对重点单位全面排查易受影响的主要气象灾害种类，灾害风险点与危险源的具体部位，明确气象灾害防御工作管理部门及责任人、应急管理人，制定应急预案，组织定期巡查，建立健全气象灾害防御档案。重点单位结合生产特性开展气象灾害隐患排查，对气象灾害风险点、危险源进行综合分析研判，实现多灾种耦合风险的识别与管控。气象主管机构联合应急、住建、教育、旅游等部门开展针对重点单位气象灾害防御情况的专项执法检查，加强闭环管理限期整改落实。

6.2.4　城市气候风险服务

6.2.4.1　城市规划气候服务

城市规划是一定时期城市发展的目标和计划，是城市建设综合部署和管理的依据。根据国民经济发展计划，在全面研究区域经济发展的基础上，根据城市的历史和自然条件，确定城市的性质和规模及各部分的功能，对不同区位的用地全面组织合理安排，使它们各得其所、互相配合，为生产和生活创造良好的环境。在城市规划中，气象因素对城市建设和城市环境的影响已有所考虑，如风玫瑰图和污染系数玫瑰图曾被广泛用作城市规划的依据之一。风玫瑰图和污染系数玫瑰图都是大气在气流和污染物分布方面的统计特征，通常是月、季、年至几年的平均状态。随着城市的发展和科学技术的进步，这种认识和方法出现了局限性，特别是对于大多数城市，特殊污染气象条件和大气污染状况严重的日数仅占全年很小的比例，这在统计分析中是无法反映的。

针对城市气候服务敏感区域和领域，北京、郑州、济南、南宁、杭州等城市气象部门参与城市建设规划的制定。11 个城市利用风资料建立城市通风廊道及风玫瑰图。北京市气候中心编制了《城市通风廊道规划技术指南》，建立了面向通风廊道构建的气候背景分析和评估技术，在国内率先研发了精细化城市通风潜力计算技术，形成了适用于通风廊道构建和评估的多尺度数值模拟系统，确立了城市通风廊道分级、构建原则和方法流程，建立了城市通风廊道规划气候可行性论证技术体系，北京市气象部门配合北京城市副中心总体规划编制，开展了通州区通风廊道规划气候可行性论证服务，划定北京东部和通州区城市通风廊道 18 条。深圳市气象部门对公众发布全年分辨率 1 km 的风玫瑰、城市热岛、太阳能辐射等 5 类细网格气候信息产品。重庆、深圳等 12 个城市开展风电场、垃圾焚烧发电项目选址、新机场选址、港口建设及营运等方面的气候可行性论证，为优化城镇空间布局、城镇化规模结构和重大基础设施规划提供决策支撑。

6.2.4.2 海绵城市建设气候服务

海绵城市是一种城市水系统综合治理模式。其以城市水文及其伴生过程的物理规律为基础，以城市规划建设和管理为载体，将水环境与水生态紧密结合起来，形成完整的“水”生态服务系统。目前全国已在两批共 30 个城市中进行海绵城市试点建设。海绵城市具有应对自然灾害的弹性，可以像海绵一样吸收和释放雨水。在集中降水时，海绵城市设施通过园林和绿地等实现降水的渗透、滞留和集蓄；在干旱时期，其可以将储存和净化的雨水释放，以循环使用和排水相结合实现水的补给。海绵城市借助了人为措施和自然的结合，并通过“滞、渗、蓄、用”等手段，对水文循环进行调节，减少地表径流，延缓雨峰到来的时间，并将径流处理回用，使得最终进入管渠和行泄通道的径流量达到最小，极大地降低内涝发生的风险。海绵城市相比传统的靠管网收集、末端处理的排水手段更加低碳环保，其也是实现城市发展理念转变和建设方式创新的举措。

海绵城市建设的核心是雨洪管理。气象在海绵城市建设中的作用主要体现在五个方面：一是做好暴雨强度公式修订，为科学规划城市排水管道、防范城市内涝做出贡献；二是加强监测，根据海绵城市建设需要，参与监测站点设置，提供城市精细化降水监测；三是积极开展城市暴雨灾害预报预警，提高精细化预报预警能力，确保市区易积涝点因强降水积水时及时疏通；四是加强人影能力建设，及时启动增雨作业，及时缓解旱情，依靠科学手段确保“海绵”及时喝到“天水”；五是开展城市热岛效应研究，为海绵城市建设提出调控建议。目前，有 22 个城市利用降水资料编制暴雨强度公式。

6.2.4.3 城市防汛工程建设气候服务

城市防汛工程包括堤防工程、蓄洪工程、分洪工程、河道整治和排水设施等，对洪水可起到挡、泄、蓄等作用。近年来，国外开发透水沥青混凝土路面材料，用于人行道铺设并逐步向行车路面推广。对于地面沉降严重的地区，要限制开采地下水或利用已有机井在雨季回灌。气象部门针对城市防汛领域开展了气候变化风险评估和风险区划工作，根据地形、河网特征、土地利用类型及土壤等对洪涝脆弱性进行分析，对防汛工程设计标准提出意见建议。

6.3　海洋气象防灾减灾

6.3.1　海洋气象灾害及其影响

海洋气象灾害主要包括台风、寒潮大风、大雾、海上强对流天气等，随着我国海洋经济快速发展，海上航运等活动更加频繁，海上设施更加密集，海洋产业更加蓬勃发展，海洋气象灾害可能造成的影响也越来越大。

气象灾害对海上航运的影响。台风、寒潮大风，雷雨大风和大雾是影响海上航运安全的重要因素。1999 年 11 月 24 日，大风曾导致烟台开往大连的“大舜”号客货滚装船翻沉，致使 280 人遇难。2018 年 2 月 15 日凌晨至 25 日上午，琼州海峡、海南岛北部和东部的部分地区出现罕见的连日大雾天气，造成琼州海峡反复停航，特别是 2 月 18 日(大年初三)开始，随着春节返程高峰的到来，海口三大港口出岛旅客和车辆滞留逐日增多，最严重时每天滞留上万车辆。

气象灾害对港口运营的影响。港区进出港船舶多、集装箱塔吊多、危化品堆场多，大风、大雾和雷电天气是影响港口运营的重要因素。2011 年 8 月 13 日 14:35—14:50 时，上海国际港务集团建设的外高桥五期(明东公司)、外高桥六期区域内突发大风(风速仪显示超过 31 m/s，瞬间风速达 46 m/s 以上)，并伴有雷电、暴雨和乒乓球大小的冰雹。造成外高桥五期、外高桥六期区域建设工地大面积民工临时宿舍被突发大风摧毁和倒塌，5 台集装箱桥吊被突风吹动，相互推撞损坏严重，其中 3 台桥吊出轨，部分设备、设施和物质损坏，构成重大财产损失。2011 年 11 月 22 日 18 时 35 分，大连港中石油油品码头两个 10 万吨级油罐被雷击起火。2013 年深圳孖洲岛突发强对流天气，致使 8 号泊位作业的 2 名工人死亡、一名工人受伤。

气象灾害对海洋渔业的影响。大风、大雾、高温和暴雨是影响海洋渔业的重要因素。大风、大雾会威胁渔船渔民安全，2016 年 4 月 11 日凌晨，海南儋州洋浦海域突起 9 级大风，4 艘渔船被大风掀翻沉没，导致 14 人遇险，6 人失踪；大风还会导致海产养殖的网箱、鱼排等受损；浓雾会使渔船迷航导致触礁。暴雨会影响海水的盐度，一般海洋生物对盐浓有一定的适应范围，北方沿海的对虾养殖池如突遇暴雨，海水盐度迅速降低，使对虾体内渗透压高于体外，虾体将因大量吸水而爆裂死亡。2018 年 7 月下旬至 8 月上旬，大连出现了历史罕见的持续性高温天气，导致 63 万亩海参池受灾，海参死亡率达到 70%，经济损失达 40 亿元。

气象灾害对海上工程设施的影响。台风、大风等气象灾害还是影响海堤、跨海大桥、石油钻井平台、海上机场、海上风电设施等建设活动和安全运行的重要因素。2011 年 8 月 8 日“梅花”台风就曾造成大连地区福佳大化防波堤溃坝。目前，大连星海湾跨海大桥，正在建设的世界最大的海上机场，已开工建设的庄河海上风电项目，是我国北方地区最大的海上风电项目，这些海上工程设施的建设和安全运营经常会受到气象灾害的影响。港珠澳大桥在建过程中和开通运行后，就先后经历了台风“天鸽”“山竹”等的影响。

6.3.2　海洋气象灾害监测网建设

近年来，海洋气象观测网建设已初具规模，初步建成了沿海自动气象站、海岛自动气象站、海洋浮标自动气象站、海上平台自动气象站、船舶自动气象站等为主的海面海洋综合气象观测网络。截至2017年，已建设1422个站点，包括沿海自动气象站877个，海岛自动气象站409个，锚碇浮标自动气象站39个，海上平台自动气象站72个，船舶自动气象站25个，初步建立涉及11个省(区、市)以近海岸常规气象要素为主的海洋气象观测网。除海面观测外，中国气象局建立了以风云系列卫星、沿海新一代气象观测雷达在内的综合立体观测体系。同时，中国气象局能够实时接收到全球海洋观测系统(GOOS)下包括浮标、志愿船、潮位仪等观测近一万个，有效提升了全球海洋观测能力。

6.3.3 海洋气象防灾减灾

6.3.3.1 海上航运安全气象服务

我国已建立国家、区域、省、市四级海洋气象预报业务体系，预报范围涵盖了我国18个近海海域预报责任区和全球海上遇险安全系统(GMDSS)公海责任区的Ⅺ—印度洋区。制作和发布未来72小时的中国近海海洋天气预报、责任海区海上大风预警、世界气象组织责任海区海事天气公报、西北太平洋和南海以及北印度洋台风120小时路径和强度预报，开展了不同象限风圈半径分析业务、台风大风破坏力预评估和动态评估业务、南海热带低压生成潜势预报业务试验、全球其他海域台风监测业务和海洋气象4～7天中期预报业务。目前，我国台风业务定位精度为20 km左右，24小时台风路径预报误差稳定在70 km左右，海上大风预报准确率达80%，台风预报预警等技术基本达到世界先进水平，获得国际同行广泛认可。

全球海域共划分21个海上天气区(Metareas)，我国与日本同属于第11区(Metarea Ⅺ)。1995年，我国开始承担第11区(印度洋海事卫星覆盖区域)远海(high seas)海事气象信息发布职责。2018年6月，我国正式成为世界气象组织海洋气象服务区域专业气象中心，国家气象中心是海上天气区协调员单位，履行协调员职责。

中国在上海、广州、大连、福州、三亚建设了NAVTEX播发台，链状覆盖了中国沿海400海里以内的海域，在518 kHz频率上播发航行警告和安全信息。我国所有从事国际国内航运的300 GT以上的船舶均已安装了NAVTEX接收机，可以自动接收并打印出海岸电台播出的有关海上安全航行警告信息。中国气象局组织上海市海洋气象台、天津市海洋气象台、广东省气象台、福建省气象台、海南省三亚气象台参与了NAVTEX播发台气象信息的准备工作。

针对远海海域气象预报发布，中国气象局根据世界气象组织分工，基于INMARSAT卫星通信地面站(岸站)向第11海上天气区印度洋海事卫星覆盖区域每天发布四次海事天气公报。

6.3.3.2 海上工程设施安全气象服务

海上工程设施安全气象服务是为了满足如海上石油平台、海上风电以及海上工程建设和作业活动的不同需求所提供的气象服务。其中，海上石油平台气象服务针对具体服务场景不同，在石油平台设施建设阶段，要提供拖航预报、施工预报，必要时还派驻预报员随船预报；在运营阶段，除提供常规天气预报外，针对热带气旋影响还要增加应急预报产品，及时为“防台”“撤台”提供必要的气象信息。我国近海石油平台主要分布在渤海、东海、南海北部以及北部湾，主要关注台风、冷空气以及强对流造成的海上大风及大浪、海冰所造成的影响。热带气旋是石油平台气象服务所关注的重要天气系统，当预计影响平台风力达到11～12级就要启动“撤台”流程，需要提前预留4～5天才能完成撤台相关工作，另外，钻井作业需要提前一个月安排工作计划，所以海上石油开采行业对于热带气旋未来5～40天的预报需求很旺盛。另外，大风天气造成的大浪严重时会导致固定平台的锚链断裂，严重影响平台设施安全。在北方海域，在潮流的影响下海冰会逐渐堆积在石油平台周围，撞击石油平台，还会导致运输油船无法靠泊从而严重影响平台作业。

海上风电场建设需要提前开展最大风速等气象要素的气候论证工作。风越大发电量也越大，海上大风过程对风电场作业是机遇，但也可能造成重大损失。准确提前预测瞬时风速，适时收桨停机才能在保证风机安全的前提下争取最大发电效益。另外，风功率预测、海上风电场雷电监测及预警、梯度风监测及预报方面依然需要精细化气象服务的支持。

6.3.3.3　港口运营安全气象服务

我国沿海的辽宁、天津、河北、山东、江苏、上海、浙江、福建、广东、广西、海南共 11 省(区、市)气象部门已开展港口运营安全气象服务工作，为 100 个港区、港口下属公司提供运营安全气象服务，其中辽宁 6 个、天津 1 个、河北 8 个、山东 12 个、江苏 14 个、上海 18 个、浙江 27、福建 2 个、广东 1 个、广西 1 个、海南 8 个。

各地针对港口的运行、装卸、船舶靠离港、港铁联运等提供了多种港口气象服务产品，包括港区天气实况、短临预报、短期精细化天气预报、天气周报、天气旬月报、重要天气报告、气象灾害预警信息、气象风险等级、天气咨询。此外，部分省(区、市)还根据当地需求，提供了特色气象服务，如船载天然气保供专项服务、航道气象服务、锚地气象服务、中英双语气象服务等。

从近几年来的发展趋势来看，港口运营安全气象服务发布手段从传统的短信、邮件、传真、电话、显示屏，逐渐扩大到微信群、钉钉、微信公众号、微信小程序等移动新媒体端。很多省(区、市)开发了专用的港口气象服务平台、手机 App 等，显著提高了港口运营安全气象服务的服务效果和覆盖面。

6.3.3.4　海洋渔业安全气象服务

我国海域幅员辽阔，海洋气候、生态环境差异较大，海上的天气瞬息万变，影响海上作业安全和海洋经济的不仅有台风、海上大风、海啸、雷暴等重大气象灾害，高温、寒潮以及与气象密切相关的赤潮等，也威胁着渔业生产。多年来，气象部门主要通过电话、传真、网站、微信等形式为渔业近海捕捞和养殖提供常规的天气预报。台风对近海养殖造成的危害最大，所以对台风的预警预报是沿海省份渔业气象服务的重点工作。

近年来，沿海省(区、市)都开展了“海洋牧场”的建设，由于其对天气变化较为敏感，气象服务需求十分旺盛。为做好各级海洋牧场示范区气象服务，各级气象部门加快利用现有的海岛站、近海浮标站、海上平台自动站等观测手段，共享海洋、海事、渔业等部门监测资料，在此基础上增加部分海洋牧场观测设施，建立综合监测系统，制作专业化气象服务产品，保障海洋牧场的运行安全，提高运行效益，部分省(区、市)还开展了海产养殖大风天气指数保险等气象保障服务。

6.3.4　海洋气象防灾减灾实践

6.3.4.1　远洋导航气象服务案例

我国 90% 以上的外贸货物是通过水路运输完成的，有全世界最大的海洋渔业船队和居世界第三位的商船船队，海上运输的经济性和安全性直接影响到国家的经济社会发展。根据英国劳氏海损事故(Lloyds Casualty Archive)统计，我国近海及“海上丝绸之路”沿线海域是海难事故的高发区。2005—2014 年近 10 年间，全世界共发生各类海上事故 24545 起，其中约有 15%发生在我国近海。2014 年发生在我国近海的海损事故为 29 起，约占全球海损事故的 4 成。

船舶气象导航是为远洋航运提供海上安全保障、经济规划航线、航运节能减排的系统性技术服务。科学高效的气象导航服务是现代航运业趋向越来越精细化管理的必然要求和航运科技发展水平的综合体现。随着国家"一带一路"建设的不断推进,海上运输的经济性和安全性越来越受到重视,气象导航需求十分旺盛。

上海市气象局与中国交通建设集团、中国远洋运输集团等联合相关单位成立一支由海洋气象预报专家、数值预报专家、资深船长、海事海商法律专家、计算机专家组成的气象导航服务团队。2018 年,我国自主研发远洋气象导航系统取得成功,包括中国远洋海运集团、招商局集团、中国交通建设集团等在内的各类商船、工程船等开始改用我国的远洋气象导航服务,航线遍及太平洋、印度洋、大西洋等水域。

2018 年 12 月,一艘中远海(香港)的散货船自比斯开湾出发,前往圣劳伦斯湾的加拿大卡捷港,船方首次采用国产气象导航服务。恰逢冬季,北大西洋海域气象条件极为恶劣,服务团队根据天气、海浪、浮冰、冰山预报以及大西洋两岸限制排放区等情况为船舶制定安全、经济的航路,并提供 24 小时跟踪服务,随时与船长沟通,确保船舶安全抵达目的港。事后,船长由衷地感叹:"相比国外气象导航公司,我们中国自己的导航不仅技术过硬,在服务上更胜一筹!"

6.3.4.2 环渤海客滚航运安全气象服务案例

大连三面环海,融汇着黄渤两海。目前,已开通大连至烟台、威海,旅顺至潍坊、蓬莱、东营、烟台、龙口等国内外客滚航线 21 条,在航大型客滚船和铁路轮渡共 26 艘,陆岛运输小型客滚船 48 艘。大连至烟台、威海、龙口、蓬莱、东营、天津客滚运输经济腹地可辐射国内 10 多个省市 4 亿多人口。

大连市气象部门每天为海事部门、大型航运公司提供专项航线预报预警信息,滚动提供各大海区、各个航线的风力及航运气象风险预报,建立健全了海上大风等灾害的应急联动机制,一旦气象部门预报有 8 级及以上的阵风,海事部门、航运公司将采取停航措施。大连市气象部门还与烟台、威海气象部门建立了天气会商机制和预报通报制度,解决两地航线气象预报一致性问题,提高了渤海海峡航线服务能力。

为了提高长海县陆岛交通运输效率,大连市气象局每天 3 次发布未来 24～48 小时里长山海峡航线预报,当预报 6 级及以上强风时,提供里长山海峡 2 小时航线预报,充分挖掘可通航时段,在确保安全的前提下最大限度的减少大风天气对陆岛交通的影响。通过"点对点"的气象服务使 2017 年前 10 个月里长山海峡航线客运船舶比 2016 年同期增加通航 123 天,加开客运船舶 4966 航次,运送旅客 463709 人次,运载车辆 18255 台次,创造直接经济效益约 2352 万元,比 2016 年翻了一番多。

6.3.4.3 石油平台防台风气象服务案例

台风对海上石油平台作业安全带来严重影响,准确及时长时效的台风信息至关重要。上海海洋中心气象台针对可能影响东海石油平台的台风,按照以石油平台为中心半径 500 km、1000 km、1500 km 设立警戒圈,制定石油平台防台气象服务流程,从台风生成到影响结束提供全流程气象服务,并开展联合应急演练。服务流程为:①从西北太平洋编号的热带低压开始,提供台风生成概率预报产品并提供未来台风移动路径。对可能影响石油平台的台风,提前提供台风展望产品。②当台风编号后,针对具体平台提供风力、海浪、台风最近距离及影响时段的专题报告。③当预计台风将经过石油平台并造成较严重影响时,及时与中海石油(中国)有限公司上海分公司召开应急会商,并为船舶撤离、飞机撤离方案提供气象决策服务产品。

为应对石油平台作业对于台风中长期预报产品的迫切需求，上海海洋中心气象台 2020 年首次尝试开展台风 10～30 天的延伸期预报业务。7 月 31 日，当台风“黑格比”还处于低压阶段，预报人员就研判出台风有近海加强可能，于 8 月 1 日发出专报并预测台风将于 8 月 3 日左右经过丽水石油平台，为平台工作人员安全撤离赢得时间。据中海油年度总结数据：2020 年中海油公司共受 7 个台风影响，由于预报及时，应急措施有力，整个台风汛期产量损失只有年初估计量的 1/10，防台风气象保障服务功不可没。

6.4　农业气象防灾减灾

农业是对气象条件最为敏感的产业之一。由于农业生产周期相对较长，且大多数在露天条件下进行，气象条件的匹配适宜与否、气象灾害的轻重，在很大程度上决定了农产品的收成丰歉、品质优劣和生产成本高低。目前，我国农业生产尚未摆脱“靠天吃饭”局面，充分发挥气象趋利避害的作用仍是农业生产管理的重要工作。

6.4.1　农业气象灾害特征

6.4.1.1　我国农业气象灾害基本特征

我国农业气候类型多样，有热带、亚热带、暖温带、中温带、寒温带等不同农业气候带；有不同干湿状况的气候，有平原和山地高原气候，有海洋性和大陆性气候。丰富的农业气候资源为我国农业生产的多种经营和名优特产品生产提供了多种多样的条件，但是受季风气候以及地形结构复杂多变的影响，我国每年都有干旱、渍涝、高温热害、低温冷冻害等不同类型的农业气象灾害发生。其中，农业干旱是全国性的农业气象灾害，是影响粮食安全和制约农业稳定发展的最主要灾害，其造成的农业受灾面积占所有气象灾害受灾面积的 50%以上；渍涝虽然是局地型灾害，但受灾地区往往绝产现象严重。

农业气象灾害具有种类多、发生频率高、区域性强、季节性分明、影响对象多和致灾机理复杂等特点(张养才 等，1991)。农业气象灾害种类多，是由于农业生产过程中光、温、水各项气象因子或两项及以上因子的时、空、量分配不合理，都会导致农业气象灾害出现。干旱、渍涝、高温热害等农业气象灾害发生频率高，仅干旱灾害，我国平均每年就发生较大范围的旱灾 7.5 次。我国农业气象灾害具有明显的区域性、季节性是由农业和与气候的区域性决定的，例如东北夏季低温冷害为东北地区特有的，威胁玉米、水稻等作物生长发育的农业气象灾害。农业气象灾害影响对象多，从保障国家粮食安全的大宗作物小麦、玉米、水稻生产，到棉糖、油、棉等经济作物供给，到丰富人民副食种类的畜禽水产养殖、瓜果蔬菜种植，无不受到各种气象灾害的威胁。农业气象灾害致灾机理复杂，干旱、渍害等累积型灾害以及热害、冷害等隐性农业气象灾害的危害和损失不亚于冰雹、大风、洪涝突发型和显性的农业气象灾害。此外，许多农业病虫害的发生发展与气象条件密切相关，是气象衍生灾害之一。

据统计，近年来我国每年因各种气象灾害造成的农作物受灾面积逾 4800 万 hm^2(王春乙 等，2005)。在全球气候变暖的背景下，尽管温度升高在改善和增加区域热量条件的同时，也增加了一些区域的水分条件，一定意义上有利于粮食生产，但气候变化的不确定性使气象灾害加剧，导致干旱、强降水、高温等极端天气气候事件与病虫害频发，并呈加剧的趋势(李祎君 等，2010)。其中，干旱仍是制约农业生产的主要气象灾害，并有进一步加重的趋势，旱灾高发区由北方地区扩展到南方和东部湿润、半湿润地区(周广胜，2015)；洪涝灾害发生面积总体呈扩展趋势，发生频率和强度也呈增加趋势；南方水稻高温热害强度呈现增加趋势（杨舒畅 等，2016；郭安红 等，2018），北方小麦干热风发生区域扩大、强度增强（邓振镛 等，2009）；气候变化以及人类活动包括农业管理制度变化导致中国农业病虫害发生面积扩大，危害程度加剧（刘雨芳 等，1997；张蕾 等，2012；王丽 等，2012））。此外，受气候变暖的影响，低温冷冻害发生频率总体呈减少趋势，但由于极端气候事件发生频繁，年内温度波动幅度加大；加上种植区域的不断向北推进，区域性和阶段性的低温冷害仍时有发生（王春乙，2008）。

6.4.1.2 大宗作物主要气象灾害及影响

(1)小麦主要气象灾害：小麦是中国最重要的粮食作物之一。按照小麦播种季节可分为冬小麦、春小麦，前者产量占小麦总产量的95%以上。冬小麦生产历时200余天，经历秋、冬、春三个季节，因此，主要气象灾害包括干旱，冻害、湿渍害、霜冻害、干热风、连阴雨、大风、冰雹，病虫害等。干旱是我国冬麦区的主要农业气象灾害，在小麦播种期、拔节—抽穗期、灌浆—成熟期三个时期干旱对产量影响最大。干热风是小麦生产特有的农业气象灾害，是在春末夏初小麦开花灌浆期，当空气温度猛增、湿度骤降，并加上一定风速的综合作用下，影响小麦灌浆成熟，降低千粒重，导致小麦减产的农业气象灾害；干热风常对北方冬小麦、西北春小麦灌浆造成影响，轻危害会导致减产5%～10%，重者减产10%～20%，甚至可达30%以上。霜冻害对小麦拔节孕穗会造成影响，拔节孕穗期的小麦幼穗或叶片受冻，部分地区会出现“哑巴穗”现象。小麦病虫害主要包括小麦条锈病、小麦赤霉病、麦蚜虫、吸浆虫等。其中小麦蚜虫年平均发生面积约1330万 hm^2 · 次，在黄淮海地区冬小麦抽穗灌浆期危害损失最为严重；小麦赤霉病为较典型的气候型流行性病害，发生面积约370万（hm^2 · 次）/a，主要集中在西南和江淮江汉麦区发生，曾于20世纪90年代后期和2012年出现两次“北上”的情况，河南和山东发生了历史罕见的赤霉病危害。

(2)玉米主要气象灾害：我国玉米气候适应性比较广泛，全国可分五个气候特征不同的玉米主产区：东北春播玉米区、华北夏播玉米区、西北春播玉米区、西南多播玉米区和江南、华南多播玉米区。玉米主要气象灾害包括干旱，霜冻害、低温冷害、湿渍害、高温热害、大风、冰雹，病虫害等。北方玉米种植区干旱频繁发生，其中播期干旱导致玉米无法适时播种出苗、抽雄期前后干旱导致玉米出现“卡脖旱”在玉米生产中影响最大；秋季玉米灌浆后期尚未成熟时，如果出现了早霜冻（初霜冻），会导致作物灌浆速率急速下降或停止而减产；1970年黑龙江北部，吉林，辽宁西部，内蒙古大部，河北和陕西北部，山西和宁夏等地早霜冻导致玉米等作物受害面积超过16667 hm^2，减产约20%。玉米抗渍能力弱，在土壤水分超过田间持水量的90%以上会因湿害造成严重减产，并引发玉米病害的发生蔓延。近年来北方夏季高温频繁出现，如果高温天气出现时恰逢玉米抽穗（雄）开花期，会导致玉米雄穗不能抽出，或花粉迅速干瘪而丧失生命力，造成空穗或秃顶。玉米病虫害主要包括玉米螟、黏虫、玉米大小斑病等。其中玉米螟为常发性害虫，重发区域为东北和华北春玉米区，以及黄淮海夏玉米区；玉米黏虫具有随盛行气流远距离迁飞的特点，2012年三代黏虫在东北、华北、黄淮、西北和西南地区大暴发，全国发生面积近930万 hm^2 · 次。

(3)水稻主要气象灾害：水稻在我国栽培历史悠久，种植范围广阔，除2600 m以上的青藏高原外，几乎到处都有种植。根据各地的气候和种植制度，全国共分为六个稻区：华南热带湿润双季稻区、华中亚热带湿润单季和双季稻区、西南高原湿润单季稻区、华北半湿润单季稻区、东北半湿润早熟单季稻区以及西北干燥单季稻区。水稻主要气象灾害包括高温热害、低温冷害，干旱、连阴雨、强降雨、病虫害等。高温热害和低温冷害是水稻最主要的两种气象灾害，其中夏季持续高温对早稻、一季稻穗分化和开花结实危害较大，1966 年、2003 年、2013 年和 2016 年长江流域均发生了严重的高温热害，2003 年稻谷损失较为严重。研究表明，近 50 年来我国水稻高温热害发生的频次和强度呈增加趋势，相比 20 世纪 80 年代和 90 年代，21 世纪以来高温热害发生的频次明显增多、强度有所增加。其中，长江中下游一季稻高温热害发生的总频次以 14.1 次/(10a)的趋势增加。此外，早稻播种育秧阶段的“烂秧低温”、夏季东北地区水稻障碍型冷害、秋季晚稻抽穗扬花期的“寒露风”等都会影响水稻生长发育和产量形成。水稻病虫害主要包括稻飞虱、稻纵卷叶螟、稻瘟病、水稻螟虫等。稻飞虱和稻纵卷叶螟主要危害我国南方水稻种植区，年平均发生面积约 1870 万 hm^2·次和 1470 万 hm^2·次；因其成虫具有随气流远距离迁飞的特点，俗称“两迁害虫”；稻瘟病也为典型的气候性病害，适温、多雨、高湿的环境易发病，在我国东北和西南一季稻种植区频繁发生。

6.4.1.3　特色作物主要气象灾害及影响

特色农业生产是指以提高农业经济效益和农业可持续发展为目标，凭借各具特色的农业与气候资源，开发出具有区域特色和较高市场竞争力的种植、养殖等农产品，并进行产业化生产的农业生产经营模式。为更好地服务特色农产品优势区建设，提高特色农业气象服务集约化和规模化发展水平，2017 年 12 月，中国气象局与农业部确立首批 10 个特色农业气象服务中心，特色农业气象服务中心针对特色作物主要气象灾害及影响开展了大量工作，《茶树霜冻害等级》、《富士系苹果花期冻害等级指标》、《烤烟气象灾害等级》、《甘蔗干旱灾害等级》等一系列国家、气象行业标准应运而生，为准确监测评估特色作物主要气象灾害及影响奠定了大量基础性工作。

(1)纤维作物：主要包括棉、麻等作物。棉花喜温、喜光、喜旱，怕涝、不耐阴，主要气象灾害包括低温阴雨、渍涝、干旱、高温热害、霜冻、病虫害等。其中棉花蕾铃期阴雨、高温、干旱、病虫均会导致蕾铃发育不良、蕾铃脱落严重；吐絮期低温会影响棉花植株和棉纤维生长，干旱会引起植株早衰，中下部棉铃生长受到抑制而导致产量下降；秋霜提前会使棉铃成熟度下降，纤维品质变差，衣分降低而减产。麻类作物主要气象灾害包括低温冻害、渍涝害、干旱、风雹以及凉夏等。其中风害(风力 4 级以上)使麻株间茎叶互相摩擦致伤，形成风斑，纤维受损，甚至叶碎茎折，特别是夏季强降雨、大风冰雹等强对流天气和台风，使麻株断梢折秆，成片倒伏；在湘鄂一些麻区，风害可使苎麻减产 20%～30%。

(2)油料作物：包括油菜、花生、芝麻等，主要气象灾害有湿渍害、冷冻害、干旱、病虫害等。其中，湿渍害影响油菜生产的各个环节，会直接导致植物根系缺氧，产生大量的有毒物质积累，对根系产生严重的毒害作用；尤其在蕾苔期和花期遭湿渍害会显著降低产量和含油量。干旱贯穿花生生长发育全过程，尤其是开花下针期和结荚期是花生水分敏感期，遇干旱会影响开花，甚至开花中断；干旱的土壤常使已达到地面的果针难以入土；结荚至成熟期遇干旱，则影响荚果的发育膨大。播种出苗期最低气温低于－1 ℃时幼苗会受冻害死亡；秋季日平均气温低于 12 ℃且连续 3 d 以上时果实停止发育、籽粒不饱满、空壳增加。花生开花下针期最怕渍涝，开花期渍涝会导致授粉不良；下针期渍涝不利于下针和果实膨大，常造成烂果、空壳而严重减产。

(3)糖料作物，包括甘蔗、甜菜等，主要气象灾害包括高温干旱、渍涝害、风害、霜冻害。甘蔗在我国台湾、福建、广东、海南、广西、四川、云南等南方热带地区广泛种植，除海南岛南部、台湾南部外，其他蔗区基本上都发生过不同程度的霜冻害；甘蔗受冻后，蔗汁糖分下降，且有酸臭气味，品质变劣。大风会给甘蔗带来机械性损伤，可以折断蔗茎，特别是一些高产蔗田，蔗株高大，吹折吹倒后造成丰产不丰收。甜菜生育后期，若遇阴雨连绵和渍涝害，叶片因光合作用不足导致大量死亡，根系受渍导致块根含糖率大减，产量降低。甜菜水分临界期(叶丛繁茂期和块根增长期)遇到干旱，会引起严重减产和含糖量下降。

(4)温带水果：梨、桃、苹果、葡萄是典型的温带水果，主要气象灾害包括干旱、寒冻害、高温低湿害以及日灼害等。以苹果为例，水分条件是影响苹果品质和产量的重要因素之一，水分不足可抑制苹果花芽分化、坐果率降低、幼果期落果、叶片和新生枝条生长受限、单果重量降低等；但苹果着色期雨水过多则会影响着色和糖分积累。苹果花期气温低于－4.0 ℃会造成果花受冻苹果减产，冰雹会严重影响果实的商品率、产量，也会对果树造成机械性伤害；较大的风灾可造成落花、授粉不良、落果、树枝折断、冬季幼树和幼枝失水干枯等。

(5)热带特色林果：包括橡胶、香蕉、荔枝、枇杷等，主要气象灾害有低温寒冻害、干旱、风害等，其中以寒害和干旱灾害影响最大。以橡胶为例，当气温低于 5 ℃时橡胶树便会出现不同程度的寒害，出现枝枯、茎枯、爆皮等寒害症状；低于 0 ℃时，胶树严重受害，甚至死亡；低于－2 ℃时，根部出现爆皮流胶现象。特别是辐射型寒害出现时，夜间最低温度达 2 ℃左右并出现霜冻，白天气温回升，昼夜温差甚大，对橡胶幼苗伤害很强。寒流伤斑发展很快，特别是向阳面枝叶很快发黄干枯。干旱胁迫也会影响干胶产量，阻塞排胶并加速死皮的发生，严重干旱甚至会导致植株枯死。

(6)茶叶：主要气象灾害有冬季冻害、春季霜冻、旱热害、风灾、冰雹等。霜冻是指春茶生长期气温降至 4 ℃或以下，处于萌芽期的茶芽受冻，影响茶叶产量和品质；在盛夏期间，如持续出现日平均气温上升到 30 ℃(或日最高气温 35 ℃)的天气，并且茶园空气相对湿度和土壤相对湿度都较低时就会出现旱热害；此时茶树叶片枯落、焦梢，幼树干死，造成秋茶大幅减产。

(7)烤烟：烟草主要气象灾害包括低温阴雨、干旱、渍涝害和风雹害。烤烟植株对低温阴雨十分敏感，移栽后的烟苗遇长时间的低温阴雨，会使烟苗生长点变白，提早现蕾开花，且株矮叶少，低产质差；此外，当烟草处于生长后期和成熟期，遇低温连阴雨后骤晴，空气中臭氧往往使烟叶表面出现水浸样小斑，严重时斑点串联、中心坏死，影响烟叶产量和品质。

(8)水产养殖：气象灾害有低温害、高温热害、旱害、暴雨洪涝，由大风和风暴潮引起的风害，以及由于气象条件长期不良或天气发生突变，造成水质恶化，水产动物缺氧窒息而出现的“泛塘”。“泛塘”由多个气象因子综合引起的气象型灾害，光照、温度、气压、风等气象因子直接或间接地对水中溶氧量都会产生重要的决定性作用。

6.4.1.4 设施农业生产主要气象灾害及影响

20 世纪 80 年代以来，我国以日光温室、塑料大棚等为代表的设施农业得到快速发展，尤其是适应我国农村经济技术水平的节能型日光温室，在黄河中下游的黄淮平原、辽东半岛、京津地区发展迅速，在增加农民收入和脱贫致富、增加新鲜农副产品、丰富花卉园艺品种以及提高人民生活水平方面发挥了积极作用。与传统农业气象灾害相比，设施农业气象灾害有明显的差异性和独特性。主要包括直接造成农业设施破坏性损失的大风、暴雨(雪)、冰雹等，导致危害设施内作物生长发育和产品形成的低温冻害、寡照、久阴骤晴、高温等。

阴雨天、雾霾天导致的寡照是对冬季设施农业生产影响较大的灾害之一。由于日光温室和塑料大棚均用塑料薄膜为覆盖材料进行保暖和温度调控，因而不可避免地降低了有效辐射，遇有长时间阴雨寡照天气，极易造成温室内作物或蔬果、花卉光合作用受抑、生长发育缓慢、病害发生蔓延。此外，出现雾霾天气时，雾霾污染颗粒悬浮于空中，阻碍太阳光传播，降低了射入设施内光照质量；另一方面雾凝结于棚膜外表面时，因水滴的存在使太阳光线在棚膜外表面发生光的折射透过率降低造成光照不足。秋冬季寡照持续时间如果超过 3 d，容易造成大棚内光照严重不足，湿度增加，温度降低，作物生理活性受限，导致蔬菜花卉生长缓慢甚至烂根烂苗。

寒潮天气造成的低温冷害和冻害是设施蔬菜和花卉生产上常见的自然灾害，0 ℃以上的冷害引起蔬菜、花卉生理失常。冷害常使植株叶片呈水浸状或凹陷斑点，可发展成连片，有些品种呈现局部组织坏死，变褐至黑色。设施内 0 ℃以下的冻害，会造成植株细胞内结冻，引起植株生理紊乱；冻害严重时植株生长点遭受危害，顶芽冻死，生长停止；受冻叶片边缘上卷，发黄或发白，甚至干枯；叶柄和茎秆部位在冻害初期常出现紫红色，严重时变黑枯死。

6.4.2　农业气象灾害监测评估

农业气象灾害监测评估服务是针对灾害性天气过程、致灾因子强度以及受灾对象、受灾区域的形态特征、灾害损失等信息进行的实时动态统计分析评估。农业气象灾害监测业务服务贯穿灾害发生开始、持续和结束的全过程，不定期地向涉农部门和广大公众发布灾害监测评估信息，便于相关部门和防灾救灾人员及时掌握灾害的发生发展动向。传统的农业气象灾害监测评估主要针对大宗农经作物的干旱，低温霜冻、高温热害、干热风等气象灾害的监测。近年来特色农业、设施农业的大风、雪灾、阴雨寡照，水产养殖业的低温害、热温以及畜牧业生产的白灾、黑灾等也都成为了农业气象灾害监测评估关注的重点和服务的重要内容。《主要农作物高温危害温度指标》等 13 项国家标准、《香蕉、荔枝寒害等级》等 27 项气象行业标准以及诸多地方和团体标准也为农业气象灾害监测评估服务提供了有力的技术支撑。2015 年来，气象部门不断强化农业气象灾害监测评估服务业务的标准化、规范化运行，相继印发了《农业干旱监测预报评估业务规定（试行）》《北方低温冷害影响预报与评估业务规定（试行）》《寒露风影响预报与评估业务规定（试行）》《设施农业气象灾害影响预报业务规范（暂行）》《水稻高温热害影响预报与评估业务规定（试行）》《北方冬小麦干热风影响预报与评估业务规定（试行）》。同时印发《设施农业气象灾害影响预报技术指南》《作物病虫害气象等级预报技术指南—小麦赤霉病和水稻稻瘟病》等技术指南强化预报技术应用。

6.4.2.1　农业气象灾害监测技术方法

20 世纪 60 年代以来，随着我国地面气象、农业气象观测站网的不断发展完善，卫星遥感、地理信息系统、全球定位系统、计算机、雷达和各种先进监测仪器和技术的广泛应用，已初步建立基于地基、空基、天基的农业气象灾害监测系统。农业气象灾害监测评估的时效性由原来的以过程为周期向周、日尺度发展，实时性、规范性、准确性不断增强。目前农业气象灾害监测的主要技术手段包括地面监测、遥感监测和灾情调查。

地面监测是依托已有的农业气象灾害指标，基于地面实时观测数据的提取判别和空间化分析，进行农业气象灾害发生区域、影响对象、受灾程度的监测。气象部门现有农业气象观测站 653 个、农业气象试验站 70 个、土壤墒情观测站 2175 个，与气象观测网共同组成的农业气象灾害地面监测网络。各网络节点（观测站）以人工观测或自动化监测仪器为监测手段，每天实时同步获取全国范围的各种气象要素、灾害性天气、农作物发育期和生长状况、土壤湿度、农业气象灾害及病虫害发生情况等观测数据，通过对这些观测数据进行提取和综合分析，结合农业气象灾害指标划分灾害等级，判断农业气象灾害的致灾强度，影响区域。目前除少数直接观测到的天气灾害（冰雹、大风等）外，大多数农业气象灾害监测是通过上述技术流程实现。地面农业气象灾害监测的技术关键，一是构建各种农业气象灾害的致灾指标、诊断模型库，包括气候变化背景下已有指标模型的适应性检验与补充完善；二是基于实时气象资料通过致灾指标或诊断模型反演达到，进而形成进行灾害发生区域、危害对象、成灾等级的监测。地面监测自动化程度相对较低，但技术相对成熟，操作简单，精度也较高。

我国利用卫星遥感资料开展农作物长势、灾害监测与估产始于1980年前后。通过对遥感地表信息数据的解译反演，监测地表植被变化、农作物长势、土壤墒情以及较大范围干旱、洪涝、病虫害等信息。近年来，农业气象遥感应用已经开始进入定量化、精细化时代，已成为农业气象灾害监测的有效工具。遥感灾害监测的技术关键，一是通过对遥感获取的最新遥感影像信息与地理信息的叠加，监测灾情最新实况；二是通过对不同时段的多时相遥感影像数据进行叠加，监测灾害发展变化的最新趋势，实现灾害区域化、动态化监测。目前冬小麦、玉米、水稻等大宗作物长势遥感监测在气象部门已经实现业务化运行，于作物生长季每旬或每月动态监测发布；空间分辨率高、数据获取方便的土壤水分光学遥感监测技术方法，以及利用遥感反演地表温度或农作物冠层温度监测冻害、高温热害、寒害等技术，均已在农业气象减灾监测中得到广泛应用。遥感监测的优势在于可以直观获取较大范围的同步的监测信息，但目前在监测数据获取周期、云遮挡情况下如何获取监测信息等方面存在瓶颈，另外在某些灾害监测精度方面还有待进一步提升。

灾情调查的目的或基本要求是真实准确掌握灾害情况，为防灾、抗灾、救灾提供可靠依据。灾情调查有多种形式或途径，可以对全部灾区和整个灾害过程的全面调查，也可以选取部分地区或局部进行的重点调查，还可以按照随机原则，通过样本进行的抽样调查等。传统的灾情调查方法主要是实地调查，现代灾情调查除继续采用实地调查方法外，越来越广泛地使用遥感调查或采用遥感调查与实地调查相结合的方法，不但节省了大量人力、物力，而且更加快捷、准确、可靠。

6.4.2.2 农业干旱监测评估服务

农业干旱综合监测业务技术研发和服务始于2006年。鉴于农业干旱监测的各个指标各具优劣势，需要发挥各指标的优势，根据所处区域的土壤、气候、作物特点等加权集成综合农业干旱监测。2007—2010年气象业务部门研发和建立了旱地和水田的农田蒸散量实时估算模式，并将遥感干旱监测结果、土壤水分监测结果和作物缺水指数监测结果等综合集成，实现多源农业干旱综合监测结果的融合（表6.1），相关研究成果形成了农业干旱监测的国家标准《农业干旱等级：GB/T 32136—2015》（全国农业气象标准化技术委员会，2015），解决了农业干旱监测中不同指标空间适用性不一致的技术关键，实现了逐旬动态监测大范围农业干旱的业务服务能力。具体到不同作物的农业干旱监测，由于不同作物对水分亏缺的耐受力不同，根据相关干旱指标又可以细化到玉米干旱监测、冬小麦干旱监测等；具体到作物在不同生长发育阶段干旱监测，在作物需水关键发育阶段干旱监测的关注度更高，例如在玉米干旱监测中最重要的是播种期干旱监测和抽雄前后的“卡脖旱”监测，在小麦干旱监测中最重要的是返青期干旱监测和拔节期干旱监测。

表6.1 农业干旱综合监测评估指标

干旱等级	作物水分亏缺指数（以需水临界期为例，CWDLa，%）	土壤湿度（以壤土为例，*Rsm*，%）	降水距平指数（*Pa*，%）
无旱	CWDLa≤35	*Rsm*≥60	*Pa*>−40
轻旱	35<CWDLa≤50	50≤*Rsm*<60	−60<*Pa*≤−40
中旱	50<CWDLa≤65	40≤*Rsm*<50	−80<*Pa*≤−60
重旱	65<CWDLa≤80	30≤*Rsm*<40	−95<*Pa*≤−60
极旱	CWDLa>80	*Rsm*<30	*Pa*≤−95

2012 以来，伴随自动化土壤水分监测站网的建设和监测数据的逐日、逐小时上传，为了进一步提高农业干旱的精细化和准确性，通过改进土壤水分监测算法和作物水分亏缺指数算法，并发展国家级、省级农业干旱监测业务互动、订正反馈，实现了逐日监测分析干旱的业务能力。目前，气象部门通过逐日监测农业干旱的发生、发展和缓解，为准确研判干旱影响发挥着重要作用。如 2017 年辽宁西部、吉林西部、内蒙古东部春耕春播期温高雨少，春播受到不利影响(图 6.1)。

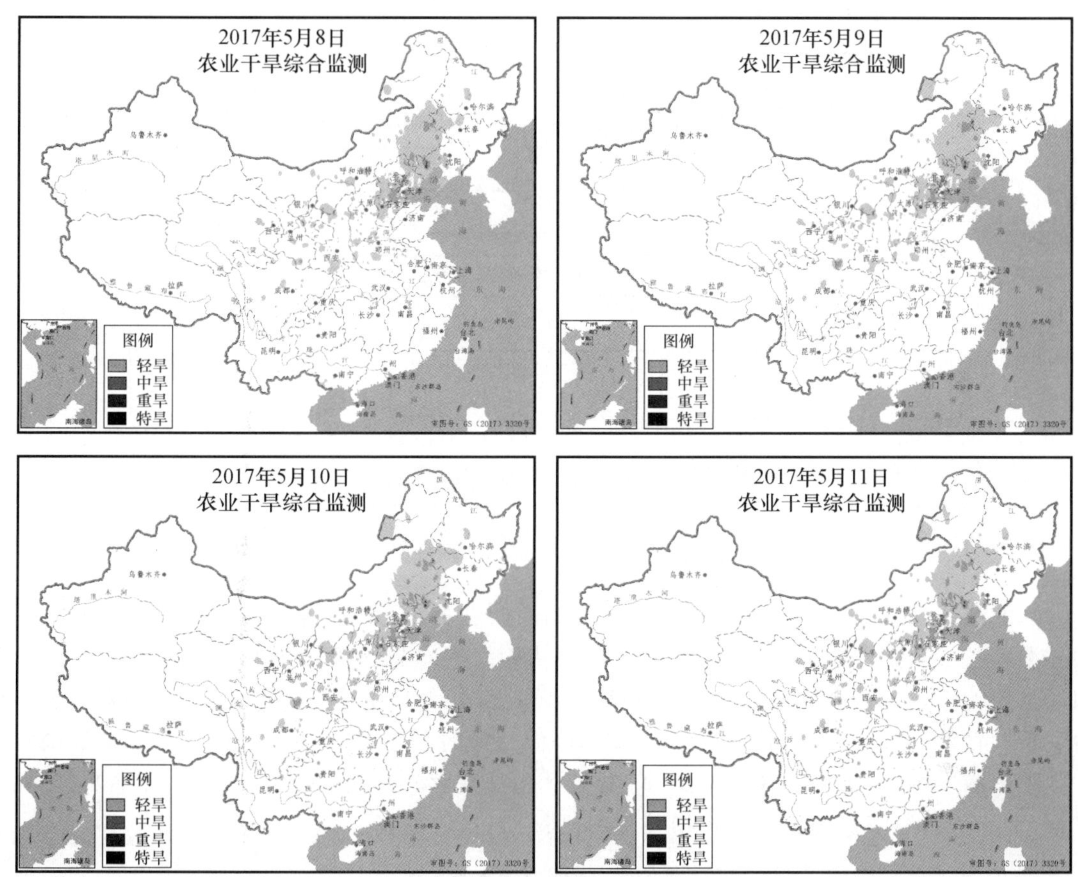

图 6.1　2017 年东北地区春播期干旱逐日监测

6.4.2.3　低温霜冻监测评估服务

气象部门针对低温霜冻害的监测评估服务贯穿一年四季。2007 年以来，在逐步完善低温霜冻类农业气象灾害的监测评估指标和业务规范的基础上，根据低温霜冻影响农业生产的主要时段和作物，制定周年监测预报服务方案，开展了多样化的灾前预警、灾中跟踪和灾后评估服务。头年 12 月到当年 2 月密切监测低温雨雪冰天气对南方蔬菜瓜果以及北方设施农业生产的影响；3—5 月密切监测晚霜冻出现区域及时间早晚对小麦、春播作物以及经济林果的影响；6—8 月关注东北地区低温冷害对水稻、玉米等造成的不利影响；8—9 月密切跟踪东北地区初霜冻预测预报、指导东北地区后期农业生产和霜冻防范；9—10 月江南华南晚稻抽穗扬花期密切跟踪寒露风天气影响的范围和程度。低温霜冻监测评估服务目前基本上按照相应的农业气象灾害指标开展，以东北低温冷害监测评估为例，技术流程见图 6.2。

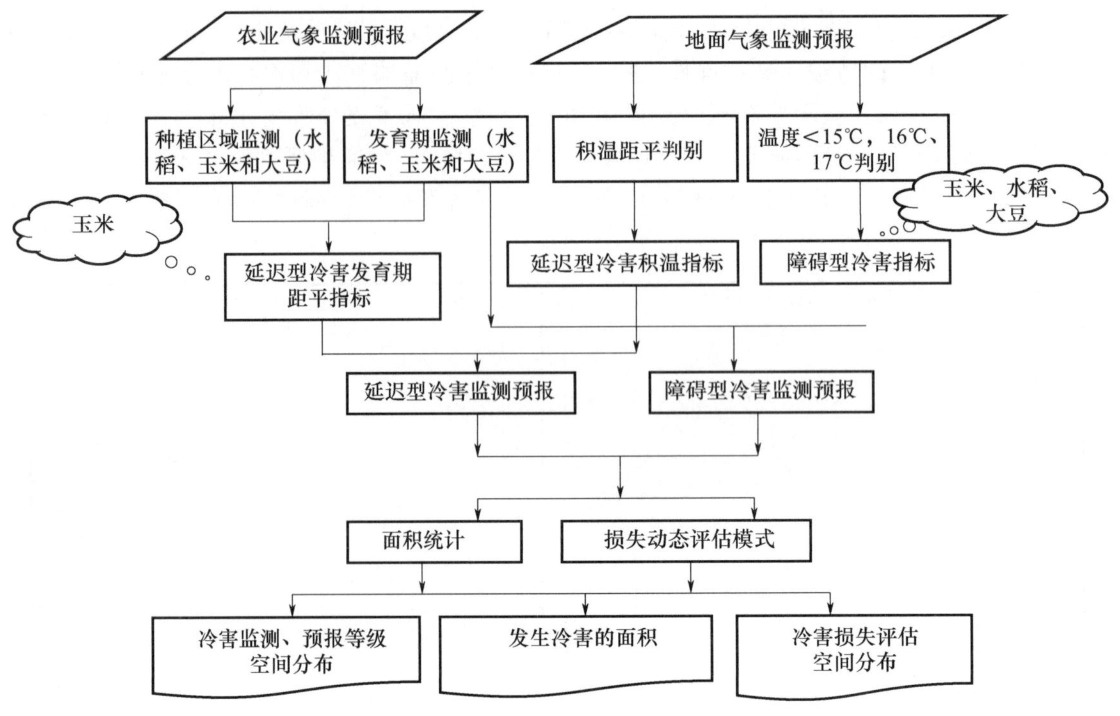

图 6.2　东北低温冷害监测评估技术流程

6.4.2.4　高温热害监测评估服务

高温热害一直是农业气象灾害监测评估的重要业务内容之一，特别是近年来随着夏季持续高温天气不断增多，高温热害监测评估对象从传统的水稻逐渐扩展到棉花、玉米、水产养殖和经济作物等。日最高气温≥35 ℃并持续 3 d 以上时，如果水稻、玉米等作物处于对高温敏感的生长发育期，就会出现高温热害（表 6.2）；高温持续时间越长，危害越重。此外，持续高温常常导致蒸散发剧烈，再加上降水偏少，高温干旱往往并存；并且高温干旱时，空气干燥、阳光照射强，常使一些经济作物和特色作物叶片、果实受到日灼危害。

表 6.2　水稻高温热害等级

等级	轻度	中度	重度
日平均气温(℃)	≥30	≥30	≥30
日最高气温(℃)	≥35	≥35	≥35
持续时间(d)	3～5	6～8	>8

2013 年 7 月至 8 月中旬，长江中下游地区高温伏旱持续时间长、强度大、影响范围广；其中湘黔渝赣浙鄂皖等 7 省(市)大部地区≥35 ℃高温日数普遍比常年同期偏多 10～20 d、部分地区偏多 20～36 d；贵州中部、湖南大部、浙江西部等地降水量为 1951 年以来历史同期最少，农业生产受到全面影响，一季稻、玉米、棉花、茶叶、蔬菜等作物受灾较重，水果、茶叶和蔬菜等品质和产量明显下降。高温干旱使养殖塘水位下降、水温升高，水体溶氧量下降，水质变差，浙江湖州的菱湖黑鱼出现了大面积死亡，受灾面积达 1000 hm^2；安徽淮南市水产养殖受灾面积 2700 hm^2，占总养殖水面的 15%，河蟹等水产养殖生物生长受到严重影响，产量损失约 3600 t。

6.4.2.5　连阴雨监测服务

在气象部门每年 3—5 月开展的春耕春播气象服务、5—6 月开展的夏收夏种气象服务和 9—10 月开展的秋收秋种气象服务中，连阴雨监测是其中一个重要的灾害监测评估服务内容。其中，夏收连阴雨往往会导致小麦等作物不能及时收获，出现麦穗霉变或穗上发芽现象，严重影响小麦产量和品质；华西秋雨持续时间长，影响玉米、水稻等作物灌浆不充分、成熟收获都会受到影响。2017 年 9 月中旬至 10 月中旬，持续阴雨严重影响西北地区东南部、黄淮西部、江汉、江淮等地秋收秋种工作，湖北、安徽部分未收获水稻出现倒伏、穗芽；安徽、河南未收地段和部分已收的玉米、花生和大豆出现不同程度的霉变、发芽现象，影响产量品质。阴雨寡照天气还导致棉花不能正常吐絮，烂桃烂铃现象普遍，未及时采收的棉花颜色发黑、品质下降。

6.4.2.6　大风、暴雨(雪)、冰雹等监测服务

大风、暴雨(雪)、冰雹等突发性或显性的农业气象灾害往往造成农业设施毁坏、农经作物受损严重，有时对局地农业生产造成无法挽回的损失。这类农业气象灾害的监测评估主要依赖于天气现象的监测、灾害指标和灾情调查统计。

冰雹对农业的影响是巨大的。每年的 4—6 月是我国雹灾发生次数最多的时段，为降雹盛期。这一阶段恰好就是每年农业春耕的季节。冰雹的危害最主要表现在冰雹从高空急速落下，发展和移动速度较快，冲击力大，再加上猛烈的暴风雨，使其摧毁力得到加强，经常让农民猝不及防，直径较大的冰雹会给正在开花结果的果树、玉米、蔬菜等农作物造成毁灭性的破坏，造成粮田的颗粒无收。风害对橡胶、香蕉、烟草等经济作物或特色林果影响较大。依据橡胶树开割和未开割不同阶段不同风害等级造成的影响程度，划分橡胶树风害程度(朱勇 等，2017)(表 6.3)。

表 6.3　橡胶树风害指标与等级划分标准

开割				
风力(级)	≤9	10	11	≥12
风速(m/s)	≤24	24～28	28～32	≥32
风害程度	无	轻	中	重
未开割				
风力(级)	≤8	9～10	11	≥12
风速(m/s)	≤20	20～28	28～32	≥32
风害程度	无	轻	中	重

北方冬季雪灾(害)对畜牧业生产、设施农业生产影响较为常见，近年来南方地区的频繁降雪对设施农业、经济林果等造成损失也较为严重。2018 年 12 月 26—31 日，受冷空气影响，湖北、四川、贵州以及江南、华南北部等地先后出现雨雪天气，最低气温 0 ℃线压至华南北部，湖南中北部、湖北南部、江西北部和贵州东部出现暴雪，最大积雪深度 10～20 cm。江汉、江淮、江南、西南地区东部部分设施农业和经济林果遭受雪灾。

6.4.3　农业气象灾害预报

农业气象灾害预报是各级气象部门做好气象为农生产服务的重要内容之一。农业气象灾害预报，是指关于某种农业气象灾害是否能够发生、什么时候发生以及危害程度多大的农业气

象预报。同时，农用天气预报、农业年景预报等预报服务中也要充分考虑农业气象灾害的影响。

6.4.3.1　精细化农业气象灾害预报服务

与一般灾害性天气预报不同，农业气象灾害预报不仅要预测预报那些可能影响农业生产的高影响、转折性天气或气候异常，更要结合农业生物的具体生长发育状况，预报预测对象是否受害，受害的时间以及受害的程度。因此灾害性天气气候预报预测、作物生长发育状况、灾害指标是农业气象灾害预报的三个关键要素。

近年来，随着数值天气预报和智能化网格气象要素预报技术的发展，气象要素预报的时空分辨率已能够达到千米级和小时级，精细化程度不断提高，为农业气象灾害预报提供了精细化的大量基础信息。在智能网格气象要素预报的基础上，农业灾害性天气或气候异常出现和持续的时间、气象因子偏离作物正常生长发育所需的幅度，根据农业气象灾害指标判断是否能达到致灾标准、致灾等级等可以十分便利的判识出来。此外，随着作物发育期预报业务技术难关的攻克，作物生长是否处在对各种灾害敏感的阶段也可以十分便捷地诊断出来，结合作物长势的监测判断，可以综合得出作物生长发育状况，在此基础上综合判断作物受灾害影响的程度。通过上述业务技术流程，结合地理信息系统就能将农业气象灾害等级、区域范围进行空间上的描述和表达。

2016 年，格点化高温热害、干热风、霜冻害、寒露风影响预报业务能力相继形成，气象业务部门已经实现了未来 10 天主要农业气象灾害发生区域、发生程度逐日滚动预报和发布，空间精细化能力为 5 km 格点，精细化、自动化能力不断提升。

6.4.3.2　病虫害气象风险预报服务

气象部门自 20 世纪 80 年代开始对冬小麦赤霉病、水稻稻瘟病等作物病虫害发生发展与气象条件的关系作了较为深入的研究，建立了作物病虫害发生发展的气象指标。21 世纪初，面向农林业防灾减灾和保障粮食安全的需求，进一步深入开展了农林病虫害发生发展气象风险等级预报研究。通过分析光、温、水等气象条件与主要农林病虫害发生发展及发生程度的相关关系，针对病害和虫害发生发展和危害的不同特点，分别建立了针对病害的促病指数预报模型和针对虫害的虫害气象适宜度综合指数预报模型。在病虫害气象条件预报模型研发的基础上，通过配套的业务系统的建设、业务流程的梳理以及搭建产品发布平台，于每年 4—9 月农林病虫害防治关键期或猖獗期之前，开展病虫害气象条件预报业务服务，发布主要农林病虫害气象条件预报服务产品

在病虫害气象风险等级实时预报业务中，结合作物发育期信息（物候信息）、气象要素监测、天气预报以及地理信息数据，按站点或格点计算促病指数和虫害适宜度综合指数，划分病虫害发生发展气象风险等级，分别用红色（风险高等级）、橙色（风险较高等级）和蓝色（风险低等级）进行标注，并由此给出防治服务的措施建议。该产品已成为各级政府部门指导和合理安排农林业生产、生产者和作业人员开展病虫害防控的提供依据。

此外，2008 年开始，气象部门与农林部门根据病虫情监测实况和气象条件监测预报，会商分析未来 10 天可能大发生或偏重发生的病虫害及其区域分布，联合在中央电视台新闻联播——天气预报栏目中发布农林有害生物预报预警信息，提请有关部门和广大农林从业者密切关注病虫情监测信息和天气变化，及时防控病虫害。

2017 年冬春气温偏暖明显，小麦条锈病发生形势十分严峻，气象部门和农业部门联合会

商气象条件和病情发生发展趋势，于 1 月和 4 月连发两期预警产品。预警产品播出后，得到了相关部门和省政府的高度重视，为各地加强病虫害监测，有效防治，降低损失，保障粮食生产安全、实现稳产增产发挥了重要作用。

6.4.3.3　大宗作物产量预报服务

农作物产量气象预报技术的探索研究始于 20 世纪 50 年代；70 年代末气象部门开始进行比较系统的农作物产量气象预报技术研究，组织了较大规模的全国协作；经过多年的技术积累，气象部门研发了基于作物产量历史丰歉气象影响指数、关键气象因子、气候适宜指数等统计方法与机理模型相结合的冬小麦、玉米、水稻、大豆、油菜、棉花等作物产量动态预报技术，通过定量评估各模型单产预报准确率、趋势预报正确率、预报模型显著性等指标，建立了多模型综合集成的动态产量预报技术，实现了由单一预报技术向多元化预报技术的拓展，提高了农业气象预报的科学性、准确性与稳定性。预报时效由作物收获前两个月和一个月的固定时段预报发展到在作物播种后逐月（旬）滚动预报，增强了预报的动态服务能力；预报空间尺度由全国拓展到主产区域和省级，提升了预报的精准水平。

20 世纪 90 年代初以来，气象部门每年定期开展全国冬小麦、油菜、早稻、玉米、一季稻、晚稻、大豆、棉花、秋收粮食作物和全年粮食作物产量预报，在作物收获前两个月左右发布主要作物平均单产、总产量丰歉趋势预报，在收获前 1 个月左右发布主要作物平均单产、总产量定量预报，近年来还实现了冬小麦、早稻、晚稻、棉花等作物产量的逐月动态预报。据统计，近年来国内作物产量（单产、总产）预报准确率稳定在 98%以上。

6.4.3.4　农用天气预报服务

农用天气预报是针对农业生产需求，围绕农业生产对象或农事活动有直接关系的天气现象或天气过程，采用天气预报和农业气象诊断技术，编制的未来天气条件对农业生产对象生长发育影响和农事活动适宜程度的专业气象预报。农用天气预报对粮棉油作物、经济林果、特色农产品、畜牧业、林业、渔业、设施农业、观光农业等的产量和品质提高、生产成本降低发挥了重要作用。

农用天气预报中的一个关键内容是发育期预报，准确及时的发育期预报对于生产单位和农户进行适时的、科学的田间管理和农事作业有重要的参考价值。事实上，在大宗农、经产品的灾害敏感期预报、收获期预报，特色作物如果树开花期、茶叶的采摘期预报等都会用到发育期预报。发育期预报方法一般采用数理统计法和作物模型预报法。数理统计法是根据作物生长发育的三基点温度、积温、土壤水分、相邻发育期平均间隔日数等影响因子与发育期长度之间的关系构建统计预报模型，采用天气预报中相关要素预报作物发育期。作物模型预报法主要通过对作物模型涉及的品种和农业环境参数的本地化，使之适用于预报区域，以数值天气预报为模型驱动，预报特定发育期出现的日期。

关键农时农事天气预报是国家级和省级联动开展的农用天气预报业务之一，主要包括早稻、一季稻、春玉米、大豆等春播作物播种适宜气象等级预报，冬小麦收获和夏玉米播种适宜气象等级预报、玉米、水稻、大豆等秋收作物收获和冬小麦播种适宜气象等级预报、冬小麦灌溉适宜气象等级预报、玉米灌溉适宜气象等级预报以及水稻移栽适宜气象等级预报等。关键农时农事天气预报以短、中期天气预报为依据，以农作物生长状况和天气条件监测为基础，以农业气象指标、农业气象预报技术为核心，建立农事活动适宜气象等级预报模型。根据模型结果，分析未来天气条件对农事活动的影响，提出合理安排农事活动的建议，为农业生产全过程提供农用天气预报服务。关键农时农事天气预报主要体现在春耕春播、夏收夏种和秋收秋种系列气象服务产品中，服务频次为每周1～2次，相关业务服务通过中央电视台新闻联播——天气预报栏目、气象服务网站、电话、短信、电台、电视、气象信息员等手段，面向农业生产经营者开展“直通式”气象服务，使其及时了解天气变化情况，抢收抢打、适时播种。

6.4.3.5　农业气候年景预报

农业气象年景包括农业气候资源年景和农业气象灾害年景。前者通过综合考虑作物生长季光、热、水资源等对农作物产量的影响程度而构建综合评价指标，并建立数理预报模型来对气候资源年景进行评估和预测；后者则是通过构建作物生长季气象灾害强度综合评估指数，基于历年气象灾害强度序列与气候年型分布的统计学规律开展农业气象灾害年景评估与预测。农业气象年景预测对于提前针对性地谋划作物生产管理调度，有效利用农业气候资源以及科学防灾减灾具有重要的参考价值。自2016年起，每年新年伊始，农业农村部门就和气象部门对新一年农业生产形势和农业气象年景进行分析会商。

6.4.4　气候资源利用与防灾减灾技术服务

农业生产防灾减灾气象保障服务，为各级政府制定农业发展战略、农业结构调整、布局优化、农业生产管理、农业防灾减灾、应对气候变化和合理利用农业气候资源等提供科学依据，通过对农业气候资源高效利用分析评估，精细化农业气象区划和农业气象灾害风险区划，筛选不同气候生产潜力优势区，为作物的合理布局、农业生产基地的建设、农业结构调整、品种布局、栽培技术和农事安排，选用抗旱、抗涝、抗高温等抗逆品种，采用防灾抗灾、稳产增产的技术措施等提供气候资源优势保障，可明显提高作物气候资源的利用率。通过开展作物新品种引进的气候可行性论证，为作物合理布局和新品种的引种、推广等提供了科学支持。

6.4.4.1　农业气候资源评价

由于农业气候资源空间分布不均衡，导致大范围内光热水资源存在不同程度的区域差异性，因此依据农业气候指标或作物对气候资源的需求，利用数学方法对农业气候资源各要素及其组合进行定性或定量化评价，对指导地区农业生产布局，农业结构调整和合理开发利用气候资源有重要意义。主要包括：①数量评价：分析评估地区气候资源单要素的数量，如积温、降水量、无霜期、日照时数、光合有效辐射等；②质量评价：分析各类气候资源对农业对象的适宜性和有效程度，如日照适宜度、降水适宜度、温度适宜度等；③综合评价：评估不同气候资源配置对农业对象的综合作用，如农作物气候生产潜力、气候资源适宜度、资源适宜指数、资源效能适宜指数和资源利用指数等。

农业（引种）气候可行性论证也是农业气候资源评价的一个重要工作，该工作是在农作物新品种引进（引种）、重大农牧业生产活动调整、农业工程等实施前，依据当地气候资源的分布规律和变化趋势，对重大农业活动进行气候适宜性评价以及重大农业活动对局地气候可能产生的影响进行评估。开展农业气候可行性论证利于促进在农业科学决策中尊重气候规律，充分利用气候资源，避免不利气候条件的风险和影响，也有利于促进农产品区域化布局和集中生产，形成农业开发基地，提高生产效率。此外，通过农业气候可行性论证有助于按资源特点和地方特色发展农业，因地制宜发展优质、高产、高效农业，进而发展有利于形成农业支柱产业。

6.4.4.2　农业气候资源区划

农业气候资源区划是指从农业生产的需要出发，在农业气候资源分析评价的基础上，遵循农业气候相似原理和地域分异规则，将特定地区划分为若干农业气候区域或气候类型。农业气候区划阐明农业生产与气候之间的空间关系，为合理利用农业气候资源、有效防御气象灾害、科学开展农业布局提供科学依据。

20 世纪 50 年代以来，为了配合国家农业发展的需要，中国气象局在全国范围内组织开展了三次农业气候区划，先后编制了全国、区域级、省和县级的综合的、单项的农业气候区划。第一次区划从 20 世纪 50 年代开始，基于 30—40 年代有一定生物学意义的区划指标编制的中国气候区划的基础上，于 60 年代前期组织了农业资源与气候区划工作，并编制了简明的省级农业气候区划。第二次自 20 世纪 70 年代末开始，为配合全国农业自然资源调查和农业区划任务，中国气象局领导和组织了全国有关科研单位和院校专家组成全国农业气候资源调查和农业区划区划协作组，开展了大规模的研究工作；到 80 年代中后期，提出了全国、省级综合农业区划区划，大部分地、县级农业区划以及“三北”防护林地区农业区划资源和农业区划。第二次区划利用当时近 30 年的大量资料和农业研究，基本阐明了全国农业区划资源分布规律，提出了符合中国国情的农业区划指标体系和区划等级系统，探讨了农业区划生产潜力，论证了农业发展布局中一些重大区划问题域对策。20 世纪 90 年代以后，随着农业发展的需求和高新技术的应用，1998 年开始进行了为期两年的第三次农业气候区划试点工作，将“3S”技术[遥感技术(Remote sensing，RS)、地理信息系统(Geography information systems，GIS)和全球定位系统(Global positioning systems，GPS)的统称]引入农业气候区划工作，提高农业气候区划的工作效率与精度；此次农业气候区划试点针对省级，区划对象和内容较第一次、第二次农业气候区划有所拓展，如经济作物气候区划、农业气象灾害风险区划、农作物气候适宜性区划等等。

农业气候区划工作紧密结合国家农业发展的需要，在大量调查研究和缜密分析资料的基础上，阐明了我国农业气候资源分布规律和气候生产潜力、基于光热水组合类型的分区分类利用、基于热水资源分布的种植制度改革、山区气候资源合理利用等重要问题，也阐明了优势气候资源潜力分析在商品粮棉油及特色农业基地选择中的应用、基于风险度的农林牧分布重要气候界线论证等关键性应用策略。

6.4.4.3　农业气象灾害风险评估

准确、定量地评估农业气象灾害风险，对政府和生产部门趋利避害调整农业生产结构、控制农业气象灾害的发生，防御或减轻灾害危害以及制定救灾措施、农业灾害保险政策、开展风险转移具有重要意义。农业气象灾害风险区划给出的是一定地区未来一定时间内灾害可能达到的风险程度，如灾害等级及其出现的概率等，是在风险评价基础上进行的。一般可分为单项农业气象灾害风险区划、综合农业气象灾害风险区划。其基本方法是以灾害风险程度的区域分布为主要依据，结合区域农业自然条件和社会经济条件，对灾害风险水平相近，且灾害形成条件类似的区域进行划分。

国内有关农业气象灾害风险评价区划的研究始于 20 世纪 90 年代末，气象部门首先针对重点区域、主要灾害编制了区域性灾害风险区划，包括北方地区冬小麦干旱风险区划、江淮地区冬小麦和油菜涝渍风险区划、东北地区玉米和水稻冷害风险区划、华南地区香蕉和荔枝寒害风险区划等；其后，针对全国或分区域的农业干旱、洪涝、低温灾害、冰雹、台风等单灾种、多灾种农业气象灾害风险区划相继完成，其中部分已在气象业务服务中初步应用。地理信息系统(GIS)作为空间数据管理与分析的重要技术方法，对农业气象灾害风险区划有着极大的支持与辅助作用。例如，首先利用多年冬季极端最低气温资料，结合作物历年冻害情况，确定冻害的气候指标；再应用 GIS 小网格推算技术，根据冻害指标计算得到冻害气候风险分布图，并在此基础上，叠加由遥感解译的作物可种植土地利用类型，即可细化得到作物冻害风险分布。2015—2016年，气象中心对6类作物（水稻、玉米、小麦、大豆、油菜和棉花）、5种农业气象灾害类型（干旱、雨涝、高温、热、低冷、大风），定量分析了各种灾害的强度、发生频率，并分析计算了10年、50年、100年一遇灾害对应的灾害强度；该分析结果对农业气象灾害保险制定风险规划、费率核定具有重要指导意义。

6.4.4.4　农产品气候品质评价

农产品气候品质评价是2012年以来农业气象服务新拓展的领域之一，已成为深度挖掘农业气候资源、助力农产品品牌提升的重要服务内容。农产品气候品质评价指特定区域内某种农产品年度气候品质评价，即利用影响农产品品质的主要气象指标和农产品气候品质评价模型，评定本生长期内农产品品质的优劣。农产品气候品质评价等级划分为四级，按优劣顺序分别为：特优、优、良和一般。农产品气候品质评价结果为特优和优两个等级的农产品命名为“气候好产品”，气候好产品依据需求发放统一格式的标签、标志、证书、标牌等系列标识。气候好产品系列标识仅限于农产品气候品质评价报告中所指定的品种、时段、区域等生产的农产品使用。目前已出台《茶叶气候品质评价》《农产品气候品质认证技术规范》气象行业标准，已有28个省（区、市）的气象部门开展了该项服务，在粮、油、经济林果等传统作物基础上，面向水产、畜牧、花卉、中药材等特色农产品的气候品质评估不断开展，累计涵盖60种农特产品。浙江建立了水稻、茶叶、杨梅、梨、葡萄、柑橘、文旦、猕猴桃等优质农产品气候品质评价的技术指标体系，并在全省46个县成功开展了50个优质特色农产品的气候品质认证；黑龙江、云南分别出台了地方标准《农产品气候品质认证通则》、《云南大叶种茶气候品质认证评价方法》；广西、四川、吉林、河南出台农产品气候品质评价管理办法或工作办法；北京、四川、新疆、广西、河南、河北等省（区、市）出台农产品气候品质评价实施规则、技术规范；辽宁等17个省明确了农产品气候品质评价业务服务流程和分工。

6.4.4.5　农业防灾减灾适用技术

多年来，各级气象部门在实践中形成了一批农业气象防灾减灾适用技术，例如在大田作物干旱防御方面有农田干旱防御管理技术、玉米集雨节水膜侧栽培技术、马铃薯生长关键期适宜土壤水分调控技术等，在特色农产品防旱抗旱方面有黄土高原苹果园双覆盖调水节水技术等，在低温霜冻防御方面有玉米秋季霜冻防御的农业气象技术、赣南脐橙防低温冻害农业气象适用技术等。这些农业气象适用技术具有较好的理论基础，并经过生产实践检验，为保障当地农业增产、农民增收发挥了积极的作用。下面简举几例。

黄淮平原干旱防御农田管理技术是针对当地农业干旱特点研发的，可操作性强的农业干旱综合防御技术服务体系。该技术使防旱抗旱措施贯穿作物从备播到生育中后期，不同生育期采取不同措施，使长、中、短效防旱抗旱措施共同发挥作用，从整体上提高防御农业干旱的技术水平和能力，减轻干旱对农业的危害。针对冬小麦干旱防御措施，包括充足底墒水、播种前深翻、防旱剂拌种、越冬后秸秆覆盖、返青期和拔节期有限灌溉、孕穗期和灌浆期喷施防旱剂；针对夏玉米干旱防御措施包括防旱剂拌种、播种后立即覆盖、拔节期和灌浆期喷施防旱剂等。该技术的实施使得冬小麦全生育期可以减少灌溉次数1～2次，夏玉米减少灌溉1次，对于缓解水资源紧张、促进农业持续发展有着十分重要的意义。

黄土高原苹果园双覆盖调水节水技术的关键点在于通过双覆盖技术对自然降水进行集流调控，显著提高了有限水资源的水分利用效率，从而解决了黄土高原半干旱半湿润气候区降水量不足且时空分布不均制约果业生产提着增效的关键问题。双覆盖技术主要指的是树盘周围内盘覆草，外盘覆膜的里外两种覆盖方式，该技术操作简单，广大果农经过适当的培训，可以很好地掌握操作技术；在成本方面采用常见、常用且价廉的农用地膜、麦草、秸秆等材料。西北黄土高原苹果产区有超过 2000 万亩的果园，该技术的推广应用对于苹果大范围提质增效，增加果农收入具有显著的促进作用。

高原稻区优质稻农业气象适用配套技术适用于云贵高原稻区、四川盆周山地稻区的优质稻区。技术的关键点是使水稻关键生长期处于气候条件相对最优时段，并且在抽穗扬花期避开低温危害。这就要求在生产上考虑品种布局、安排播期，以趋利避害。通过大田地理分期播种和稻米品质的化验分析，研究优质稻气候生态规律及其影响稻米品质的主要气候因子，建立了优质稻发育期气候生态综合模型，并通过检验、示范，形成了成熟的云贵高原稻区、四川盆周山地稻区优质稻的优质高产农业气象适用配套技术。

冬季低温雨雪冰冻天气严重制约赣南脐橙产业发展。针对此问题，基于赣南地区脐橙冻害指标，研发了配套的脐橙低温冻害防御技术。该技术要点主要包括选育抗冻优良品种、利用地形小气候、采果后树盘培土覆盖、寒潮来临前灌水保温、主干刷白及包扎稻草、气温降至冻害指标时凌晨点火熏烟以及喷施抑蒸保温剂等。该技术适用于全国脐橙种植区，特别是对长江中下游脐橙主产区防冻减灾具有较好的指导作用。

6.5　交通气象防灾减灾

6.5.1　交通气象灾害特征

6.5.1.1　气象对公路交通的影响

气象对公路及其交通运输的影响非常显著，降雨、低能见度、大风、冰冻雨雪等高影响天气因子导致道路设施损坏、交通中断或延误，甚至导致交通事故频发等，不仅增加了出行与物流成本，还对人民生命财产造成严重威胁。据统计，我国每年约有 10% 的道路交通事故与恶劣天气条件有关，尤其是冰冻雨雪、低能见度等天气是我国高速公路交通事故的主要诱因之一。

(1)降雨的影响

降雨尤其是短时强降雨或持续性降雨，会对公路的基础设施(路基、路面、涵洞等)造成不同程度的损害，导致路面积水、塌陷和路基边坡滑塌等，对道路行车安全产生影响。此外，降雨还会降低驾驶员的可视距离，增加辨别道路标志标线或障碍物的难度，而潮湿路面对光线的反射作用，会造成驾驶员的视觉冲击和心理压力，导致行车速度减慢，道路交通通行效率降低。

小时降雨量大于 10 mm 时就会对公路交通产生影响(表 6.4)。但是在我国北方地区或西部地区，地质地貌、植被、河网及环境地形的敏感性及其脆弱性，特别是黄土高原等的局部地区，小时最大降雨强度大于 5 mm 就会对公路交通产生影响，受降雨径流侵蚀，极易产生道路积水或山洪地质灾害。且在西藏东南部和新疆西部部分地区，当最大 1 h 降雨量在 10～14.9 mm 时，也极易引发滑坡泥石流等地质灾害，造成道路阻断。

我国受降雨(积水)天气影响造成公路交通阻断的分布范围广，全国各省(区、市)均有出现，其中华北中南部、西北地区东部、四川盆地东部及江南、华南的部分地区，因降雨造成公路积水发生阻断的频率较高。

表 6.4　降雨强度对公路影响的等级划分(全国气象防灾减灾标准化技术委员会,2010)

等级	划分标准	对公路交通运行的影响
1 级	1 h 降雨强度 10.0～14.9 mm/h,或 1 min 降雨强度 0.8～1.2 mm/min 且能见度降到 500 m 左右	稍有影响
2 级	1h 降雨强度 15.0～29.9 mm/h,或 1 min 降雨强度 1.3～2.0 mm/min 且能见度降到 200 m 左右	有一定影响
3 级	1 h 降雨强度 30.0～49.9 mm/h,或 1min 降雨强度 2.1～3.0 mm/min 且能见度降到 100～150 mm。	有较大影响
4 级	1 h 降雨强度≥ 50.0 mm/h,或 1 min 降雨强度＞ 3.0 mm/ min 且能见度降到＜100 m	有严重影响

注:当同时满足两个条件时,以较高一个级别划定之。

(2)低能见度的影响

受雾、沙尘及降水(降雨和降雪)、吹雪等天气的影响均会造成公路可见度降低,使驾驶员的可视距离缩短,进而影响驾驶员的观察力、判断力和操作力,另外,冬季时路面上附着的雾滴或沙粒会使路面形成一层薄冰,降低路面摩擦系数,影响车辆行驶稳定性等,易导致交通事故的发生(丁小平 等,2010;张飒和冯建设,2005;汤筠筠,2005;陈伟立,2005)。不同强度的低能见度对公路交通的影响程度不同(表 6.5)。

表 6.5　低能见度对公路影响的等级划分(全国气象防灾减灾标准化技术委员会,2010)

等级	划分标准	对公路交通运行的影响
1 级	200m＜能见度≤500m	稍有影响
2 级	100m＜能见度≤200m	有一定影响
3 级	50m＜能见度≤100m	有较大影响
4 级	能见度≤50m	有严重影响

我国大部分地区的年均最低能见度大于 200 m,尤其在北方和西部大部地区,能见度大于 300 m,且出现的年平均日数小于 5 d,对公路交通运行稍有影响。年均能见度在 100～200 m 的区域主要分布在华北南部、华东、华中部分地区及四川盆地等地,其中,华北南部、华东部分地区易发大雾天气,能见度较低,但发生频率不是很高,四川盆地、华中部分地区大雾天气高发、强度较大,对公路交通运行会造成一定的影响。云南南部地区的低能见度出现的频率虽然很高,但强度并不是很大,只对交通运行稍有影响。

全国全年均有因大雾或霾天气造成公路阻断的情况发生,但 10 月—翌年 1 月,即秋冬季节的公路阻断发生比例较高。

(3)大风的影响

风力达到一定级别就会对公路交通安全造成威胁,如增大车辆的行驶阻力,易在高速行驶的两车之间形成气体对流等干扰现象,影响车辆行驶的稳定性和车辆的易控性,从而引发交通事故。当发生侧风,即风使车辆侧向或横向受力时,易使高速行驶的高架货车和大型客车发生车身倾斜,严重时甚至发生车辆颠覆事件(裴玉龙和马骥,2003),造成交通运行的安全隐患。

当风力大于5级时就会对公路交通运行产生影响(表6.6)。我国大部分地区的年均平均风力均小于6级,对公路交通的影响不大。但在内蒙古中部和西部、新疆东部、青藏高原西部和青海东部地区,平均风速在13.9～17.1 m/s,风对这些区域的公路交通运行会造成一定影响。受台风影响,东部沿海地区的公路交通会有较大或严重影响。

表6.6　风力对公路影响的等级划分(全国气象防灾减灾标准化技术委员会,2010)

等级	划分标准	对公路交通运行的影响
1级	平均风力5～6级(8.0～13.8 m/s)或阵风7级(13.9～17.1 m/s)	稍有影响
2级	平均风力7级(13.9～17.1 m/s)或阵风8级(17.2～20.7 m/s)	有一定影响
3级	平均风力8级(17.2～20.7 m/s)或阵风9～10级(20.8～28.4 m/s)	有较大影响
4级	平均风≥9级(≥20.8 m/s)或阵风≥11级(≥28.5 m/s)	有严重影响

此外,阵性大风由于其强度大和随意性、偶发性特点,对公路交通运行也会产生影响。我国中东部大部、东北北部、南疆西部和西南部分地区的部分公路路段,年平均小时极大风速小于20.7 m/s,对公路交通有一定影响;而西部的大部分地区以及内蒙古大部、东北地区中南部、山东半岛及东南沿海、华南沿海和海南等地的年平均小时极大风速大于20.8 m/s,公路交通运输受大风的影响较大。

(4)雨雪冰冻的影响

冬季,雨雪冰冻(低温、降雨、降雪、雨夹雪等天气)对道路交通的影响非常大,会造成公路路面积雪或结冰,减小路面摩擦系数,进而导致车辆打滑打转、失去控制及刹车距离显著延长等,极易引发交通事故(Federal Highway Administration,2006;裴玉龙和马骥,2003)。尤其当受气温日变化的影响,造成雪融、结冰过程反复发生,路面易产生“黑冰”现象,即覆盖在道路上一层很薄的冰层,与道路融为一体,极难被发现,对公路交通安全存在极大风险。

受雨雪冰冻天气影响造成公路交通阻断的区域主要分布在我国华北大部、东北、新疆北部等地,长江中下游及云贵高原东部主要是由于冻雨的影响造成公路交通阻断。其中,二广、青银、京昆、珲乌、荣乌、青兰等高速公路因雨雪冰冻天气致使交通阻断频次较高。

6.5.1.2　气象对铁路交通的影响

从全国范围来看,降雨、大风、雷电、冰雪、极端温度这五个方面的气象条件是影响铁路交通的主要因素,占灾情总数的97.2%,具体影响如表6.7所示。

表6.7　致灾事件影响铁路设施表

致灾事件		影响
降雨	骤发洪水、河流洪水	道路冲毁、桥梁支架脆弱、破坏路基
	持续性降雨	道路坍塌、列车脱轨、有害物质泄露
	雪融水	路基松软
	台风	摧毁车辆、毁坏铁路基础设施、铁路运营停止、改变线路
冰雪	冰冻	导致接触网、电线结冰;冻结扳道岔
	积雪	冰雪会堆积于列车的挂钩部分、刹车系统、车轮缘、铁路的交叉道口
	暴风雪	阻断列车运输线路、列车停运、基础设施被毁坏、信号系统,输电线路被摧毁

续表

致灾事件		影响
大风、雷暴	大风	列车出轨、翻车
	雷暴	危及铁路运营,降低可见度
	闪电	损坏信号系统,破坏避雷装置
极端温度	极端高温	铁轨受热不对称导致铁轨扭曲列车脱钩导致脱轨
	极端低温	铁轨易碎、分离冻结列车空气管道,列车内部热量无法排除

我国铁路事故主要发生在6—8月,分别占事故总数的14.6%、32.8%、35.3%,而其他月份较少。5月份进入汛期后,强对流天气、长江中下游地区“梅雨”或连续暴雨、东南沿海台风的频发,对铁路交通带来严重影响。

我国铁路事故区域性分布明显,发生铁路事故最多的是西北地区、西南地区;东北地区、华北地区、华东地区相对较少;华中与华南地区最少。对于各个区域主要致灾因素也是不尽相同的。西南地区主要是降雨;西北地区主要是降雨、大风与沙尘;东北地区主要是大风、降雪、降雨;华北地区主要是降雨、大风;华东地区主要是降雨、台风、雷电;华中地区与华南地区主要是降雨。

强降水对铁路的影响主要是导致次生灾害的发生,如山体滑坡、泥石流、堵塞桥涵、冲毁路基等。我国最大日降水量的分布态势呈现自东南向西北逐渐减弱的特点,铁路网也是东密西疏的分布特征,因此大部分铁路受强降水的影响较大。最大日降水量大于200 mm的区域主要分布在东南部地区,其中的铁路段受强降水影响很大。而西部较干旱地区的最大日降水量基本在50 mm以内,途径兰新铁路、青藏铁路等路段受强降水影响较小。

强风对高速行车的威胁主要来自横风,且铁路风灾的发生与瞬时极大风速有较好的对应关系。我国受大风影响的区域主要在新疆、东北、内蒙古以及东南沿海等的部分地区。其中,新疆是大风频发区,兰新铁路途径新疆东部的路段极大风速可达到20 m/s以上;东北以及内蒙古局部地区极大风速也达到19 m/s以上,途径该区域的京哈铁路沈阳段、集通铁路内蒙古段等铁路线会受较大影响。受台风带来的大风会影响东南沿海的杭深铁路浙江、广东境内段,沪昆铁路浙江境内段。

雨雪冰冻对铁路的影响主要是阻碍道岔移动进而使列车脱轨等。我国东北地区北部、新疆北部、江淮局部地区无论积雪日数或积雪深度都会对上述地区的滨洲铁路内蒙古段、滨绥铁路黑龙江段、兰新铁路新疆乌鲁木齐段、沪蓉铁路安徽境内段列车的安全运行影响较大。另外,黄淮地区境内的京广铁路、京九铁路、京沪铁路和焦柳铁路的部分路段也会受到一定影响。

6.5.1.3 气象对内河水道交通的影响

通过气象灾害风险普查得出,高影响气象因子(主要是大风、大雾以及暴雨)会对长江黄金水道交通运输安全造成潜在风险。

大风影响:基于2008—2015年海事部门获取的黄金水道(湖北段)大风灾害分析,大风灾害多发生在4—6月,且多集中在15:00—次日07:00之间,风向以偏北风为主。武汉段以下航道为大风的易发区,因此处水道江面宽窄变化密集,周边多为低山丘陵区,易形成狭管效应,导致江面风力加大容易致灾。

大雾影响:从遥感观测结果发现,长江航道(湖北段)2002—2016年平均累积雾日在0~83 d,

其中最大雾日出现在宜昌枝江市长江沿线，最小出现在宜昌夷陵区长江沿线。60 d 及以上的高值区主要分布在宜昌城区至荆州城区长江沿线、黄石市区至黄梅县长江沿线，30 d 及以下的低值区集中分布在秭归县长江下游至宜昌市点军区长江沿线。荆州石首市至鄂州长江沿线平均累积雾日则处中等水平，为 30～56 d。2006—2017 年期间，在长江黄金水道大雾灾害的影响中，发生在湖北段的大雾灾害事故冬季发生最多，春季和秋季次之；夏季发生次数最少。发生时间多集中在 21:00 至次日 11:00 时，其中 00:00—09:00 时为易发时段。

暴雨的影响：在 2008—2016 年期间，共有 7 次强降水诱发黄金水道交通运输灾害的发生，灾情地点主要分布于巴东、汉口、黄石、九江、芜湖。暴雨致灾主要有三种方式：①暴雨诱发低能见度引发灾害；②雷雨大风多种天气现象交织致灾；③暴雨诱发山洪，使水位暴涨，造成码头客船发生断缆漂流险情。

6.5.2　公路交通气象灾害监测预警服务

近年来，我国气象部门在公路交通气象监测站网建设、预报预警技术研究和业务服务、系统平台建设等方面取得了较大进展，同时，注重与公安、交通部门的合作和联动，针对服务需求，逐步建立了全国一体化的公路交通气象业务体系，为交通运输的畅通和安全提供气象保障服务，并取得较好成效。

公路交通气象灾害监测预警服务体系主要包含四个方面的内容：一是公路沿线气象监测，获取的实时天气信息为交通安全管理和调度提供决策依据；二是公路交通气象预报警报，交通运营部门可依据气象预报警报信息制定交通引导和管控方案，避免因为天气因素导致道路交通运输出现安全事故，保障交通运输安全；三是提供气象保障服务，面向不同用户提供针对性的交通气象风险预警和影响预报；四是开展交通气象灾害影响评估和气象保障服务效益评估，包括交通气象保障服务的效益及交通气象灾害的灾前、灾中和灾后影响评估，为交通运营管理提供科学依据，进而提高交通安全系数。

6.5.2.1　公路气象监测网

我国公路交通气象观测站的建设起步较晚，但近年已逐步进入高速发展阶段。自 20 世纪 90 年代至 2005 年，江苏、安徽等省率先在华东区域高速公路沿线建成交通气象观测站。从 2006 年开始，北京、天津、辽宁、河北等其他省(市)也陆续布设交通气象观测站。2010 年 8 月，交通运输部与中国气象局联合下发了《关于进一步加强公路交通气象服务工作的通知》，共同推进公路交通气象观测站点网络建设。2012 年起，中国气象局开展区域公路交通气象灾害监测预警服务系统建设，进一步加大了公路交通气象观测站的布设，加快了我国高速公路交通气象监测预报预警服务标准化建设的进程，基本实现了国家级与省级间、全国各省间公路交通气象监测数据的共享。

在考虑公路沿线地形条件和气象条件的均一性、相似性等的基础上，气象部门还基于公路网信息，应用 GIS 技术对全国公路干线周边的地面气象观测站进行筛选，与公路沿线的交通气象观测站一起，共同组成全国主要公路交通气象观测站网，有效弥补交通气象观测站数据的不足。该站网覆盖了能够连接我国大部分地级以上城市的 55 条全国主要公路，其中，中东部地区以国家高速为主，西部地区以国道为主，并实现公路沿线降水、气温、风速、能见度、路面状态(路面高温、积水、积雪、结冰)等共 9 类 28 种气象/路面要素的实时监测和信息共享。随着气象卫星资料的广泛应用，我国公路交通气象监测业务也将逐步发展成地基、空基相结合的综合观测系统。

2013 年，基于全国主要公路交通气象观测站网观测资料，利用多源数据融合和道路反演等方法，建立了包括能见度、小时雨量、风力、气温和相对湿度等气象要素的全国公路交通气象监测服务产品，动态显示影响公路路段气象/路面要素的实时状况。

6.5.2.2　公路气象灾害风险普查及风险区划

(1)公路气象灾害风险普查

2013—2015 年，中国气象局在全国 31 个省(区、市)开展了公路交通气象灾害风险普查工作。主要任务包括普查全国公路交通气象灾害风险隐患点，建设全国公路交通气象灾害风险普查数据库，形成全国公路交通主要灾害风险区划图，开展公路交通气象灾害风险管理，为公路交通气象观测站选址设计和公路交通气象影响预报、风险预警研发都起到了很好的基础性作用。

普查结果显示(表 6.8)，影响我国公路交通的主要气象灾害依次为强降雨(36.5%)、大雾(20.2%)、路面结冰(12.8%)、公路积雪(11.9%)和团雾(3.1%)及其他(15.5%)，其中前五种灾害占普查公路风险隐患点气象灾害总数的 84.5%。灾害的致灾因子主要是降雨、能见度(雾/霾)、降雪、气温、风速，占致灾因子总量的 86.3%。灾害引发的主要气象次生、衍生灾害主要是滑坡、崩塌、泥石流(崔丙维 等，2015)。

从主要气象灾害和次生、衍生灾害引起交通事故的时间分布来看，夏、冬两季易发；一天之中在凌晨 02—05 时为事故易发时段。各个地区公路交通气象灾害的构成有一定差异。例如，东北地区以路面结冰、公路积雪为主造成交通灾害风险；而华南地区以台风为主造成交通灾害风险。

表 6.8　我国各区域及各省份公路交通气象灾害风险前三名主要灾害类型具体构成

区域	省份	主要灾害 TOP1	频率	主要灾害 TOP2	频率	主要灾害 TOP3	频率	区域主要灾害
东北	辽宁	公路积雪	33.3%	强降雨	23.8%	大雾	23.8%	路面结冰、公路积雪、强降雨
	吉林	路面结冰	77.8%	强降雨	11.1%	团雾	11.1%	
	黑龙江	团雾	40.0%	风吹雪	40.0%	强降雨	20.0%	
华北	北京							公路积雪、强降雨、沙尘天气
	天津	公路积雪	50.0%	雷电	25.0%			
	河北	团雾	58.1%	强降雨	19.4%	大雾	9.7%	
	山西	公路积雪	35.7%	强降雨	35.7%	团雾	28.6%	
	内蒙古	公路积雪	41.8%	强降雨	16.4%	沙尘天气	11.7%	
华东	上海	路面结冰	40.9%	强降雨	31.8%	大雾	27.3%	大雾、强降雨、路面结冰
	江苏	团雾	41.7%	横风	16.7%			
	浙江	大雾	33.3%	路面结冰	33.3%	强降雨	20.8%	
	安徽	大雾	91.2%	路面结冰	3.5%	强降雨	3.5%	
	福建	强降雨	33.3%	路面结冰	16.7%			
	江西	强降雨	75.0%	路面结冰	11.5%	公路积雪	9.6%	
	山东	路面结冰	52.9%	大雾	29.4%	团雾	11.8%	

续表

区域	省份	主要灾害TOP1	频率	主要灾害TOP2	频率	主要灾害TOP3	频率	区域主要灾害
华中	河南	大雾	68.8%	团雾	25.0%	强降雨	6.3%	大雾、路面结冰、强降雨
	湖北	路面结冰	46.6%	大雾	42.1%	强降雨	8.3%	
	湖南	大雾	100%					
华南	广东	大雾	50.0%	强降雨	25.0%	路面结冰	12.5%	强降雨、大雾、台风
	广西	强降雨	92.1%	大雾	5.0%	台风	2.0%	
	海南	强降雨	63.6%	大雾	36.4%			
西北	陕西	强降雨	42.1%	路面结冰	26.3%	大雾	15.8%	强降雨、路面结冰、公路积雪
	甘肃	路面结冰	50.0%	强降雨	25.0%	公路积雪	25.0%	
	青海	强降雨	66.7%	公路积雪	33.3%			
	宁夏	路面结冰	80.0%	横风	20.0%			
西南	重庆	强降雨	46.8%	大雾	43.5%	路面结冰	8.1%	强降雨、大雾、路面结冰
	四川	大雾	50.7%	强降雨	35.2%	路面结冰	7.0%	
	贵州	路面结冰	50.0%	大雾	41.7%	团雾	8.3%	
	云南	大雾	42.2%	强降雨	26.6%	路面结冰	23.4%	
	西藏	强降雨	56.7%	公路积雪	3.7%			
新疆		公路积雪	35.3%	强降雨	32.4%	路面结冰	11.8%	公路积雪、强降雨、风吹雪

(2)公路交通气象灾害风险区划

综合考虑公路交通气象灾害的致灾因子危险性、孕灾环境暴露性、承灾体脆弱性和防灾减灾能力因子，重点对强降水、低能见度、大风、冰冻雨雪等公路交通高影响天气，提供分灾种、分区域的公路交通气象灾害风险区划，为我国公路交通安全运营管理提供参考依据。

我国主要公路降雨致灾风险呈东高西低、南高北低的特点。东南地区大部分由于极端降雨多发，区域境内的高速公路交通灾害风险高，江南地区部分省境内降雨致灾风险较高，虽然华北地区降雨发生频率和强度不大，但其承灾体的暴露性、脆弱性较高，致使该区域公路路网降雨致灾风险仍偏高。东北地区的公路交通降雨致灾风险中等。另外，西北地区全年降雨较少，公路车流量不大，所以公路的降雨致灾风险较低。

我国主要公路低能见度灾害风险分布呈东部和西北部风险高，中部风险低的趋势。低能见度灾害高风险等级主要分布在华北、西南及东部沿海等地区境内的高速公路，灾害风险较高和中等风险的地区主要分布东北南部和我国中东部大部地区，低能见度灾害较低和低风险的路段主要分布在北方大部地区。

大风致灾风险等级高的高速公路主要分布在华北大部和沿海地区，华北地区大风出现的频率相对较低，但承灾体的暴露性与脆弱性大(车流量大、路网密度高等)，大风灾害造成的损失也较重，所以大风致灾的风险等级偏高。沿海地区大风主要是由于台风带来的，风力较大造成致灾的风险也就越高。另外，新疆东部、内蒙古中部由于风力较大且易频发，公路交通的致灾风险高。东北和中、西部大部地区的公路大风灾害风险等级较低。

高速公路冰冻雨雪致灾风险较高的区域基本在长江以北，其中，东北地区、新疆北部、青藏高原和祁连山脉的高风险是由于年均降雪量大且降雪频率高；而山西—河北—山东地区和华东区域的高风险等级主要是承灾体的脆弱性、敏感性暴露性和防灾减灾能力所占比重大，该区域由于经济发达、人口密集、路网密度高，致使公路路网运行的风险升高。公路交通冰冻雨雪致灾风险等级为中、较低和低的区域主要分布在西北和南方地区。

6.5.2.3　公路交通气象预报预警服务

(1)公路交通气象预报技术

公路能见度预报技术包括影响交通的低能见度特征分析、预报方法和监测技术等方面。导致公路低能见度的天气现象有雨、雪、雾、霾、沙尘等，其中，雾对公路低能见度的影响最大，天气现象对公路能见度的影响也有明显的季节性和地域性特征。在数值预报的基础上，基于神经网络等统计学方法建立能见度预报模型，在华北、华东、广东、重庆等区域高速公路能见度预报中取得了较好的应用效果。针对高速公路上团雾的发生规律和局地性特征，江苏、江西等地开展了相关分析和模拟研究。卫星资料在公路能见度监测中得到广泛的应用。

路面温度预报技术大致可归纳为两类：一是数值模型预报，主要思路是以太阳辐射能量守恒原理为基础，考虑太阳短波辐射、大气和地面的长波辐射(辐散)以及潜热、感热传输等能量之间的平衡，建立路面温度数值预报模型。二是统计模型预报，主要思路是通过统计分析方法，根据实测资料以及气温、相对湿度、云量等气象因子与路面温度的关系，建立多元回归统计模型来预报路面温度，在业务应用中取得了较好的预报效果。

(2)公路交通气象预报预警

公路交通精细化气象预报。自 2014 年起开展公路交通气象要素精细化预报业务建设，开展全国主要公路气象要素精细化预报。该预报产品每日 08 时和 20 时发布，包括气温、降水量、风速、天气现象(雨、雪、雨夹雪、雾、冰雹、冻雨、沙尘暴等)等气象要素的 72 h 内逐 3 h 预报，产品空间分辨率为 3～5 km。此外，针对恶劣气象频发路段，气象部门重点提供定点、定时、定量的精细化预报服务，交通部门利用精细化气象预报服务来改善交通管理水平，有效提高对恶劣天气的处置能力。

公路交通专业气象预报。除了常规的公路气象要素预报外，气象部门还提供交通沿线路面温度、能见度、路面状况的预报，以及爆胎指数、行车安全指数等专业画的预报服务产品，提高交通气象服务的针对性。

公路交通气象预警。在有可能发生某一类公路交通气象灾害并达到预警指标时，提前 1～6 小时以上发布预警产品。主要预警产品包括低能见度、强风、强降水、台风、高温(包括路面高温)、积雪、低温和冰冻、雷电等公路交通气象灾害的分灾种、分级别预报预警。

(3)公路交通气象业务系统

为满足多元化用户的业务需求，基于 GIS 技术和交通气象共享数据，国家级和部分省级构建了具有行业特色、满足交通气象服务需求的业务系统。系统包含公路气象监测、预报预警产品制作和信息发布等模块。公路气象监测模块可以实现公路气象监测信息(路面温度、能见度、路面状况、降水等)采集、故障监控、要素统计查询、自动报警等功能；预报预警模块具有客观专业模型预报、主观分析和预报订正等功能；信息发布模块可以面向不同服务对象，通过传真、电子邮件、手机客户端等方式，实现服务产品的自动分发。

6.5.2.4　公路交通气象灾害应急联动机制

目前，各级气象部门与公安、交通运输等部门建立了常态化的信息共享和联合会商机制，公安和交通运输部门建立了以气象部门发布的预报预警信息为"消息树"的应急联动机制。

2005 年 7 月，中国气象局与交通运输部签署了《关于共同开展公路气象监测预报预警工作的备忘录》，标志着交通、气象两部门在公路交通气象监测、预报和预警领域的合作迈上新的台阶。随后，两部委联合开展交通气象监测预报预警服务工作，每日联合向社会发布的《全国主要公路气象预报》，提供未来 24 小时受雾、雨、雪、沙尘暴、雷暴等天气影响的全国主要公路路段气象预报，引导公众安全出行。当预报有雾、台风、暴雪等灾害性天气并对区域公路网影响达到一定程度时，中国气象局与交通运输部也适时开展公路气象预警服务，联合发布《重大公路气象预警》产品，指导受影响区域的交通管理部门提前做好应对。

针对重要节假日(如春节、劳动节、国庆节等)、重大活动、重大气象灾害(如台风、冰冻雨雪等)、突发灾害救援(如地震、交通失事等)，向交通运输等部门提供专项气象保障服务，为确保公路交通畅通和安全提供有力支撑。

春运是我国全国性交通运输高压力期，也是冰冻雨雪、大雾(团雾)等交通灾害性天气高发时段，由此引发的道路结冰、道路湿滑、低能见度等对春运公路交通安全影响极大。在春运期间每日制作《春运道路交通气象服务专报》，为交通运输、公安等部门提供受雾、雨、雪、沙尘暴等灾害性天气影响的全国主要公路气象预报，防范不利气象条件对春运交通的影响。

重大活动公路交通气象保障服务是针对具体活动举办地点和时段内的高影响天气特点来开展，为活动期间举办地及其周边公路交通和出行安全提供气象保障。如，2016 年中国杭州 G20 峰会召开前，中国气象局公共气象服务中心联合交通运输部路网监测与应急处置中心，协同浙江及周边 5 省 1 市关键区域的气象和交通部门多个单位，共同开展"交通、气象国省两级 G20 峰会期间路网运行态势研判会商"，对 G20 峰会期间天气情况及可能对路网运行造成的影响进行会商，为交通运输部针对会议关键区域的道路通行保障措施、部署管理和应急处理方案的整体制定都起到了很好的决策支撑作用，保障了 G20 峰会期间公路的安全有序运行。

重大灾害如地震、滑坡、崩塌等会严重影响公路通行能力。为确保抢险救灾的生命线畅通无阻，国家级气象部门相继开展了汶川、芦山、玉树、舟曲、鲁甸等灾害救援的交通气象保障服务，面向政府、救援人员、灾民有针对性地提供震区公路沿线的交通气象的监测和短期、短临预报，为抗震救灾及时提供气象保障服务和决策支撑。

针对重点地区、重点路段，各地气象部门也与当地公安、交通运输部门建立了公路交通气象灾害应急联动机制，为地方的交通运输的畅通和安全提供气象保障服务。如北京市气象部门建立起了覆盖全市的公路气象监测网以及北京地区道路气象信息服务系统，开展京津塘、京沈、京沪高速公路交通气象预报服务。江苏气象部门 2009 年起建立气象、公安、交通等部门的"一路多方"高速公路应急联动机制，制定恶劣天气交通应急预案，多部门联合应急处置恶劣天气高速公路交通突发事件。

6.5.3　铁路气象服务

铁路是国民经济大动脉和综合交通运输体系骨干，在经济社会发展中的地位和作用至关重要。铁路线路规划设计、铁路建设、设施安全、运营保障与天气气候条件密切相关，气象部门高度重视铁路气象服务，自 20 世纪 90 年代起就为铁路部门提供气象保障服务。

早期，气象部门为铁路部门提供的气象服务产品相对单一，主要以常规的天气预报预警产品为主，并且服务手段也限于电话、传真、短信等传统方式。21 世纪以来，在气象和铁路两部门的共同推动下，铁路气象服务产品日益丰富，从提供常规天气预报预警产品逐步向提供铁路沿线实况资料和精细化预报产品，进而向提供影响铁路安全运行的风险预警服务发展，气象服务产品的精细度、时效性和准确率都有了显著的提升。铁路气象服务领域不断拓展，从单一的铁路运行天气信息服务逐步向铁路规划、设计、建设、运行全流程服务拓展。如气象灾害风险评估在青藏铁路等重大工程建设中发挥了非常好的服务效益。铁路气象服务手段更加便捷，从原有的电话、传真、短信、电子邮件逐步向专业的网络服务系统、平台和手机 App 等服务发展。

在国家级的带动下，各地气象与铁路两部门的合作日益深化。全国各省(区、市)气象部门都与当地铁路部门开展不同形式的合作，重点强化了全国 18 个铁路分局(公司)所在省(区、市)气象部门与当地铁路部门的合作，铁路气象服务覆盖国铁集团下属所有的铁路监督管理局或铁路督察室。省级铁路气象服务的内容主要有：天气实况、雷达资料、卫星资料、雷电资料等；短临预报、短期预报、中长期预报、旬、月、季度和年预报；灾害性天气预警信息和重要天气专报等。涉及的要素包括气温、降水、大风、雷电、雷暴、冰雹等。时间分辨率细化到逐 3 小时、6 小时预报。气象部门通过专线、网站、手机 App、LED 大屏幕、短信、微信群、传真等为铁路部门提供所需的信息服务。

东北区域：基于网络地理信息系统构建了符合沈阳铁路局实际需求的气象服务网，实现了气象服务信息在铁路管理平台上实时显示，灾害天气预警以可视化形式展示铁路沿线区域范围内的灾害天气预警信息。在冬季，除提供降雪量预报外，还提供积雪深度、积雪性状、解除网凝结物特征等预报，相关部门可通过采取对道岔进行电加热融雪等措施，保障高铁的顺利运行，发挥了气象服务信息保障铁路运行安全的作用。

华中区域：湖北省气象服务部门面向中国铁路武汉局集团有限公司开展了针对高速铁路和普速铁路的精细化、专业化服务。中国铁路武汉局集团有限公司管辖范围为华中地区的河南南部、湖北、湖南东北部、江西西北部及安徽省部分区域，管辖区域内强降水、强对流等多发，易引发洪水塌方等次生灾害，湖北省气象服务部门开展了华中地区高速铁路高影响天气风险区划，制定了本区域高速铁路气象灾害预警指标，编制了气象行业标准《高速铁路运行高影响天气条件等级：QX/T 334—2016》(全国气象防灾减灾标准化技术委员会，2016)，建立了铁路交通气象服务系统，为用户提供管区天气监测、预报、预警、评估及其他定制服务。基于网络地理信息系统及智能网格预报产品，提供铁路沿线站点及关键防洪风险点的未来 10 天气象要素精细化预报及未来 2 小时分钟级降水预报服务，并结合实况生成强降水、强对流等警报信息，为铁路用户采取出巡、列车限速、封锁等应急措施提供参考。收集并不断更新铁路工作人员关注区域、线路、站点等信息，按需推送气象灾害预警短信服务

西北区域：针对兰新铁路运输特有的大风威胁和安全风险，新疆维吾尔自治区气象局建立了铁路气象监测网，面向“三十里风区”和“百里风区”研发了 20 分钟大风精细化预报技术和铁路大风防范气象模型，构建了以防风墙为代表的综合防风预报服务系统，并联合乌鲁木齐铁路局联调联试共同制定高铁强风区行车安全指标，一旦监测到或者预报有超过阈值的大风天气出现，将采取停运等措施。构建了从选线、设计到运营全方位铁路气象服务保障体系，取得良好服务效益。

6.5.4 内河航运气象服务(长江黄金水道)

2017 年，气象部门以长江黄金水道为试点推动开展了内河航运气象服务示范建设。即围绕航段属地化服务和跨航段集约化服务，由长江流域气象中心联合沿江各省(市)气象部门，与长江

海事局、长江航务管理局及沿江地方海事局开展合作，推进气象、航运信息的实时共享与融合应用，建设长江黄金水道气象保障服务系统，推动内河航运气象服务跨省、跨区域发展。长江流域气象中心以长江航道天气监测预报预警产品共享平台和智慧气象航运 App 为载体提供长江干线全航段气象服务，目前已在沿江各省(市)气象、海事部门和大型船企中使用。

(1)长江航运干线气象监测网

长江主要航段从四川宜宾至上海长江口(2808 km 里程)，航运气象监测站建设起步较晚，但近年来有了较快发展。截至目前，湖北与长江航运管理局、湖北省水利厅合作，协同推进长江航道灾害性天气监测系统建设，在长江沿岸新建了 17 套 7 要素自动气象站，36 套 6 要素水上平台自动气象站和 3 套 8 要素岸基自动气象站，在货船/游船上新建了 3 套船载自动气象站。加之目前气象部门沿长江干线通航水域 20 km 内已建设的 15 部新一代天气雷达，干线 1 km 内已布设的 200 余个 4 要素为主的自动气象站，已建成的覆盖全干线的闪电定位监测系统，大大提升了长江航道高影响天气系统监测能力。

(2)长江航运干线气象灾害风险区划

气象灾害风险普查：2017 年，长江流域气象中心联合沿江各省(市)初步开展了长江航运气象灾害风险普查工作。经过与长江海事局、沿江地方海事局合作，获取了近十余年长江河道受大雾、大风、暴雨等气象灾害影响造成的事故及交通管制数据，得到了长江水道边界、桥梁、港口以及坡向、坡度等相关地形参数特征数据，搜集整理了大雾、大风、暴雨洪涝灾害的气象预警信息发布情况、历史灾情以及各类气象灾害易发区分布情况，并建立了长江黄金水道灾情普查数据库。普查发现，影响通航的危险天气主要是大风、低能见度天气，主要表现在寒潮、台风、强对流造成的大风，雨雪、沙尘、雾霾等造成的能见度减低。

气象灾害风险区划：综合考虑长江航运气象灾害的致灾因子，重点针对大风、大雾、暴雨等高影响天气，开展了长江干线主航道气象灾害风险区划。大风灾害高风险区域主要位于重庆—三峡、三峡—宜昌、宜昌—荆州、荆州—岳阳、武汉—黄石及九江以下长江下游航段。结合长江水道大风灾害风险普查、灾情调查采集以及大风灾害风险区划图，最终确立了大风灾害高风险区不同等级预警指标。大雾灾害高风险区域主要位于宜宾—重庆、宜昌—荆州等航段，武汉—安庆航段风险也较高。暴雨灾害中高风险区域主要位于宜宾—重庆、三峡—宜昌、宜昌—武汉、九江以下长江下游航段。

(3)长江航运干线气象预报预警服务

1)内河航运气象风险预警

在会同沿江各省(市)气象部门做好属地海事部门预警服务的同时，为提升跨省跨区域的集约化服务能力，长江流域气象中心提出天气通航等级来表征气象对航运的影响，并在此基础上与长江海事局共同制定发布《长江干线水上交通气象条件等级划分指导意见》(表 6.9)，规范长江航运气象风险预警业务。

表 6.9　长江干线水上交通气象条件等级划分规则

等级	适宜	有一定风险	风险较高	风险高	风险很高
能见度(km)	＞2.0(宜昌以上水域) ＞4.0(宜昌以下水域)	1.5～2.0(宜昌以上水域) 2.0～4.0(宜昌以下水域)	1.0～1.5(宜昌以上水域) 1.0～2.0(宜昌以下水域)	0.5～1.0	＜0.5

续表

等级	适宜	有一定风险	风险较高	风险高	风险很高
极大风速(m/s)	<8.0	8.0～10.7	10.8～13.7	13.8～17.1	>17.2
降雨量(mm)	<50.0/12h	>50.0/12h	>50.0/6h	>50.0/3h	>100.0/3h
降雪量(mm)	<4.0/12h			10.0/6h～15.0/6h	>15.0/6h
小时雨强(mm)	—	—	10.0～20.0	20.0～50.0	>50.0
冰雹直径(mm)	—	—	<10.0	10.0～20.0	>20.0
*最高温度(℃)	<28.0	28.0～30.0	30.0～35.0	>35.0	—

*仅适用于危化品运输船舶。

由于影响通航的危险天气主要是大风、低能见度天气，主要表现在寒潮、台风、强对流造成的大风，雨雪、沙尘、雾霾等造成的能见度减低。强对流伴生的短时强降水、雷电、冰雹，危化品运输中的高温天气，对船舶航行也有较大的影响。依据气象条件，将通航等级划分为适宜、有一定风险、风险较高、风险高、风险很高等五个等级，分别以绿色、蓝色、黄色、橙色、红色表示。其中，最高气温只针对危化品运输船舶。长江航道天气通航等级有一定风险按照《长江干线水上交通安全管理特别规定》中最低标准设定，其他等级结合气象预警发布和长江封航的相关规定来对应设定。在航运调度和船舶航行实际应用中，可根据各种类型船舶的稳性、抗风等级，航道对船舶在具体天气、水情以及载货种类、上下行行驶要求上进行针对性调整。

制定了长江干线天气通航等级(水上交通气象条件等级)的计算方法。根据航道计算天气通航等级首先要对航道信息进行处理，从江面地理数据中提取江面中轴线作为航线，采取曲线抽稀方法对航道点作等距离处理，得到各航道点的经纬度信息数据，最终约为2200多个点，平均1 km 1个航道点。将影响天气通航等级的气象数据按实况监测、网格预报、服务预警三类进行划分，分类计算形成天气通航等级。即对实时气象监测，选取江面5 km内的范围与站点经纬度信息进行关系算法比对进行筛选和质量控制，再进行插值匹配至航道点，再通过测站实时要素比对等级阈值，确定该航道点的天气通航等级；对网格要素预报，利用全国智能网格预报拼接而成的格点要素预报，选择距离航道点最近的格点，匹配至航道点，同上通过阈值比对从而确定该航道点的通航等级；气象服务预警信息，按预警信号的预警区域进行筛选，即若航道点位于预警信号影响区域内，则航道对应位置受到预警影响；另外根据预警信号的有效时间和解除信息，确认数据的影响时间。按照预警内容中要素值或范围与天气通航等级阈值比对，从而确定预警影响区域内航道点的通航等级。

2)内河航运气象预报服务业务

长江流域气象中心制订了《长江航运气象服务业务管理办法》，规范长江流域气象中心、长江流域各省(市)气象部门的长江航道、港口码头和船舶的安全通航提供气象保障服务。

长江流域气象中心负责汇集流域内气象、水文、航运等相关信息，组织实施长江航道沿线气象、船舶、航道、水文及相关灾情信息的交换与共享；承担长江航运气象服务上下游联动联防组织协调工作，建立上下游水文气象监测、预报、警报相关信息通报机制；制作并通过长江航道天气监测预报预警产品共享平台（以下简称共享平台）向长江流域各省（市）气象部门发布长江天气通航等级预报等指导参考产品；组织开展产品检验和服务效益评估。

长江流域各省（市）气象部门按照海事部门划定的不同航段作为各自的航运气象服务责任区，建立预报服务业务流程、职责。负责责任区内的航运气象服务工作。负责收集本省范围内长江干流及主要支流船舶、航道、水文及相关灾情等信息；汇集整理气象监测、预报、决策服务、应急服务等气象信息，并及时传送至长江流域气象中心；订正并发布本省天气通航等级预报，应用共享平台开展面向海事部门和船务公司的属地化服务；配合做好产品检验和服务效益评估。

自 2016 年以来，沿江各省（市）气象部门针对当地海事部门的属地化服务已基本建立。2017 年，长江流域气象中心联合长江海事局，通过长江流域气象中心开发的长江航道天气监测预报预警产品共享平台和智慧气象航运 APP，开始向沿江气象、海事部门和大型船企提供跨省、跨区域航运集约化服务。

3)内河航运气象预报服务系统

为满足跨航段集约化服务的需要，长江流域气象中心研发了长江航道天气监测预报预警产品共享平台，实现了长江干线和主要支流航道实时监测、预报预警和影响预报等服务产品的共享共用；开发了基于 Android 和 IOS 两种主流移动操作系统的智能客户端即智慧气象航运 APP，实现了长江全航道、重点航段港口通航等级监控调度和在航船舶的定制化导航服务。按照流域中心提供初始全航段产品，沿江各省订正并发布本省水上交通气象条件等级预报，流域中心拼接形成最终产品的工作流程，研发了面向流域中心和沿江各省（市）的长江干线天气通航等级（水上交通气象条件等级）预报订正平台和综合服务产品制作平台，实现了向沿江气象、海事部门提供常态化服务。

6.6　电力气象防灾减灾

6.6.1　电力气象灾害特征

电网中的输变配电设施，分布在不同的自然地理环境之中，极易受各种自然环境因素的影响。而气象环境是自然环境的一个重要组成部分，处于各种气象环境下的输变电设备的结构强度和电气性能都必须适应所处之地的气象环境变化，承受天气变化带来的不利影响。架空输电线路作为电力输送的物理通道，是坚强智能电网的重要组成部分，但由于输电线路地域分布广泛、运行条件复杂、极易受气象灾害影响，近年来输电线路频遭雷击、污闪、冰灾、风灾等各种类型的灾害性天气影响，给电网的安全稳定运行带来严重威胁。

6.6.1.1　气象灾害对电网安全运行的影响

国家电网公司统计表明，在我国电网所受灾害中，与气象相关的可归纳为“冰风雷污”四大类灾害，分别指冰害（主要指导线覆冰和覆冰舞动）、风害（灾害性大风）、雷击和污闪。

(1)覆冰影响情况

冰雪天气在我国冬季是一种常遇到气候现象，但并非冰雪天气就必然会给电网的输变电设备造成危害。冰雪天气给电网设备带来的危害，主要表现在设备表面覆冰，包括线路因导、地线严重覆冰造成导、地线舞动、断线，绝缘子、金具损坏和杆塔损坏、倒塔等事故。我国的电网冰害主要有三种，一是电线结冰。我国电线结冰较多的地区主要位于在南岭至秦岭淮河之间及西南。如湖南、湖北、贵州、四川、云南、陕南、山东和河南等省的山区地带(朱瑞照，1991)，且在垭口、迎风坡、水体附近等覆冰更重。也就是说，在有利的大气环流背景下，地形、地貌所影响而产生的“微气象环境区”是导致的输变电设备事故的主要区域。二是覆冰舞动灾害，输电线路不仅承受其自重、覆冰等静荷载，而且还要承受风产生的动荷载。在一定的气象条件下，覆冰导线受稳态横向风作用，可能引起大幅低频振动，即舞动。由于舞动的幅度很大，持续时间长，易酿成很大危害，轻则相间闪络、损坏地线和导线、金具及部件，重则线路跳闸停电、断线倒塔等严重事故，从而造成重大经济损失。2008 年中国东部的辽宁、山东、河南、湖北均发生了覆冰舞动灾害，2010 年又发生了范围更广、强度更大的覆冰舞动灾害，南界扩展到了湖南、江西北部。三是冰闪，是电力设备外绝缘(瓷或玻璃)长期暴露在大气环境下，其表面因覆盖含有一定导电离子的污秽层，在冰雪开始融化时，融水潮解绝缘子表面的污层而造成的污闪的一种特殊放电形式。

华中电网统计显示，气象灾害中冰害以 20%多的故障率占到了近 70%的灾害损失。

(2)风害影响情况

我国是世界上电网风灾最严重的国家之一，近十年来，华东、华中、东北等地的输电线路强风灾害频发，引起的重大电网事故超过 30 次，倒塔逾百基，并且随着我国输配电线路建设规模的不断增加，地理分布范围也不断扩大，特别是 1000 kV 特高压交流、±800 kV 特高压直流和 750 kV 交流输电线路的投产运行，这类输电线路点多面广，又长期暴露在旷野中，风灾的频繁发生对输电线路造成的后果十分严重。

大风作为一种灾害性天气，其气象成因多种多样，对我国输变电工程造成影响的大风主要包括台风、龙卷风、微地形和微气象环境造成的大风(如飑线风、局地大风等)。从统计数据上来看，电网途径各省(区、市)的大风气候特征也存在明显差异，从统计时间看，除沿海地区外，我国绝大部分省(区、市)的大风季节为冬季和春季，7—9 月是浙江、福建等沿海地区的台风多发季节。

强风对输电线路造成的事故主要有以下 5 类：①杆塔损坏、倒塌等机械过载事故；②线路风偏跳闸；③导线舞动引起相间短路故障；④导地线及金具磨损严重；⑤沙尘暴引起绝缘子的严重污染，形成污闪。其中前 3 类是最为常见的事故类型，而舞动是冰和风共同作用的结果。

(3)雷电灾害影响情况

随着电网建设的快速发展和极端天气的增加，雷电故障频繁发生。变电站的雷击风险因为有效的侵入波和直击雷防护装置而大大降低，目前电网雷害风险主要集中于输电线路。雷击造成线路两项闪络、同塔双回线路同时闪络、同一输电通道多回线路相继跳闸等严重故障明显增加，高电压、长距离、大容量输电线路防雷工作面临许多新的课题。变电站的雷害主要来自两个方面：一是雷直接击到变电站的设备造成损坏，简称直击雷；二是雷击到输电线路的杆塔或避雷针上，造成绝缘子闪络(反击)，或者直接击到导线上(绕击)产生的雷电波沿输电线路传递到变电站引起设备绝缘损坏，简称雷电侵入波。

变电站是电网输电的枢纽，一旦变电站设备受到雷击损坏，将带来停电事故。近年来，随着变电站数量、输电线路回路数的大量增加，断路器设备性能、继电保护技术的不断发展，变电站雷击灾害得以大幅减少。但由于雷害活动的不断加强，以及部分变电站防雷措施的不完善，在多雷地区(如浙江、福建、广东、京津塘地区),相继发生了多起雷电侵入波过电压引起变电站设备损坏的事故,造成严重后果。

输电线路雷击造成的危害主要表现为线路跳闸。根据国家电网公司相关统计,雷击跳闸以绕击为主,占雷击跳闸总次数的 7 成左右;反击较少,占雷击跳闸总次数的 3 成。从统计情况看,电压等级越高,绕击跳闸比例越高。雷击跳闸重合成功率高,重合成功率 83%,且电压等级越高,重合闸成功率越高。

地形地貌对雷击跳闸影响明显,山区线路,特别是位于上山坡向阳面的线路,遭受雷击可能性大,这与该地形条件易形成引雷的上升气流有关。

(4)污闪

输电线路污闪是因输电线路设施遭灰尘、鸟粪及空中其他沉积物堆积污染,大气湿度增大后被污物覆盖的地方变成导电体,导致线路短路,污闪一般发生在大雾、降雨天气时。

6.6.1.2　高温、寒潮天气对供电安全的影响

(1)高温对用电需求的影响

夏季持续高温期间,空调等大功率制冷设备大量启用,会大幅度拉高电网负荷,这部分负荷是由气象原因导致的,与气象要素密切相关,称之为气象敏感负荷,形成的用电量,称之为气象敏感用电量。夏季持续高温期间,大城市日最高气象敏感负荷可以达到电网基本负荷的 60%以上,气象敏感负荷波动较大,负荷调度部门难以预测,直接影响电网安全稳定运行。近年来我国南、北方城市都出现了因高温导致的电网高负荷。上海市气象局有关研究指出上海地区日最高气温 33 ℃为引起上海日最高用电负荷增加的初始气温敏感点,35 ℃为强敏感点,39 ℃为负荷显著增加的极端气温敏感点,上海地区日最高用电负荷气象变化量与日平均气温、日最高气温、日最低气温有非常显著的正相关,日最高用电负荷气象变化量的增加趋势在各增加段上都与日平均气温、日最高气温、日最低气温的变化趋势一致。(贺芳芳和史军,2011);陕西省气象局利用日最高气温追踪气象负荷发现,日最高气温 33 ℃为西安市气象负荷初始气温敏感点,35 ℃为强气温敏感点,38 ℃为极强气温敏感点,此时空调负荷所占比例达 30%(卢珊 等,2017)。浙江省气象局研究指出浙江省日平均气温大于或等于 26 ℃时有明显的日平均降温负荷,全省日最高气温大于或等于 30 ℃时,对日最大负荷产生明显影响(陈海燕 等,2006)。湖北省气象局研究表明,日最高气温 32 ℃为引起电网负荷增加的初始气温敏感阈值,35 ℃为强气温敏感点,37 ℃为极强气温敏感点;武汉市 2002 年—2004 年盛夏“三类”气温与电网主要用电指标相关系数均在 0.77 以上(表 6.10)(洪国平 等,2006;何明琼 等,2017)。

表 6.10　武汉市 2002 年—2004 年盛夏“三类”气温与电网主要用电指标相关系数矩阵

主要用电指标	日最高气温			日最低气温			日平均气温		
	2002 年	2003 年	2004 年	2002 年	2003 年	2004 年	2002 年	2003 年	2004 年
日用电量	0.88	0.87	0.85	0.91	0.91	0.91	0.92	0.92	0.92
日最高负荷	0.90	0.90	0.87	0.87	0.91	0.89	0.92	0.94	0.93
日最低负荷	0.82	0.80	0.76	0.88	0.87	0.89	0.86	0.86	0.86

注:表中相关系数均通过了 99%信度检验。

(2)“1 ℃”气温效应

国家电网湖北省电力公司统计的“1 ℃”气温效应表明,夏季高温在 28～32 ℃之间,气温

每升高 1 ℃，湖北全省负荷平均增加 110 万 kW；在 32～35 ℃之间，气温每升高 1 ℃，全省负荷平均增加 185 万 kW；气温 35 ℃以上时，气温每升高 1 ℃，全省负荷则增加 600 万 kW；夏季全省空调负荷占省主网负荷 45%。当然，随着社会经济发展和生活水平提高，1 ℃效应导致的用电量增幅会逐渐增大。

(3)高温的累积效应

高温的累积效应会导致用电负荷持续攀升。陕西省气象局在研究积温效应对西安用电负荷影响时，引入积温累积热效应参数(B)

$$B=n\times(T_{max}-T_0)$$

式中，T_{max}为当日最高气温；T_0为气温敏感阈值(西安为 33 ℃)；n 为连续超过临界值的累积日数；累积热效应(B)与气象负荷相关系数为 0.535，为显著正相关。引入积温效应的气象敏感负荷预测模型能较好地模拟电力负荷的实际变化，误差为 6.0%，能达到负荷调度部门要求。此外，研究同时表明闷热天气过程(温度高、湿度高的天气过程)比晴热天气过程(温度高、湿度小的天气过程)能造成电力负荷更大幅度的增加(卢珊 等，2017)。

(4)气温大幅波动的影响

日气温发生大幅波动时，也会导致电网负荷剧烈波动。出现相邻两天负荷急剧陡升或陡降，即所谓负荷“爬坡”效应，通常日负荷峰值变化幅度超过±10%时，记为一次电力负荷异常波动过程，负荷的异常波动给供电安全和负荷预测带来极大挑战。湖北省气象局的研究(何明琼 等，2017)表明，当气温出现跳跃式变化时，易导致电网负荷出现陡升或陡降，据国家电网湖北省电力公司电力调度中心给出的一个实例，一次天气过程出现急剧波动，日最高气温从 28 ℃陡升到次日 34 ℃，负荷调度部门始料未及，但仍相信气象部门的预报，大幅提高了次日的负荷预测和调度，提前安排火电厂开机做调峰准备(火电开机要有 20 小时的预热时间)，结果次日果然出现高温天气，负荷需求大幅爬升，因预测准确，才未出现拉闸限电和供电安全事故。

(5)冬季低温、寒潮、持续雨雪冰冻天气的影响

冬季低温、寒潮、持续雨雪冰冻天气会出现取暖负荷上升，陕西省气象局研究认为冬季日最低气温－2 ℃为冬季引起西安市最大电力负荷增加的初始气温敏感值，－4 ℃为强气温敏感值，－7 ℃为极强气温敏感值(卢珊 等，2017)。而在南方湿润地区，冬季气温下降到 5 ℃以下时，就会有取暖负荷出现，到 0 ℃以下则会出现较高冬季取暖负荷，到－3 ℃时，则会出现冬季高气象敏感负荷。2018 年 1 月 24—26 日，湖北出现当年冬季第 2 轮低温雨雪冰冻天气，取暖负荷剧增，25 日武汉市最大负荷剧增 220 万 kW，达 995 万 kW，第 9 次刷新冬季同期记录，同日湖北省电网最大负荷 3009 万 kW，第 7 次创冬季同期新高，武汉电网出现 90 余万千瓦缺口，武汉地区启动供电应急响应预案。

6.6.1.3 风能、太阳能资源波动对电网稳定运行的影响

(1)影响风电场安全稳定运行的气象灾害

内陆风电场风机一般安装在风能资源丰富的高山、湖滨或沙漠边缘，海上风电场安装于海滨，处于不同气候区的风电场，受影响的气象灾害有所不同。

积冰。当风机叶片表面大量积冰时，会造成叶片负载增加，表面粗糙度增大，从而降低机翼的气动性，影响机组的正常运行。风机自带测风仪结冰，导致测风数据不准，风向出现偏差会影响风机主动偏航，风速不准影响风机正常发电。

低温。研究表明，几乎所有的金属材料的疲劳极限都随温度的降低而提高，因此在风机设计中，一般当环境温度低于－30 ℃时，风机将自动停机，当环境温度低于－20 ℃风速超过额定风速以后，风机在正常运行中会发生无规律的、不可预测的叶片瞬间振动，往往造成机组停机，并且极易导致叶片裂纹。此外，风电机组所使用的润滑油受温度的影响也较大，因为温度越低油的黏度越大，使其流动性变差，需要润滑的部位可能得不到充分的油量供应，从而危及设备的安全。为了在低温下风电机组可正常运行，在一些关键部件需增加加热器，进行温度调控。位于北方地区的风电场易遭受低温寒潮天气的影响。

雷暴。雷暴是危及风电场安全运行的另一重要因素，风电机轮毂离地面 100 多米，一般安装于山顶或水陆交界等雷电多发地带，机组本身就易吸引雷电流，雷电释放的巨大能量会造成风电机组叶片损坏、发电机绝缘击穿、控制元器件烧毁等。雷暴在我国南方发生频率高，因此对风电场的破坏也较频繁。据深圳文德风能技术有限公司统计，广东红海湾风电场投产后发生多次雷击事件，其中叶片被击中率达 4%，其他元器件被击中率高达 20%。在我国北方夏季，雷暴虽不及南方那么严重，但也会破坏风电机组，如张家口地区某风电场 2013 年 9 月遭遇一次雷击，过后又刮起大风，造成机组一个叶片损坏。

大风。风力发电对风速范围的要求是：3.9～25 m/s，风速超过 25 m/s 时，风机停运，自动切出。能导致风机停运的灾害性大风包括热带气旋、龙卷、飑线等导致的大风，其中以热带气旋最为严重。2003 年 13 号台风“杜鹃”于 9 月 2 日在汕尾登陆，登陆时中心附近最大风力达 12 级，登陆点附近某风电场风机测风系统测得极大风速为 57 m/s，风电场 25 台风机中 13 台受到不同程度损坏；2006 年 1 号强台风“珍珠”5 月 18 日凌晨穿过南澳岛，在广东澄海登陆，登陆时风力 12 级，受其影响，南澳某风电场＃3 机组测风系统瞬风速时达到 56.5 m/s，是南澳 57 年来经受的最强台风，多台风机受损；2006 年第 8 号超强台风“桑美”8 月 10 日在浙江省苍南沿海登陆，登陆时中心附近气压为 920 hPa，浙江苍南霞关观测到的极大风速 68.0 m/s，福建福鼎合掌岩观测到 75.8 m/s。受其影响，温州苍南鹤顶山风电场 28 台发电机组全部受损，其中 5 台倒塌，损失惨重。然而，热带气旋对风电场的运营也有有利的一面，强度较弱的热带气旋及其外围环流影响的区域，可以给风电场带来较长的“满发”时段（目前一般风机 13～25 m/s为额定风速，大于 25 m/s 自动切出）。位于海滨或湖滨等水陆交界附近的风电场易遭受龙卷风袭击，山区风电场则易遭受飑线风袭击，龙卷、飑线都属于小尺度系统，旋转风风力强，一旦超过风电机组设计承风能力，易毁坏风电机组。

强沙尘暴。强沙尘暴发生时往往风力达 8 级以上，有时可达 12 级，大风造成风机停机，同时大风夹带的沙砾不仅会使叶片表明严重磨损，会造成叶面凸凹不平，影响风机出力，还会破坏叶片强度和韧性，影响风机性能。

热带气旋、雷暴、强沙尘暴、低温和积冰均会影响风电场的安全，在风电场选址和可行性论证中要予以充分的关注，在风电场运行过程中，要有充分的预防和应急措施。

(2)影响太阳能电站安全稳定运行的气象灾害

太阳能电站一般安装在太阳能资源丰富的沙漠、戈壁、高原、荒坡等地区。受灾害性天气影响程度低于风电场，但仍容易遭受沙尘暴、雾、霾、浮尘、扬沙、大风、暴雨、连阴雨、大雪及雷电等天气影响。如沙尘暴、雾、霾、浮尘、扬沙天气会导致太阳能面板积聚灰尘或湿尘，导致太阳能面板吸收太阳能效率降低，发电功率下降；暴雨会淹没太阳能电场；连阴雨天气过程导致太阳能电站出力下降；北方冬季大雪覆盖太阳能面板，加上气温低，雪不易融化，降低发电功率。

(3)风能、太阳能资源波动对电网安全稳定运行影响

风能、太阳能资源受自然因素影响出现随机波动，这种间歇式能源电源并入主网后，忽高忽低，甚至会集中出现或消失，影响并网的主网稳定运行，对电网冲击大，控制困难。如连阴雨天气，太阳能电站无功率或低功率输出；盛夏太阳高度角大，甚至直射时，辐照度大，光伏电站出力大，超过装机容量的 10%时，也会造成电网的不稳定；夜间受山谷风、海陆风影响，风力大，出现风电大发，但主网负荷较轻，出现弃风电现象；持续静稳天气，近地层风速低，风电场持续出力低，达不到额定功率，风力过大(风速大于 25 m/s)，达到风机切出风速，风机停机，都会影响主网稳定运行和调度计划安排。根据《光伏发电站接入电力系统技术规定：GB/T 19964—2012》(中国电力企业联合会，2012)，在光伏发电站并网、正常停机以及太阳能辐照度增长过程中，光伏发电站有功功率变化速率应满足电力系统安全稳定运行的要求，其限值应根据所接入电力系统的频率调节特性，由电网调度机构确定。光伏发电站有功功率变化速率应不超过 10%的装机容量/分钟。

6.6.2 电力气象灾害监测预警服务

电力气象服务是气象部门最早开展专业气象服务的行业之一，早在 20 世纪 80 年代初，各级气象部门就为各地电力调度部门、输电线路建设和维护部门提供气象服务。早期的服务产品类型主要是基本的、常规的天气预报和实况产品，其次是电力专业气象预报产品和灾害性天气预警预报产品；21 世纪以来，各级气象部门开发了大量专业气象服务产品，并依托中尺度数值预报模式，开展模式产品与行业特点结合的解释应用，制作并提供时空精度更高的、更贴近用户需求的气象要素预报，如提供未来 24 小时逐 15 分钟分辨率共 96 个时次节点的气象要素预报，凝练全国电力行业气象服务需要，先后编制并颁布了《用电需求气象条件等级》《电网运行气象预报预警服务产品》《电线积冰气象风险等级》《电力气象灾害等级》及《输电线路舞动区划图制作》等电力气象标准，满足电力行业日常运行调度、电力生产、输电线路运行维护等防灾减灾的全方位需求。

早期的电力气象服务方式有气象网站、专用系统、电话传真、手机短信、电子邮件等。进入 21 世纪，随着宽带网络的发展，通过互联网、宽带专用网络的专用服务系统及手机 App 等网路服务系统大量投入应用，服务产品、服务信息量大幅增加。发布频次以每天定时发布的最多，其次为随时、逐时、周、旬、月、年发布。服务产品更加清晰、直观、形象化，以表格、图形、图像等多种形式为用户提供及时、高效的服务。基于输电线路气象灾害的风险评估和预警也在全国许多省市开展。随着气候资源开发利用的法律法规相继出台，风能、太阳能等新能源资源开发利用对气象服务提出了更高要求，各级气象部门开展了风能、太阳能资源监测评估，开展风电场、太阳能电站、核电场选址气候可行性论证，基于中尺度模式产品开展新能源并网后的发电功率预报、气象灾害预警预报服务等，为可再生能源的开发利用做出了贡献。

6.6.2.1 电网安全运行气象服务

随着电力设施建设区域的不断拓展、设施现代化进程的不断深入以及对电网安全运行的要求越来越高，气象灾害对电力设施和系统安全造成的影响也越来越严重，但传统电力设备状态评价仍处于依靠电力设施自身监测系统来实现的现状，仅能监测到设备实时运行状态，无法对来自大自然等外界因素的动态变化对设备运行造成的风险情况进行动态评估，这种被动的局面对电网安全运行提出了巨大的挑战，针对日益频繁的气象灾害对电力安全的影响，如何从

被动抢先转换为主动防御，从事后分析到事前预测，是电力及气象行业共同面临的技术瓶颈，也是现阶段国家电网所面临的最关键问题之一。

通过对典型电力气象灾害（导线覆冰、覆冰舞动、雷击风险）的成因进行解析，结合GIS和高分辨率气象数值模式，研究电力气象灾害预警模型指标，可实现基于输电线路气象灾害的风险评估和预警，从而满足电网针对电力气象灾害风险评估的需求。

（1）覆冰舞动预警

1）预警流程

借助高精度地形数据信息，基于输电线路覆冰舞动风险预警模型，可实现全国范围内500 m×500 m的舞动风险预报，在重点关注区域和关注时段内，可将模型计算精度进一步提升至100 m×100 m，以满足对线路通道走廊的风险评估需求。

覆冰舞动风险预警结果的计算共需经过两个流程，一是基于气象要素预报场的趋势性风险计算，二是经过局地地形要素订正后的精细化预报结果，具体如下：

①基于气象要素预报场的趋势性风险计算

所谓趋势性风险，是指较大范围内某种风险发生的可能性，其空间尺度较粗，优势在于计算分析所需时间较短，可以较快的对结果进行预览，覆冰舞动的预警所需的第一层次计算分析就是趋势性风险计算分析。

首先通过获取不同时次的预报场资料，读取相应的格点要素数值，建立与覆冰舞动风险分析模型相关的气象要素预报场数据矩阵，根据气象要素场的更新频率和时间步长，每天进行两次计算分析，分别是每天的08时和20时，气象要素场的时间步长间隔分别是预报到达时刻后的3小时、6小时、12小时、24小时、48小时和72小时，在读取相应时次的预报场数据后，根据表6.11所列的要素阈值区间，判断每一个预报格点的要素是否符合阈值区间的范围，若均在上述区间范围内，则该点输出为有覆冰舞动风险，该格点数值标记为1，若无覆冰舞动风险，则该格点标记为0，通过对每一个预报格点的数据进行循环，便可以得到该时次所有预报网格点的舞动风险趋势分析数据。

表6.11 覆冰舞动发生时三类气象要素参考阈值分布区间

要素	阈值区间
最低温度	−4.0～1.0 ℃
相对湿度	70%～100%
风速	5～14 m/s

②局地地形要素订正后的精细化预报结果

在上述趋势性风险计算分析数据的基础上，对其进行平面插值，插值的空间精度与地形订正所需的精度相一致（譬如地形精度为100 m的格网，则趋势性风险分析数据也插值为100 m的格网精度），以保证二者在计算分析判断时保持较高的计算效率。

在完成上述数据计算分析的基础上，开始进行局地地形的订正分析计算，计算依据表6.12的规则进行，并对每个格点的计算结果进行标识，最终得到经过地形订正后的覆冰舞动风险等级预报结果，将预报结果与输电线路所在位置进行缓冲分析，即可提取出具有覆冰舞动风险的输电线路。

表 6.12　地形订正计算规则

趋势性风险数值	0.7～1.0		
起伏度数值	＜50 m	50～200 m	≥200 m
预警风险等级	高	中	低
趋势性风险数值	0.5～0.7		
起伏度数值	＜50 m	50～200 m	≥200 m
预警风险等级	中	低	无
趋势性风险数值	0～0.5		
起伏度数值	＜50 m	50～200 m	≥200 m
预警风险等级	低	无	无

2)典型案例

2018 年 1 月 22—26 日，湖北省江汉平原发生大规模导线覆冰舞动，预警系统在 1 月 22 日 20 时开始，给出了未来 72 小时可能发生覆冰舞动风险的时段和区域范围(图 6.3)，从该时次的预报可见，24—25 日是覆冰舞动主要发生时段，基于此预报结果，为电力部门提供了预警服务信息。

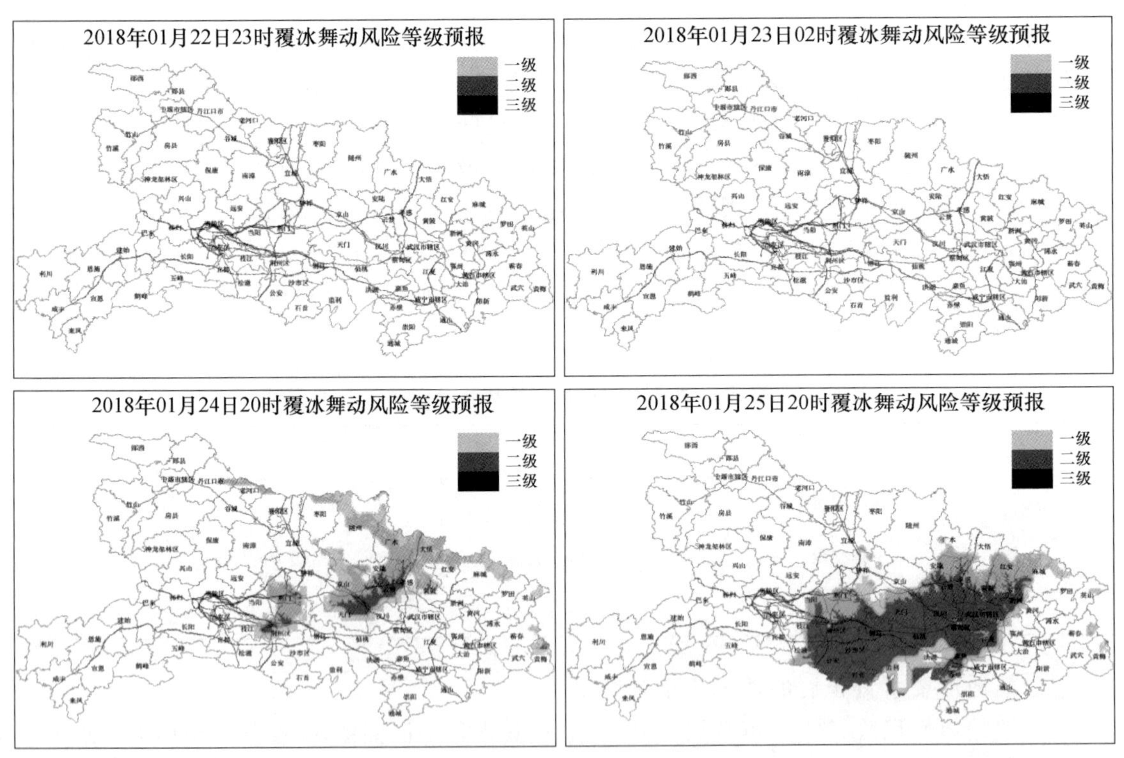

图 6.3　2018 年 1 月 22 日 20 时起报未来 72 小时覆冰舞动风险落区(部分时次)

随着天气系统的演变，当冷空气在 24 日正式开始影响输电线路时，预警系统于 24 日 08 时更新了最新的预报数据，给出了更精细的未来逐 3 小时、6 小时的灾害落区预报，可见在 24 日 17—20 时的时间段内，覆冰舞动高风险区开始在江汉平原及其以东地区迅速增长，25 日全天维持，26 日开始减弱。

从线路反馈的巡线数据来看，此次灾害过程预报服务效果较好，灾害发生发展时间与实况完全吻合，且灾害落区与巡线反馈结果一致，灾害严重程度也较吻合，在灾害最严重的荆州地区，出现了覆冰舞动灾害引起的倒塔断线。

(2)导线覆冰预警

1)预警流程

导线覆冰与覆冰舞动预警存在一定程度上的相似性，均属于输电线路覆冰类灾害，因此导线覆冰预警同样在借助高精度地形数据信息的基础上，基于输电线路覆冰厚度预警模型，结合国家电网公司的导线覆冰厚度等级划分标准，实现了全国范围内 500 m×500 m 的导线覆冰风险预报，并在重点关注区域和关注时段内，可将模型计算精度进一步提升至 100 m×100 m，以满足对线路通道走廊的风险评估需求。

输电线路覆冰厚度预警以基于气象和地形特征规律的覆冰模型为核心，依托气象观测台站监测资料以及高时空分辨率的预报结果，实现对覆冰发生有无及冰厚大小的实时监测和预报。主要包含以下 2 方面：

①导线覆冰厚度的预报

经过气象模型的拟合后，覆冰厚度仍不能较好地与实测值相吻合，由于拟合的模型仅考虑了气象要素本身的影响，因此，可以近似的认为，未能拟合的这一部分是由地形因子的影响造成的，如果令 Y 为实测值，$\hat{Y}$ 为气象资料模型模拟值，以标准差来描述样本中数据以均值为中心平均振动幅度的特征量，则可认为 ΔY 为气象资料模拟值偏距离实测值的振动幅度，这部分振动幅度主要是由地形因子的差异造成的，可以用地形因子加以模拟，并最终订正气象因子建模后的模拟值。

选取合适的数值预报模式产品，在此基础上经进行相关气象资料的同化和插值，使其满足预报结果对空间精度的需求。对于气象台站观测资料的应用，选取能够综合反映气象和地形要素特征的插值方法将气象台站的观测数据插值为空间精度为 1 km×1 km 格点数据。在此基础上，利用基于气象和地形特征规律的覆冰模型，计算得出导线覆冰厚度的预报结果。

计算得到的导线覆冰厚度(标准冰厚)，根据《重覆冰架空输电线路设计技术规程：DL/T 5440—2009》(中国电力企业联合会，2009)的规定，按表 6.13 的标准进行风险等级的划分。

表 6.13　覆冰区域等级划分

冰区分类	轻冰区		中冰区		重冰区			
冰厚范围(mm)	0～5	5～10	10～15	15～20	20～30	30～40	40～50	50 以上

②影响系统范围判断

通过对比分析中国境内模式预报结果中不同格点区域气压和气温的变化特征，判断冷高压中心进入中国的时间，并给出其中心点的经纬度，直至其消失或离开预报关注范围区域(如湖北省)；同时利用覆冰模型预报关注范围内各个格点处覆冰出现的有无，若覆冰出现则给出冰厚的大小。其中，使用 2 种预报方案，一种预报时效为 12～72 小时，时间步长为 3 小时，每 12 小时更新一次预报结果；另一种预报时效为 0～12 小时，时间步长为 3 小时，每 6 小时更新一次预报结果。后一种方案预报结果更准确、更新频次更高，适用于冷高压中心接近关注范围时查看。对覆冰灾害的监测则是基于插值格点化的逐小时气象台站观测资料，利用覆冰模型对不同格点区域、不同输电线路段的覆冰有无进行判断，若覆冰出现则给出冰厚的大小。

2)典型案例

2018 年 1 月 23—26 日，伴随湖北省江汉平原区域发生的大规模导线覆冰舞动灾害，全省大部也发生了导线覆冰天气现象，预警系统在 1 月 22 日 20 时给出了未来 72 小时可能发生导线覆冰风险的时段和区域范围(图 6.4)，从该时次的预报可见，22 日夜间开始，鄂西的局部山区开始出现覆冰，但大规模发展起来是在 23 日夜间，并在 24—25 日维持和发展，但相比导线覆冰舞动的三级高风险，导线覆冰基本以一级低风险区为主，仅在山区高海拔区域范围内出现了二级中风险区，并基于此预报结果，为电力部门提供了预警服务信息。

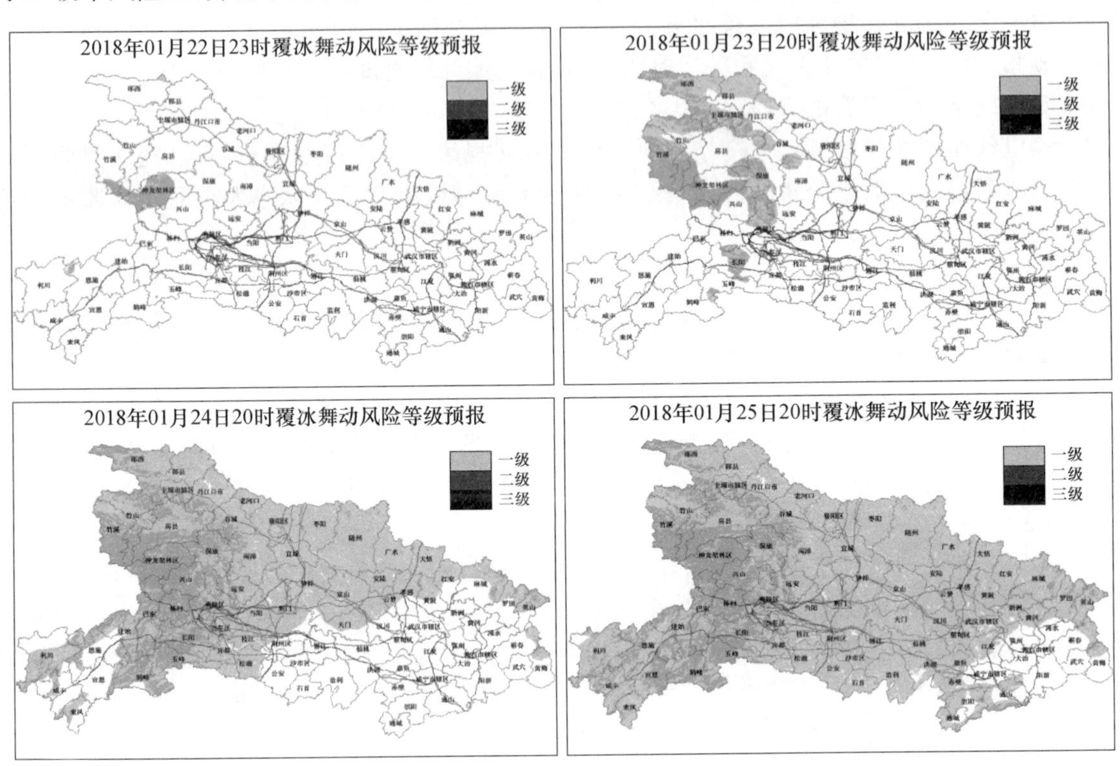

图 6.4　2018 年 1 月 22 日 20 时起报未来 72 小时导线覆冰风险落区(部分时次)

随着天气系统的演变，当冷空气造成的覆冰天气在 24 日开始影响湖北省时，系统于 24 日 08 时再次更新了预报数据，最新的预报数据显示，导线覆冰从 24 日开始大规模发展，25—27 日全省均维持轻度覆冰风险等级，由于湖北省输电线路设计冰厚基本都在 10～15 mm 之上，因此本次覆冰过程面积虽大、维持时间也较长，但风险等级不高，最终线路巡线实况反馈，全省线路均有轻微覆冰，不影响线路运行。

(3)雷击风险预警

1)预警流程

针对输电线路雷击风险的预警模型，主要建立在雷击潜势预报产品(6 小时以内)和雷击临近预报产品(1 小时以内)的基础上，结合输电线路通道走廊的信息，对线路风险进行预警服务。因此，雷击预警也主要分为以下两个部分，短期潜势预报和短时临近预报。

①0～6 小时短期雷击潜势预报产品

利用 NCEP 数值预报输出的上一日 20 时起报的 24 h 预报产品和当日 08 时起报的 24 h

预报产品，选取呈显著相关的物理量作为预报因子，以ADTD闪电定位仪监测到的闪电频数为预报对象，在历史雷暴样本的前提下使用数学统计方法使二者之间建立统计关系，建立概率预报方程，并根据概率阈值来确定实际线路雷击风险程度。

②0～1小时短时临近预报产品

在确定雷暴落区（第1步中0～6小时预报结果）的基础上，获取气象雷达逐6分钟更新的实时监测气象信息、综合闪电定位仪等资料，使用图形识别技术（TREC风场外推）对临近1小时可能发生雷击的输电线路重点监测，并对于这些区域的线路发出灾害预警信息。

2）典型案例

综合考虑产品实效性和用户需求，输电线路雷击风险预警分为两个步骤。

在雷雨天气系统发生发展前24小时，给出逐3小时的雷击风险等级预估产品，在系统过程时段内，逐6分钟滚动更新未来30分钟雷击风险落区预警信息，为电力部门的线路运维提供从短期到短时的服务支撑。如2018年5月24—26日，湖北省发生一次较明显的降水天气过程，系统在24日20时给出未来24小时的雷电风险等级预报：预计5月24日夜间—26日，湖北省将迎来一次较明显降水过程，并伴有短时雷雨大风等强对流天气，其中，25日江汉平原及其以东地区有中到大雨，局部暴雨，26日恩施地区有局部暴雨，综合考虑降水系统强度后，预计此次过程线路雷击以轻度风险为主。

在天气系统过程影响时段内，预警系统逐6分钟滚动更新未来30分钟雷电风险落区预警信息，电力部门在前述24小时的预报基础上，可随时关注雷击风险区的发生发展范围，并作出对应防范措施。

6.6.2.2　供电安全（电力调度）气象服务（高温、寒潮等）

（1）供电安全气象服务需求分析

根据中华人民共和国国务院令《电网调度管理条例》和《电网调度管理条例实施办法》规定，跨省电网管理部门和省级电网管理部门应当编制本地区、电网和企业年度发电、供电计划。电网调度机构应当按年、月、日编制并下达发电调度计划；月度发电调度计划，须在年度发电预期计划的基础上，综合考虑日用电负荷需求、月度水情、燃料供应等情况和电网设备能力、设备检修等因素进行编制；日发电调度计划在月发电调度计划的基础上，综合考虑日用电负荷需求、近期水情、燃料等情况和电网设备能力、设备检修等因素编制日发电曲线。而用电负荷需求、水电厂蓄水发电等与气象条件密切相关，因此，编制发电、供电计划时，一定要充分考虑气象条件的变化，电网负荷曲线的波动主要由气象因素导致，大、中型水电厂水库蓄水、发电与水库流域降水关系密切。

（2）电力气象服务效益评估

根据2010年全国《电力行业气象服务效益评估》（陈振林和孙健，2011），我国电力行业气象服务贡献率为0.22%，2010年评估的全国电力气象服务效益值约为73.56亿元/年，湖南省电力行业气象服务贡献率最高，达0.33%，江苏省电力行业气象服务效益值最高，2010年服务效益值达5.35亿元，辽宁、广东、湖北、浙江等省服务效益值均超过3亿元。

（3）敏感气象要素分析

影响电力行业的主要气象要素（或天气现象），按影响程度从高到低依次为：闪电雷暴、降雨、电线积冰、降雪、风力、最高气温等。北方电力部门主要敏感要素为降雪、电线积冰、风力、闪电雷暴、降雨、最高气温、降温幅度、沙尘、雾霾等；南方电力部门主要敏感气象要素为降雨、最高气温、电线积冰、闪电雷暴、降雪、风力、最低气温、升温幅度、相对湿度、雾霾等，电力行业敏感气象要素排序见图 6.5。对电力行业影响较大的气象要素(或天气现象)的临界条件、有效预报时段及主要影响见表 6.14。

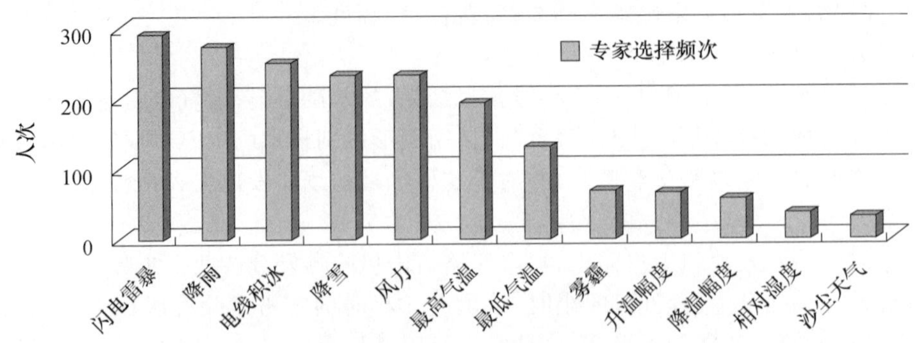

图 6.5　全国电力行业敏感气象要素排序

表 6.14　电力行业主要敏感气象要素临界值、有效预报时段及主要影响

气象要素	临界值	有效预报时段(h)	主要影响
闪电雷暴	无	6～12	对变电设施、通信设备构成威胁,易遭雷击;高空作业人员有人身风险;危害高压线路、变压器,烧毁导线,击破瓷瓶,造成跳闸。
降雨	暴雨	12～24	引发的洪灾可能冲垮线路杆塔,冲毁淹没变电设备;加大电网运行风险,导致线路故障,影响供电可靠性。
电线积冰	无	12～24	发生电线压断或倒塔事故,增加电线负重,造成电线舞动、线路跳闸,输电线路负荷降低。
降雪	大雪 (5.0～9.9 mm/d)	12～24	气温下降增加对电力生产的需求,用电负荷大幅攀升,波动剧烈,影响电力电量平衡;所造成的树木房屋倒塌会破坏电力设施,野外电网维护难度加大。
风力	7～8 级	12～24	风速超过 25 m/s 时风机停运;龙卷风和风暴可直接破坏输配电线路和变电设施,造成对用户停电,架空线路跳闸增多。
最高气温	36～37 ℃	24～48	用电负荷增加,发电量增大,过高的环境温度直接影响电气设备的供电能力下降,甚至造成设备烧毁,导致停电,≥40 ℃高温时,人员无法工作。

(4)电力气象服务产品

根据气象行业标准《电网运行气象预报预警服务产品》规定,服务于电网运行的气象预报预警产品名称、内容、提供服务的时间或条件如表 6.15 所示。

表 6.15　电网运行气象预报服务产品名称、内容及服务时间

名称	内容	服务时间
精细化气象要素预报	服务区域次日逐 1 小时或 15 分钟气温、相对湿度、风向、风速及降水量预报	每日 08 时前或 15 时前

续表

名称	内容	服务时间
短期气象要素预报	服务区域未来 3 日每日天气及降水量、最高气温、最低气温、风向、风速及相对湿度等气象要素预报	每日 08 时前和 15 时前
7—10 日气象要素预报	服务区域未来 7～10 日逐日天气及降水量、最高气温、最低气温、风向及风速等气象要素预报	每日 10 时前
旬天气预报	服务区域未来一旬的天气、旬雨量及偏多或偏少成数(常年平均)、旬平均气温及偏高或偏低度数(常年平均)、旬极端高温及出现日期、旬极端低温及出现日期预报	每旬末
月气候预测	服务区域未来一月的天气趋势、月雨量及偏多或偏少成数(常年平均)、月平均气温及偏高或偏低度数(常年平均)预测	每月 18 日和月末
季气候预测	服务区域未来一季的天气趋势、季雨量及偏多或偏少成数(常年平均)、季平均气温及偏高或偏低度数(常年平均)预测	每季前一月 18 日和月末
年气候预测	服务区域未来一年的降水、气温趋势预测	每年 11 月上旬和年末
专题气象预报	服务区域暴雨、雪(大雪以上)、热带气旋、强对流、高温热浪、气象干旱(4 级以上)及冷空气(强冷空气以上)等灾害性天气过程专题气象预报及调度建议;迎峰度夏、迎峰度冬等关键时段气候预测及调度建议	有灾害性天气过程预报时和有需要时
重要节假日和重大活动天气预报	服务区域重要节假日或重大活动期间活动地点天气预报,包括天气及降水量、最高气温、最低气温、风向及风速等气象要素预报	节假日或活动日之前
用电需求气象条件预报	服务区域次日 3 级以上气象敏感负荷及气象敏感用电量条件等级预报及调度建议	夏、冬季每日 08 时前或 15 时前
用电需求气象条件指数根据《用电需求气象条件等级:QX/T 97—2008》(中国气象局政策法规司,2008)的 7.1 和 7.2 给出的方法计算,用电需求气象条件等级根据《用电需求气象条件等级:QX/T 97—2008》的 4.1 和 4.2 给出的方法划分。		

气象敏感负荷条件指数等级划分见表 6.16。

表 6.16　气象敏感负荷条件指数等级(MSLIG)的划分

级别	名称	强度解释	气象敏感负荷条件指数(MSLI)范围	表征颜色
一级	低敏感负荷条件指数	基本负荷,或低敏感负荷	[7.0,30.0]	蓝
二级	较高敏感负荷条件指数	较高敏感负荷	[−4.0,6.0]或[31.0,33.0]	黄
三级	高敏感负荷条件指数	高敏感负荷	[−17.0,−5.0]或[34.0,36.0]	橙
四级	尖峰敏感负荷条件指数	最高敏感负荷	⩽−18.0,或⩾37.0	红

气象敏感用电量条件指数等级划分见表 6.17。

表 6.17　气象敏感用电量条件指数等级(MSPIG)的划分

级别	名称	强度解释	气象敏感用电量条件指数(MSPI)范围	表征颜色
一级	低敏感用电量条件指数	基本用电量,或低敏感用电量	[10.0,26.0]	蓝
二级	较高敏感用电量条件指数	较高敏感用电量	[−1.0,9.0]或[27.0,29.0]	黄
三级	高敏感用电量条件指数	高敏感用电量	[−14.0,−2.0]或[30.0,33.0]	橙
四级	尖峰敏感用电量条件指数	最高敏感用电量	⩽−15.0,或⩾34.0	红

除上述预报预警服务产品外，电力行业还需要本地特色的专业气象预报、气象灾害预警、历史气象数据及气候分析、气候评价类产品。如湖北省气象服务中心自2017年以来，利用中尺度模式产品释用开展省级电网“96点负荷”预测，2017—2018年夏季平均误差在5%以下，得到湖北省电力调度中心好评；开展与水电生产有关的水电站水库流域一周降雨过程预报、平均面雨量预报，延伸期预报等电力特色预报。

(5)供电气象服务案例

2011年，湖北省气象局利用用电需求预测模型和用电需求气象条件等级模型预测湖北省用电需求，8月16日为国家电网湖北省电网公司提供“近期我省将维持高用电负荷及高用电量”“8月17日湖北省用电量预测”电力专题气象服务，7月25日、8月15日的预测用电量与电网实际用电量误差在1.1%以内。而据来自2011年8月16日《长江网》和《楚天都市报》消息“近日气温上升，全省用电蹭蹭上跳，一周之间，日用电量就增长了1亿度。省电力公司相关人士称，随着全省最高气温迈向38 ℃，迎峰度夏最紧张的用电时刻可能在近日到来”。7月底及8月中下旬，湖北出现持续晴热高温天气，湖北省气象服务中心提前半个月准确预测15—20日的晴热高温天气；提前一周准确预测16—22日期间每天用电气象敏感负荷指数及用电量指数，并准确预测持续晴热后的转折天气；提前3天准确预测尖峰敏感用电量；提前1天预测持续晴热天气次日湖北全网用电量。

6.6.2.3 风能、太阳能功率预测服务

各级气象部门利用合适的中尺度数值预报模式及其解释应用产品，为风能、太阳能等新能源电厂开展功率预报，开发风能、太阳能功率预报系统，并进行跟踪维护服务；开展新能源电场安全稳定运行气象灾害预警预报服务。

根据《光伏发电站接入电力系统技术规定》和《风电场功率预测预报管理暂行办法》，电网调度机构要优先调度新能源电力，编制新能源发电计划，按新能源预测结果下达电场发电计划。要以先进的管理理念为指导，通过创新的技术手段、科学的管理方法和健全的规章制度，推进新能源调度运行技术水平和调度管理水平的提升，促进新能源全额消纳，为新能源调度运行提供科学的技术支撑，保证电网安全稳定运行。要分析风能、太阳能等间歇式能源电源并网后对现有日前调度计划模式的影响，要求并网新能源公司(电场)采用适合的预测模型，提供准确的风光发电功率预测，包括短期功率预测和超短期功率预测，短期功率预测要求每日定时提交次日0:00—24:00时(北京时)共96个时次节点风电有功功率预测数据和开机容量，超短期功率预测要求日内每15 min滚动上报未来15 min～4 h的逐15 min风电有功功率预测数据和实时风速(测风塔风速)。提交的风电功率预测曲线最大误差不大于25%，日预测平均均方根误差不大于20%，实时预测平均均方根误差不大于15%。光伏电站短期预测月平均绝对误差不大于15%，超短期预测第4小时月平均绝对误差不大于10%。要求风电场要安装测风塔，开展风电场实时测风，引进合适的中尺度数值预报模式，根据实时气象观测数据，开展数值天气预报，并与实时测风塔数据对比分析，提高模式预测精度。要求装机容量在10 MW以上的光伏电站配置光伏发电功率预测系统，开展光伏发电功率预测。

第 7 章　气象防灾减灾典型案例

党的十八大以来，按照做好新形势气象防灾减灾救灾工作的要求，气象部门找准部门定位，明确气象防灾减灾救灾的发力点，着力构建气象灾害监测预报预警体系、突发事件预警信息发布体系、气象灾害风险防范体系、组织责任体系和法规标准体系等新时代气象防灾减灾救灾的“五大体系”。在国家综合防灾减灾救灾中积极发挥监测预报先导作用、预警发布枢纽作用、风险管理支撑作用、应急救援保障作用、统筹管理职能作用、国际减灾示范作用，多次完成暴雨、台风、干旱、高温、寒潮等重大气象灾害防灾减灾救灾工作和应急保障服务，为国家综合防灾减灾救灾贡献气象部门的力量。

7.1　台风、暴雨及衍生灾害服务

7.1.1　2014 年台风“威马逊”

7.1.1.1　事件基本情况

7 月 18 日，2014 年第 9 号台风“威马逊”先后在海南文昌和广东徐闻登陆，登陆时中心附近最大风力均为 17 级；19 日在广西防城港第三次登陆，登陆时中心附近最大风力 15 级。

“威马逊”强度极强，是自 1973 年以来登陆华南的最强台风，在海南文昌、广东徐闻和广西防城港三次登陆我国，历史少见。风力很大，海南岛东部海面浮标站和文昌七洲列岛最大阵风高达 74.1 m/s 和 72.4 m/s。雨量很大，海南、广东徐闻、广西沿海累计降雨量有 200～500 mm，多地小时雨强达 100～139 mm/h。海南昌江县累计降雨量达 724 mm。

受其影响，海南、广东、广西、云南多地出现洪涝，交通、电力、通信中断，76 人死亡，直接经济损失 384.8 亿元。

7.1.1.2　气象防灾减灾服务保障及成效

2014 年 7 月 18 日至 19 日，超强台风“威马逊”影响中国，气象部门启动国家、省、市、县四级气象应急联动机制，滚动发布预报预警，为各级政府提供决策服务。中央气象台提前 72 小时对台风登陆点和时间作出准确预报。

针对“威马逊”，广东省重大气象灾害应急指挥部办公室于 7 月 17 日 22:30 将台风应急响应级别升级为最高级别 I 级，省防总于 18 日 10:00 也将防风应急响应升级为 I 级。先后启动最高级别的应急响应 I 级，这在广东也是极少见的情况。早在 15 日上午，广东省提前 36 小时布置有关防御措施，要求依据台风 10 级大风圈覆盖的区域，采取超常规的以避为主等措施，把保证生命安全放在第一位，切实落实人员转移“5 个百分之百”。广东省数值预报重点实验室的区域数值预报模式，在 2013 年台风预报中有出色的表现，2014 年对南海台风模式由原来的水平分辨率 36 km 升级到 9 km，对“威马逊”预报 24 h 误差 71.9 km，48 h 误差 91.5 km，提前 72 小时准确预报台风的登陆地点和时间，登陆地点从生成开始就一直稳定指向雷州半岛到海南，登陆时间误差 0.5 h。

预警发出后，海南省政府提前安排全省 2.6 万艘渔船回港避风，241 个水库提前泄洪；广东省提前 36 小时布置防御措施，军区出动现役部队及民兵预备役近 1500 人支援抢险救灾，紧急转移安置 18.89 万人；广西壮族自治区政府提前部署防御工作，转移群众 20.91 万人。台风未造成人员伤亡。

在做好决策气象服务的同时，广东省气象局全力做好公众服务，加强与各部门联动，通过电视、电台、12121 电话、手机短信、微博、微信、手机客户端、农村大喇叭等多渠道广覆盖发布台风信息，力争台风消息家喻户晓。同时，通过新闻发布会、微访谈等方式发布台风动向及防御建议，加大台风科普宣传力度。此外，广东省局还将本次台风作为极端天气停课指引正式实施前的部门内部实战演练。

7.1.1.3　经验与启示

(1)气象部门滚动发布精细化预报预警，及时启动应急响应，主动为各级政府部门防灾部署提供科学依据，最大限度地降低了气象灾害造成的人员伤亡和经济损失。特别是，气象部门开展了台风影响预估，包括可能影响的区域人口、房屋、道路通信受损、风雨损失等，在此基础上，政府和部门有效组织人员撤离、及时开展灾后重建。

(2)国家、省、市、县四级气象应急联动机制及时启动有效运转；政府主导作用更加显著，气象防灾减灾工作已逐渐纳入党和政府全局工作部署中，部门联动机制更加高效。各级气象部门发挥“发令枪”和“消息树”作用，在台风来临前，及时面向全社会发布预警预报信息，为政府提供决策服务，政府部门依据气象预报信息部署防御措施。

目前，气象部门与交通、国土、民政等部门建立沟通合作机制，开展联合会商。在基层，建立 78 万名气象信息员队伍，将气象预报预警信息传递到“最后一公里”；全国三分之二的县出台了气象灾害防御规划，60%以上的乡镇(街道)将气象灾害防御和公共气象服务纳入政府职责。

7.1.2　2017 年台风“天鸽”

7.1.2.1　事件基本情况

2017 年 8 月 23 日，2017 年第 13 号强台风“天鸽”在广东珠海南部沿海登陆，登陆时中心附近最大风力 14 级(45 m/s)，与 1991 年第 11 号台风“弗雷德”并列成为 1949 年以来 8 月登陆广东的最强台风，登陆前后珠三角及沿海地区出现 11～14 级大风，局地超过 17 级。其后，“天鸽”横穿粤西进入广西，给广东、广西、海南、云南等地带来严重风雨影响。

“天鸽”登陆期间恰逢天文大潮，强风及风暴潮影响广东、广西等省区，直接经济损失超过 200 亿元；同时也是自 1953 年澳门有台风气象资料记录以来遭受的最强台风，共造成澳门特区 10 人死亡，244 人受伤，直接经济损失达 83.1 亿元(澳门币)。可见，台风灾害是内地和澳门特别行政区所面对的共同灾害。

7.1.2.2　气象防灾减灾服务保障及成效

针对强台风“天鸽”，中央气象台发布 2017 年首个台风红色预警信号，中国气象局启动台风二级应急响应，国家防总启动三级应急响应，全力以赴做好台风防御工作。

各部门联动，联合防灾减灾效益显现。广东省气象局、省三防办、应急办、国土厅、水文局与国家海洋局南海分局等建立了多部门预警联动、灾害联防机制。海南省气象局通过北斗卫星发射系统向全市渔船发送预警信息，向港区、重大工程项目负责人、中央企业驻海南分公司等及时提供台风预报预警信息。云南省气象台与省地质环境监测院加强会商，互通监测、预报信息，联合发布地质灾害气象风险预警。

以广东为例，广东省民政厅 21 日 15 时启动防御台风“天鸽”救灾预警响应。南方电网广东公司 21 日 16 时启动防风防汛三级应急响应，加强设备检修和电力调控，全力保障全国最高负荷用电需求。广东海事局通过广州海岸电台发布 528 份台风信息，加强辖区监控，布设 14 艘大型搜救船在沿海值守，确保海上发生险情时及时参加救助。广东省旅游局发出紧急通知，各旅行社、受影响旅游景区以及各地旅游主管部门和经营单位及时启动应急预案，做细做实各项防台风工作。广东省住房和城乡建设厅抢时做好城市排涝、施工安全、农村农房危房防汛安全、市政设施防护等工作。广铁集团对广东境内部分列车采取 8 月 23 日全天停运或分时段停运措施。深圳、广州等地实施停课措施。22 日广东省阳江以东海域和雷州半岛以东海域，航行作业渔船（含休闲渔船）全部回港避风，渔排作业人员全部上岸避险。

7.1.2.3　经验与启示

（1）中国台风预报水平不断提升。对于“天鸽”路径预报，中央气象台 24 小时路径预报误差为 66.7 km，优于日本（72.8 km）和美国（98.3 km）；24 h 强度预报误差为 3.7 m/s，也优于日本（6.1 m/s）和美国（6.8 m/s）。暴雨预报方面，24 h 时效暴雨和大暴雨预报准确率明显高于今年以来的暴雨总体评分。在最大级别预警提前量上，中央气象台 8 月 23 日 6:00 发布 2017 年第 1 次红色预警（最高预警级别），最大预警提前量较台风“天鸽”登陆（8 月 23 日 12:50）提前 6 小时 50 分钟。

（2）高效预警信息迅速发布，为各级部门联动指挥部署防御措施提供了有效指引。受台风“天鸽”影响的广东、广西、海南、云南等省（区）通过国家突发事件预警信息发布系统向有关责任人发送相关预警信息共 668.3 万人次，协调三大运营商向台风影响地市用户发布全网短信共 7.7 亿人次。调查显示，公众对于台风“天鸽”气象服务的总体评价较高，各项指标均较高，其中针对台风预警信息服务的实用性和及时性评价最高，均在 90 分以上，分别为 90.4 和 90.1 分；预警信息准确性评价为 88.4 分；公众对此次台风过程气象服务满意度总体评价为 89.3 分。

（3）最根本的是，进一步增强忧患意识、责任意识，坚持以防为主、防抗救相结合，坚持常态减灾和非常态救灾相统一，努力实现从注重灾害救助向注重灾前预防转变，从应对单一灾种向综合减灾转变，从减少灾害损失向减轻灾害风险转变，全面提升全社会抵御自然灾害的综合防范能力。

7.1.3　2018 年四川暴雨洪涝

7.1.3.1　事件基本情况

2018 年 7 月 8—12 日，四川出现区域性暴雨天气过程，持续时间长、降雨强度大，最强时段出现在 10—11 日，降雨区域集中在广元、德阳、绵阳、成都、雅安。连续强降雨天气过程造成四大渡河、涪江、沱江、嘉陵江干流及部分支流超警戒或超保证水位，其中涪江干流出现超 50 年一遇的特大洪水。多地出现洪涝和山洪泥石流等灾害，多处水利、交通、电力、通信设施受损，部分铁路停运，多架次航班延误，农作物受灾严重。7 月 11 日，暴雨天气致多条河流水位急剧上涨，成都金堂老城区大面积受淹。

据民政部门统计，四川省221.40万人受灾，因灾死亡4人，紧急转移安置33.33万人，需紧急生活救助2.74万人，倒塌房屋967户2000间，严重损坏房屋2362户5978间；直接经济损失116.79亿元。

7.1.3.2 气象防灾减灾服务保障及成效

在此次暴雨洪涝防御中，四川6年来首次启动二级应急响应，以行政首长负责制为核心的防汛责任制得到充分体现，省委书记、省长等省领导到省防汛办主持防汛减灾调度会和视频调度会十余次，省气象局领导参加。

气象部门加强监测，提前跟踪天气变化，及时发布气象灾害预警，及时应急响应启动，将强降雨造成的损失降到最低。以气象预警为先导的防灾减灾综合调度、联合会商、检查督导机制发挥重要作用，气象部门发布暴雨蓝色预警后，省政府应急办组织对气象预警信息落实情况进行专项督查，各级政府及气象、国土、水利等部门深化合作；省气象局联合省通管局、省网信办首次全网发布暴雨黄色预警，共发布气象预警短信2206万条，覆盖成都、眉山、德阳、绵阳、乐山、雅安、宜宾多地手机用户。

气象预警信息发布后，全省各级政府组织公众“提前避让、预防避让、主动避让”，提前转移25.2万人，成功避险57起，避免2093人可能因灾伤亡。

7.1.3.3 经验与启示

(1)强化监测预报，提高灾害性天气监测预报预警精准度。依托实时卫星云图、雷达、自动站等监测资料及各类业务平台，加强天气监测，依托欧洲中心细网格、西南区域9 km(3 km)、GRAPES等数值模式产品加强对天气的跟踪分析，提高预报精准度。同时，强化地方气象局与中央气象台、国家气候中心等的联合会商，强化对下指导，确保省、市、县对灾害性天气把握更加准确，预报结果协调一致。

(2)发挥好气象信息“发令枪”的作用。发挥气象信息“发令枪”作用，强化部门联动，通过提前发布准确预报，针对性地开展分区预警，靶向防御，最大限度降低气象灾害带来的损失。

(3)利用新媒体、自媒体，广泛发布权威信息。充分发挥新闻媒体及气象部门自媒体作用，利用短视频、文字、图片、直播等方式传播相关信息，让公众看得懂、听得明、记得住、用得好灾害性天气预警信息。同时，加强舆情联动，基于社会关切提前预判、主动发声，针对网络舆情和失实信息，及时推送准确信息和服务提示，避免公众产生恐慌。

7.1.4 2018年雅江堰塞湖气象保障服务

7.1.4.1 事件基本情况

2018年10—11月，金沙江和雅鲁藏布江接连4次发生山体滑坡，导致金沙江西藏昌江白格村附近、雅鲁藏布江西藏米林县加拉村附近先后两次出现堰塞湖，对上游和下游的生产生活和基础设施造成了重大的威胁和影响。经冰川、地质等专家现场考察后，认为雅鲁藏布江堰塞湖险情系冰川发生冰崩引起。在气候变暖背景下，近年来冰川及其次生灾害频发，冰川灾害风险加剧。1961年以来，青藏高原平均气温呈明显上升趋势，2018年5—10月米林平均气温为有观测记录以来同期最高值，气温持续偏高加剧了冰川融化、冰碛物移动堆积。

2018年10月11日7时许，西藏昌都江达县波罗乡白格村附近发生山体滑坡，堵塞金沙江干流河道并形成堰塞湖；13日9时左右，堰塞湖实现自然泄洪，16日金沙江西藏段河道水情已基本恢复正常，抢险救灾取得阶段性胜利。2018年11月3日17时40分许，波罗乡白格村原山体滑坡点发生二次滑坡，再次形成堰塞湖，截至 11 月 10 日 18 时，堰塞湖水位总涨幅 55.2 m，堰塞湖蓄水量约 4.37 亿 m^3。针对此次白格堰塞体，应急管理部组织相关部门进行人工干预挖掘泄流槽，累计开挖土石方约 13.5 万 m^3。12 日 10 时 50 分，金沙江白格堰塞湖通过人工开挖泄流槽开始过流。截至 12 日 13 时，金沙江“11·03”堰塞湖尾水已回至金沙乡仁宗村吊桥处。

2018 年 10 月 17 日凌晨，西藏林芝市米林县派镇加拉村附近雅鲁藏布江峡谷发生山体滑坡，堵塞河道，形成堰塞湖，滑坡体长度约 300 m，宽度约 150 m。19 日上午 9 时，堰塞湖库容已达 5.5 亿 m^3。19 日 13 时 30 分，堰塞体上游水位超过堰塞体，开始自然过流，24 日，雅鲁藏布江堰塞湖河段基本恢复至正常过流状态。组织转移撤离米林县、墨脱县群众 6000 余人。

2018 年 10 月 29 日凌晨，西藏雅鲁藏布江米林县派镇加拉村附近再次发生山体滑坡堵塞河道，形成堰塞湖，最大蓄水量约为 3.26 亿 m^3。31 日 9 时 30 分左右堰塞湖开始自然过流，11 月 1 日 9 时，下游墨脱县城水位回落至正常。目前，雅鲁藏布江堰塞湖险情基本解除，应急处置工作取得阶段性胜利。

7.1.4.2　气象防灾减灾服务保障及成效

险情发生后，中国气象局高度重视，及时启动气象服务保障应急响应，国家级与四川和西藏的省（区）、市、县四级气象部门上下联动、凝聚合力，全力做好堰塞湖应急气象保障服务工作，为堰塞湖应急处置抢险工作提供了决策支撑，获得抢险救灾指挥部与地方党委政府的高度认可。

应急服务情况。中国气象局启动三级应急响应，成立专项应急保障服务小组，组成“国家级——省级—市级—县级”4 级服务梯队，全力开展堰塞湖抢险救灾应急保障工作。加强气象监测预报与影响分析，为抢险救灾提供支持。中国气象局启动高分卫星成像观测，布设现场应急气象监测点，架设雷达监测天气，及时获取灾区天气监测、灾区周围地表环境监测、滑坡体和堰塞湖监测资料，为灾区抢险救灾工作提供科学监测数据，同时，根据需求增加安置点和道路沿线预报。

决策服务情况。围绕需求，提供“靶向”式决策服务。结合应急管理部等部门的抢险救灾需求，依托气象现代化的科技成果，及时提供精细化的预报服务信息。在金沙江“11.3”山体滑坡后，面对复杂艰巨的抢险救灾任务，气象部门针对滑坡点做出了准确的预报，并进行了道路结冰、积雪等气象条件分析、为现场指挥部、消防官兵、专家以及物资运输等提供气象服务；提供飞行气象条件预报，为直升机、无人机航拍等提供气象保障分析。各级气象部门坚持前方现场服务与后方技术服务相结合，加密监测、精细预报，全方位做好堰塞湖气象保障服务工作。

在两次堰塞湖抢险救灾期间，四川省气象局针对灾害影响区的甘孜、凉山、攀枝花、宜宾 4 个市州 11 个县的决策用户共发布短信 280 余条，累计达 78000 余人次。针对“11·13”金沙江白格二次堰塞湖险情发生后，堰塞湖上下游先后转移安置人员 3.42 万余人。

7.1.4.3　经验与启示

(1)气象应急服务体系建设是做好突发事件处置气象保障的前提。四川气象部门在总结“5·12”汶川大地震、“4·20”雅安芦山地震和多次特大山洪泥石流灾害气象应急保障工作基础上，进一步完善应急管理体制。四川省局制定了《应急气象服务工作流程和重大气象灾害应急响应启动标准》，印发了《应急响应工作手册》，明确了应急管理的机构和职责，提前开展了省、市、县三级暴雨Ⅱ应急响应气象服务演练，为突发事件应对做好了准备。

(2)气象服务能力建设是做好突发事件处置气象保障的基础。全省观测、预报、服务业务现代化水平加速提升,特别是北斗终端系统、西南区域高分辨数值预报模式系统、精细化预报业务平台的建设为精细化监测和预报提供了有力支撑,服务的针对性、时效性明显提高,发挥了气象预报预警服务在应急处置中的保障作用。

(3)部门联动是做好突发事件应急处置气象保障的关键。近年来,四川省气象局逐步建立和完善由省政府组织牵头的气象灾害防御组织体系和以气象预警为先导的部门应急联动防御机制,强化了与国土、防汛等部门的信息共享系统、平台及响应联动机制,建立了跨部门信息共享、多部门合作协调机制,形成了突发事件救援和应急处置的部门合力。应急气象服保障工作发力更"准",推进更"深",落实更"快"。

7.1.5 2010 年 8 月舟曲特大山洪泥石流灾害气象服务

7.1.5.1 事件基本情况

2010 年 8 月 7 日 23 时至 8 日凌晨,甘南藏族自治州舟曲县城东北部山区突降特大暴雨,引发三眼峪、罗家峪等四条沟系特大山洪地质灾害。泥石流冲进县城,从县城中间穿流而过的白龙江被泥石流拦截形成堰塞湖。

舟曲县地质条件特殊,是全国滑坡、泥石流、地震三大地质灾害多发区,加之受"5・12"汶川地震和持续干旱影响,突发强降雨一方面深入岩体,增加其移动性,一方面陡峭的沟谷地形加速形成巨大的地表汇流,推动沟内松散物质,快速移动,冲出沟口,形成强大的泥石流。

舟曲特大山洪泥石流灾害是新中国成立以来我国最为严重的山洪泥石流灾害。受灾面积约 2.4 km^2,受灾人口 26470 人,4.6 万间平房毁坏,21 栋办公楼损毁,127 辆车损坏,直接经济损失达 90 亿元。截至 2010 年 10 月 11 日,1501 人遇难,264 人失踪。受泥石流冲击的区域被夷为平地,城乡居民住房大量损毁,交通、供水、供电、通信等基础设施陷于瘫痪。

7.1.5.2 气象防灾减灾服务保障及成效

8 月 7 日 17 时,兰州中心气象台、甘南州气象台和舟曲县气象局均发布甘南舟曲有阵雨或雷阵雨的短期预报;20 时、21 时 30 分,兰州中心气象台先后发布甘肃省雷电黄色预警信号、甘肃省暴雨黄色预警信号。

8 月 8 日 3 时 10 分,甘南州气象局启动暴雨Ⅲ级应急响应,随后,甘肃省气象局启动甘肃省气象服务Ⅰ级应急响应,中国气象局启动重大气象保障Ⅱ级应急响应,四川省气象局启动Ⅱ级应急响应。甘肃省气象局从附近市、县气象局调配发电机、打印机以及生活救灾物品,恢复舟曲县气象业务;组织抽调便携式区域站等应急观测设备,在白龙江流域增设 10 个自动气象监测站。四川省征调移动多普勒雷达和风廓线雷达到甘南迭部支援舟曲救灾气象服务。

气象部门主动了解政府救援气象保障需求,重点关注灾区降水、雷电等灾害性天气,及时向参与抢险救灾的各政府部门及救灾部队报送重大信息专报,并在舟曲、礼县、西和、甘谷、宕昌等 5 个站增发 1 小时 1 次的航危报,为兰州军区空军司令部运送救灾物资提供保障。从 8 月 8 日起,向救灾指挥部滚动提供舟曲县及白龙江上游流域专题预报、逐小时雨情及重大气象信息专报。8 月 9 日起,中国气象局滚动向国务院和相关部门报送灾区天气实况及未来预报。甘肃省气象局多次与通信运营商沟通,全网发布灾区常规天气预报及气象预警信息。

针对灾区部分地方通信中断,气象部门在安置点、问询处、街道等人流密集场所张贴气象信息海报。同时,通过电话、短信、网站等方式发布灾区天气实况、短期天气预报、舟曲县及白龙江流域上游专题天气预报、重大灾害性天气预报预警等；并通过甘肃省电视台、甘肃日报、甘肃卫视、甘肃广播电台等发布舟曲县及白龙江流域上游天气情况以及公路交通、医疗卫生气象预报、灾区交通天气实况。

7.1.5.3　经验与启示

(1)完善应急预案、细化应急流程，提高突发事件应急响应和处置能力。在此次灾害应对中，暴露出各部门之间标准不一致，且个别部门与政府之间应急预案不衔接，应急预案大多停留在书面上，实际操作流程不详细，应急响应不熟练等问题。气象部门应注意与上、下级部门及相关部门应急预案的衔接，确保遇事应急预案"拿得出、用得上、行得通"；应完善应急制度与流程，印制应急响应工作手册，加强实战演练和人员培训，畅通多部门应急联动和基层信息反馈机制。

(2)依托现代化建设，提升突发性强降水的监测和预报能力。此次强降雨天气系统空间尺度小、时间短、强度大，舟曲不在雷达覆盖区域、自动站资料传输间隔 1 小时一次，站网密度及观测频次均未能有效监测，强对流短临预警强度偏弱。应加强观测站网建设，提升监测能力；应继续开展省市县一体化短临预警业务，加强基于 EC 集合预报的强对流分类概率预报、对流尺度天气分析、GRAPES-LZ 逐小时雷达组合反射率预报等。

(3)在重大项目筹备前及时开展气候可行性论证和风险评估。在筹建重大项目、制定重点区域或城乡发展规划等时，气候可行性论证和气象灾害风险评估工作必须先行，项目可行性、选址、建设标准等应充分考虑当地的气候特点、气候变化、气象灾害特征等。此举可有效提高城市发展、人居环境的气候适宜性，避免或减轻项目实施后可能受气象灾害的影响。

7.2　风灾、旱灾、火灾等气象保障服务

7.2.1　2007 年新疆三十里风区"2·28"列车脱轨倾覆事故

7.2.1.1　事件基本情况

2007 年 2 月 27 日 22 时 38 分，由乌鲁木齐发往南疆阿克苏的 5807 次旅客列车，于 2 月 28 日凌晨 01 时 06 分到达吐鲁番站，01 时 40 分驶离吐鲁番站前往阿克苏，途经三十里风区(珍珠泉至红山渠站间 42 km＋300 m 处)时，列车第 9 至 19 节共 11 节车厢脱轨侧翻倾覆。据新疆铁路大风监测系统显示，列车脱轨地点瞬间风力达到 13 级，"2·28"列车脱轨事故是一起由瞬时狂风造成的事故。

天山山脉位于事发地北部，山脉分东西两段，交界的地方有一个豁口，形成一个天然的大风口，这次事故正好发生在风口所对应的"三十里风区"位置上。事故地点地势北高南低，北面为山坡(坡高估计在几十至几百米不等)，南面为戈壁平地(平地比铁路路基低约 10 m)，铁路为东西走向，铁路自东向西的地势下降，事发地点有 2 个小弯道，弯道内侧是北面的山坡，同时在北面山坡有 2 个山沟的沟口垂直正对铁路轨道。事发时，5807 次列车正好途经"三十里风区"的其中一处弯道，遭遇瞬时狂风和特大沙尘暴，飞沙走石砸碎列车 4 号、12 号及 16 号等车厢玻璃，造成列车第 9 至 19 节车厢脱轨并瞬间倾翻。

列车脱轨倾翻事故共造成 7 人死亡，2 人重伤，47 人轻伤，南疆列车运行中断 9 小时，滞留旅客人数达 1100 人。

7.2.1.2 气象防灾减灾服务保障及成效

从气候角度分析，新疆三十里风区强风极少出现在冬季，由于2月份气温明显偏高，强风出现时间较历年提前了20多天。因此，对气候异常造成的突发灾害的认识及大风对列车安全影响预估不足。

“2·28”列车倾翻事故发生前，2月25日，新疆气象台预报28日将出现一次大风天气过程，以《实时气象服务报告》的形式向自治区政府及相关单位报送，同时通过电视、广播、网站等媒体进行发布。2月26日，新疆维吾尔自治区气象服务中心（新疆维吾尔自治区专业气象台），针对铁路用户发布了大风天气的气象预报。2月27日，将百里风区、三十里风区大风预报增加到10级。交通部门根据天气预报于2月28日凌晨对吐乌大高速公路三十里风区段进行封闭管制。

“2·28”列车倾翻事故发生后，新疆维吾尔自治区气象局立即进入应急状态，积极开展事故地点应急气象服务和灾情调查。2月28日09时，新疆维吾尔自治区气象局局领导带队赶赴现场开展应急气象服务和监测，做好现场应急气象服务。针对列车出事地点进行了重点预报服务，向政府、应急指挥中心及铁路等部门报送预报服务材料，并组织相关部门赴现场进行了实地调查，对“2·28”事故的灾情和预报工作进行分析和总结。

7.2.1.3 经验与启示

新疆维吾尔自治区气象局虽然立即进入应急响应状态，科学部署，全力以赴进行应急气象保障服务，但在应急处置、部门联动、信息共享、媒体宣传等方面暴露出诸多问题。因此，在近九年的时间里，不断认真总结此类工作的经验和教训，制定应对大风等自然灾害的专项预案，并加强综合演练，增强应急实战能力，进一步加强突发事件预警预测、信息报告、应急联动等机制建设，使整个应急处置和气象保障服务工作得到统一的指挥和调度，做到“科学、有序、有效”，有力提升了新疆应对突发灾害的应急处置能力。

(1)新疆地域广、监测站点稀疏，尤其是高风灾区监测站点缺乏尤为突出，制约着强风沙预报预警准确率，亟待加强气象灾害监测体系建设。新疆占国土面积的六分之一，气象监测站点密度仅11.4个/万km^2，而内地省份平均35个/万km^2。远低于全国平均水平。此次事件中，各级气象部门虽准确预报了大风天气过程，但因事故区域及附近无气象监测站点，而国家气象站点的监测信息又达不到预警标准，削弱了灾害防御能力。因此，要加快实施灾害性天气监测站网建设，加快推进无人区大风灾害易发区多要素自动气象站建设，构建广覆盖、高密度的大风区气象灾害监测网络，加大气象监测设备的密度，提高气象灾害防御能力。

(2)以成立“中亚大气科学研究中心”为契机，围绕中亚气象防灾减灾和应对气候变化关键科学问题和关键技术展开深入研究，提升大风精细化科研及预报预警能力。事故发生时，在强风地区局地短时风速预报技术及大风精细化区划研究等方面尚未研究。事故发生后，铁路部门牵头、气象部门参与在2008—2010年对强风地区局地短时多要素风速预报技术进行了研究，归纳出兰新线百里风区大风天气下列车安全运营指标，但仍未达到大风精细化预报预警水平。因此，以2016年新疆成立“中亚大气科学研究中心”为契机，针对新疆铁路强风地区风期安全运输指挥的实际需要开展研究，进行大风精细化区划、大风灾害评估、铁路沿线风区最大风速预报预警等研究，进一步完善兰新线百里风区大风天气下列车安全运营标准，以及大风预警级别及相应的运营安全标准，为科学合理制定列车停轮及放行条件，提高大风天气下安全运输能力和效率提供技术支撑。

(3)近几年,新疆极端天气气候事件明显增多、强度加大、时间变长、范围扩大,需进一步加强全民防灾减灾意识。就新疆近几年来看:如,全疆大风频发;全疆 2015 年持续一个月最强高温天;北疆和南疆中西部 2016 年极端强降雨及北疆北部强降雪灾害等等。有时各种灾害并存,寒潮、强冷空气产生的风是相当可怕的,有时风力甚至可以超过 14 级。因此,需要进一步唤起社会各界对防灾减灾工作的高度关注,增强全社会防灾减灾意识,提高综合减灾能力,最大限度地减轻自然灾害带来的损失。

(4)加强与应急指挥部、铁路等相关部门的合作与信息共享机制,完善预报预警信息发布方式和反应机制,有效保障恶劣天气下铁路交通安全。由于新疆维吾尔自治区气象局未列入事故应急救援指挥部成员单位,在进行灾情调查和现场服务时,由于受交通管制和现场封锁等原因,无法在第一时间到达事发地现场获取第一手信息,加之铁路沿线大风监测资料未实现共享,制约了应急气象服务的时效性。气象和铁路交通运输具有“基础性、先导性、服务性”三个共性,二者形成共同应对自然挑战的合力,可减轻因气象灾害造成的损失,有效保障恶劣天气下铁路交通安全,同时也将为社会公众提供便捷、准确的铁路交通气象信息服务。因此,亟待加强与应急指挥部、铁路等相关部门的沟通与合作,进一步加强铁路沿线灾害性天气的监测、预报和预警服务工作,完善预报预警信息发布方式和反应机制,及时向社会公众提供铁路交通气象预警信息和公路交通气象服务。

7.2.2　2008 年低温雨雪冰冻灾害

7.2.2.1　事件基本情况

受持续稳定的异常大气环流形势和 1951 年以来最强拉尼娜事件共同影响,2008 年 1 月 10 日至 2 月 2 日,我国大部尤其南方地区连续遭受 4 次低温雨雪冰冻天气过程袭击,影响范围广、强度大、持续时间长,总体上强度为 50 年一遇,其中贵州、湖南等地属百年一遇,历史罕见。

湖南、湖北、安徽、江西、广西、贵州等 22 个省(区)不同程度受灾,影响涉及电力、交通、农业等行业及人民生产生活的各个方面。南方部分地区出现电力设备掉闸、杆塔折倒断线和拉闸限电情况,无论从范围还是持续时间上电网受到的威胁都是历史上最严重的;正值春运高峰期,严重影响了公路、铁路、民航等正常运营,多地旅客滞留;油菜、蔬菜、甘蔗、红薯、玉米等越冬作物遭受冻害,持续性强降雪还对设施农业、经济林果、养殖业等农副产业造成不利影响。

据民政部统计,受灾人口达 1 亿多人,直接经济损失超过 1500 亿元,直接经济损失之大、受灾人口之多为新中国成立以来同类灾害之最。

7.2.2.2　气象防灾减灾服务保障及成效

在灾害初显阶段,中国气象局以《重大气象信息专报》形式,将此次雨雪天气过程变化情况及灾害影响上报党中央、国务院和相关部门,以《值班快报》形式随时报告天气的发生、发展和变化情况;召集农业部、铁道部、国家林业局等近 20 家单位研判灾害性天气发展趋势;湖北、湖南、江西、安徽等省气象局陆续启动了省级重大气象灾害应急响应。根据灾害性天气预报警报信息,国务院应急办先后两次发出通知,要求有关地区和部门落实各项应对暴风雪袭击的措施。

灾害加重阶段,中国气象局继续将天气预报、影响及演变趋势和相应的对策建议等以《重大气象信息专报》形式上报党中央、国务院和相关部门,并通过《值班快报》每天多次报告天气和成灾情况。国务院应急办根据预报预警信息紧急下发了《关于做好防范应对强降温降雪天气的通知》。

在灾害链放大阶段，中国气象局通过《重大气象信息专报》将雨雪强度、影响范围以及灾害将加重的趋势上报党中央、国务院和相关部门；同时，邀请铁道、交通、电力、民航、安监、民政等部门到中央气象台联合专题会商，共商灾害应对。为保障从北方地区调往南方地区的煤、电、油及粮食等物资通道的畅通，中国气象局从 1 月 31 日起专题制作《煤电油运应急气象服务专报》，专送国务院煤电油运和抢险救灾应急指挥中心，提供决策依据。

7.2.2.3　经验与启示

(1)加强极端气象灾害的预报预警和影响评估技术研究。要着力分析和研究极端天气气候事件的长期变化规律，努力提高对极端天气气候事件的预报准确率；着力研究和开发极端气象灾害影响评估的技术方法，做好对可能发生灾害的影响程度、影响范围等的预评估；着力加强灾害影响预评估技术研究和人才队伍的建设，提高应对自然灾害的软实力。

(2)加强基础工程设施科学规划设计，提升应对极端气象灾害的硬实力。电力、交通、铁路以及建筑工程等的规划设计过程中，应该加强灾害性天气的气候可行性论证工作，特别是在电网的设计中要考虑南北方不同地区的低温雨雪冰冻等气候条件的影响，对电力线路杆塔载荷能力进行论证，并制定出相应的标准，以提高其抗御极端气象灾害的能力。

(3)加强应对极端气象灾害科普宣传，提高民众自救互救能力。要充分利用自有媒体和社会媒体等各种传播手段，加强针对广大公众的防灾减灾宣传教育，增强民众的灾害意识和忧患意识，提高民众对气象灾害的科学认识和防灾减灾意识，进一步提升民众防灾避灾、自救互救水平，尽最大程度地减轻人民群众的生命财产损失。

7.2.3　2018 年内蒙古大兴安岭“6・2”森林火灾扑救

7.2.3.1　事件基本情况

2018 年 6 月 2 日，内蒙古大兴安岭汗马国家级自然保护区和奇乾林业局阿巴河林场相继由雷击引发森林火灾(“6・2”森林火灾)。

6 月 2 日 12 时 03 分内蒙古气象局通过卫星遥感第一时间监测到额尔古纳市和根河市各有一处高温区，及时向自治区防火办报告，经核实确认为森林火灾，额尔古纳市阿巴河林场火场位于 121.43°E，52.31°N，过火面积约 8 km^2，根河市汗马自然保护区火场位于 122.64°E，51.68°N，过火面积约 10 km^2。经 3620 名防火指战员的奋力扑救，3 日 23 时、6 日 10 时奇乾林场和汗马自然保护区火场外线明火全部扑灭。

7.2.3.2　气象防灾减灾服务保障及成效

及早安排部署，加密监测预报预警。全区汛期气象服务动员会对防扑火工作作出部署，加强与林业、防火及应急部门沟通联动，强化卫星遥感应用，及时发布火险气象等级预报预警，做好人工增雨各项准备工作。5 月 26 日森林草原火险等级预测未来 5 天呼伦贝尔西部地区火险等级将升级为极高等级。火灾发生后，与国家高分中心利用高分卫星开展火场加密观测，综合整合过境火场上空的卫星资料，制作发布遥感监测图及产品 78 期，并开展过火面积评估。火区现场服务队伍携带 2 部便携式移动气象站分别在距汗马火场 28 km、距阿巴河火场 2 km 处布设，逐小时通过卫星电话向前线指挥部报告风速风向、温度、湿度、降水等监测信息。各级气象部门加强火险等级预测和加密会商，开展火场精细化气象服务，为防火前线指挥部部署火灾扑救提供及时、科学的决策依据。

应急响应启动迅速，预报服务准确及时。5月26日，气象部门及时通过多种手段向各级党政领导、决策部门及社会公众发布高等级森林草原气象火险等预警信号。火灾发生后，立即启动Ⅳ级应急响应，3日12时50分，升至Ⅰ级应急响应，各单位加强领导带班和应急值守，强化重大事件信息报送，向中国气象局总值班室、自治区党委政府、自治区森林草原防火指挥部报送应急摘报12期。2日起自治区气象台连续6天与中央气象台、黑龙江气象台联合会商，与呼伦贝尔市台及市人影中心加密会商28次，特别是4日21时30分的加密会商得出的5日下午火区将出现降水的预报结论，为前线指挥部决策部署和开展增雨作业提供科学依据。扑火期间，共制作发布逐小时滚动精细化预报服务产品311期，向自治区党委政府发布决策服务产品26期。

7.2.3.3　经验与启示

(1)各级领导靠前指挥，联防联动作用明显。面对严峻火情，充分发挥林业、森警、气象"三位一体"工作机制作用，利用高分卫星数据，通过森林草原防扑火辅助决策系统，及时提供火情监测、火场天气实况和预报信息，为指挥决策和兵力部署提供依据。气象部门及时准确的精细化火场天气预报，有力保障了前线防扑火兵力的调配和各类运兵直升机的航行安全。

(2)科学立体交叉作业，增雨效果成效显著。国家、东北区域、自治区及呼伦贝尔市人影中心等上下联动，制定科学周密的飞机火箭立体交叉人工增雨作业方案，共开展人影专题会商15次，制作人影指导及服务产品30余期。4日夜间至6日地面增雨火箭分别在阿巴河火场、汗马火场地面火箭增雨作业9点次发射火箭66枚。东北区域人影中心高性能飞机于4日09时02分抵海拉尔机场。4日至5日新舟60高性能增雨飞机(B-3726)和运12增雨飞机(B-3849)共飞行5个架次，采取双机不同高度联合作业以及多架次同一火区反复作业的方式，共计飞行19小时14分钟，燃烧烟条152根，发射焰弹202枚。4日至6日火场普降小到中雨，阿巴河火场移动自动站观测降水量5.8 mm，汗马自动站观测降水量15.8 mm，对火灾扑救起到至关的重要作用。

7.2.4　2010年西南地区特大干旱气象服务

7.2.4.1　事件基本情况

2009年9月至2010年5月，云南、贵州、四川南部、广西西北部、重庆东南部等地出现了有气象记录以来最严重的秋冬春连旱，干旱过程持续9个月，2010年3月中旬，干旱程度达最重，其中云南干旱级别为100年一遇，贵州干旱级别为80年一遇。严重干旱致使西南5省(区、市)人畜饮水持续困难、农业生产受灾严重、农村出现返贫、江河湖库水位下降等严重影响。这次干旱主要是由于云南等西南大部分地区雨季结束偏早，自2009年秋季以来，降水持续偏少，再加上秋季后气温又长期偏高，水汽蒸发量大，造成气象干旱持续发展。

截至2010年5月20日，特大干旱导致西南5省(区、市)约5826.73万人受灾，超218.54万人返贫，经济损失超351.86亿元。

7.2.4.2　气象防灾减灾服务保障及成效

在此次干旱服务过程中，中国气象局和受旱地区的各级气象部门及时发布预警、启动应急预案、加强监测预测、择机人影作业、服务森林防火，主动采取切实有效的措施及超常规服务方式和手段，在灼伤的大地上，全力以赴做好抗旱减灾气象保障服务的各项工作。

(1)及时启动应急

针对西南地区发生的特大秋冬春连旱,中国气象局发布干旱黄色预警,启动重大气象灾害Ⅲ级应急响应。贵州省气象局启动旱情Ⅰ级应急响应级(最高级),广西壮族自治区气象局启动干旱Ⅱ级应急响应。在西南特大干旱抗旱救灾中,中国气象局加强旱区气象监测预报,为国家防总、民政、水利、农业部门采取抗旱措施提供科学决策的依据。通过对旱情、墒情、苗情的卫星监测、移动观测和实地调研,每日向党中央、国务院、地方政府和相关部门报送《抗旱气象服务专报》,及时提供旱区天气实况、旱情墒情、热源点监测、未来天气和旱情发展趋势、影响评估和建议、人工增雨作业情况等决策服务信息,为各级政府和相关部门提供抗旱救灾决策建议,成为国家防总、民政、水利、农业部门采取抗旱措施的重要依据。

(2)人工影响天气成效

在西南特大干旱抗旱救灾中,中国气象局抓住有利时机,利用飞机、火箭和高炮开展跨区域飞机与地面立体化人工增雨作业,尽力缓解旱情、减轻森林防火压力,为抗旱救灾做出了重要贡献。据统计,在干旱发生期间,贵州省组织飞机人工增雨作业 44 架次,累计飞行 134 小时,为 2009 年全年飞机人工作业的 2.5 倍;火箭、高炮开展人工增雨作业 2606 次,发射人雨弹 37066 发,火箭弹 1003 枚,有效增加了降水,对旱情缓解起到了积极作用。云南省实施抗旱人工增雨作业 6667 点次,发射火箭弹 17864 枚,“三七”高炮弹 25524 发,对缓解旱情,抑制森林火灾起到积极的作用。广西全区组织飞机人工增雨作业 66 架次,作业飞行近 175 个小时,并与云南开展跨区作业,火箭人工增雨作业 1446 次,发射火箭弹 3550 枚。因地方各级政府和相关部门加强森林灭火防火工作,火点明显减少。

7.2.4.3　经验与启示

(1)部门联动及时,共同开展人工增雨。随着干旱的发展,气象部门加强了与气象系统内部和系统外部的沟通协作,同心协力齐抗旱。召开云贵川三省地级人影工作协作会。成都军区空军派 8 架飞机赴滇开展增雨作业。广西壮族自治区人影办,在驻桂空军和民航的支持下,联合中国飞龙通用航空有限公司“3835”机组实施人工增雨。

(2)信息员队伍依然是基层气象信息传输的桥梁。此次干旱灾情主要发生在西南广大农村地区。由于通信设施不发达,向村民传递气象预报、服务信息、收集上报灾情的任务就落在气象信息员身上。在干旱最严重的贵州省黔东南苗族侗族自治州每镇每村都有了气象信息员。由于信息员们及时将气象信息告知村民,虽旱情严重,但对森林覆盖率达 62.8%的黔东南州,森林火灾却有所减少。

7.3　重大突发事件应急保障服务

7.3.1　2008 年“5·12”汶川特大地震气象服务

7.3.1.1　事件基本情况

2008 年 5 月 12 日 14 时 28 分,四川省汶川县发生里氏 8.0 级地震。这是新中国成立以来破坏性最强、波及范围最广、救灾难度最大的一次地震,最大烈度达 11 度,余震 3 万多次,涉及四川、甘肃、陕西、重庆等 10 个省(区、市)417 个县(市、区)、4667 个乡(镇)、48810 个村庄。灾区总面积约 50 万 km^2、受灾群众 4625 万多人,其中极重灾区、重灾区面积 13 万 km^2,造成

69227 名同胞遇难、17923 名同胞失踪，需要紧急转移安置受灾群众 1510 万人，房屋大量倒塌损坏，基础设施大面积损毁，工农业生产遭受重大损失，生态环境遭到严重破坏，直接经济损失 8451 亿多元，引发的崩塌、滑坡、泥石流、堰塞湖等次生灾害举世罕见。

7.3.1.2　气象防灾减灾服务保障及成效

中国气象局在党中央、国务院的领导下，全力以赴做好抗震救灾气象服务工作，以超常规的气象服务打开一扇扇生命之门，向国务院抗震救灾总指挥部及各工作组提供决策服务专项材料 400 余份，圆满完成了抗震救灾气象服务保障任务，受到党中央国务院、各级政府、有关部门和广大人民群众的一致肯定。

汶川地震发生后 50 分钟，中国气象局立即召开紧急会议，随即成立气象部门抗震救灾应急指挥机构，下设气象服务保障组、灾情信息收集组等，统一组织协调气象部门抗震救灾和气象服务工作。5 月 12 日 16 时 45 分，中国气象局启动地震灾害气象服务Ⅱ级应急响应；17 时，中央气象台发布第一份《四川汶川地震灾区气象服务专报》；19 时 30 分，中央电视台新闻联播节目后《天气预报》播出震区天气预报；国家气候中心连夜分析震区未来 1 个月的气候背景。

在迅速恢复四川灾区气象观测站网的基础上，新建 11 个临时区域自动气象站，3 个北斗卫星通信临时自动站，同时组建 8 个应急气象观测小分队和 7 个军地混编联合气象小分队，总共组成了 66 个应急观测站(队)开展应急加密气象监测。

中国气象局紧急编制《地震灾害气象服务指南》，先后下发《关于做好气象部门抗震救灾和气象服务工作的紧急通知》和《关于进一步做好抗震救灾气象服务工作的通知》等，要求重点做好次生灾害防御、雷电灾害防御等工作。

中央气象台及时启动应急首席班，及时开展堰塞湖区、病险水库区专题会商；实时提供相关地区气象信息，增加了震区上游地区的降水预报、每一次降雨过程的雨量预报、宝成铁路 109 隧道专项预报、地震灾区强对流潜势预报等。国家气候中心完成《四川地震重灾区 5—9 月的气候特征背景分析》和《地震灾区夏季逐月气候预测》等多份服务材料，并重点对北川县等重灾区的天气气候形势进行分析。

气象部门加强部门联动，强化专项服务，与中国人民解放军总参谋部气象水文局建立了天气预报会商机制；与各级抗震救灾指挥部协调和联系，提高抗震救灾气象保障服务信息的针对性和及时性；为各部门提供及时有针对性的气象服务，开展航空、地震、交通、水文、地质、防雷、环境卫生、灾后重建、空间天气、核应急等专项气象服务。在堰塞湖抢险、灾区空运气象安全保障、防雷电的专项服务方面做出了重要贡献。在灾后重建中，派出专家参加国家汶川地震专家委员会，参与完成《汶川地震灾害范围评估报告》，加强对灾民安置区和灾后重建的气候可行性论证服务工作。

此外，气象部门在汶川地震的抗震救灾工作中打破常规、克服困难，采取一切可能措施拓宽气象信息传播渠道，想方设法把气象服务信息送到当地抗震救灾指挥机构、救援人员和受灾群众手中。据不完全统计，四川、甘肃、陕西等气象部门每天 3 次通过手机短信为 480 多万用户发送气象预警信息，随时在 1102 个气象电子显示屏上发布气象预警信息。中国气象报、中国天气网、中国气象频道等第一时间开设专题、专栏，发布气象预报预警，普及气象科普知识。四川省气象局紧急编印 5 万册介绍灾区气候情况的小册子，分发至军队和地方指挥人员及救援人员，为各方面熟悉灾区地理和气候情况提供参考。

7.3.1.3　经验与启示

(1)进一步加强部门合作，推进信息共享，完善应急预案。加强与有关部门的沟通和联动，推进资源和信息共享，进一步完善突发公共事件应急气象服务保障预案，加强顶层管理和服务系统顶层设计，优化应急服务流程。

(2)加强气象服务产品平台建设，增强气象服务能力。加强预报服务产品的加工和分发平台建设，在不断提高预报准确率的基础上，研究地震气象服务方法和模型，形成多层次、多服务对象、更新及时、更具有个性化的应急所需气象服务产品，同时加强气象服务效益反馈和分析。

(3)加快移动气象台建设，及时获取现场数据，进一步完善应急通信设施。加强应急通信设施建设，不断完善卫星通信系统，配备必要的卫星电话，建立应急通信“绿色通道”，在大多数省、地、县级气象局配备应急服务移动气象台以获取地震发生地点的气象观测资料和地震灾区现场气象观测数据，改变现场服务的手段和所提供的产品，更好地为灾区服务。

7.3.2 天津港“8·12”瑞海公司危险品仓库特别重大火灾爆炸事故气象应急服务

7.3.2.1 事件基本情况

2015年8月12日22时51分46秒，位于天津市滨海新区吉运二道95号的瑞海公司危险品仓库运抵区南侧集装箱内的硝化棉由于湿润剂散失出现局部干燥，在高温(天气)等因素的作用下加速分解放热，积热自燃，引起相邻集装箱内的硝化棉和其他危险化学品长时间大面积燃烧，导致堆放于运抵区的硝酸铵等危险化学品发生爆炸。23时34分06秒发生第一次爆炸，23时34分37秒发生第二次更剧烈的爆炸。事故现场形成6处大火点及数十个小火点，8月14日16时40分，现场明火被扑灭。

事故造成165人遇难(参与救援处置的公安现役消防人员24人、天津港消防人员75人、公安民警11人，事故企业、周边企业员工和周边居民55人)，8人失踪(天津港消防人员5人，周边企业员工、天津港消防人员家属3人)，798人受伤住院治疗(伤情重及较重的伤员58人、轻伤员740人)；304幢建筑物(其中办公楼宇、厂房及仓库等单位建筑73幢，居民1类住宅91幢、2类住宅129幢、居民公寓11幢)、12428辆商品汽车、7533个集装箱受损。已核定直接经济损失68.66亿元人民币。

7.3.2.2 气象防灾减灾服务保障及成效

迅速反应、及时响应，及时报送一手决策服务材料。事故发生后，距离爆炸事故现场不足2 km的滨海新区气象局迅速反应，于12日23时50分迅速启动重大突发事件气象保障Ⅰ级应急响应。主要负责人组织应急气象服务小组携带应急服务装备及储备物资于13日凌晨1时许到达事故现场，找到安全位置后于2时20分向现场爆炸救灾指挥部提交了第一份气象保障服务材料。2时39分，工作组开始采集现场数据并向滨海新区气象局及天津市气象局回传数据。接到报告并核实情况后，天津市气象局于13日1时15分启动气象保障Ⅰ级应急响应，并派出工作组驾驶气象应急指挥车迅速赶往爆炸事故现场支援滨海新区气象局现场服务人员。2时40分，市气象台向市委、市政府发布第1期《现场气象服务快报》。2时44分，市气象局向中国气象局应急办上报重大突发事件报告(初报)。自13日9时开始，市气象局每隔一小时向天津市政府和市应急办报送一期《天气快报》，并定时向分管副市长及有关部门和单位报送《天津市滨海新区爆炸事件气象服务专报》。

领导靠前指挥，部门上下联动，应急保障工作高效开展。天津市气象局与滨海新区气象局成立了5支气象保障小分队，24小时轮班坚守现场指挥部，随时为救援指挥提供服务。

接到天津市气象局报告后，正在西藏陪同汪洋副总理视察工作的中国气象局局长郑国光致电天津市气象局，询问滨海新区气象局人员安全情况，并强调要加强与国家级气象业务单位的沟通、联动，为事故应急救援提供精细化、针对性的预报服务。市气象局领导每日轮班前往事故现场，向副市长及现场救援指挥部汇报最新天气实况及保障工作情况，并根据新需求、新要求不断调整服务侧重点。中国气象局每日 8 时组织的全国天气大会商增加针对天津爆炸事故的天气分析环节，并随时组织国家气象中心及京津冀气象部门开展联动会商，针对风、雨等敏感性天气进行分析研判，提升预报准确率。同时，全力协调国家级业务单位开展技术支持，包括向天津提供多张爆炸事故现场高清卫星遥感照片，为天津开通应急通信卫星信道，派人协助修复滨海新区雷达，向天津市气象局调送防化服等。

针对救援需求，提供精细化服务，确保应急处置工作安全有序。考虑到降水、风向、风力等天气条件对本次事故应急处置工作可能造成的严重影响，天津市气象局重点加强对降水过程、风向及风速变化等敏感性天气的监测和预判，并在爆炸核心区安装了两要素自动气象站，加强观测资料的精准程度。一方面，针对服务需求，市气象局制定了严密翔实的《危险品爆炸事故现场气象保障服务方案》，成立了五支由预报、观测、信息、装备等不同领域专家组成的现场服务团队，密切加强天气监视，每隔一个小时向现场指挥部提供一期《应急现场服务专报》，如遇高敏感天气随时报告，提供定点、定时、定量的预报数据作为应急指挥参考。另一方面，密切监视敏感性天气，重点加强天气过程影响范围、持续时间、量级分布等预报服务，并加密服务材料报送频次和汇报频次，最密的汇报频次达到 10 分钟上报一次天气实况及未来天气发展趋势。应急指挥部根据天气预报多次下达了撤离现场救援人员、转移现场指挥部位置以及扩大安全控制区域等重要指令，最大限度保障现场救援人员的人身安全，并确保应急救援工作的科学高效进行。此外，市气象局还针对风向、风速变化，利用天津突发性大气污染事故污染事故应急服务系统每天两次开展未来 24 小时污染物扩散模拟，对爆炸事故现场污染物扩散方向、扩散范围给出分析及预判。

军地联合，区域配合，人工消减雨作业助力现场应急救援。中国气象局多次组织国家气象中心与天津、北京、河北省(市)气象局开展天气会商，并根据最新预报意见协调军地人工影响天气联合指挥中心，确定了针对爆炸事故现场的人工消减雨作业方案，组织京津冀区域联动开展了人工消减雨作业。

应急机制完备，“云”业务系统保障业务正常运转。爆炸地点位与滨海新区气象局直线距离仅为 1.7 km，导致该局严重受创。业务大楼停水停电、多处玻璃震得粉碎，新一代天气雷达塔面对爆炸事故现场那一侧四层以上的玻璃全部震碎，大楼内天花板及房门掉落。但几乎就在断电的同一时间，该局 UPS 电源系统自动启动，楼内的业务用电快速恢复，除了新一代天气雷达和风廓线雷达受损停机外，其他天气实况监测及数据上传工作一刻也没有中断。尽管受创严重，但该局应急保障组仅用了 20 分钟便做好前往现场开展服务的准备，这得益其每年都会针对断电、着火等 13 种突发情况开展应急演练和该局于 2015 年建成的空中灾情收集与气象灾害应急保障系统。8 月 15 日下午，滨海新区气象局工作人员全部撤离。在此情况下，该局建立的“云”业务系统保障了各项业务工作的正常运转。

重视宣传，主动发声，气象保障成效得以展现。事故发生后，市气象局高度重视宣传工作，及时向中国气象报、中国气象局网站、市气象局官网组发新闻稿件，并向各大媒体发布新闻通稿，主动发声，确保最为准确的信息第一时间传送到媒体手中，既充分展现气象保障各方面工作，也避免了虚假消息及恶意炒作事件的出现，为社会营造了良好的舆论风气。

7.3.2.3　经验与启示

(1)快速反应、及时响应是做好此类突发事件应急保障的重要前提。应急响应及时,有针对性的气象服务才紧跟而上,应急指挥部才能根据天气影响因素,周全考虑救援工作如何开展、人员安全如何保障等。

(2)部门联动应对可大幅提升应急保障服务水平。对于影响较大的危化品爆燃事故来说,部门内外、上下联动应对可大幅提升应急保障服务水平。

(3)要具备完善的气象应急工作制度和应急演练机制。"8·12"爆炸事故事发突然、影响巨大、天津市气象局能够如此迅速地反应并进入应急响应状态,也得益于近年来按照应急管理工作需要制订的市—区两级气象灾害应急预案、突发事件气象保障应急预案以及定期组织培训和应急演练。

(4)预报服务的精准度对正确部署爆燃事故应急处置工作至关重要。危险化学品爆燃事故发生后,多数存在化学品泄漏、再次燃烧及有毒气体扩散等严重威胁,应急处置救援工作既紧张又危险,不仅要争分夺秒清理危险化学品残余、保障污染程度降至最低,又随时面临二次爆燃及有毒气体危害救援人员人身安全的情况。此时,降水、风向、风力等敏感性天气对现场会产生严重影响。因此,精细到点位、精准到分秒、细化到量级的气象预报信息至关重要。

7.4　重大活动气象服务保障

7.4.1　2008年北京奥运会和残奥会气象服务

7.4.1.1　事件基本情况

2008年夏季奥林匹克运动会于8月8—24日在北京成功举行。奥运会期间主协办城市正值盛夏和主汛期,高温、暴雨、雷电、台风等灾害性天气时有发生,特别是北京主赛区气候异常,天气复杂,降雨偏多,高温持续,雷电频繁。面对复杂多变的天气形势,中国气象局按照党中央、国务院关于全力办好奥运会的部署和要求,围绕"有特色、高水平"奥运气象服务目标,精心组织,周密部署,集全国气象之智,举全国气象之力,为奥运火炬接力珠峰传递和境内外传递、奥运会开闭幕式、奥运会体育赛事、城市运行保障、公众出行观赛等提供了全方位的气象保障服务。

7.4.1.2　气象防灾减灾服务保障及成效

(1)排除困难,科学选择圣火登顶最佳时机,确保奥运火炬接力珠峰传递万无一失

火炬接力珠峰传递气象保障服务难度大、要求高。中国气象局从2003年起就开始投入人力物力,组织技术力量,克服青藏高原特别是珠峰地区气象资料稀少、地形因素复杂、气候预测难度大、电力通信和生活条件差等不利因素,首次在珠峰大本营建立了全球海拔最高、技术最先进的立体综合自动气象观测系统。

(2)全国动员,密切跟踪各地天气,确保奥运火炬接力境内外传递圆满成功

北京奥运会火炬接力传递气象保障是参与人数最多,覆盖区域最广,持续时间最长的一次服务行动。圣火在境外21个城市和境内113个城市传递,途经全球五大洲,穿越24个时区,中央气象台克服各地气候复杂多样和时差交错变化给气象保障工作带来的困难,共向奥组委提供35期《奥运会火炬境外传递气象服务专报》,成功预报了火炬传递期间的伦敦降温、吉隆

坡和雅加达雷阵雨等恶劣天气。

(3)依靠科技，及时组织人工消云减雨作业，确保奥运会开闭幕式闪亮登场、完美谢幕

面临奥运会开闭幕式期间复杂多变的天气形势，中国气象局把保障开闭幕式成功举行作为气象服务的重中之重，针对当时一段时间维持的高温和雷雨天气，依靠高科技手段，及时开展大规模的人工消云减雨作业行动，确保奥运会开闭幕式在无雨状态下进行。先后在北京、天津、河北等地部署 10 架飞机、163 部火箭发射架，形成 3 道人工消云减雨防线。开幕式当天，面临三面夹击的天气形势，立即采取高强度人工影响天气作业，在 21 个火箭作业点共发射 1100 余枚火箭弹，极大地削弱了国家体育场西南方的雷雨云体强度，有效阻止了可能在国家体育场出现的降雨，首次成功实现奥运史上的人工消雨试验。同样在闭幕式当天，启用 11 架次飞机，进行 9 轮地面作业，发射火箭弹 241 枚，保证了“鸟巢”在闭幕式活动结束前没有出现任何降水。这是继 8 月 8 日奥运会开幕式成功进行人工消云减雨保障后又一次成功的尝试。奥运会开闭幕式结束后，习近平、回良玉、刘淇、刘延东、陈至立等分别做出批示，充分肯定奥运会开闭幕式气象服务工作。

(4)未雨绸缪，准确精细预报奥运赛事天气，确保奥运会各项赛事进展顺利

奥运会期间，主协办城市不同程度地经历了高温、暴雨、雷电、台风等灾害性天气，给一些体育赛事带来严重影响，国际奥委会和单项体育组织，对气象预报服务提出很高要求。为此，气象部门围绕赛事组委会的需求，准确精细预报奥运赛事天气，及时将场馆实时气象监测资料和场馆逐小时预报结果传送到奥组委主运行中心的气象信息显示终端，并派出气象服务专家组进驻奥组委竞赛指挥中心，为竞赛日程安排和比赛的顺利进行提供服务。

(5)密切合作，加强与城市运行部门的沟通和联动，确保奥运期间城市安全有序运行

奥运期间，气象部门密切配合主协办城市市委、市政府及有关部门，主动加强与交通、旅游、航空、环保等城市运行部门的沟通和联动，及时向城市运行平台提供包括奥运场馆、交通枢纽、城市重要保障地点等站点气象观测信息、当日紫外线、环境气象指数预报、未来 5 d 逐 12 h 天气预报、未来 36 h 逐 6 h 天气预报和不定时发布的天气预警信息，为主协办城市政府部门顺利开展联动协调工作，确保奥运期间城市运行和大型社会文化活动安全有序提供了科学依据。

(6)以人为本，全力拓展公共服务渠道，确保公众及时掌握奥运天气资讯

奥运期间，气象部门通过网站、电视、电话、手机短信、报纸、显示屏等手段为公众观看赛事、出行和旅游等提供服务。中国气象局官方网站、中英文版北京奥运气象服务网、中国天气网和问天网随时向公众提供包括主协办城市气候背景、城市气象预报、场馆逐 3 h 预报和逐时监测信息以及与赛事相关的交通、旅游、生活指数等预报服务信息，日点击率最高达 480 万人次。调查表明，北京、青岛、上海、天津、沈阳和秦皇岛的奥运气象服务公众满意度达到 93.1%。

7.4.1.3　经验与启示

(1)高度重视、靠前指挥是做好奥运会气象服务的保证。面对奥运、抗震救灾、汛期服务的三大考验，中国气象局采用超常规服务措施，确保奥运气象服务万无一失。6 月 2 日，中国气象局奥运气象服务工作进入实战状态；7 月 20 日，进入奥运赛时气象服务状态；8 月 1 日，进入奥运气象服务特别工作状态，各单位实行 24 小时应急值守，各级领导在业务服务一线指挥，局领导 24 小时带班。

(2)超前组织、周密筹备是做好奥运会气象服务的前提。自 2001 年申奥成功以来，中国气

象局提前组织，科学谋划，周密筹备奥运气象服务各项工作。与以往的奥运会相比，北京奥运气象服务筹备工作起步最早，中国气象局成立了由局长任组长的奥运气象服务领导小组，确保奥运气象服务筹备工作有计划、有重点向前逐步推进，同时安排了专门机构负责日常工作。2006—2008 年，连续三年开展各种奥运气象服务演练，针对北京奥组委组织的“好运北京”系列体育赛事进行实战演练和测试，为奥运气象服务积累了宝贵经验，不断完善了奥运气象预报服务系统和流程。

(3)依靠科技、保障有力是做好奥运会气象服务的基础。风云二号 C、D 星共同构建“互为备份、双星观测”的气象卫星系统，以及 2008 年发射的风云三号 A 星为奥运气象服务做出贡献；北京周边 8 部多普勒天气雷达、186 个多要素自动气象站、28 个 GPS/MET 水汽观测和 4 部风廓线雷达等建成并投入使用。青岛市气象局在奥帆赛场及周边建设了浮标站、海岛及岸基自动气象站、气象观测船、梯度风观测塔等观测系统。以具有综合观测和指挥功能的气象服务车为首，由 X 波段移动雷达车、边界层观测移动车、环境观测车组成了移动综合观测系统。这种高时空分辨率的覆盖主协办城市及周边地区的综合气象观测系统大大提升了城市气象监测能力并跨入世界先进行列。卫星通信线路，实现了珠峰大本营与中央气象台之间观测和预报资料的双向传输、天气预报视频会商及珠峰自动气象站观测资料的实时获取，及时为登山队提供可靠的实况数据。

(4)准确预报、优质服务是做好奥运会气象服务的关键。奥运会正值我国汛期，突发性、灾害性天气对奥运会举行产生了一定影响。针对各方不同的需求，气象部门建立了 0～2 h 临近天气预报、2～12 h 短时天气预报、12～48/72 h 短期天气预报等世界一流的天气预报平台，滚动制作和发布不同时间尺度的天气预报，准确预报了圣火登顶珠峰、奥运会开闭幕式和各项奥运赛事的天气，为奥运会成功举办保驾护航。无论在预报时效还是在预报时间和地点的精细度方面都已超过现行的日常短期预报业务，也超过了往届奥运会。更精细、更体贴、更人性化的奥运气象预报服务展现了“有特色、高水平”的亮点。

(5)广泛合作、上下联动是做好奥运会气象服务的保障。广泛的国际合作，促进了奥运气象服务能力的提升。我国科学家牵头的世界气象组织 2008 年北京奥运会天气预报示范和研究项目(B08FDP/RDP)计划，由来自中国、美国、加拿大、澳大利亚、法国、奥地利、日本等国家以及中国香港地区的专家参加。该项目的实施提升了北京地区 0～6 h 短时临近预报和 6～36 h 短期预报水平。此外，还邀请了俄罗斯专家参加开幕式人工消云减雨作业。国际合作、军地合作、部门之间的合作奏响了奥运气象服务的主旋律。

7.4.2　G20 杭州峰会气象保障服务

7.4.2.1　事件基本情况

2016 年 9 月 4—5 日，举世瞩目的二十国集团领导第十一次峰会(以下简称 G20 杭州峰会)在浙江杭州成功举办。

G20 杭州峰会期间，前期天气以晴好为主，4 日 15—19 时、5 日 05—11 时、6 日 01—08 时等部分时段出现了降雨天气，其中在 4 日 15—19 时杭州西湖景区出现 2～6 mm 的短时小阵雨天气；空气质量优良，4 日和 6 日早晚部分时段出现了低能见度天气。服务关键时段(4 日 21—23 时)无降水，温度适宜，空气质量达优，户外演出活动圆满成功。

此次 G20 杭州峰会出席的国家元首和国际组织领导人就达 35 人，参会嘉宾级别高、人数多，还有 B20 峰会、配偶活动等。既有室内会议，也有室外活动。既有人工增雨保障空气质量任务，也有人工消减雨作业任务。尤其是合影、游船、文艺演出、餐前酒会等室外活动多，天气条件是影响活动成功的关键因素。

7.4.2.2　气象防灾减灾服务保障及成效

及早部署、精心组织峰会气象保障服务。做好峰会气象保障服务，是中央赋予的一项重大政治任务。中国气象局成立了由局领导牵头的峰会气象保障服务协调领导小组，先后召开五次领导小组会议、动员会议和视频专题会议，动员部署各方力量服务、服从于保障活动。浙江省气象局成立了省、市一体化的气象保障服务工作领导小组和以浙江省气象局、杭州市气象局为主体的峰会气象保障服务中心。中国气象局作为中央筹委会和应急指挥部成员单位，共参加筹委会全体会议、秘书处会议以及应急指挥部办公会近 20 余次，3 次赴筹委会秘书处、应急指挥部对接汇报，详细了解和掌握峰会活动对气象服务的需求，制定了《G20 气象保障服务工作方案》、峰会文艺演出气象保障服务细化方案》《人工增雨作业改善空气质量实施方案》《人工消减雨工作方案》等近 10 个细化方案。8 月 30 日至 9 月 6 日，中国气象局启动 G20 杭州峰会气象保障服务特别工作状态，相关单位执行 24 小时负责人领班、专人值班制度。9 月 4 日，中国气象局主要负责同志全体驻守在中央气象台统筹指挥调度，并指派一名副局长赴杭州现场负责气象保障服务。浙江省气象局从 8 月 19 日启动重大活动气象保障服务Ⅲ级应急响应，8 月 28 日升级为Ⅱ级，9 月 1 日提升到Ⅰ级。

在筹备工作前期，中国气象局制作提供了《G20 峰会期间气候特征及气象灾害情况分析》《杭州市 9 月份高影响天气及“西湖蓝”大气扩散条件分析报告》，为相关部门在制定活动方案、应急预案和工作计划时规避可能出现的高影响天气风险提供了决策参考。组织部门内外单位的专家和首席预报员成立预报专家组，先后进行了 3 次气候会商，28 次天气会商，按照由远及近、由粗到细、由面到点的原则提供滚动预报。8 月 5 日，提前 1 个月准确预测 9 月 4—5 日期间降水概率大于平均气候概率，受台风直接影响可能性小。提前 20 天提供峰会期间杭州逐日天气预报，提前 1 天提供 9 月 4 日户外活动和文艺演出逐小时天气预报，9 月 4 日当天提供临近时段的定时定点定量预报。在西湖演出现场新建 4 个自动气象观测站，启动了浙江 12 个站高空加密气象观测，6 个多普勒天气雷达站 24 小时开机运行，8 月 30 日开始风云二号 F 星 6 分钟加密观测，9 月 1 日开始高分四号卫星实施气象应急观测，全面提升峰会期间天气监测的频次、精度和观测要素的种类。

峰会期间，气象部门以影响峰会户外活动和文艺演出的高影响天气为重点，建立了面向峰会决策层的气象服务应急保障机制，向中办国办、峰会筹委会、应急指挥部、浙江省委省政府提供峰会气象服务专报 22 期，派员全程参加应急指挥部现场办公。峰会期间，气象部门密切配合主办城市市委、市政府及有关部门，主动加强与交通、旅游、航空、环保等城市运行部门的沟通和联动，及时向各部门提供包括峰会场馆、交通枢纽、航线、城市重要保障地点的气象监测信息、精细化天气预报、交通气象预报、空气质量预报，为主办城市政府部门顺利开展联动协调工作，确保峰会期间城市运行和大型活动安全有序提供了科学依据。峰会期间，气象部门通过网站、电视、电话、手机短信、手机 App 等手段为各国代表参会和公众出行、旅游提供服务。

科学实施人工消减雨作业，为峰会重要活动创造了良好天气条件。开展了 2 轮次人工消减雨作业实战演练、6 次桌面推演。针对可能影响杭州降水的外围云系，组织 4 架飞机，实施 17 架次飞机探测作业，飞行 51 小时，播撒冷云烟条 132 根、暖云烟条 104 根。投入 85 支火箭作业队伍，实施 28 轮次地面作业，发射火箭弹 180 枚，累计 380 多人参加了方案设计，作业指挥、飞机和地面作业，为 9 月 4 日晚上峰会户外活动和文艺演出创造了良好的天气条件。

7.4.2.3　经验与启示

(1)高度重视,多方配合。党中央的高度重视,峰会筹委会的强有力领导,是气象保障服务成功的关键所在。浙江省委省政府、杭州市委市政府的有力指导和支持,是气象保障服务成功的有力保障。气象部门集全部门之力,聚各方面专家之智,是气象保障服务成功的坚实基础。

(2)近年来气象现代化成果是气象保障服务成功的重要支撑。杭州是全国副省级城市气象现代化试点单位,汇集近年来全国重大活动气象服务的成果与经验,形成了独具特色、服务峰会的先进的气象业务服务系统。国家级业务单位和上海等周边省(市)气象部门积极主动地将近年来气象现代化的成果有效应用于峰会的气象保障服务。风云卫星、高分卫星、多普勒雷达、风廓线仪的精细化立体加密观测,区域中尺度模式快速同化更新与 1 km 分辨的精细化数值预报,功能先进、应用方便的预报平台,高性能飞机探测作业和人影综合业务平台分析指挥,基于移动互联的手机 App 精细定位服务,都充分应用了气象现代化的最新成果,也展示了全国气象现代化的水平。

(3)气象保障服务团队强烈的责任感、严谨细致的科学态度,攻坚克难的韧性、吃苦耐劳的精神,是气象保障服务成功的力量源泉。峰会气象保障服务团队表现出了迎难而上、精益求精、认真负责的崇高精神,以及全力以赴、敢于担当的责任感。服务团队与峰会筹委会保持密切联系,准确把握峰会活动对气象服务的需求,细化针对性强的气象服务对策,并针对保障服务工作可能面临的难点和困难,精心编制和完善服务保障方案,及时组织科技攻关,开展模拟临战演练,不断完善业务服务系统,有序有效应对各种突发的天气状况。

参考文献

白媛,张建松,王静爱,2011. 基于灾害系统的中国南北方雪灾对比研究[J]. 灾害学,26(1):14-19.

毕宝贵,代刊,王毅,等,2016. 定量降水预报技术进展[J]. 应用气象学报,27(5):534-549.

卞耀武,曹康泰,温克刚,2001. 中华人民共和国气象法释义[M]. 北京:法律出版社.

陈海燕,周剑波,骆月珍,等,2006. 浙江盛夏降温用电负荷评估模型研究[J]. 气象科技(6):758-762.

陈联寿,丁一汇,1979. 西太平洋台风概论[M]. 北京:气象出版社:8-9.

陈联寿,端义宏,宋丽莉,等,2012. 台风预报及其灾害[M]. 北京:气象出版社:151-167.

陈联寿,罗哲贤,李英,2004. 登陆热带气象研究的进展[J]. 气象学报,62(5):541-549.

陈伟立,2005. 雾对高速公路交通安全的影响分析与研究[D]. 西安:长安大学.

陈贤章,李新,鲁安新,等,1996. 积雪定量化遥感研究进展[J]. 遥感技术与应用,11(4):46-52.

陈亿,2013. 近十年中国北方沙尘天气变化特征及其成因研究[D]. 兰州:兰州大学.

陈亿,尚可政,王式功,等,2012. 21世纪初中国北方沙尘天气特征及其与地面风速和植被的关系研究[J]. 中国沙漠,32(6):1702-1709).

陈羿辰,金永利,丁德平,等,2018. 毫米波测云雷达在降雪观测中的应用初步分析[J]. 大气科学,42(1):134-149.

陈振林,孙健,2011. 电力行业气象服务效益评估2010[M]. 北京:气象出版社.

成天涛,沈志宝,2001. 中国西北大气沙尘光学特性的数值试验[J]. 高原气象,20(3):291-297.

成天涛,沈志宝,2002. 中国西北大气沙尘的辐射强迫[J]. 高原气象,21(5):471-478.

丛振涛,周智伟,雷志栋,2002. Jensen模型水分敏感指数的新定义及其解法[J]. 水科学进展,13(6):730-735.

崔丙维,等,2015. 公路气象灾害风险隐患点特征分析研究[C]//第32届中国气象学会年会S14第五届气象服务发展论坛——气象服务与信息化.

邓爱娟,刘可群,刘敏,等,2017. 2016年湖北省中稻高温热害影响调查分析[J]. 湖北农业科学(17):3260-3264,3291.

邓振镛,张强,倾继祖,等,2009. 气候暖干化对中国北方干热风的影响[J]. 冰川冻土,31(4):664-671.

丁小平,戴娟莉,王建军,等,2010. 雾区高速公路交通安全影响规律研究[J]. 公路,(6):152-158.

丁一汇,2008. 中国气象灾害大典·综合卷[M]. 北京:气象出版社.

丁一汇,王遵娅,宋亚芳,等,2008. 中国南方2008年1月罕见低温雨雪冰冻灾害发生的原因及其与气候变暖的关系[J]. 气象学报,66(5):808-825.

董全,2014. 日平均气温偏差订正方法研究[J]. 天气预报,6(3):69-74.

董全,代刊,陶亦为,等,2017. 基于ECMWF集合预报的极端天气预报产品应用和检验[J]. 气象,43(9):1095-1109.

董全,黄小玉,宗志平,2013. 人工神经网络法和线性回归法对降水相态的预报效果对比[J]. 气象,39(3):324-332.

范宝俊,1998. 人类灾难纪典(第一卷)[M]. 北京:改革出版社.

范雯杰,俞小鼎,2015. 中国龙卷的时空分布特征[J]. 气象,41(7):793-805.

方翀,王西贵,盛杰,等,2017. 华北地区雷暴大风的时空分布及物理量统计特征分析[J]. 高原气象,36(5):1368-1385.

方宗义,等,1997. 中国沙尘暴研究[M]. 北京:气象出版社:1-10.

冯亮，肖辉，孙跃，2018. X 波段双偏振雷达水凝物粒子相态识别应用研究[J]. 气候与环境研究，23(3)：366-386.

高歌，王长源，吴先华，等，2018. 山洪沟暴雨洪涝灾害情境下居民室内财产的脆弱性曲线研究——以 2016 年 9 月福建省长泰县马洋溪山洪灾害为例[J]. 灾害学，33(3)：126-131.

宫德吉，陈素华，1999. 农业气象灾害损失评估方法及其在产量预报中的应用[J]. 应用气象学报，10(1)：66-71.

郭安红，何亮，韩丽娟，等，2018. 早稻高温热害强度指数构建及气候危险性评价[J]. 自然灾害学报，27(5)：96-106.

郭晓宁，李林，刘彩红，等，2010. 青海高原 1961—2008 年雪灾时空分布特征[J]. 气候变化研究进展，6(5)：332-337.

郭亚萍，袁星，何菲，2000. 沙尘暴的成因与防治措施初探[J]. 干旱环境监测，14(3)：167-171.

国家气候中心，全国气候影响评价(1983—2016 年)[M]. 北京：气象出版社.

国务院法制办公室，中国气象局，2010. 气象灾害防御条例释义[M]. 北京：中国法制出版社.

韩荣青，李维京，艾婉秀，等，2010. 中国北方初霜冻日期变化及其对农业的影响[J]. 地理学报，65(5)：525-532.

郝璐，王静爱，史培军，等，2003. 草地畜牧业雪灾脆弱性评价：以内蒙古牧区为例[J]. 自然灾害学报，12(2)：51-57.

郝璐，武建军，吕爱锋，2010. 农业干旱风险研究进展[J]. 地理科学进展，29(5)：557-564.

何明琼，等，2017. 湖北电网盛夏负荷异常波动成因分析及气象预测研究[C]//第 34 届中国气象学会年会 S11 创新驱动智慧气象服务——第七届气象服务发展论坛论文集.

贺芳芳，史军，2011. 上海地区夏季气温变化对用电负荷的影响[J]. 长江流域资源与环境，1462-1467.

洪国平，李银娥，孙新德，等，2006. 武汉市电网用电量、电力负荷与气温的关系及预测模型研究[J]. 华中电力，19(2)：6-8.

扈海波，董鹏捷，潘进军，2011. 基于灾损评估的北京地区冰雹灾害风险区划[J]. 应用气象学报，22(5)：612-620.

黄崇福，2012. 自然灾害风险分析与管理[M]. 北京：科学出版社.

黄大鹏，赵珊珊，高歌，肖潺，2016. 近 30a 中国龙卷风灾害特征研究[J]. 暴雨灾害，35(2)：97-101.

矫梅燕，2016. 中国气象百科全书·气象服务卷[M]. 北京：气象出版社：12.

矫梅燕，2016. 中国气象百科全书·气象预报预测卷[M]. 北京：气象出版社：29，37-38.

李冰，刘小红，洪钟祥，2000，积云对二氧化硫和硫酸盐气溶胶作用的研究[J]. 气候与环境研究，5(1)，20-24.

李春梅，唐力生，章国材，2015. 城市内涝风险预警服务业务技术指南[M]. 北京：气象出版社.

李红梅，李林，张金旭，等，2012. 21 世纪前中期三江源地区极端气候事件变化趋势分析[J]. 冰川冻土，34(6)：1403-1408.

李丽华，陈洪武，毛炜峄，等，2010. 基于 GIS 的阿克苏地区冰雹灾害风险区划及评价[J]. 干旱区研究，27(2)：224-229.

李曙光，刘晓东，侯蓝田，2003. 沙尘暴对低层大气红外辐射的吸收和衰减[J]. 电波科学学报，18(1)：43-47.

李想，陈丽娟，张培群，2008. 1954—2005 年长江以北地区初霜日变化趋势[J]. 气候变化研究进展，4(1)：21-25.

李祎君，王春乙，赵蓓，等，2010. 气候变化对中国农业气象灾害与病虫害的影响[J]. 农业工程学报，26(增1)：263-271.

李泽椿，毕宝贵，金荣花，等，2014. 近 10 年中国现代天气预报的发展与应用[J]. 气象学报，72(6)：1069-1078.

李忠燕，田其博，章国材，张东海，2016. 铜仁地区滑坡临界雨量研究[J]. 气象科技，44(4)：680-685.

梁天刚，高新华，刘兴元，2004. 阿勒泰地区雪灾遥感监测模型与评价方法[J]. 应用生态学报，15(12)：

2272-2276.

廖永丰，赵飞，2018. 我国自然灾害保险的实践探索[J]. 中国减灾，68 (15)：36-38.

林建，杨贵名，毛冬艳，2008. 我国大雾的时空分布特征及其发生的环流形势[J]. 气候与环境研究，13(2)：171-181.

林良勋，等，2006. 广东省天气预报技术手册[M]. 北京：气象出版社.

刘彩红，王黎俊，王振宇，等，2012. 基于灾损评估的青海高原冰雹灾害风险区划[J]. 冰川冻土，34(6)：1309-1415.

刘凯文，刘可群，邓爱娟，等，2017. 基于开花期地域差异的中稻高温热害天气指数保险设计[J]. 中国农业气象，38(10)：679-688

刘黎平，胡志群，吴翀，2016. 双线偏振雷达和相控阵天气雷达技术的发展和应用[J]. 气象科技进展，6(3)：28-33.

刘小宁，张洪政，李庆祥，等，2005. 我国大雾的气候特征及变化初步解释[J]. 应用气象学报，16(2)：220-229.

刘义花，李林，颜亮东，等，2013. 基于灾损评估的青海省牧草干旱风险区划研究[J]. 冰川冻土，35(3)：682-687.

刘雨芳，古德祥，1997. 气候变暖后我国作物害虫发生趋势分析[J]. 昆虫天敌，19(2)：93-96.

刘元波，傅巧妮，宋平，等，2011. 卫星遥感反演降水研究综述[J]. 地球科学进展，26(11)：1162-1172.

卢珊，浩宇，王百朋，等，2017. 引入积温效应预测夏季西安市电力气象负荷[J]. 气象科技(6)：32-37.

卢燕宇，田红，2015. 基于 HBV 模型的淮河流域洪水致灾临界雨量研究[J]. 气象，41(6)：755-760.

卢燕宇，谢五三，田红，2016. 基于水文模型与统计方法的中小河流致洪临界雨量分析[J]. 自然灾害学报，25(3)：38-47.

马尚谦，张勃，唐敏，等，2018. 1960—2015 年淮河流域初终霜日时空变化分析[J]. 中国农业气象，39(7)：468-478.

马柱国，2003. 中国北方地区霜冻日的变化与区域增暖相互关系[J]. 地理学报，58(S1)：31-37.

苗茜，谢志清，曾燕，等，2018. 基于统计-FloodArea 模型的平原水网区致灾临界雨量研究[J]. 自然资源学报，33(9)：1563-1574.

倪允琪，张人禾，刘黎平，等，2013. 中国南方暴雨野外科学试验(SCHeREX)[M]. 北京：气象出版社.

宁晓菊，张丽君，杨群涛，等，2015. 1951 年以来中国无霜期的变化趋势[J]. 地理学报，70(11)：1811-1822.

漆梁波，2015. 高分辨率数值模式在强对流天气预警中的业务应用进展[J]. 气象，41(6)：661-673.

钱云，符淙斌，等，1999. 沙尘气溶胶与气候变化[J]. 地球科学进展，14(4)：391-394.

钱正安，贺慧霞，瞿章，1997. 我国西北地区沙尘暴的分级标准和个例谱及其统计特征//中国沙尘暴研究[M]. 北京：气象出版社：1-9.

秦雪亮，2008. 沙尘天气的危害及防治对策[J]. 科技情报开发与经济，18(22)：204-205.

青海省气象局，2011. 气象灾害分级指标：DB 63/T 372—2011[S]. 西宁：青海人民出版社.

全国农业气象标准化技术委员会，2015. 农业干旱等级：GB/T 32136—2015[S]. 北京：中国标准出版社.

全国气候与气候变化标准化技术委员会，2018. 暴雨诱发灾害风险普查规范　山洪：QX/T 470—2018[S]. 北京：气象出版社.

全国气候与气候变化标准化技术委员会，2018. 暴雨诱发灾害风险普查规范　中小河流洪水：QX/T 428—2018[S]. 北京：气象出版社.

全国气象防灾减灾标准化技术委员会，2010. 高速公路交通气象条件等级：QX/T 111—2010[S]. 北京：气象出版社.

全国气象防灾减灾标准化技术委员会，2012. 降水量等级：GB/T 28592—2012[S]. 北京：中国标准出版社.

全国气象防灾减灾标准化技术委员会，2012. 台风灾害影响评估技术规范：QX/T 170—2012[S]. 北京：气象出版社.

全国气象防灾减灾标准化技术委员会，2016. 高速铁路运行高影响天气条件等级：QX/T 334—2016[S]. 北京:气象出版社.
全国气象防灾减灾标准化技术委员会,2017. 冰冻天气等级:GB/T 34297—2017[S]. 北京:中国标准出版社.
全国气象防灾减灾标准化技术委员会,2017. 寒潮等级:GB/T 21987—2017[S]. 北京:中国标准出版社.
全国气象防灾减灾标准化技术委员会,2017. 冷空气等级:GB/T 20484—2017[S]. 北京:中国标准出版社.
全国气象防灾减灾标准化技术委员会,2018. 城市内涝风险普查技术规范:QX/T 441—2018[S]. 北京:气象出版社.
全国气象防灾减灾标准化技术委员会,2019. 龙卷强度等级:QX/T 478—2019 [S]. 北京:气象出版社.
沈志宝,魏丽,1999. 中国西北大气沙尘对地气系统和大气辐射加热的影响[J]. 高原气象,18(3):425-435.
盛裴轩,毛节泰,李建国,等,2003. 大气物理学[M]. 北京:北京大学出版社:148-150.
孙奕敏,1994. 灾害性浓雾[M]. 北京:气象出版社.
汤筠筠,2005. 高速公路雾区交通安全保障技术研究[D]. 合肥:合肥工业大学.
陶诗言,等,1980. 中国之暴雨[M]. 北京:科学出版社.
王彬华,1983. 海雾[M]. 北京:海洋出版社:352.
王春乙,2008. 东北地区农作物低温冷害研究[M]. 北京:气象出版社:8-25.
王春乙,王石立,霍治国,等,2005. 近10年来中国主要农业气象灾害监测预警与评估技术研究进展[J]. 气象学报,63(5):659-669.
王丽,霍治国,张蕾,等,2012. 气候变化对中国农作物病害发生的影响[J]. 生态学杂志,31(7):1673-1684.
王丽萍,陈少勇,董安祥,2005. 中国雾区的分布及其季节变化[J]. 地理学报,60(4):689-697.
王颖,王晓云,江志红,等,2011. 1960—2008年南方地区冰冻时空分布特征[J]. 南京信息工程大学学报,3(1):28-35.
王志,李蔼恂,李军,等,2016. 超强台风“威马逊”对道路交通的影响分析[J]. 公路(1):149-154.
魏文秀,赵亚民,1995. 中国龙卷风的若干特征[J]. 气象,21(5):36-40.
吴先华,周蕾,高歌,等,2016. 考虑防灾减灾能力的洪涝灾害灾损率曲线构建——以里下河地区的李中镇为例[J]. 地理科学进展,35(2),223-231.
谢五三,吴蓉,田红,等,2017. 东津河流域暴雨洪涝灾害风险区划[J]. 气象,43(3):341-347.
许凯,徐翔宇,李爱花,等,2013. 基于概率统计方法的承德市农业旱灾风险评估[J]. 农业工程学报,29(14):139-145.
许小峰,2012. 现代气象业务丛书——气象防灾减灾[M]. 北京:气象出版社:37.
许小峰,2017. 安全生产与气象[M]. 北京:气象出版社.
杨茜,高阳华,2013. 基于GIS的重庆市冰雹灾害风险区划[J]. 西南大学学报(自然科学版),35(7):133-138.
杨舒畅,申双和,陶苏林,2016. 长江中下游地区一季稻高温热害时空变化及其风险评估[J]. 自然灾害学报,25(2):78-85.
杨太明,等,2018. 安徽省粮食作物天气指数农业保险研究与实践[M]. 北京:气象出版社.
杨振鑫,孙磊,牛润和,等,2016. 甘肃临夏地区冰雹时空分布特征及其灾害风险区划初探[J]. 暴雨灾害,35(6):596-601.
叶殿秀,张勇,2008. 1961—2007年我国霜冻变化特征[J]. 应用气象学报,19(6):661-665.
叶笃正,丑纪范,刘纪远,等,2001. 关于我国华北沙尘天气的成因与治理对策[J]. 地理学报,55(5):513-522.
尹东,2014. 气象指数农业保险及其技术问题探讨[J]. 现代农业科技(6):330-332,335.
尹圆圆,赵金涛,王静爱,2013. 安徽省棉花冰雹灾害风险区划研究[J]. 长江流域资源与环境,22(7):958-964.
于新文,2016. 中国气象百科全书·气象观测与信息网络卷[M]. 北京:气象出版社:35-37.
俞小鼎,2014. 关于冰雹的融化层高度[J]. 气象,40(6):649-654.
张继权,李宁,2007. 主要气象灾害风险评价与管理的数量化方法及其应用[M]. 北京:北京师范大学出版社:444-452.

张继权，严登华，王春乙，2012. 辽西北地区农业干旱灾害风险评价与风险区划研究[J]. 防灾减灾工程学报，32(3)：300-306.

张蕾，霍治国，王丽，等，2012. 气候变化对中国农作物虫害发生的影响[J]. 生态学杂志，31：(6)：1399-1507.

张连成，江远安，刘精，等，2018. 基于 FloodArea 模型新疆山洪淹没模拟及致灾临界雨量阈值的研究——以皮里青河流域为例[J]. 干旱区地理，41(1)：48-55.

张强，潘学标，马柱国，等，2009. 干旱[M]. 北京：气象出版社.

张人禾，李强，张若楠，2014. 2013 年 1 月中国东部持续性强雾霾天气产生的气象条件分析[J]. 中国科学：地球科学，44(1)：27-36.

张容焱，章国材，章毅之，2015. 暴雨诱发的山洪风险预警服务业务技术指南[M]. 北京：气象出版社.

张飒，冯建设，2005. 济青高速公路大雾天气气候特征及其影响[J]. 气象，31(2)：70-73.

张涛，关良，郑永光，等，2020. 2019 年 7 月 3 日辽宁开原龙卷灾害现场调查及其所揭示的龙卷演变过程[J]. 气象，46(5)：603-617.

张小玲，陶诗言，孙建华，2010. 基于“配料”的暴雨预报[J]. 大气科学，34(4)：754-756.

张小玲，杨波，朱文剑，等，2016. 2016 年 6 月 23 日江苏阜宁 EF4 级龙卷天气分析[J]. 气象，42(11)：1304-1314.

张小曳，孙俊英，王亚强，等，2013. 我国雾-霾成因及其治理的思考[J]. 科学通报，58(13)：1178-1187.

张秀芝，闫俊岳，杨校生，等，2010. 台风对我国风电开发的影响与对策[M]. 北京：气象出版社：57-69.

张养才，何维勋，李世奎，1991. 中国农业气象灾害概论[M]. 北京：气象出版社：272-282，348-353.

张永红，葛徽衍，郭建茂，2013. 冰雹灾害风险区划研究[J]. 安徽农业科学，41(31)：12385-12386.

章国材，2009. 气象灾害风险评估与区划方法[M]. 北京：气象出版社：11.

章国材，2014. 自然灾害风险评估与区划原理和方法[M]. 北京：气象出版社.

赵健，范北林，2006. 全国山洪灾害时空分布特点研究[J]. 中国水利(13)：45-48.

赵珊珊，高歌，任福民，等，2018. 广东省县域单元热带气旋灾害损失评估方法研究[J]. 热带气象学报，34(3)：332-338.

赵珊珊，高歌，张强，等，2010. 中国冰冻天气的气候特征[J]. 气象，36 (3)：34-38.

郑峰，谢海华，2010. 我国近 30 年龙卷风研究进展[J]. 气象科技，38(3)：295-299.

郑国光，矫梅燕，丁一汇，等，2019. 中国气候[M]. 北京：气象出版社.

郑永光，蓝渝，曹艳察，等，2020. 2019 年 7 月 3 日辽宁开原 EF4 级强龙卷形成条件、演变特征和机理[J]. 气象，46(5)：589-602.

郑永光，林隐静，朱文剑，等，2013. 强对流天气综合监测业务系统建设[J]. 气象，39(2)：234-240.

郑永光，陶祖钰，俞小鼎，2017. 强对流天气预报的一些基本问题[J]. 气象，43(6)：641-652.

郑永光，田付友，孟智勇，等，2016a. “东方之星”客轮翻沉事件周边区域风灾现场调查与多尺度特征分析[J]. 气象，42(1)：1-13.

郑永光，周康辉，盛杰，等，2015. 强对流天气监测预报预警技术进展[J]. 应用气象学报，26(6)：641-657.

郑永光，朱文剑，姚聃，等，2016b. 风速等级标准与 2016 年 6 月 23 日阜宁龙卷强度估计[J]. 气象，42(11)：1289-1303.

郑治斌，陈波，2016. 气象参与农业保险有关研究[J]. 湖北农业科学，55(20)：5419-5426.

中国电力企业联合会，2009. 重覆冰架空输电线路设计技术规程：DL/T 5440—2009[S]. 北京：中国电力出版社.

中国电力企业联合会，2012. 光伏发电站接入电力系统技术规定：GB/T 19964—2012[S]. 北京：中国标准出版社.

中国气象局，2003. 地面气象观测规范[M]. 北京：气象出版社：17-20.

中国气象局，2012. 台风业务和服务规定(第 4 次修订版)[M]. 北京：气象出版社：47-49.

中国气象局. 中国气象灾害年鉴(2004—2017)[M]. 北京：气象出版社.

中国气象局国家气候中心．全国气候影响评价(1991—2003)[M]．北京:气象出版社．

中国气象局减灾司,2018．农业保险气象服务指南——天气指数设计[Z]．

中国气象局政策法规司,2006．热带气旋等级:GB/T 19201—2006[S]．北京:中国标准出版社．

中国气象局政策法规司,2006．沙尘暴天气等级:GB/T 20480—2006[S]．北京:中国标准出版社．

中国气象局政策法规司,2008．用电需求气象条件等级:QX/T 97—2008[S]．北京:气象出版社．

中国气象局政策法规司,2010．气象防灾法制先行[M]．北京:气象出版社．

中国气象局政策法规司,2013．气象标准化工作手册[M]．北京:气象出版社．

钟海玲,2007．我国北方沙尘暴气候特征及其成因的研究[D]．兰州:中国科学院寒区旱区环境与工程研究所．

周秉荣,申双和,李凤霞,2006．青海高原牧区雪灾综合预警评估模型研究[J]．气象,32(9):106-110.

周广胜,2015．气候变化对中国农业生产影响研究展望[J]．气象与环境科学,38(1):80-94.

周月华,刘敏,万素琴,高正旭,等,2019．湖北省气候业务服务手册[M]．北京:气象出版社．

周月华,田红,李兰,2015．暴雨诱发的中小河流洪水风险预警服务业务技术指南[M]．北京:气象出版社．

朱平安,郗蒙浩,2013．天气指数保险及其在农业灾害保险中的运用研究[J]．时代金融(9):83-84.

朱乾根,林锦瑞,寿邵文,等,2005．天气学原理和方法[M]．3 版．北京:气象出版社．

朱乾根,林锦瑞,寿绍文,唐东昇,2007．天气学原理和方法[M]．4 版．北京:气象出版社．

朱瑞照,1991．应用气候手册[M]．北京:气象出版社．

朱勇,李春梅,谭宗琨,等,2017．特色林果气象灾害监测与预警关键技术[M]．北京:气象出版社:74-78.

宗志平,代刊,蒋星,2012．定量降水预报技术研究进展[J]．气象科技进展,2(5):29-35.

CANNON A J,SOBIE S R,MURDOCK T Q,2015. Bias correction of GCM precipitation by quantile mapping: How well do methods preserve changes in quantiles and extremes? [J]. Journal of Climate, 28(17): 6938-6959.

CORFIDI S F,2003. Cold Pools and MCS Propagation:Forecasting the Motion of Downwind-Developing MCS's [J]. Wea Forecasting,18:997-1017.

GEOMER M,2003. Floodarea-Arcview extension for calculating flooded areas (User manual Version 2. 4)(Z). Heidelberg.

LOUIE K S,LIU K B,2003. Earliest historical records of typhoons in China[J]. Journal of Historical Geography,29:3299-3316. doi:10. 1006/jhge. 2001. 0453.

MAHUL O,STUTLEY C J,2010. Government Support to Agricultural Insurance:Challenges and Opportunities for Developing Countries[R]. Washington D C:The World Bank.

MENG Z,YAO D,BAI L,et al,2016. Wind estimation around the shipwreck of Oriental Star based on field damage surveys and radar observations[J]. Science Bulletin,61(4):330-337.

ROWE W H,SMITH L K,1940. Crop Insurance. In 1940 Yearbook of Agriculture:Farmers in a Changing World[R]. Washington D C:US Department of Agriculture.

VASILOFF S V,SEO D J,HOWARD K W,et al,2007. Improving QPE and very short term QPF:An initiative for a community-wide integrated approach[J]. Bulletin of the American Meteorological Society,88(12):1899-1911.

YAMAUCHI T. 1986. Evolution of the Crop Insurance Program in Japan[M]// Hazell P,Pomerada C,Valdez A,eds. Crop Insurance for Agricultural Development:Issues and Experience. Baltimore:Johns Hopkins University Press:223-239.

ZHANG RY,GAO G,XIAO J F,et al,2018. Analysis on the Cause of Mayang Stream's Mountain Torrent Disaster of the Typhoon Meranti(201614) [J]. Journal of Geoscience and Environment Protection,6:87-104.